中国交通运输改革开放30年

水运卷

中华人民共和国交通运输部
《中国交通运输改革开放30年》丛书编委会　编

人民交通出版社
China Communications Press

图书在版编目(CIP)数据

中国交通运输改革开放30年——水运卷/中华人民共和国交通运输部,《中国交通运输改革开放30年》丛书编委会编.—北京:人民交通出版社,2009.7

ISBN 978-7-114-07789-0

Ⅰ.中… Ⅱ.中… Ⅲ.①交通运输业—成就—中国—1978~2008②水路运输—交通运输业—成就—中国—1978~2008 Ⅳ.F512.3

中国版本图书馆CIP数据核字(2009)第101483号

书　　名:中国交通运输改革开放30年——水运卷
著 作 者:中华人民共和国交通运输部《中国交通运输改革开放30年》丛书编委会
责任编辑:张征宇　赵瑞琴
出版发行:人民交通出版社
地　　址:(100011)北京市朝阳区安定门外外馆斜街3号
网　　址:http://www.ccpress.com.cn
销售电话:(010)　59757969,59757973
总 经 销:北京中交盛世书刊有限公司
经　　销:各地新华书店
印　　刷:北京市密东印刷有限公司
开　　本:787×1092　1/16
印　　张:35
字　　数:448千
版　　次:2009年7月　第1版
印　　次:2009年7月　第1次印刷
书　　号:ISBN 978-7-114-07789-0
定　　价:100.00元
(如有印刷、装订质量问题的图书由本社负责调换)
(内部发行)

《中国交通运输改革开放30年》丛书

水　运　卷

我国公路水路交通改革发展 30 年的实践与经验

交通运输部部长　李盛霖

党的十一届三中全会开启了中国改革开放的历史新时期，启动了我国从高度集中和封闭、半封闭状态，到全面改革和全方位开放的伟大历史转折。30 年来，在中国特色社会主义伟大旗帜指引下，在党中央、国务院的正确领导下，公路水路交通抓住机遇，深化改革，扩大开放，奋力拼搏，着力发展运输生产力，取得了举世瞩目的发展成就，为经济社会发展和提高人民生活水平提供了交通运输的有力保障。

一、30 年交通改革开放的历史进程

在改革开放的春风吹拂下，以党的十一届三中全会到党的十四大召开、党的十四大到党的十六大以及党的十六大以来三个重要发展阶段为标志，全国交通行业勇立改革开放潮头，以思想大解放推动事业大发展，走出了一条中国特色的公路水路交通改革开放和创新发展之路。

第一，积极探索，放宽搞活（从 1978 年党的十一届三中全会到 1992 年党的十四大前）

这一时期，我国公路水路交通基础设施建设严重滞后、运输装备水平落后、运输保障能力不强，成为制约经济社会发展的瓶颈。为扭转被动局面，交通行业解放思想，开拓进取，在放开搞活交通运输市场、探索社会化筹融资机制、制定前瞻性交通发展规划等方面，作了一系列开创性、基础性的探索。

一是率先创办对外开放的“窗口”——蛇口工业区。中国的对外开放是从创办经济特区开始的。1979 年 2 月，经国务院批准，由交通部驻港企业——招商局在深圳创办蛇口工业区，按照国际惯例招商引资，发展出口

加工业。交通部门率先创办对外开放的工业区，使蛇口工业区在全国改革开放的棋盘上先行一步，成为全国改革开放浓墨重彩的起笔。从这里，中国向世界敞开了博大的胸怀，最终形成了全方位对外开放的新格局。

二是放宽搞活交通运输的市场。公路水路交通的市场化取向是贯穿交通改革开放30年的一条主线。改革开放初期的放宽搞活打开了市场化改革的大门，打破了所有制单一、封闭的交通运输经济格局。1983年，交通部提出"有河大家走船、有路大家走车"；1985年，又提出"各部门、各行业、各地区一起干，国营、集体、个人以及各种运输工具一起上"。自此，我国公路水路交通运输业突破所有制的束缚，掀起了社会办交通的热潮，集体、个体和中外合资运输业户纷纷涌入交通行业，对缓解交通运输紧张状况起到了重要作用。

三是探索推进交通筹融资的社会化。1984年12月，国务院作出对中国公路交通发展具有历史意义的三项重大决定，即提高养路费征收标准、开征车辆购置附加费、允许贷款或集资修建的高等级公路和大型桥梁隧道收取车辆通行费（即"贷款修路、收费还贷"政策），使中国公路建设有了稳定的资金来源和加快发展的政策环境。国务院还决定动用粮棉布和低档工业品，用以工代赈方式帮助贫困地区修建公路、整治航道。同时，积极引进外资参与交通基础设施建设，逐步形成了"国家投资、地方筹资、社会融资、引进外资"的多元化交通投融资格局。

四是推进政府职能的转变。针对交通管理体制政企不分、重企轻政等问题，1984年，交通部提出以"转、分、放"和"实现两个转变"为主要内容的改革思路。"转"就是交通部门要从生产业务型转到行政管理型，发挥政府职能部门的作用；"分"就是要实行政企分开，简政放权；"放"，就是把应该下放的企业放到中心城市，同时放权给企业，使企业有更多的活力，成为按经济规律运行的经济实体。"两个转变"就是各级交通管理部门从主要抓直属企业转变到面向整个交通运输行业，加强行业管理和指导；

从直接抓企业的具体生产经营活动转变到抓好行政管理。根据交通部门履行职能的需要，全国建立了五级交通行政管理机构，并对沿海港口体制、海洋运输体制、内河航运体制、公路运输体制、航务航道体制、交通企业经营机制等进行了全面改革。

五是增强交通发展的前瞻性和系统性。把交通发展规划和战略研究放在谋划交通长远发展的重要位置，抓紧制定交通发展战略、发展规划，取得重大进展。1981年划定国家干线公路网，1987年制定了《2000年水运、公路交通科技、经济和社会发展规划大纲》，1989、1990年提出用几个五年计划的时间建设公路主骨架、水运主通道、港站主枢纽和交通支持保障系统（即“三主一支持”）的战略构想。这些规划和战略构想，为加快交通发展指明了目标和途径。

第二，求实奋进，深化改革（从1992年党的十四大到2002年党的十六大）

邓小平同志南巡谈话回答了困扰和束缚人们思想的许多重大认识问题，掀起了新一轮思想解放运动；党的十四大明确提出我国经济体制改革的目标是建立社会主义市场经济体制。这一时期，我国公路水路交通行业提出了推进交通运输市场建设，加快国有企业改革，加大对外开放力度，加大交通基础设施建设等重大政策措施，并取得了突破性进展。

一是积极培育和发展适应社会主义市场经济体制的交通运输和建设市场。1992年，交通部发布《关于深化改革、扩大开放、加快交通发展的若干意见》，进一步加大交通运输改革开放力度；1995年，交通部制定实施了《关于加快培育和发展道路运输市场的若干意见》，健全运输法规，规范市场行为，鼓励经营者自主经营、平等竞争、协调发展，加快建立全国统一、开放、竞争、有序的道路运输市场体系。1996年交通部发出《关于进一步加强水运市场管理的通知》，开展全国范围的水运市场调查，推进水运市场的培育和完善。

二是加大实施战略规划的力度。抓住难得的历史机遇，实现了我国公路水路基础设施的飞速发展。1993年召开全国公路建设工作会议，提出了加快公路建设步伐的目标任务和政策措施。1995年、1998年两次召开全国内河航运建设会议，极大地推动了内河航运基础设施建设。1998年，为应对亚洲金融危机，国家实施积极财政政策，交通行业乘势而上，通过组织实施公路建设“五纵七横”、“两纵两横三个重要路段”和水运建设“一纵两横两网”发展战略，全面推进公路网、航道网、港口群建设，高速公路快速发展，专业化深水码头泊位迅速增加，显著改变了我国交通基础设施的落后面貌。

三是深化交通行政管理体制改革。从战略上调整交通行业国有企业布局，推动国有交通大中型骨干企业建立现代企业制度，完成了交通国有企业改革攻坚战。1998年，交通部与直属企业全面脱钩。积极推动全国水上安全监管体制改革，实行“一水一监、一港一监”的管理体制。深化港口管理体制改革，将原由交通部管理的港口和双重领导港口全部交由地方管理；港口行政管理和装卸作业实行政企分开。积极探索市场经济条件下交通行政管理部门职能定位，建立和完善办事高效、运转协调、行为规范的交通行政管理体系，行业管理提高到一个新水平，有力指导推动了交通运输业的健康发展。

四是提出了交通现代化“三步走”的战略目标。根据十五大提出的到21世纪中叶实现新“三步走”战略，1998年交通部提出实现交通现代化的战略构想：第一阶段，从“瓶颈”制约、全面紧张走向“两个明显”（交通运输的紧张状况有明显缓解、对国民经济的制约状况有明显改善），这个目标到21世纪初实现；第二阶段，从“两个明显”到基本适应，即在总体上交通运输能够适应国民经济和社会发展的需要，这个目标到2020年实现；第三阶段，从基本适应到基本实现现代化，发展水平进入中等发达国家行列，这个目标到21世纪中叶即建国100周年时实现。从现在看，第一步战略已如期实现，第二步战略正付诸实施，我国公路水路交通发展掀开了新的一页。

第三，与时俱进，科学发展（2002年党的十六大以来）

党的十六大以来，我国公路水路交通围绕全面建设小康社会的战略部署，以科学发展观为指导，积极探索实践交通科学发展之路。

一是牢固树立交通科学发展的新理念。十六大以来，党中央提出了科学发展观、构建社会主义和谐社会、建设社会主义新农村、建设创新型国家等一系列重大战略思想，为交通在新的历史发展阶段实现科学发展指明了方向。交通系统坚持以科学发展观统领交通工作全局，推动交通转入科学发展轨道。从交通是国民经济基础产业和服务性行业的实际出发，明确提出要做好“三个服务”，即：服务国民经济和社会发展全局，服务社会主义新农村建设，服务人民群众安全便捷出行。保证“四个重点”，即从科学发展的理念出发，调整交通投资结构，重点保证纳入国家规划的公路水路重点项目建设、保证农村公路建设、保证交通安全保障工程建设、保证交通科技创新，同时向中西部地区特别是西部地区倾斜、向公益性强的基础项目倾斜。

二是着力推进交通全面协调可持续发展。注重公路水路交通发展的协调性和可持续性。处理好公路与水路的关系，公路、水路内部的关系。积极探索交通可持续发展之路，把资源节约、环境友好作为推进交通增长方式根本转变的重要抓手，落实到交通规划、设计、建设和管理的各个环节，建设资源节约、环境友好型交通行业。努力促进交通发展方式“三个转变”，即交通发展由主要依靠基础设施投资建设拉动向建设、养护、管理和运输服务协调拉动转变；由主要依靠增加物质资源消耗向科技进步、行业创新、从业人员素质提高和资源节约环境友好转变；由主要依靠单一运输方式的发展向综合运输体系发展转变。

三是切实建设服务型政府交通部门。明确提出要做一个负责任的政府部门，推动交通行业成为一个负责任的行业，着力解决交通建设、运输管理、安全监管中直接关系到人民群众切身利益的问题。进一步加快政府交通部门的职能转变，充分认识政府的经济调节、市场监管、社会管理、公共服务职能，强化社会管理和公共服务职能，在服务中实施管理，在管理中体现服务，增强政府交通部门的行政执行力和公信力。通过信息手段，推进政务公开，贯彻《行政许可法》，规范行政权力运行，创新交通公共服务体制，健全完善惠及全民的交通公共服务体系。

四是不断丰富和完善交通战略规划。把制定和完善战略规划摆在突出位置，先后制定并经国务院批准实施了《国家高速公路网规划》、《农村公路建设规划》、《全国沿海港口布局规划》、《全国内河航道与港口布局规划》、《国家水上安全监管和救助系统布局规划》，构成了覆盖国家高速公路、农村公路、沿海港口、内河航道与港口、水上安全监管和人命救助等较为完整的交通长远发展规划体系。先后研究21世纪头二十年公路水路交通发展目标，以及2010年、2020年发展现代交通业的奋斗目标。

二、公路水路交通改革开放取得的重大成就

30年的改革开放，大大地解放和发展了交通运输生产力，交通基础设施建设取得巨大成就，公路水路运输服务能力大大增强，基本适应了国民经济和社会发展的需要。

第一，公路基础设施发展突飞猛进

1978年我国公路通车总里程为89万公里，公路密度9.27公里/百平方公里。到2007年底，我国公路通车总里程达358万公里，公路密度达到37.3公里/百平方公里，均比1978年增长3倍多。总规模约3.5万公里的“五纵七横”国道主干线比原计划进度提前13年基本建成，公路运输大通道主骨架基本形成。

1988年12月我国第一条高速公路——沪嘉高速公路建成通车，结束了我国大陆没有高速公路的历史。20年来高速公路从无到有，快速发展，平

均每年建成通车近2 800多公里，相当于韩国（2 968 公里）高速公路总里程，2007 年建成通车里程(8 574 公里)超过日本现有高速公路总里程(7 400 公里),创造了世界高速公路发展史上的奇迹。到2007 年底，全国高速公路已达到5. 39 万公里，仅次于美国（7. 5 万公里），位居世界第二，第三位的澳大利亚为1. 8 万公里。高速公路在提高运输能力，降低运输成本，增强运输安全性，节约国土资源，改善投资环境，优化产业布局，提高国家经济的机动性，增强国家竞争力，保障国防安全等方面，发挥着越来越重要的作用，已成为我国经济社会发展不可或缺的重要基础设施。

农村公路建设成为社会主义新农村建设的开路先锋。30 年来，新改建农村沥青（水泥）路255 万公里，是改革开放前的4 倍多。目前农村公路总里程达313 万公里，全国乡镇、建制村通公路率分别达到99% 和88. 2% ，不通公路的乡镇由1978 年的5 018个减少到目前的404 个，不通公路的建制村由1978 年的213 138 个减少到目前的77 334 个；客车通达率分别达到98% 和81% 。农村公路和交通的发展，彻底改变了农村交通长期落后的局面，为统筹城乡协调发展提供了有力支撑。

桥梁隧道建设达到国际先进水平。到2007 年底，我国共有公路桥梁57 万座，2 319万延米，而1978 年仅有12. 8 万座，328 万延米；公路隧道4 673 处,256 万延米，而1979 年仅有374 处，5 万延米。近年来，先后建成了润扬长江大桥、南京长江三桥、东海大桥、杭州湾跨海大桥、苏通长江大桥等一批施工难度大、科技含量高的世界级大跨度公路桥梁、长大隧道。其中杭州湾跨海大桥全长36 公里，是世界上最长的跨海大桥；苏通长江大桥的主跨跨径、主塔高度、斜拉索长度和群桩基础规模创造了四项世界之最。

第二，道路运输能力大幅度提升

改革开放以来，道路运输装备的现代化水平迅速提高，运力向大型化、专业化方向发展。到2007 年底，全国民用汽车发展到4 358. 4 万辆（1978 年仅为135. 8 万辆）；其中公路营运汽车发展到849. 2 万辆，中高档客车比例已超过营运客车总量的40%。道路运输能力得到巨大增长。2007年全年公路完成客运量205亿人，旅客周转量11 507亿人公里，货运量164亿吨，货物周转量11 355亿吨公里，比1978年分别增长13倍、21倍、10倍和31倍。在综合运输体系中，公路客运量、旅客周转量、货运量、货物周转量所占比重，由1978年的58.8%、29.9%、47.5%、3.5%上升到2007年的92%、53.3%、72%和11.2%。公路运输在抗洪抢险、抗击“非典”和低温雨雪冰冻灾害、“5·1 2”四川汶川大地震救灾以及北京奥运交通运输保障等方面，都发挥了重要作用。

第三，港航基础设施长期落后局面明显改观

1978年，全国港口生产性泊位仅为735个，沿海万吨级及以上泊位133个，内河没有万吨级以上泊位，没有一个亿吨大港。1978年港口货物吞吐量仅为2.8亿吨，1979年集装箱吞吐量仅为2 521标箱。改革开放以来，全面推进环渤海、长江三角洲、东南沿海、珠江三角洲、西南沿海港口群建设和内河航道建设，我国港口迅猛发展，现代化管理水平显著提高，成为对外开放的主要门户、综合交通运输体系的重要枢纽和现代物流系统的基础平台。2007年，全国港口生产性泊位达到3.59万个，其中万吨级及以上泊位1 337个，分别比1978年增长了48倍和19倍。港口货物吞吐量和集装箱吞吐量跃居世界第一，分别达到64亿吨和1.14亿标准箱，拥有14个亿吨大港。2006年港口货物吞吐量居世界前10位的港口，我国占了5个（不含香港），上海港成为世界第一大港。2007年集装箱吞吐量居世界前10位的港口，我国占了2个（不含香港、高雄）。上海、深圳集装箱吞吐量居世界第3、第4位。长江干线、京杭运河已成为世界上运量最大的通航河流和运河。2007年我国内河通航里程12.3万公里，其中50%以上为等级航道。

第四，水路运输能力长足发展

水路运输的大发展，有力地保障了我国能源、原材料等大宗货物运输，支撑了国民经济和对外贸易又好又快发展。我国水运承担了90%以上的外贸货物运输量，港口接卸了95%的进口原油和99%的进口铁矿石。国有大型骨干航运企业规模化、专业化、集约化水平不断提高。到2007年底我国民用运输轮驳船19.2万艘（1978年为10万艘），净载重量1.19亿吨（1978年0.16亿吨）。2007年全年水路完成货运量28亿吨，货物周转量64 285亿吨公里，比1978年分别增长5倍和16倍。

第五，水上安全监管和救助能力显著增强

健全完善水上安全管理架构和责任体系，初步建成了全方位覆盖、全天候运行的安全监管和救助体系，突发事件应对能力和人命救助能力明显提高。建立了海上搜救部际联席会议制度，制定了国家海上搜救应急预案。加强“四区一线”（渤海湾、舟山水域、琼州海峡、西南山区和长江干线）重点水域、“四客一危”（客船、客滚船、高速客船、旅游船及危化品船）重点船舶，以及重点时段的安全监管，实施动态值班待命救助制度，初步建立了海陆空立体搜救网络，救助快速反应能力和搜救成功率显著提高。在重点水域实施了船舶航行定线制，组织了一系列重大海难救助和油污染应对处置行动，保护了人命和国家财产安全，避免了重大环境污染。

第六，交通科技创新成果丰硕

坚持“科学技术是第一生产力”，贯彻落实中央建设创新型国家的战略部署，积极推进科技创新，形成了交通行业科技进步的体制机制，提高了科技成果转化率和科技进步贡献率。特殊地质成套筑路技术、高墩大跨径桥梁和公路长大隧道设计与施工技术、码头建设和航道治理技术等取得重大成果，自主研发了一系列成套技术装备。认真做好资源节约、环境保护和节能减排工作，启动了环保公路示范工程和内河水运建设示范工程，在全行业开展节能降耗活动，降低了车船单位运输能耗。

第七，交通法制建设成效明显

交通法制建设在改革开放后取得长足进步。30年来，贯彻落实依法治国基本方略，按照《国务院全面推进依法行政实施纲要》的要求，推进交通立法、执法和执法监督，提高交通依法行政能力。全国人大常委会颁布了《海上交通安全法》、《公路法》、《海商法》、《港口法》等4部法律，国务院颁布了《水路运输管理条例》、《道路运输条例》、《船员条例》等31部行政法规，我部制定了327件规章，目前现行有效交通法律4部，行政法规30件，规章252件，初步建立起了公路水路交通法律法规体系，形成了规范的交通行政执法机制。

第八，交通对外开放与交流合作取得重大进展

适应改革开放的新形势、新需要，深化与周边国家多双边合作。建立了中国—东盟（10+1）和上海合作组织交通部长会议机制；签署了《亚洲公路网政府间协定》；积极参与亚洲公路网、欧亚公路运输通道连接、大湄公河次区域经济合作等多边合作。扩大与发达国家的交通合作。参与了中美经济战略对话，与美国、欧盟等国家签署了海运协定。密切与发展中国家的交通合作，组织和参与交通领域各种双边合作活动，注重多边国际合作，对外交流不断扩大，合作领域进一步拓宽。

三、公路水路改革发展的基本经验

改革开放30年来，我国公路水路交通在改革发展的实践中积累了十分宝贵的经验，概括起来，主要有以下几点：

第一，必须牢牢把握交通行业面临的基本国情和社会主要矛盾，把加快发展作为第一要务

交通为什么要发展、为谁发展、怎样发展，都是由基本国情和社会主要矛盾决定的。新中国成立以来，我国取得了举世瞩目的发展成就，从生产力到生产关系、从经济基础到上层建筑都发生了意义深远的重大变化，但我国仍处于并将长期处于社会主义初级阶段的基本国情没有变，人民日益增长的物质文化需要同落后的社会生产之间的矛盾这一社会主要矛盾没有变。就交通来说，经济社会发展和人民群众对交通运输的日益增长的新需求与交通运输还不能满足这种需求之间的矛盾始终是我们面临的主要矛盾。由此出发，交通行业紧紧抓住发展这个第一要务，聚精会神搞建设，一心一意谋发展，并努力加快发展、适当超前发展；坚持以人为本，努力提高服务能力、服务质量；坚持全面协调可持续发展，自觉地贯彻落实科学发展观，促进交通行业又好又快地发展。扭住发展不放松，这是交通行业改革开放30年来最根本的经验。

第二，必须贯彻中央的方针政策，以好机制、好政策推动交通发展

30年来，全国交通行业在中国特色社会主义理论体系指导下，认真贯彻党中央、国务院提出的关于交通运输是国民经济的战略重点，必须优先发展的方针；贯彻"发展以综合运输体系为主轴的交通业"的方针；贯彻"统筹规划、条块结合、分层负责、联合建设"的方针；贯彻"国家投资、地方筹资、社会融资、利用外资"的投融资方针；贯彻以科学发展观推进交通又好又快发展的方针。正是因为30年来始终贯彻执行这一系列正确的方针政策，使交通的发展具有好的机制，取得举世公认的重大成就，为国民经济、社会发展作出了应有的贡献。

第三，必须抓住发展机遇，加快交通发展步伐

邓小平同志指出："抓住时机，发展自己，关键是发展经济。"改革开放30年来，我们在几个关键时期抓住了机遇，用好了机遇，使交通建设实现了跨越式发展。一是在十一届三中全会确立全党工作着重点转移到经济建设上来后，交通运输抓住了"优先发展"的机遇。交通部党组不失时机地向国务院领导提出了解决的思路。1984年12月，国务院作出了对中国公路交通发展具有重大历史意义的三项决定。二是在1992年邓小平同志南巡谈话后，交通部党组抓住加快发展的机遇，提出要下定决心，集中力量，加快步伐，抓好"两纵两横和三个重要路段"的国道主干线建设，使我国公路建设的等级和质量迈上了一个新的台阶。三是党的十四大提出要开发开放上海浦东，尽快把上海建成国际经济、金融、贸易中心之一的战略决策后，交通部抓住机遇，加大投入，推动了上海国际航运中心的建设，成功整治了长江口，上海港成为世界货物吞吐量第一大港和集装箱吞吐量第二大港。四是1998年亚洲发生金融危机，中央提出了扩大内需的方针，交通部抓住机遇，进一步加快高速公路和公路网的建设。五是在中央作出实施西部开发战略后，交通部适时召开了西部开发交通建设工作会议，使交通建设从东部推向更广袤的西北地区。六是在进入新时期，党中央、国务院作出建设社会主义新农村战略决策后，交通部启动建国以来规模最大的农村公路建设，使我国农村公路得到了快速发展，极大地改善了农村的交通条件。30年的实践证明，机不可失，时不再来，要抓住机遇、珍惜机遇、用好机遇，牢牢把握战略机遇期对交通发展尤为重要。

第四，必须注重科学规划，使交通发展战略、发展步骤、重大举措落到实处

根据国民经济和社会发展的总体目标，我们大力加强了交通发展战略、发展规划、发展政策的研究，80年代我们制定了建设“三主一支持”的战略构想。在实际工作中，我们又不断加以深化和充实，并认真做好交通建设项目的前期工作，坚持不懈地分步组织实施。1998年，我们又提出实现交通现代化三个发展阶段的目标。进入新世纪，交通部又陆续制定了高速公路、农村公路和沿海港口等中长期发展规划，并得到了国务院的批准。这样，我国交通发展的蓝图更加清晰，步骤更加明确。

第五，必须坚持调动各方面的积极性，营造交通发展的强大合力

30年来，我们坚持统筹规划、条块结合、分层负责、联合建设的方针，充分发挥中央、地方和人民群众的积极性，形成了加快交通基础设施建设的联动机制。各级地方党委和政府对交通发展倾注了心血，给予了坚定支持，在组织领导，征地拆迁、资金筹措等方面做了大量工作，并实行了一系列倾斜政策。广大人民群众充分认识到“要想富、先修路”，积极支持并踊跃参加交通建设。交通发展离不开中央与地方的密切配合，离不开各级党委、政府和人民群众的关心支持。只有凝聚各方力量，形成共同推进交通事业的强大合力，才能克服前进道路上的各种困难，不断把交通改革发展事业推向前进。

第六，必须坚持改革开放，不断解放和发展运输生产力

30年来，交通行业的各级领导不断解放思想、转变观念，破除“一大二公”的所有制模式，形成了多形式、多成分的运输经济结构；破除了计划经济的僵化体制，建立了统一开放、竞争有序的公路水路建设市场和运输市场；破除了国家投资的单一渠道，形成了多元化的投融资格局。经过不断深化改革，完成了企业管理体制、港口管理体制、海事救捞体制等重大改革；引进了国外先进技术、资金和管理经验，使交通管理具有了国际视野，交通行业拓展了发展空间。正是与时俱进的思想解放和不断深化的改革实践，推动交通运输业不断提高现代化、市场化、国际化水平。

第七，必须坚持“科教兴交”和“人才强交”战略，把科学技术作为交通发展的第一生产力

改革开放以来，交通科技工作紧密结合基础设施建设、运输生产中的关键问题，通过软科学研究、重大装备开发、行业联合科技攻关、引进先进技术、科学成果推广应用等多种形式，开发应用了一批先进适用的成套技术和装备，使公路、水运的技术水平和技术构成发生显著变化。交通行业科技进步的机制初步形成，促进了科技成果转化率和科技进步贡献率的提高。“交通人才工程”建设也取得很大进展。我们从交通的实际出发，以院校和科研院所为依托，以交通建设的广阔实践为舞台，为公路、水运发展培养造就了一批又一批的高素质人才。科技创新和人才成长，使我国在沙漠等特殊地质的公路建设技术，特大跨径的桥梁建设技术，特长大隧道的建设技术和深水航道的整治技术等方面都取得了重大突破和创新，达到了世界先进水平。

第八，必须坚持依法治交，加强交通法制建设

改革开放以来，我们坚持立法与执法并重、执法与执法监督并举，依法治交通的局面正在逐步形成。《海上交通安全法》、《海商法》、《公路法》、《港口法》、《水路运输管理条例》、《公路运输管理条例》和一批交通行政法规、规章相继出台，初步搭起了交通法规体系框架，为交通改革和发展提供了法制保障。交通法制工作是各项交通管理工作的基础，必须把法制建设提到更加突出的地位，坚持改革、发展与法制建设同步进行，实现各项交通工作的法制化，这是探索交通发展的必然要求。

第九，必须坚持以人为本，不断提高公共服务能力

改革开放以来，特别是进入新世纪以来，我们在科学发展观的指引下，努力坚持以人为本，加强服务型政府建设，推进政府职能、工作作风和工作方法转变，增强交通部门的行政执行力和公信力，着力提高适应经济社会发展能力、统筹规划和协调发展能力、公共服务和组织保障能力、运输和建设市场依法监管能力、安全管理和重大突发事件应急处置能力。只有坚持执政为民，依法执政，做负责任部门和负责任行业，才能使交通发展拥有深厚的群众基础，获得不竭的力量源泉。

第十，必须抓好行业文明和党风廉政建设，为交通发展提供强大精神动力和坚强政治保障

改革开放30年来，以交通建设为中心，以提高职工队伍素质为根本，以加强领导班子建设为基础，以具有行业特点的精神文明建设为重点，积极开展了“学先进、树新风、创一流”等群众性精神文明创建活动，大力宣传了杨怀远、严力宾、包起帆、陈德华、曹广辉、许振超、陈刚毅、孔祥瑞、“华铜海”轮、青岛港等在行业内外具有重大影响的一批先进典型。弘扬了各具特色的交通精神（“铺路石精神”、“筑港精神”、“灯塔精神”、“救捞精神”等），并注重加强交通行业文化建设。认真贯彻中央关于党风廉政建设的部署要求，建立健全了具有交通特色的教育、制度、监督并重的惩治和预防腐败体系，为交通运输不断取得新的成就提供可靠保证。

四、在新的历史起点上推进交通科学发展

在改革开放30年后的今天，我国公路水路交通发展站在了新的起点上。今后发展方向，必须紧紧抓住以下三条：

第一，我们要紧紧抓住我国经济发展战略转型的机遇，加快发展现代交通运输业

用现代科学技术、管理技术改造和提升交通运输，提高基础设施和技术装备的现代化水平和运营效能；适应现代服务业的发展要求，不断拓展交通运输服务领域；走资源节约、环境友好发展之路，加强行业节能减排和资源节约、环境保护。

第二，我们要紧紧抓住国务院机构改革的机遇，加快发展现代综合运输体系

党的十七大明确提出探索实行职能有机统一的大部门体制，十一届全国人大一次会议审议通过《国务院机构改革方案》。2008年3月，组建了交通运输部，在推进现代综合运输体系建设方面迈出了积极的步伐。发展现代综合运输体系，就是推进各种运输方式有机衔接，实现交通运输资源优化配置，发挥各种运输方式比较优势和组合效率。发展现代综合运输体系，符合世界交通发展的普遍规律，是我国交通运输业贯彻落实科学发展观的必然要求，也是发展现代交通运输业的必由之路。加快构建现代综合运输体系，一是加强公路水路民航交通运输规划的衔接，做到“宜路则路、宜水则水、宜空则空”，使各种运输方式有效衔接配合。二是加强中心城市综合交通运输枢纽规划建设中各种运输方式的衔接。按照“布局合理、能力充足、换乘便捷、服务优质”的要求综合考虑市内交通的方便和进出城区的快捷，使各种运输方式之间和某种运输方式内部有机衔接，实现客运“零距离换乘”和货运“无缝衔接”，“人便于行、货畅其流”。三是加强城市客运和农村交通的衔接，统筹规划，合理布局，消除分割，建设统一协

调的区域和城乡交通运输网络，使交通运输发展成果惠及城乡，实现公共服务均等化。四是整合交通运输资源，加强公路水路民航运输方式的有效衔接，为邮政业发展搭建便捷、通畅、安全、高效的综合运输平台。

第三，我们要紧紧抓住全面建设小康社会的机遇，确保各项交通规划目标任务的全面实现，获得人民满意的成果

在十六大时确定的全面建设小康社会目标的基础上，党的十七大对我国到2020年的奋斗目标提出了新的更高要求。交通运输发展要按照党的十七大确定的全面建设小康社会奋斗目标的新要求，“十一五”后两年，要确保公路水路交通“十一五”规划目标任务的完成，为“十二五”、“十三五”时期交通运输发展创造良好条件，为逐步实现全国公路、港口、航道、水上安全监管与救助等各项规划而努力奋斗。为此，必须使基础设施网络化程度、信息化水平和运营管理水平得到提升；运输组织进一步优化，服务质量得到提高，公众交通服务领域得到拓展；资源利用水平明显提高，单位运输能耗和污染物排放量明显下降；安全监管、救助打捞和应急保障能力显著提高；行业创新能力不断增强；基本建立符合社会主义市场经济体制要求的交通管理体制机制，形成比较完善的政策法规体系。到2020年，交通发展的质量和效率显著提高，运输服务和管理显著改善，行业创新实力显著提升，资源节约、环境保护显著增强，基本建成更安全、更通畅、更便捷、更经济、更可靠、更和谐的交通运输服务体系，实现交通运输科学发展、和谐发展、安全发展，使交通运输发展成果惠及城乡、人民共享，适应全面建成小康社会的需要，为本世纪中叶实现交通运输现代化打下坚实基础。

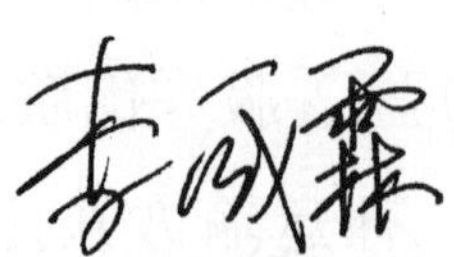

目　　录

第一章 综 述

1978 年 12 月 18 日至 22 日，中国共产党召开具有伟大历史意义的十一届三中全会，开启了改革开放历史新时期。改革开放是党在新的时代条件下，带领全国各族人民进行的新的伟大革命，目的就是要解放和发展社会生产力，实现国家现代化，让中国人民富裕起来，振兴伟大的中华民族；就是要推动我国社会主义制度自我完善和发展，赋予社会主义新的生机和活力，建设和发展中国特色社会主义。2008 年，我们迎来了改革开放 30 周年。

30 年来，在改革开放方针指引下，交通行业不断解放思想，大力推进改革，积极实行开放，抓紧发展机遇，加快建设公路、水路交通基础设施，不断发展完善公路、水路运输体系，为我国建立全面协调发展的综合交通运输体系，作出了历史性贡献。

充分发挥水运的作用，对于改变我国交通运输与国民经济不适应状况，建立优势互补、互相衔接、协调发展的综合运输体系，满足不同地区、不同层次和多样化的物流服务需求等，均具有重大意义。改革开放 30 年来，水路交通行业努力加快建设速度，不断优化产业结构，坚持量的扩张与质的提高并重，着力推动国内国际间物流，服务经济社会发展、新农村建设和人民群众安全便捷出行的能力显著增强，为我国改革开放和经济发展提供了强有力的支撑和保障。

第一节　水路交通改革开放历史进程

一、以创建蛇口工业区为突破口，交通行业改革开放胜利启航（1978～1979年）

1978年7月至9月，国务院召开务虚会，深入研究加快我国四个现代化的速度，这次会议产生了过去从来没有过的理念。比如，强调要放手利用国外资金，积极引进国外先进技术与设备，大胆进入国际市场。讨论了经济管理体制改革，提出要勇于改革一切不适应生产力发展的生产关系和不适应经济基础要求的上层建筑。

根据国务院务虚会议精神，1978年10月9日，交通部党组向党中央、国务院报送了《关于充分利用香港招商局问题的请示》（以下简称《请示》），提出让招商局"冲破束缚，放手大干，争取时间，加快速度，适应国际市场的特点，走出门去搞调查、做买卖。"实行"立足港澳、背靠国内、面向海外、多种经营、买卖结合、工商结合"的经营方针，以加强我在港澳的经济力量与发展远洋运输事业。仅仅三日后，也就是1978年10月12日，《请示》就获得党中央和国务院的批准。中央领导的批复，极大地鼓舞了交通部寻求新的发展道路、探索新的发展模式的积极性和责任感，预示着长期封闭和半封闭的中国将要从水路交通行业向世界打开大门。

1979年1月6日，广东省、交通部联合向李先念副总理并国务院报送了《关于我驻香港招商局在广东宝安建立工业区的报告》（以下简称《报告》）。《报告》提出：招商局初步选定在宝安县蛇口公社境内建立工业区，以便利用国内较廉价的土地和劳动力，利用国外的资金、先进技术和原材料，把两者的有利条件充分利用并结合起来，对实现我国交通航运现代化和促进宝安边防城市工业建设，以及对广东省的建设都将起积极作用。《报告》

拟建的集装箱制造厂、修船厂和码头设施等与发展水路交通关系紧密。李先念同志收到报告后，立即和谷牧副总理作了认真研究，决定请交通部副部长彭德清和主持香港招商局工作的常务副董事长袁庚，与他们当面研究商议。

1979 年 1 月 31 日，农历正月初四，彭德清和袁庚随同谷牧一起走进中南海李先念办公室。袁庚汇报了在广东宝安建立工业区的设想，并表示要把香港的有利条件，如资金、技术和国内土地、劳动力结合起来。李先念插话说："对，现在就是要把香港和内陆的优势结合起来，充分利用外资来搞建设。不仅广东要这样搞，福建、上海等地都可以考虑这样搞。"袁庚说："我们想先行一步，要求在蛇口划出块地段，作为招商局的工业用地。"李先念仔细审视宝安县地图，指着深圳西南角的蛇口说："就给你这个半岛吧！"他接着说："你要赚外汇，要向国家缴税；要和海关、财政、银行研究个特殊政策，不然他们是要管的。"

2 月 2 日谷牧召集相关部委负责人举行会议，商讨香港招商局在蛇口建立工业区的问题。谷牧强调，根据邓小平同志意见，广东、福建可以更开放一些，并宣读了李先念的批示。袁庚代表交通部和招商局明确表示："这个工业区的建设不用财政部一分钱，只要求财政部免税 10 ~ 15 年，以后全部交给国家。"会议经过充分讨论议定：划出 20 公顷土地给交通部试验一下；给蛇口工业区特殊政策；在纳税问题上按照香港的办法。

7 月 2 日，位于深圳南头半岛的蛇口工业区正式开工建设，第一声炸山填海的"开山炮"，宣告全国第一个外向型工业区在改革开放的前沿阵地深圳诞生了。蛇口工业区第一次按照国际惯例引入外商和引进外资，最先打破计划经济体制下的"大锅饭"，实行全新的社会经济管理体制，喊出了"时间就是金钱，效率就是生命"这一传遍中国大地的著名口号。

在国内划出一块地方，由交通部驻港企业按照香港方式经营，这是共和国历史上前所未有的大事。蛇口工业区的诞生揭示了中国的对外开放是从创办经济特区开始的，又以经济特区形成了对外开放的"窗口"，从而，最终形成了全方位对外开放的新格局。

1951年，我国与波兰合资创办中波轮船股份公司，从事亚欧航线远洋运输，水路交通行业诞生了新中国第一家中外合资企业。20世纪70年代末，中国交通人率先提出创办对外开放的工业区，使蛇口工业区成为全国改革开放棋盘上的先落之子，在我国改革开放历史宏卷上，留下了浓墨重彩的一笔，我国交通改革开放巨轮也由此启航。

二、以放宽搞活、简政放权为重点，水路交通改革开放快步展开（党的十一届三中全会后至党的十四大前）

十一届三中全会后的中国，从农村开始的改革取得了初步成果。有了农村改革的成功经验，改革开放的重点开始转移到了城市。邓小平同志指出："城市改革实际上是整个经济体制的改革。"1984年10月，党的十二届三中全会通过的《中共中央关于经济体制改革的决定》（以下简称《决定》），为我国全面开展经济体制改革指明了方向。20世纪80年代，水路交通谱写了改革开放由试点到全面、由局部到全行业的历史篇章。

《决定》指出，增强企业活力是经济体制改革的中心环节。围绕这个中心环节，主要应该解决好两个方面的关系问题，即确立国家和全民所有制企业之间的正确关系，扩大企业自主权；确立职工和企业之间的正确关系，保证劳动者在企业中的主人翁地位。《决定》提出了建立合理的价格体系，充分重视经济杠杆的作用；实行政企职责分开，正确发挥政府机构管理经济的职能；建立多种形式的经济责任制，认真贯彻按劳分配原则；积极发展多种经济形式，实行国家、集体、个人一起上的方针等一系列改革措施。

十一届三中全会以前，我国水路交通管理体制存在很多弊端，主要表现为：所有制形式单一，政企职责不分，政府直接管理企业的具体生产事务等。新中国成立后，全国交通运输管理体制虽有过多次调整，但只是局限于权力的上收和下放，并未触及管理体制的实质问题，结果一收就死，一放就乱，水路交通缺乏活力和效率。实行改革开放政策后，随着我国国民经济和对外贸易发展步伐的加快，进出口货物运输急剧增长，各行各业对水路交通的运输需求迅速扩大，水运生产能力严重不足，港口“压船、压港、压货”现象屡屡发生，水路交通成为严重制约国民经济发展的“瓶颈”。

要加快水路交通运输发展，就必须改革缺乏活力和经济效益低下的原有水路交通体制，成为水路交通行业各级领导和广大职工的共识。按照党中央“对外开放、对内搞活”政策和经济体制改革方针，20 世纪 80 年代，水路交通改革开放贯穿了三条主线：放开搞活，解放和发展水运生产力；政企分开，简政放权；转变职能，加强行业宏观行政管理。

（一）实行放开搞活政策，解放和发展水运生产力

为适应国民经济和社会发展需要，针对水运经济体制存在的弊端，从解放和发展运输生产力出发，80 年代初，交通部先后提出了一系列放宽搞活的政策：打破单一所有制限制，开放水路运输市场和建设市场，努力把水路交通搞通、搞活、搞上去。开始允许机关、企事业和个体户的运输工具参加营业性运输。1983 年，明确提出“有河大家走船”，坚决破除对水路交通搞地区封锁，制止控制货源行为，大力扶植个体和集体运输，提倡多家经营，鼓励竞争。1985 年，进一步放宽政策，提出水路运输方面放手让大家搞，“各部门、各行业、各地区一起干，国营、集体、个人以及各种运输工具一起上”，各行各业各种经济成分，只要符合条件，并取得营运许可证，都允许从事水路运输。

积极利用外资，调动社会各方面的积极性，共同兴办和建设水运基础设施，实行“谁建、谁用、谁受益”政策，形成多元化的水路交通投资新格局。1983 年，港口建设资金开始引入国外政府贷款和世界银行贷款等外资。1986 年，交通部决定对进出 26 个沿海港口的货物征收港口建设费，开始实行“以港养港，以收抵支”政策，并出台政策措施，鼓励内地省市在沿海港口集资建设码头，货主单位自建专用码头。

此外，交通部还决定开放水运工程建设市场，建立水运建设市场公平准入和竞争秩序，水运建设项目全面实行公开招标和工程承包制。1984年，大中型港口建设项目实行工程招标承包制，1985年，水运基建项目全面实行工程招标承包制。同时，水运建设项目面向社会公开招标，利用外资项目还进行国际招标。

上述“对内搞活、对外开放”的政策，搞活了水路运输，使水路交通行业开始形成多种经济成分并存，多种经营方式并举的新格局，解放和发展了我国水运生产力。

（二）改革管理体制，实行政企分开

20世纪80年代，水路交通管理体制改革的核心是逐步实现政企分开，使企业真正成为独立的经济实体。水运管理部门扭转原来主要抓直属企业的局面，把更多的精力转向抓水运行业管理。在党的路线和方针、政策指引下，交通部对水运企业、港口体制、长江航运等进行了一系列重大改革。

对远洋运输管理体制进行改革。对政企合一、一套机构两块牌子的交通部远洋运输局和中国远洋运输总公司实行政企职责分开，1982年7月撤并调整了交通部远洋运输局，新设海洋运输管理局，中国远洋运输总公司成为相对独立的企业。1984年11月，国务院发出《关于改革我国国际海洋运输管理工作的通知》，明确中国远洋运输总公司要办成独立经营的经济实体，不兼行政职能，并规定一切从事国际海洋运输的船舶（包括在中国注册的中外合营船公司），由交通部实行归口管理。

对长江航运管理体制进行改革。按照政企分开、港航分管的原则，1982年5月，交通部提出了长江航运体制改革方案。经国务院批准，交通部于1984年1月撤销了长江航运管理局，分别组建了长江航务管理局和长江轮船总公司。长江航务管理局为交通部派出机构，按照交通部的授权，

对长江航运实施行政和行业管理。长江轮船总公司为交通部直属一级航运企业，负责经营长江干线的客货运输和船舶修造业务。

对港口管理体制进行改革。在大连港、天津港管理体制改革试点基础上，1984 年至 1989 年，交通部直属的 14 个沿海港口、26 个长江干线重点港口全部下放到所在城市，实行交通部和所在地政府“双重领导，地方为主”的管理体制，加强了港口所在地城市政府对港口工作的领导，扩大了港口经营自主权，增强了港口自我改造和自我发展能力。当时，仅保留了全国煤炭装船第一大港秦皇岛港仍由交通部直接管理。

对水上交通安全监督管理体制进行改革。在 14 个沿海港口下放的同时，交通部先后将隶属于沿海各港的 17 个港务监督、15 个海上无线电通信机构和 3 个隶属于航道局的航标测量处划出，分别组建了 14 个海上安全监督局，行使国家海上安全监督管理职能，实行以交通部为主、港口所在城市为辅的双重领导体制。对长江等水系港航监督业务分工进行了调整。

对黑龙江、珠江等内河航运管理体制进行改革。1983 年，成立交通部黑龙江航运管理局，统管黑龙江水系行政管理和水上运输组织工作。1986 年，组建珠江航务管理局，作为交通部在珠江水系派出的行政管理机构。1987 年，成立“京杭运河江苏省交通厅航务管理局”，对京杭运河（苏北段）航运管理体制进行改革，实行交通部和江苏省双重领导，以省为主，统一领导和管理苏北大运河航务工作。

对交通部招商局管理体制进行改革。招商局在蛇口建立中国第一个对外开放的工业区后，在改革开放中实力得到快速增长，相继开辟了港口、地产、金融、工业等新业务，从一个单一的航运企业发展成为一家综合性企业。1985 年 11 月，国务院正式批准成立招商局集团，由交通部直接领导，并作为交通部派驻香港的代表机构，统管交通部所属驻港企业。

对部分直属单位管理体制进行改革。交通部对部分直属单位，区别不同情况，或者下放，或者归并，或者按内在的经济技术联系重组。1981 年，为加强水路交通领域科研力量，原由交通部科学研究院领导的水运科学研究所改为交通部直属单位。1986年，为适应我国对外开放和远洋运输迅速发展的需要，经国务院批准，成立中国船级社，与中国船舶检验局实行两块牌子，一套机构。1988年，交通部4个航务工程局、4个航务勘察设计院、1个水运规划设计院、3个航道局、2个港机厂、1个航标厂和中国港湾工程公司共同组建中国港湾建设总公司；成立中国交通通信中心，统一管理交通系统通信和导航工作。合并交通部机关有关水上货运、调度部门，设立中国水上货运中心。上海、天津、广州、武汉、大连、青岛海事法院，分别交所在省、市高级法院管理。

对交通物资供应体制进行改革。1989年，根据物资部、交通部《关于交通部物资供销机构交接问题的协议》，交通部物资计划工作由交通部计划司负责，交通部物资供应机构改为“中国交通物资总公司”，实行物资部与交通部双重领导，以物资部为主的管理体制。

对交通部机关机构设置进行改革。按照中央国家机关机构改革的部署，1982年和1988年，交通部机关进行了两次大的机构改革。特别是1988年的改革，交通部运输管理行政职能向“围绕建设与发展综合运输体系，优化运输结构，协调行业内外和多种所有制运输企业的关系，推进横向联合，发展合理运输。”的方向作出了重大调整。交通部机关机构改革为水路交通行业实现“政企分开、简政放权、转变职能、加强行业管理”创造了条件。

（三）转变政府职能，加强行业管理

交通部按照“加强交通宏观管理、增强交通企业活力”的要求，转变交通管理部门职能，加强行业管理。明确提出以“转、分、放”和“两个转变”为主要内容的交通行政改革，转变政府职能，实行政企分开，把应该下放的企业放到中心城市，实现从主要抓直属企业，转变到面向整个交通运输行业，从直接抓企业的具体生产经营活动，转变到抓好行政管理。在水

路交通行业管理上，突出体现为“定规划，出法规，促改革”三个方面：

从宏观经济方面加强对水路交通的规划和指导。1981 年 11 月提出振兴航运事业 10 项任务。1985 年 6 月明确港口建设 7 条方针政策。1986 年 12 月发布加快发展内河航运 5 项措施和扶持政策。1989 年 2 月提出“在发展以综合运输体系为主轴的交通业的总方针指导下，统筹规划，条块结合，分层负责，建设公路主骨架、水运主通道、港站主枢纽”，1990 年 2 月提出加快支持保障系统建设，确立“三主一支持”交通基础设施发展长远规划设想。政府交通部门对水路交通发展的宏观指导逐步落到实处。

从国家和行业层面出台一系列重要法规。20 世纪 80 年代期间，陆续发布了《海上交通安全法》、《船舶装载危险货物监督管理规则》、《关于中外合资建设港口码头优惠待遇的暂行规定》、《港口建设费征收办法》、《水路货物运输合同实施细则》、《内河交通安全管理条例》、《水路运输管理条例》、《航道管理条例》、《水运工程施工招投标管理办法》等法律法规和配套管理规章，面对逐步开放的水路运输市场，基本搭起水路交通法规体系框架。政府交通部门对水路交通行业的行政管理逐步得到加强。

从水路交通实际出发推行一批改革措施。1983 年至 1986 年，交通部直属企业分两步完成了利改税改革，1987 年交通部对部直属企业和双重领导的港口分别实行了经营承包责任制和“以收抵支，财务包干”的财务体制改革。1986 年 4 月发布《关于推进交通科技体制改革的若干意见》，9 月对交通科技管理办法进行重大改革。1988 年 3 月下发《深化改革，强化救助职能的十项措施》。1989 年 2 月颁布实施《关于治理整顿道路、水路运输市场的决定》。在水路交通运输企业推行全面质量管理。政府交通部门促进水路交通运输发展的作用得到更加充分体现。

20 世纪 80 年代，以政企分开为核心的水路交通管理体制改革实践，扩大了企业自主权，调动了企业积极性，增强了企业市场活力。随着改革不断深入，按照企业的不同层次，交通部下放了部分企业建设项目的审批权；

贷款船舶建造的审批权；包括对车船实行正常报废、出租和转让的固定资产管理权；包括生产发展基金、职工福利基金和职工奖励基金的企业自留资金使用权；贷款使用和赔偿权；指令性计划外物资管理权；各种劳动组织形式管理权。1987 年，交通部指令性货物运输计划由过去的 17 项缩减为重点物资、外贸物资 2 项，其余 15 项改为指导性计划。

随着企业扩权的深入，水运企业改革逐步向建立经济责任制、推行厂长（经理）负责制方面扩展。通过把企业、职工的经济责任、经济效益同经济利益联系起来，正确处理国家、企业和劳动者个人三者关系，提高了职工生产积极性，促进了企业生产发展。1988 年，列入交通部改革计划的 46 个直属单位，全部实行厂长（经理）负责制和行政首长任期目标责任制。交通部直属航运企业的 1 286 艘船舶中，有 1 113 艘实行了船长负责制。

三、以建立社会主义市场经济体制为目标，水路交通改革开放开创新局面（党的十四大后至党的十六大前）

1992 年初春，改革开放总设计师邓小平同志视察南方，发表了一系列重要谈话。以南巡谈话为指导，1992 年 10 月，党的十四大把建立社会主义市场经济体制确定为我国经济体制改革的目标，经济体制改革由“计划经济为主，市场经济为辅”、“有计划的商品经济”、“国家调节市场，市场引导企业”，进入到建立社会主义市场经济体制新阶段。1993 年 11 月，党的十四届三中全会通过了《中共中央关于建立社会主义市场经济体制若干问题的决定》，这个《决定》是我国建立社会主义市场经济的总体规划和行动纲领，勾画了新经济体制的基本框架，即：转换国有企业经营机制，建立现代企业制度；培育和发展市场体系；转变政府职能，建立健全宏观经济调控体系；建立合理的个人收入分配和社会保障制度；深化农村经济体制改革；深化对外经济体制改革，进一步扩大对外开放；进一步改革科技体制和教育体制；加强法律制度建设；加强和改善党的领导，为 20 世纪末初步建立社会主义市场经济体制而奋斗。

20世纪90年代，水路交通改革的中心任务就是按照建立社会主义市场经济体制的目标，深化水路交通体制改革，进一步解放和发展水运生产力，推动我国水路交通事业进入快速发展的历史轨道。

（一）深化水路交通管理体制改革

水路交通管理体制是水路交通的改革重点。20世纪80年代，以政企分开为核心的改革实践，触及了水运管理体制的实质问题，改革取得显著成果。按照建立社会主义市场经济体制的改革目标，水路交通管理体制还有很多方面需要进一步改革。1996年，国务院审查并批准交通部提交的《深化水运管理体制改革方案》。根据改革方案，交通部对水路交通管理体制进行深化改革。

1. 深化港口管理体制改革

实行政企分开，理顺各方关系。按政企分开原则，设立港口行政管理机构，作为当地政府的职能部门，负责当地政府辖区内港口规划和岸线管理，港埠企业、货主码头的归口管理，归口规费的征收，港口和陆域环境保护管理等。将政企合一的港务局改组为港埠企业，成为自主经营、自负盈亏、自我发展、自我约束的经济实体，依法从事装卸、仓储、堆存等经营活动及港口的归口改造、维护。各港的客货代理、船舶代理、船舶供应、理货、引航等服务水路运输的机构，从港埠装卸企业中分离，组建独立公司或社团法人从事经营活动。

深化港口财务管理体制和基本建设投资体制改革。改革“以港养港，以收抵支”的财务制度，并与国家新税收制度接轨。改革水运建设投融资制度，扩大港口建设费征收范围和标准，试行港口水下基础设施、防波堤、锚地、出海航道等公用设施基本建设投资改由国家投入为主，装卸设备、库场等上部设施由港口经营人投入并负责还本付息。推行项目资本金制度。

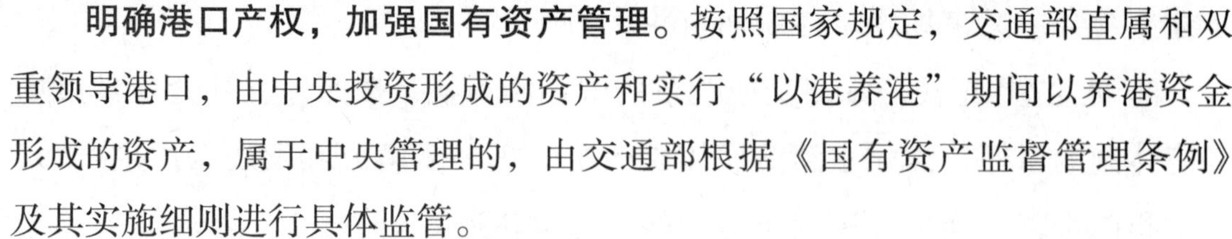

明确港口产权，加强国有资产管理。按照国家规定，交通部直属和双重领导港口，由中央投资形成的资产和实行“以港养港”期间以养港资金形成的资产，属于中央管理的，由交通部根据《国有资产监督管理条例》及其实施细则进行具体监管。

2. 深化内河航运管理体制改革

深化长江航运管理体制改革。设立长江航务管理局作为交通部在长江水系的派出机构，归口管理长江水系航运的日常工作。改革长江港航公安体制，实行统一管理。长江干线主要港口、长江水上安全监督和船舶检验管理体制改革，借鉴沿海模式并结合长江航运实情进行。成立长江航运管理委员会，由交通部牵头，水系各省、直辖市人民政府参加，统筹协调长江水系航运发展和管理重大事项，由长江航务管理局兼任日常办事机构。

深化黑龙江航运管理体制改革。交通部黑龙江航运管理局实行政企分开，整体下放。组建黑龙江省航务管理局，直属省交通厅领导，承担黑龙江水路交通行政管理。成立独立经营的黑龙江省航运集团公司，从事黑龙江水上运输和港口装卸等生产经营。黑龙江港航监督局和船舶检验分局合并组成黑龙江海事局，由省交通厅和交通部海事局双重领导，管理全省水路交通安全工作。

3. 深化水上交通安全和船舶检验管理体制改革

改革水上交通安全管理体制。根据《深化水运管理体制改革方案》确定的水上安全监督体制改革原则，1998 年交通部组建海事局，开始实施水上安全监督体制改革方案。在我国沿海海域和港口、对外开放水域及主要内河长江、珠江、黑龙江干线及港口，成立部直属海事局，实行“一水一监，一港一监”。在上述中央管理水域以外的其他水域，由地方交通主管部门成立海事机构负责监督，交通部对地方水上安监工作实施行业管理。

改革船舶检验管理体制。按照《深化水运管理体制改革方案》确定的“政事分开，划清职责，统一政令，理顺关系”的改革思路，将国家船检局与中国船级社分开，国家船检局作为交通部职能部门履行行政管理职能，中国船级社作为交通部一级事业单位，按照市场经济原则和国际通行做法，有偿承接船舶检验等业务。理顺中央与地方船检管理体制，解决同一水域船检机构重复设置、重复检验和重复收费等问题。

4. 深化水路交通科技教育体制改革

改革水路交通科研体制。按照国家提出的科研院所体制改革指导方针，交通部对直属水运科研单位进行了重组。交通部继续保留水运科学研究所和天津水运工程科学研究所直属管理，科研经费实行差额拨款。其他水运科研单位经调整、归并后，分别划转中央或地方管理。通过落实“稳住一头，放开一片”的改革措施，在大力加强基础科研的同时，引导水运科研单位将主要力量转向水运生产主战场，着力解决科研和生产“两张皮”问题。

改革交通部所属水运院校教育管理体制。20 世纪 80 年代后，交通部通过划转、合并、共建等形式，对全国水运院校进行了一系列调整改革，积极促进水运院校的发展。1999 年，根据《国务院关于进一步调整国务院部门（单位）所属学校管理体制和布局结构的决定》，交通部进一步改革水运院校管理体制，除保留大连海事大学继续由交通部管理外，其他院校分别划转教育部，或实行中央与地方共建、以地方管理为主。

5. 深化海事法院管理体制

理顺海事法院管理体制。1998 年 7 月，中共中央办公厅、国务院办公厅批转《最高人民法院、中央机构编制委员会办公室、交通部关于理顺大连等 6 个海事法院管理体制的意见》，确定将大连、天津、青岛、上海、广州、武汉海事法院纳入国家司法行政体系。1999 年 6 月，海事法院交接工作全部完成，实现与交通部完全脱钩。

（二）深化国有水路交通企业改革

转换国有企业经营机制，建立现代企业制度，是我国经济体制改革的难点和重点所在，也是水路交通改革的重要内容之一。1991 年 5 月，国务院发出《关于进一步增强国营大中型企业活力的通知》，1992年7月，国务院发布《全民所有制工业企业转换经营机制条例》。按照党中央和国务院的部署，交通部对国有水路交通企业进行了一系列改革。

增强企业活力，提高企业素质和经济效益。1991年6月，召开交通部部属企业工作会议，研讨搞活部属及双重领导企业的措施，并印发《关于进一步搞活部属及双重领导大中型交通企业的若干意见》。根据国务院发布的《全民所有制工业企业转换经营机制条例》，1993年1月，交通部印发了《全民所有制交通企业转换经营机制实施办法》，以指导水路交通企业深化改革，增强活力，提高素质，加快向新经济体制过渡。

开展股份制试点。1992年，交通部批准上海港机厂、上海海运局、上海长江轮船公司、广州海运局海南海盛船务实业有限公司、南京长江油运公司、深圳远洋股份公司等企业作为股份制试点单位，海南海盛船务实业有限公司为1993年向社会公开发行股票试点企业。这些试点企业的完善方案经国家有关部门或地方政府批准后正式改制。1994年6月，国务院证券委员会批复上海海运（集团）所属上海海兴轮船股份有限公司H股发行额度，使其成为我国到境外上市的首家水路交通企业。截至2000年底，以交通为主营业务的上市公司共有45家，其中发行A股的40家，发行B股的8家，发行H股的6家。

组建大型水路交通企业集团，实行"抓大放小"。1992年12月，以中国远洋运输总公司、中国长江轮船总公司为核心企业，分别组建中国远洋运输集团、中国长江航运集团。适时交通部将相对集中的部属企业，组建成中国海运集团、中国港湾建设集团，两个集团分别于1997年8月和12月正式挂牌。以上4个大型水路交通企业集团均实行以资产为纽带的母子公司管理体制，并与1985年成立的招商局集团，被国务院批准列入120家企业集团试点单位。交通部在"抓大"的同时，认真做好"放小"的工作，加快放开搞活国有中小型水路交通企业，从实际出发，采取股份合作制以及职工持股、租赁、承包或产权转让等多种多样的形式进行改革。

推动现代企业制度建立，推行资产经营责任制。1994 年 3 月，国家经贸委发布《关于转换国有企业经营机制建立现代企业制度若干意见》，建立现代企业制度，转换企业经营机制，落实 14 项经营自主权，成为水路交通企业改革重点。1996 年，交通部制定部属企业资产经营责任制的考核指标体系和考核办法，1998 年，在试点工作的基础上，交通部修改完善了《资产经营责任制考核办法》，加强经营责任审计和监督力度，大力推行资产经营责任制。

完成交通部与所办经济实体和直属企业脱钩。按照 1998 年 11 月《中共中央办公厅、国务院办公厅关于中央党政机关与所办经济实体和管理的直属企业脱钩有关问题的通知》的要求，交通部提出了与大型水路交通企业、沿海和长江主要港口港务局脱钩的方案，1999 年 1 月获批复后，共有 31 个水路交通企业与交通部正式脱钩，涉及总资产1 727 亿元，职工总数 32.5 万人。同时，交通部暨招商局与所办、投资和管理的招商银行脱钩，仅保留投资关系。至此，交通部与直属水路交通企业政企分开的改革画上了历史句号。

完成武警交通部队领导关系调整。根据国务院、中央军委的规定，1983 年 11 月，中国人民解放军基建工程兵交通部队与军队脱钩，直接由交通部领导。1985 年 1 月，基建工程兵交通部队列入中国人民武装警察部队序列，受武警总部和交通部双重领导。1999 年 3 月，武警交通部队改由武警总部直接领导。

（三）深化水运市场改革

建立起统一、开放、竞争、有序的水路运输市场，是水路交通行业建立社会主义市场经济体制的重要内容。为培育和发展水路运输市场，交通部推行了一系列改革。

全面开放国内水路货运市场。1995年3月，交通部修订并发布了新的《水路货物运输规则》和《水路货物运输管理规则》，遵循“公开、公平、公正”的原则，进一步打破了远洋运输、国内沿海运输和内河运输中人为的市场分割，建立与国际接轨的市场体系，全面开放国内水路货运市场。

整顿水运市场，加强行业调控。为规范水运市场管理，1994年9月，在全国范围内完成了水运企业和船舶《水路运输许可证》、《船舶营业运输证》新证换领。按照“控制总量、优化调整结构、加强管理、提高效益，促进水运行业健康发展”的方针，1996年7月和1998年7月，交通部两次暂停新筹建船公司、新增运力和扩大经营范围的审批工作，以加强水运市场治理整顿和宏观调控的力度。

全面开放渤海湾海上客运市场试点。1990年4月，烟台海运总公司开辟蓬莱——旅顺车客渡航线，打破了渤海湾海上客运独家经营的局面。1993年10月，交通部发布《全面开放渤海湾海上客运市场方案》，随之，试点工作全面展开。经过改革试点，渤海湾客运整体技术水平大为提高，港航企业市场竞争意识普遍增强，初步形成渤海湾海上客运的市场机制。

组建上海航运交易所。1996年1月，党中央、国务院提出“建设上海国际航运中心”的战略目标。作为上海国际航运中心的重要标志之一，1996年11月8日，交通部与上海市政府共同组建的上海航运交易所成立。上海航运交易所是我国第一个国家级水运交易市场，按照1996年10月经国务院批准，交通部颁布的《上海航运交易所管理规定》，该所在政策研究、信息发布、运价报备、运价协调、集中报关服务等方面开展工作，为包括船公司、货主、代理方等在内的整个航运市场提供服务。建立上海航运交易所，对于规范航运市场交易行为，调节航运市场价格，沟通航运市场信息，深化水路运输市场改革具有重要意义。

（四）加快水路交通法制建设

1992年11月7日，全国人大常委会审议通过《中华人民共和国海商法》，自 1993 年 7 月 1 日起施行。作为调整海上运输法律关系的基本法律，《海商法》的颁布和施行，为我国构建水路交通法规体系奠定了重要基础。《海商法》对船舶的取得、登记、管理，船员的调度、职责、权利和义务，客货的运送，船舶的租赁、碰撞与拖带，海上救助，共同海损，海上保险等的法律规定，成为指导我国水路交通法制建设的基本准则。

20 世纪 90 年代期间，以颁布实施《海商法》为标志，一系列规范水路运输管理、水运工程建设、水路运输服务的法律规章先后出台。国家颁布或修订后重新颁布了《船舶登记条例》、《航标条例》、《船舶和海上设施检验条例》、《水路运输管理条例》、《关于外商参与打捞中国沿海水域沉船沉物管理办法》等行政法规。交通部发布或修订后重新发布了《水路旅客运输规则》、《水路货物运输规则》、《水路货物运输管理规则》、《水路危险货物运输规则》、《水运工程建设市场管理办法》、《港口建设项目（工程）竣工验收办法》、《水路运输服务业管理规定》等规章。这些法律和规章对水路交通依法行政，建立社会主义市场经济体制，提供了重要的法制保障。

（五）调整水路交通经济结构

调整水路交通经济结构，既是水路交通改革的重要内容，也是水路交通改革的重大目标。为建立科学合理的水路交通经济结构，进一步转变水路交通经济增长方式，交通部着力推动深化改革。

调整水路交通企业组织经营结构。1991 年 9 月，中共中央召开工作会议专题研究如何搞好企业的经营和效益后，交通部针对水路交通企业组织结构分散，专业化、社会化水平较低，“大而全，小而全”等，直接影响企业经营和效益的问题，认真引导大中型水路交通企业通过实施股份制、组建企业集团和建立现代企业制度等进行结构调整，以市场为导向，正确处理主业发展和多元化经营的关系，大大增强了水路交通企业活力。

调整水路交通行业所有制结构。1998 年 1 月，全国交通工作会议指出，要进一步调整和完善所有制结构，全面认识公有制经济的含义，努力探索交通行业公有制经济的多种实现形式，正确理解国有经济的“主导地位”，确立国有经济“有所为、有所不为”的指导思想，充分认识个体、私营等非公所有制经济，是交通行业重要组成部分的意义。在改革开放初期“各部门、各行业、各地区一起干，国营、集体、个人以及各种运输工具一起上”的实践基础上，继续深入调整完善水路交通所有制结构。

调整水路运输结构。1999 年 1 月，全国交通工作会议提出水路运输结构调整方案，明确要继续发挥国内航运的大宗货物运输优势；大力发展水路集装箱运输，促进我国集装箱干线运输发展和集装箱干支线运输网络的完善；鼓励发展液化气船、化学品船、滚装船、高速客船等船型，提高船舶技术水平，逐步淘汰老旧船舶；发展国际航运，引导企业优化船队结构，加快建立全球货运网络和运用信息技术管理航运的步伐。为转变水路交通经济增长方式指明了方向。

调整地方水路交通布局。发挥中央和地方积极性，在努力建设主枢纽港的同时，交通部鼓励地方投资建设港口，进一步完善港口体系。采取改组、联合、兼并、租赁、承包和股份合作制、出售等形式放开搞活，充分调动各方投资、建设和发展水运的积极性，推动地方大多数国有中小型航运企业改制为民营企业，集体航运企业进行股份制改造，引导民营企业抓住水路运输大发展时期，走规模化、专业化经营道路，培育一批在国内外有影响力的非国有控股航运企业。

四、以科学发展观为指针，水路交通改革开放再上新台阶（党的十六大以来）

伴随着跨世纪的号角吹响，我国改革开放的征程，迎着新世纪的朝阳，昂首阔步地前进。到2002 年 11 月 8 日党的十六大召开，我国的改革开放取得了突破性进展，最重要的两个标志是：初步建立社会主义市场经济体制，确立了公有制为主体、多种所有制经济共同发展的基本经济制度；2001 年 11 月 10 日，中国成为世界贸易组织正式成员，基本形成了全方位、宽领域、多层次的对外开放格局。高举邓小平理论伟大旗帜，把建设有中国特色社会主义事业全面推向 21 世纪，成为全党和全国人民的共识和心愿。

2003 年 10 月，党的十六届三中全会通过的《中共中央关于完善社会主义市场经济体制若干问题的决定》指出："坚持以人为本，树立全面、协调、可持续的发展观，促进经济社会和人的全面发展。"2007 年 10 月，党的十七大把"高举中国特色社会主义伟大旗帜，以邓小平理论和'三个代表'重要思想为指导，深入贯彻落实科学发展观，继续解放思想，坚持改革开放，推动科学发展，促进社会和谐，为夺取全面建设小康社会新胜利而奋斗"作为大会主题。科学发展观，第一要义是发展，核心是以人为本，基本要求是全面协调可持续，根本方法是统筹兼顾。科学发展观这一治国理政重大战略思想的提出，为我们奋力开拓中国特色社会主义更为广阔的发展前景，提供了强有力的思想武器和行动指南。我国改革开放的巨轮驶到了新的起点。

我国进入全面建设小康社会的发展阶段，国民经济保持快速发展，与国际经济全面接轨，水路交通运输需求进一步增长。交通部明确提出，要紧紧抓住我国经济发展战略转型的历史机遇，深入贯彻落实科学发展观，继续深化改革开放，围绕解放和发展水运生产力，推动水路交通改革开放再上新台阶，不断提高做好"服务国民经济和社会发展全局、服务社会主义新农村建设、服务人民群众安全便捷出行"的能力和水平，加快发展现代交通运输业，促使交通运输继续成为新时期国民经济发展的战略重点，为全面建设小康社会提供交通运输保障作出不懈努力。

（一）进一步深化水路交通管理体制改革

我国加入世贸组织为水路交通的发展带来了新的机遇，同时也提出了更高的要求。20世纪80年代和90年代水路交通体制尤其是港口管理体制的改革，对于解放水运生产力发挥了巨大作用，但仍旧存在体制瓶颈：地方政府建设和管理港口的积极性尚未充分发挥；港口投资结构和投资主体多元化仍然比较缓慢；港务局政企合一没有得到根本改变；港口理货、安全监督、救助打捞、引航管理和港航公安等体制，仍不符合社会主义市场经济的规律。由此，对水路交通管理体制开展新一轮改革势在必行。

深化港口管理体制改革。2001年11月，国务院办公厅下发《关于深化中央直属和双重领导港口管理体制改革意见的通知》，决定将由中央管理的秦皇岛港以及中央与地方政府双重领导的港口，全部下放地方管理。港口下放后，原则上由港口所在城市人民政府管理，需要由省级人民政府管理的，由省级人民政府按照“一港一政”的原则确定管理形式。港口下放后，实行政企分开，港口企业不再承担行政管理职能，并按照建立现代企业制度的要求，进一步深化企业内部改革，成为自主经营、自负盈亏的法人实体。

改革港口的计划、财务体制。港口的计划管理由中央计划管理改为地方管理，财务管理由“以港养港，以收抵支”改为“收支两条线”，取消港口企业定额上缴、以收抵支的办法，同时，按规定征缴港口企业所得税。港口下放后，除交由国家开发投资公司管理的资产外，港口的资产无偿划转地方管理，在保证中央必要的港口建设费支出的前提下，适当提高各港港口建设费的留成比例，同时，地方人民政府应多方筹措港口建设资金，制定有利于港口发展的政策，为港口发展创造良好条件。全面放开国内水路运输价格和港口内贸货物装卸作业价格。

改革港口理货体制。交通部于2002年开始港口理货体制改革，逐步放开理货市场，进一步规范理货业务。将各港外轮理货公司从港口企业中分离出来，作为独立的企业法人，自主经营。同时，将中国外轮理货总公司向各港外轮理货公司收取管理费的方式，改为持有各港外轮理货公司一定的股份，形成以资本为纽带的现代企业制度。为保证理货的公正性，促进理货质量不断提高，港口理货引入竞争机制，2003 年，交通部批准成立第二家全国性理货总公司，沿海主要港口设立两家以上理货企业。

改革长江口航道管理体制。2003 年，交通部开始进行长江口航道管理体制改革，建立有利于长江口深水航道建设、管理、养护一体化的长效管理机制。2004 年 9 月，将长江口航道建设公司调整转制为长江口航道局，负责长江口航道的规划、建设、维护、管理和有关科研工作。

改革水上安全监督管理体制。交通部自 1998 年开始进行新一轮全国水监体制改革。1999 年 6 月，国务院办公厅下发《关于转发交通部水上安全监督管理体制改革实施方案的通知》，至 2005 年 6 月西藏地方海事局正式成立，全国水上安全监督管理体制改革工作全面完成。由 20 个交通部直属海事局和 28 个省级地方海事局共同组成的全国水上安全监督管理系统，实现了“一水一监，一港一监”和政令、布局、监督管理三统一。形成了港航管理、船岸执法和救助保障的“三位一体”的水上交通监管体系，水上应急反应能力得到有效提升，进一步稳定了水上安全形势。

改革海上救助打捞体制。在 20 世纪 90 年代改革的基础上，2002 年 1 月，交通部就进一步改革我国海上救助打捞体制向国务院请示，提出对救捞合一的管理体制进行改革，实行救助与打捞分开管理。2003 年 2 月，国家有关部门制定《救助打捞体制改革实施方案》。2003 年 6 月，交通部北海、东海、南海救助局和交通部烟台、上海、广州打捞局以及上海海上救助飞行队成立，标志着救捞体制改革工作取得历史性突破，新的救捞体制和海上立体救助体系正式运行。

改革引航管理体制。2005 年 10 月，交通部发出《关于我国港口引航管理体制改革实施意见的通知》，调整和理顺港口引航相关关系，按照“一个港口一个引航机构”，将沿海港口的引航机构从港口企业中分离出来，成立具有独立法人资格的事业单位，向全港所有码头提供引航服务。过渡期内，引航机构尚未实行政企分开的港口可暂时维持现状，在业务上接受所在地港口行政管理部门的指导。长江引航机构作为独立向航行在长江的船舶提供引航服务的单位，隶属于长江航务管理局。

推进港航公安体制改革。2002 年 1 月，国务院下发《关于长江港航公安管理体制改革有关问题的批复》，原则同意交通部报送的《长江港航公安机关体制改革方案》，明确长江港航公安机构作为国家治安行政力量和刑事司法力量的重要组成部分，行使跨区域的中央管理水域的公安理事权。2005 年 1 月，国务院办公厅下发《关于第二批中央企业分离社会职能工作有关问题的通知》，中国海运（集团）公司、中国港湾建设（集团）总公司所属的大连、上海、广州海运公安局和天津、武汉、上海、广州航务公安处等 7 个交通公安机构，一次性全部分离，按属地原则移交所在地人民政府管理。

（二）进一步扩大水路交通对外开放

水路交通行业严格履行我国政府加入世界贸易组织（WTO）做出的承诺，完善相关的法规和规章，依法清理行政审批项目，简化市场准入手续，加强国际海运市场监管，在认真履行入世承诺的同时，积极开展区域交通合作，广泛参与相关国际组织活动，努力拓展水路交通对外交流。

全面兑现入世承诺。取消了外国船公司在我国设立常驻代表机构的审批，国际海运市场进一步开放。允许外商在我国设立外资股比最高为 49% 的合资船公司，从事挂靠我国港口的国际运输。允许外商设立控股的合资企业，从事海运货物装卸、国际集装箱场站业务。允许外商设立独资企业，从事仓储业务。允许外商设立外资股比最高为 49% 的合资企业，从事国际船舶代理业务。港口服务方面，港口经营人基于合理和无歧视原则，向国际海运经营者提供服务，鼓励外国资本投资、建设和经营我国的港口业。

认真承担国际责任和义务。我国是《1990 年国际油污防备、反应和合作公约》（OPRC1990 公约）的缔约国之一，交通部积极加强以“应急预案的颁布实施、组织管理机构的建立、溢油监控监测体系的建立、应急队伍和力量的建设、培训和演练工作的开展”为主要内容的船舶溢油应急反应体系建设，以确保随时有效应对船舶溢油污染。为积极履行《1974 年国际海上人命安全公约》（SOLAS 公约）以及《国际船舶和港口设施保安国际规则》（ISPS 规则）的要求，交通部颁布了《港口设施保安规则》和《船舶保安规则》，为防止港口和船舶遭受恐怖主义袭击，切实实施了保安履约工作。

积极开展区域交通国际合作。2002 年 11 月，中国与东南亚联盟签署《中国—东盟全面经济合作框架协议》后，正式建立了东盟—中国（10 +1）交通部长会议机制，共同签署了《中国—东盟交通运输合作谅解备忘录》、《中国—东盟海运协定》和《中国—东盟交通合作战略规划》，建立了“中国—东盟海事定期磋商机制”和“中国—东盟港口发展与合作论坛”机制等。大湄公河次区域交通合作（GMS）、上海合作组织交通部长会议、中日韩海上运输及物流部长会议、东北亚港湾局长会议和东北亚港口论坛、亚太地区海事机构首脑论坛（AHMSAF）等区域交通国际合作和交流活动取得显著进展。

努力提高我国在相关国际组织的影响力。通过积极参与相关国际组织活动，加强国际和地区间交流与合作，在双边、多边国际事务中发挥积极作用。我国自 1989 年在国际海事组织（IMO）第 16 届大会当选为 A 类理事国后，在 IMO 的地位不断巩固，至 2007 年，我国已连续 10 届当选 A 类理事国。我国在国际港口协会的影响不断扩大，2005 年 5 月，我国首次主办的第 24 届世界港口大会在上海举行。我国在亚太经合组织（APEC）合作中发挥着越来越重要的作用，在 2006 年 11 月第四届亚太经合组织领导人非正式会议上，首倡建立“APEC 港口服务网络”。

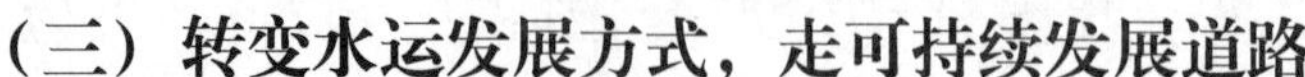

（三）转变水运发展方式，走可持续发展道路

经过1978年以来的改革和发展，我国水路交通事业已经站立到历史新高峰，但在加快推进水路交通发展的进程中，水路交通长期积累的一些矛盾也开始凸显。转变水运发展方式，水运发展由主要依靠基础设施投资建设拉动，向建设、养护、管理和运输服务协调拉动转变；由主要依靠增加物质资源消耗，向科技进步、行业创新、从业人员素质提高和资源节约环境友好转变；由主要依靠单一运输方式的发展，向综合运输体系发展转变。走可持续发展道路，成为水路交通改革开放再上新台阶的主旋律。

建设资源节约、环境友好型水路交通，增强可持续发展的能力。2006年4月，交通部制定《建设节约型交通指导意见》，2008年7月，发布《公路、水路交通实施〈中华人民共和国节约能源法〉办法》。交通部明确提出了在加快水路交通发展中，要树立和落实科学发展观，按照建设节约型社会的基本要求，以提高资源利用效率为核心，以节约土地、岸线、能源、建筑材料，实现资源综合利用与发展循环经济为重点，调整运输结构，推进科技进步，加强法制建设，创新体制机制，完善政策措施，实现水路交通发展对资源的少用、用好、循环用。把落实节约资源和环境保护，贯穿于水路交通规划、设计、施工、运营的全过程，节约集约利用土地资源和岸线资源，积极推广应用节能新技术、新设备、新产品、新工艺，完善运输装备的市场准入和退出机制，严格执行船舶排放标准，控制和减少船舶的污染排放，成为建设资源节约、环境友好型水路交通，增强水路交通可持续发展能力的着力点。

调整水运结构，促进结构的优化升级，增强水路交通运输服务保障的能力。按照水路交通发展战略和布局规划，建设分工合理、优势互补、相互协作、竞争有序的环渤海、长江三角洲、东南沿海、珠江三角洲和西南沿海5个港口群，形成煤炭、石油、铁矿石、集装箱等8个专业化运输系统。大力发展大型化、深水化、专业化的公用码头，加大老码头更新改造力度，主要港口进出港航道基本适应船舶大型化发展要求。完善港口集疏运设施，加快内河集疏运通道建设，实现高速公路与沿海集装箱干线港主体港区的零距离衔接。积极推进上海、天津、大连国际航运中心建设，大力发展海运融资、保险、交易、咨询等现代海运服务业。加快物流园区、保税港区、临港工业区的港口配套设施建设，加快港口信息化、智能化建设，拓展港口物流服务功能。加快落实《“十一五”期长江黄金水道建设总体推进方案》，充分发挥黄金水道在长江流域综合运输体系中的主骨架作用。把充分发挥京杭运河航运作用摆在更加重要的位置，加大公共基础设施升级扩能，改善通航环境。加快调整船队结构，扩大五星红旗船队规模，加快干散货、油船、集装箱等专业化大型船队发展，明显提高海运船队的技术水平，提升保障我国经济安全的能力和核心竞争力。加快推进长江、京杭运河、西江等内河船型标准化工作，优化运力结构，促进船舶大型化，提高船闸通过能力，提升内河航运竞争力。

推进自主创新，把改革创新精神贯彻到各个环节，增强水路交通发展的内在动力。2006 年 7 月，交通部印发《建设创新型交通行业指导意见》，召开全国建设创新型交通行业工作会议，明确提出了建设创新型交通行业的指导方针是“需求引导、科学统筹、重点突破、全面推进”，战略重点是“理念创新、科技创新、体制创新、政策创新”，总体目标是“到 2020 年，公路水路交通行业的创新实力显著增强，解决交通发展重大问题的能力显著提高，在交通各个领域的创新工作取得显著进展，使交通行业成为富有创新活力、具有创新动力和拥有创新实力的行业，推进交通又好又快发展，建设一个更安全、更通畅、更便捷、更经济、更可靠、更和谐的公路水路交通系统。”推进自主创新，用新思路、新办法解决水路交通发展存在的矛盾和问题，用新理念、新举措应对未来水路交通发展的新挑战，实现水路交通的新发展和新突破，成为水路交通行业建设创新型行业，增强水路交通发展内在动力的战略选择。

完善水运行业管理，建设服务型政府交通部门，增强水路交通公共服务的能力。培育和建设统一开放、竞争有序的水路交通市场体系，进一步规范市场秩序；强化水路交通建设和运营精细化管理，不断提升质量、技术和服务水平；加强水路交通安全监管和人命救助能力建设，建立健全长效机制；完善交通突发公共事件应急预案和应急体系，提高应急保障能力；减少和规范行政审批，依法行政；转变政府职能，转变工作作风，转变工作方法，强化公共服务职能。成为水路交通行业建设服务型政府交通部门，增强水路交通公共服务能力的重要内容。

（四）完善水路交通法制建设

交通部按照建立社会主义市场经济法律体系的原则，进一步完善水路交通法制建设，以法律形式将水路交通行业改革开放成果和成功经验固定下来，初步建成以《海商法》、《港口法》和《海上安全法》为基础的我国水路交通法规体系。

2003年6月28日，《中华人民共和国港口法》颁布，自2004年1月1日施行。《港口法》深刻总结了新中国成立后我国港口管理、特别是20多年改革开放的实践和经验，借鉴吸收了国际上港口管理和立法的有益做法，在港口规划、建设、维护、经营和管理等方面，确立了一系列重要法律制度。《港口法》的出台，标志着我国港口事业真正步入了法制的轨道，与已经施行的《海商法》、《海上安全法》，共同构成了我国水路交通法规体系最基本的法律基础。

先后颁布实施的《中华人民共和国国际海运条例》、《国际海运条例实施细则》、《外商投资国际海运业管理规定》等行政法规和部门规章，参照和借鉴了国际航运惯例以及其他国家的航运立法实践，使中国国际海运管理走向规范化、法制化，适应了加入世界贸易组织后，我国融入参与国际航运市场的发展需要，促进了我国海运业进一步改革开放。

先后出台了《港口规划管理规定》、《港口经营管理规定》、《港口建设管理规定》、《航道建设管理规定》、《港口危险货物管理规定》、《国内船舶运输经营资质管理规定》、《老旧运输船舶管理规定》、《船舶最低安全配员规则》、《船舶签证管理规则》、《国际船舶保安规则》、《船员条例》，修订《内河交通安全管理条例》等部门规章。提出《航道法》等法律法规的制、修订草案上报国务院审核。各省市依据《港口法》、《水路运输管理条例》等法律法规，结合本地区水运发展和管理的实际，加快水运立法进程，先后出台了规范港口、水路运输、航道管理等地方性法规和政府规章100多件。以上由国家、地方出台的水运法律法规以及规章等，初步构成了我国水路交通法规体系，为建立和完善统一开放、竞争有序的水运市场，促进水路交通行业的改革和发展，提供了有力的法制保障。

先后印发《关于整顿和规范水运建设市场秩序的若干意见》、《水运工程施工监理招投标管理办法》、《港口安全评价管理办法》、《港口工程竣工验收办法》等管理规定以及一系列技术规范和行业标准，严格基本建设程序，规范招标投标行为，加强了水运建设工程质量管理，促进了水运建设市场健康发展。

围绕规范完善交通行业行政管理，先后发布《交通法规制定程序规定》、《关于推进交通行政执法责任制实施意见》等部门规章，使我国交通法规体系得到进一步充实。

（五）发展现代水路交通业

在深化对交通运输本质属性认识的基础上，交通部明确提出，交通工作要进一步强化服务意识，增强服务能力，提高服务水平，努力做好“三个服务”。实践证明：“三个服务”，是对多年来交通实践经验的总结，是对交通发展规律认识的深化，是交通工作贯彻落实科学发展观的本质要求，也是交通工作深入贯彻党的十七大精神、适应新时期新阶段新要求、推进科学发展的出发点和落脚点。做好“三个服务”，加快推进水路交通由传统产业向现代服务业转型，发展现代水路交通业，是新时期水路交通改革开放具有全局性、方向性的重大战略。

2007年7月，交通部召开全国水运工作会议。明确提出了新时期水路交通发展的总体要求是：坚持以邓小平理论和“三个代表”重要思想为指导，深入贯彻落实科学发展观，按照健全综合运输体系的要求，充分发挥水运比较优势，做好“三个服务”，加快水路交通的结构调整、升级和转型，实现科学发展、安全发展、和谐发展，推进我国水路交通现代化。

到2020年，我国总体实现水路交通现代化的目标是：拥有基本达到世界先进水平的水运基础设施、装备和服务体系，海运综合实力强，内河航运优势明显，与其他运输方式相互协调，形成安全、高效、畅通、可持续发展的水路交通系统，适应经济社会发展和国家经济安全的要求。主要表现在：水运基础设施网络健全、结构合理、功能比较完善，主要港口成为重要的区域性或国际性物流中心；运输装备先进、结构合理，船舶大型化、专业化、标准化程度高；耗能低、污染小的设施和装备得到普遍应用，实现节约发展、清洁发展；水上支持保障系统功能健全，安全保障能力强；发展理念领先，行业管理科学，运输组织高效，现代科学技术和信息技术得到广泛应用。

大力发展内河航运。我国将建设以高等级航道为主体的干支直达、通江达海、结构合理的航道体系。到2020年，建成1.9万公里的高等级航道。建设布局合理、功能完善、专业化和高效率的内河港口体系。发展与航道能力相匹配的大型化、标准化船舶和专业化内河运输船队。完善内河航运法规体系和规划体系，提高内河航运信息化水平。建设技术装备先进、反应快速的安全监管和救助系统。充分发挥内河航运在水资源综合利用中的重要作用，促进航运资源的合理开发、高效利用、有效保护和优化配置。

不断开拓海洋运输。我国将建成具有较强综合竞争力的大型化、专业化、现代化船队，运力总规模居世界前列，特别是加强能源、原材料等重点物资的运输能力。建成适应经济发展需求的沿海港口体系，加快建设具有较强国际竞争力的集装箱干线港口和国际航运中心，提升港口在现代物流中的重要枢纽作用。培育规模大、信誉好、国际竞争力强的水运企业和一流的全球物流经营人，大力发展现代海运服务业，提高海运服务贸易能力。完善海运法规体系。在沿海、长江干线等重点水域，基本建立全方位覆盖、全天候运行、具备快速反应能力的现代化水上交通安全和救助体系，提高维护国家权益、履行国际公约和承担国际义务的能力。加快智能化、数字化的信息技术应用，建成功能齐全、运行高效的交通电子口岸，完善水运科技研发和人才教育培训系统。

21 世纪前 20 年是我国发展的重要战略机遇期。水路交通要抓住机遇、珍惜机遇、用好机遇，坚持解放思想，实事求是，深化改革开放，深入贯彻落实科学发展观，努力做好“三个服务”，不断提高水路交通的服务和保障能力，加快实现水路交通现代化，为全面建设小康社会和构建社会主义和谐社会做出新的更大贡献。

第二节 水路交通改革开放重大成就

改革开放以来，我国水路交通行业紧紧抓住改革开放的重大历史机遇，以一往无前的进取精神和波澜壮阔的创新实践，积极实行改革开放，不断解放和发展水运生产力，加快推进水路交通现代化建设进程，开创了水路交通事业发展的新局面，水路交通在综合运输体系中的地位明显提升，在保障能源、原材料等大宗货物和外贸集装箱运输中发挥了至关重要的作用，有力地支撑了我国国民经济和对外贸易又好又快发展。

改革开放 30 年，我国国民经济年均增长速度在 9% 以上，对外贸易进出口总额年均增长速度超过20%，水运承担了90%以上的外贸货物运输量，港口接卸了95%的进口原油和99%的进口铁矿石，集装箱港口吞吐量突破1亿标箱。水路货物运输量、货物周转量在综合运输体系中的比重，1978年为14.8%和38.3%，2007年为12.4 %和63.3%。在世界海运较快发展，全球部分港口能力紧张的状况下，我国主要港口提供了高效、便捷、通畅的服务，成为世界港口和航运体系中最重要的组成部分之一。1978年至2007年全国水运货运量以及占全社会货运量的比重见图1-1，1978年至2007年全国水运货物周转量以及占全社会货物周转量的比重见图1-2。

一、水运基础设施建设成绩辉煌

经过改革开放30年的发展，我国形成了布局合理、层次分明、功能齐全、河海兼顾、优势互补，配套设施完善、现代化程度较高的港口体系，港口向大型化、深水化、专业化方向发展。沿海港口基本建成功能明确、节约资源、安全环保、便捷高效、衔接协调的煤、矿、油、粮和集装箱五大运输系统，内河航运基本形成长江、珠江、京杭运河和长江三角洲、珠江三角洲“两横一纵两网”国家高等级航道网，水运基础设施建设成效显著。

（一）港口设施建设硕果累累

改革开放以后，交通部制定的“三主一支持”交通基础设施长远规划设想和国家发布的《全国沿海港口布局规划》、《全国内河航道与港口布局规划》等水路交通发展规划，使我国港口建设形成了较为完整的长远发展规划体系。在规划的指导下，沿海和内河开辟了一系列新港口和新港区，大型深水专业化码头泊位建设加快。

我国在环渤海、长江三角洲、东南沿海、珠江三角洲和西南沿海五大区域，形成了规模庞大并相对集中的五大沿海港口群，以煤炭、矿石、油

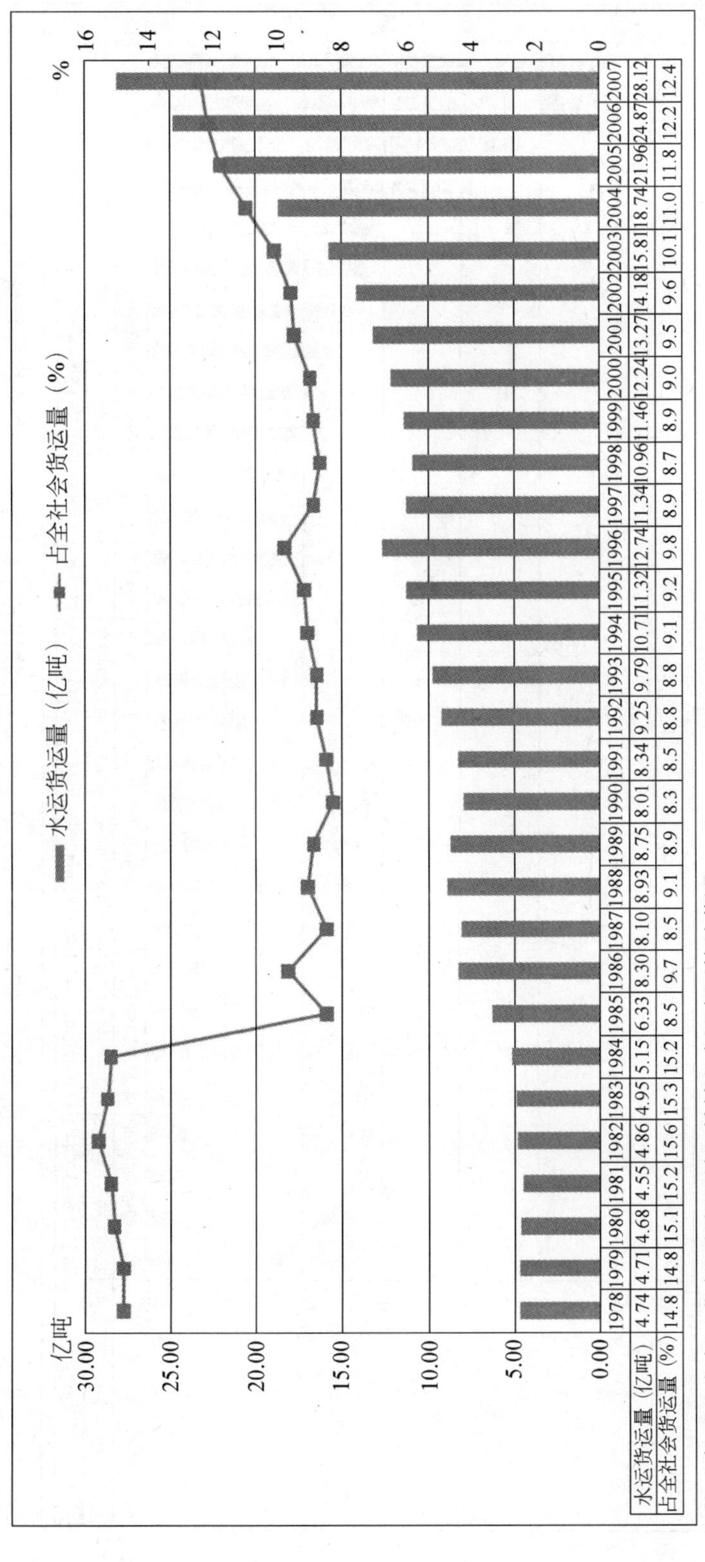

年份	1978	1979	1980	1981	1982	1983	1984	1985	1986	1987	1988	1989	1990	1991	1992
水运货运量（亿吨）	4.74	4.71	4.68	4.55	4.86	4.95	5.15	6.33	8.30	8.10	8.93	8.75	8.01	8.34	9.25
占全社会货运量（%）	14.8	14.8	15.1	15.2	15.6	15.3	15.2	8.5	9.7	8.5	9.1	8.9	8.3	8.5	8.8

年份	1993	1994	1995	1996	1997	1998	1999	2000	2001	2002	2003	2004	2005	2006	2007
水运货运量（亿吨）	9.79	10.71	11.32	12.74	11.34	10.96	11.46	12.24	13.27	14.18	15.81	18.74	21.96	24.87	28.12
占全社会货运量（%）	8.8	9.1	9.2	9.8	8.9	8.7	8.9	9.0	9.5	9.6	10.1	11.0	11.8	12.2	12.4

注：自 1985 年起，非交通部门公路运输纳入全国交通统计范围

图 1-1 1978 年至 2007 年全国水运货运量以及占全社会货运量的比重

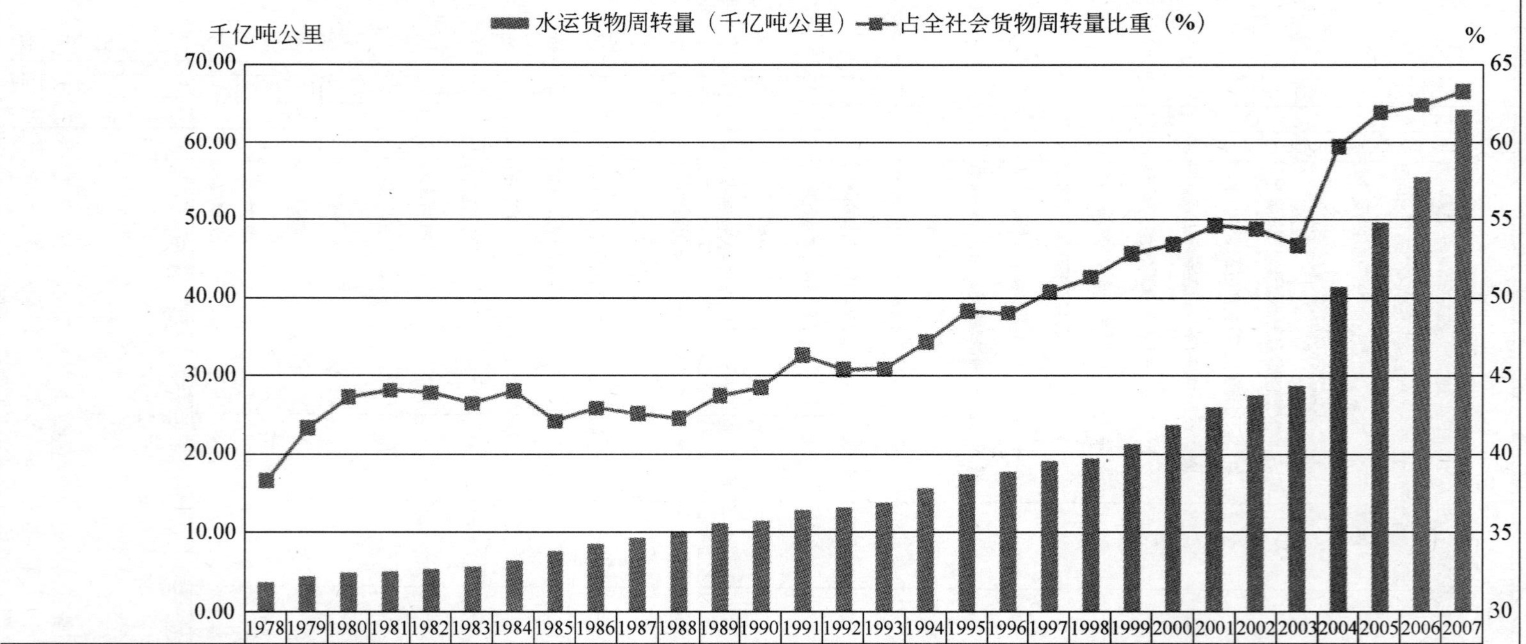

千亿吨公里　　水运货物周转量（千亿吨公里）　占全社会货物周转量比重（%）　　%

	1978	1979	1980	1981	1982	1983	1984	1985	1986	1987	1988	1989	1990	1991	1992
水运货物周转量（千亿吨公里）	3.80	4.59	5.08	5.18	5.51	5.82	6.57	7.73	8.65	9.47	10.07	11.19	11.59	12.96	13.26
占全社会货物周转量比重（%）	38.3	41.6	43.7	44.1	43.9	43.2	44.0	42.1	42.9	42.6	42.3	43.7	44.2	46.3	45.4

	1993	1994	1995	1996	1997	1998	1999	2000	2001	2002	2003	2004	2005	2006	2007
水运货物周转量（千亿吨公里）	13.86	15.69	17.55	17.86	19.24	19.41	21.26	23.73	25.99	27.51	28.72	41.43	49.67	55.49	64.29
占全社会货物周转量比重（%）	45.4	47.2	49.1	49.0	50.3	51.3	52.8	53.4	54.6	54.4	53.3	59.7	61.9	62.4	63.3

图 1-2　1978 年至 2007 年全国水运货物周转量以及占全社会货物周转量的比重

品、集装箱、粮食等货种和客运为重点，构架了水路客货运输系统。我国沿海一些主要港口的基础设施已经步入世界一流水平，港口装卸技术和服务效率处于世界前列。

内河主要港口面貌有了重大改观，在长江水系、珠江水系、京杭运河和淮河水系、黑龙江和松辽水系，形成了沿江沿河港口带。在长江、西江干线和长三角、珠三角水网地区建成了一批集装箱、大宗散货和汽车滚装等专业化泊位，三峡库区码头淹没复建工程全部完成，内河港口机械化和专业化水平不断提高。

1978 年，我国主要港口拥有生产用泊位 735 个，其中万吨级及以上深水泊位 133 个。2007 年，全国港口共拥有生产用泊位 35 947 个，其中万吨级及以上深水泊位1 337个。万吨级及以上深水泊位中，专业化泊位 754 个，其中煤炭泊位 151 个，原油成品油及液化气泊位 173 个，集装箱泊位 253 个。

改革开放 30 年来，我国港口不但万吨级及以上深水泊位的数量增加了 10 倍，而且 5 万吨级及以上深水泊位从零起步，达到 373 个，在万吨级及以上深水泊位数量中的比重上升到 27. 9%。进入 21 世纪后，大型深水专业化泊位建设速度明显加快，7 年间，平均每年增加 5 万吨级及以上深水泊位 37 个。内河港口万吨级及以上深水泊位从无到有，达到 259 个，建成 5 万吨级至 10 万吨级（不含 10 万吨级）泊位 52 个，10 万吨级及以上泊位 2 个。我国港口设施建设自改革开放以来取得的辉煌成就，创造了世界港口建设史的奇迹。

水路交通投融资体制改革带来的水运投资和经营主体多元化，拓宽了我国港口设施建设资金的来源。目前，除国家拨款外，地方投资、银行贷款、引进外资、社会融资、企业自筹等，已成为港口建设资金的主要来源。改革开放以前，交通建设资金国家投资在 80% 以上，1985 年自筹及其他资金超过国家投资，1986 年国内贷款超过国家投资，1993 年利用外资超过国家投资，水路交通鼓励货主和外商以合资、合作等多种形式，参与港口基础设施建设和港口经营的投资，为港口建设快速发展发挥了重要作用。改革开放30年，水上运输业固定资产累计投资6 247.1亿元，资金来源从主要依靠国家投入，转变为以企业和社会资金为主。2007年，全国港口和内河航道建设完成投资828.4亿元，是1978年水路交通行业全部投资的55.6倍；水上运输业到位资金中，国家预算内资金、国内贷款、利用外资、地方和企业自筹资金等的比重分别为0.85%、29.75%、3.7%、65.7%。1978年至2007年全国水上运输业固定资产投资见图1-3,1978年以来全国港口生产用泊位数量见图1-4，1985年以来全国港口万吨级及以上泊位数量见图1-5。

（二）航道建设取得重大进展

改革开放以来，我国内河航道建设出现新局面。经过20世纪80年代恢复性治理后，自20世纪90年代步入了以提高等级航道比重为主的新时期。基本建成了以长江干线、西江航运干线、京杭运河、长江三角洲航道网、珠江三角洲航道网“两横一纵两网”为代表的内河高等级航道体系。对松花江、湘江、汉江、嘉陵江等一些重要河流的整治、渠化和梯级开发，也取得了重大成果。

1978年，全国内河等级航道里程5.74万公里，投入内河航道与港口建设的资金0.69亿元。2007年，全国内河等级航道里程6.12万公里，三级及以上高等级航道8822公里，高等级航道占航道通航总里程的比重为7.1%，投入内河航道与港口建设的资金166亿元。进入21世纪后，随着长江三峡水利枢纽双线五级船闸投入使用，长江上游航行条件得到全面改善，长江航运优势更加受到重视。以长江黄金水道建设为重点，进一步加大了对内河航道建设的政策支持和资金投入力度，构架以高等级航道为主体的干支直达、通江达海、结构合理的内河航道体系，成为我国水路交通现代化的重要内容。

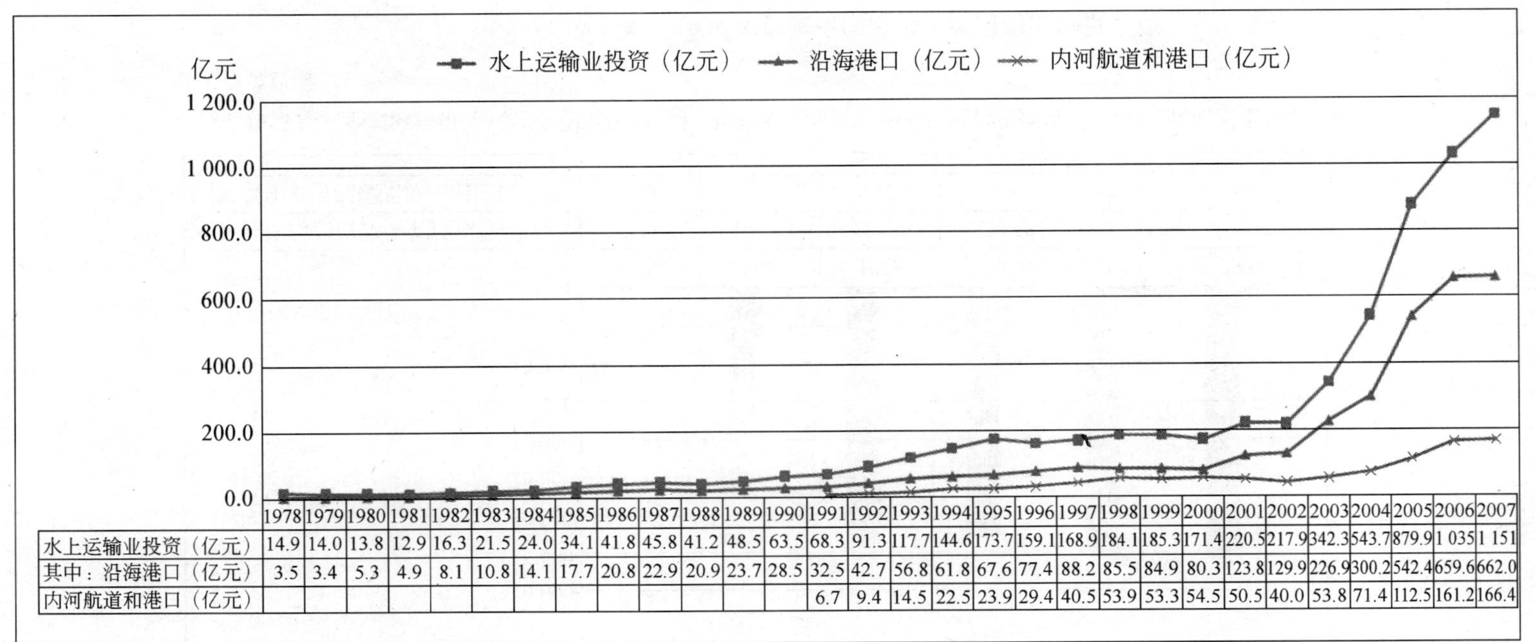

	1978	1979	1980	1981	1982	1983	1984	1985	1986	1987	1988	1989	1990	1991	1992
水上运输业投资（亿元）	14.9	14.0	13.8	12.9	16.3	21.5	24.0	34.1	41.8	45.8	41.2	48.5	63.5	68.3	91.3
其中：沿海港口（亿元）	3.5	3.4	5.3	4.9	8.1	10.8	14.1	17.7	20.8	22.9	20.9	23.7	28.5	32.5	42.7
内河航道和港口（亿元）														6.7	9.4

	1993	1994	1995	1996	1997	1998	1999	2000	2001	2002	2003	2004	2005	2006	2007
水上运输业投资（亿元）	117.7	144.6	173.7	159.1	168.9	184.1	185.3	171.4	220.5	217.9	342.3	543.7	879.9	1 035	1 151
其中：沿海港口（亿元）	56.8	61.8	67.6	77.4	88.2	85.5	84.9	80.3	123.8	129.9	226.9	300.2	542.4	659.6	662.0
内河航道和港口（亿元）	14.5	22.5	23.9	29.4	40.5	53.9	53.3	54.5	50.5	40.0	53.8	71.4	112.5	161.2	166.4

图 1-3 1978 年至 2007 年全国水上运输业固定资产投资

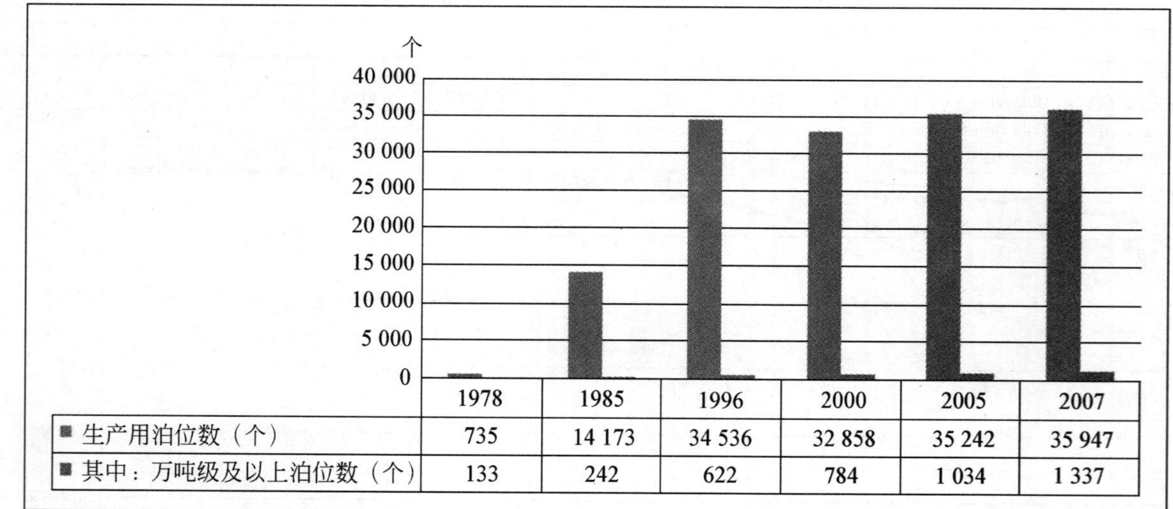

	1978	1985	1996	2000	2005	2007
■ 生产用泊位数（个）	735	14 173	34 536	32 858	35 242	35 947
■ 其中：万吨级及以上泊位数（个）	133	242	622	784	1 034	1 337

注：1978 年为全国沿海和内河主要港口统计数据，1985 年为全国交通系统港口普查数据，1996 年为全国港口普查数据。

图 1-4　1978 年以来全国港口生产用泊位数量

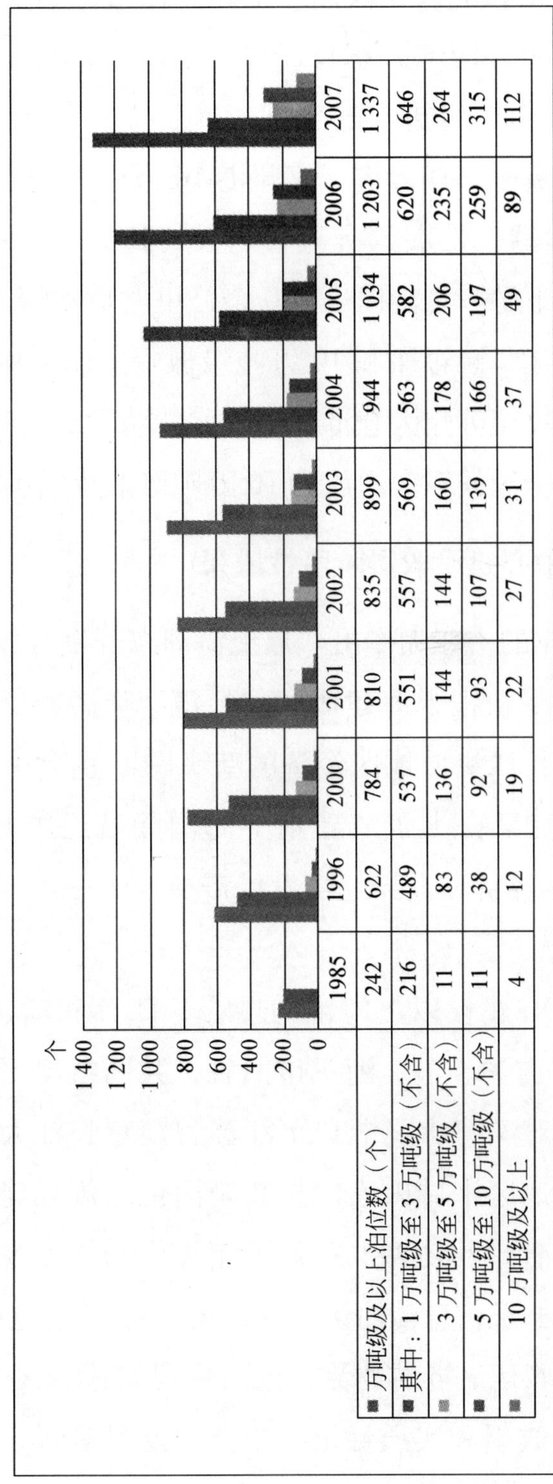

	1985	1996	2000	2001	2002	2003	2004	2005	2006	2007
■万吨级及以上泊位数（个）	242	622	784	810	835	899	944	1 034	1 203	1 337
■其中：1 万吨级至 3 万吨级（不含）	216	489	537	551	557	569	563	582	620	646
■ 3 万吨级至 5 万吨级（不含）	11	83	136	144	144	160	178	206	235	264
■ 5 万吨级至 10 万吨级（不含）	11	38	92	93	107	139	166	197	259	315
■ 10 万吨级及以上	4	12	19	22	27	31	37	49	89	112

图 1-5 1985 年以来全国港口万吨级及以上泊位数量

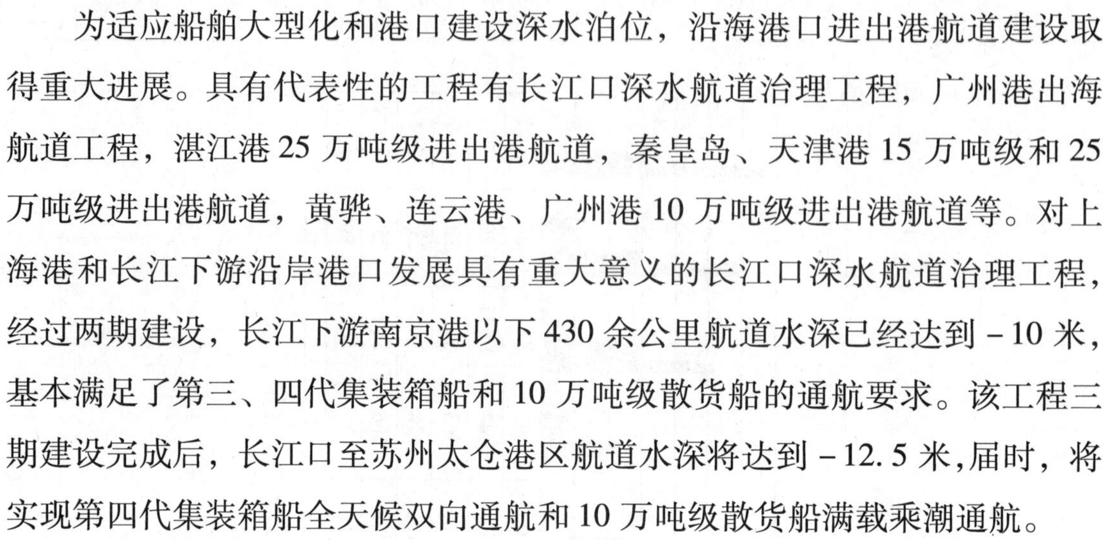

为适应船舶大型化和港口建设深水泊位，沿海港口进出港航道建设取得重大进展。具有代表性的工程有长江口深水航道治理工程，广州港出海航道工程，湛江港25万吨级进出港航道，秦皇岛、天津港15万吨级和25万吨级进出港航道，黄骅、连云港、广州港10万吨级进出港航道等。对上海港和长江下游沿岸港口发展具有重大意义的长江口深水航道治理工程，经过两期建设，长江下游南京港以下430余公里航道水深已经达到－10米，基本满足了第三、四代集装箱船和10万吨级散货船的通航要求。该工程三期建设完成后，长江口至苏州太仓港区航道水深将达到－12.5米,届时，将实现第四代集装箱船全天候双向通航和10万吨级散货船满载乘潮通航。

（三）国际航运中心建设取得阶段性成果

1992年10月，党的十四大作出“以上海浦东开发开放为龙头，进一步开放长江沿岸城市，尽快把上海建成国际经济、金融、贸易中心之一，带动长江三角洲和整个长江流域地区经济的新飞跃”重大决策之后，1996年1月，党中央、国务院又提出了“建设上海国际航运中心”的战略目标，这是适应21世纪中国经济和世界经济发展需要，进一步促进中国现代港口发展的一项重要举措。

上海国际航运中心建设以上海港为中心，江苏和浙江的港口为两翼，1997年9月，交通部与沪、苏、浙一市两省，共同组建了上海组合港管理委员会及其办公室，对上海市吴淞口至江苏省南京长江大桥的长江水域以及浙江省宁波、舟山地区水域内已建集装箱泊位和规划建设集装箱泊位的深水岸线，实施统一管理与协调。在集装箱码头和深水港区建设、长江口深水航道整治、港航电子信息传输系统（EDI）及口岸信息平台建设、口岸大通关、集装箱多式联运、港航物流、港口保税物流园区建设等各个方面，都取得了重大阶段性成果和实质性进展。其中最具有标志性的是：上海国际航运中心主要港口的基础设施发生了根本性的变化，洋山深水港区一期、二期工程和长江口深水航道治理一期、二期工程的顺利竣工，标志着我国的港口建设和航道整治已达到世界先进水平。上海国际航运中心港口吞吐量持续快速增长，上海港货物吞吐量自2005年后一直保持世界港口第一，集装箱吞吐量2007年跃居世界港口第二。上海国际航运中心口岸开放程度走在全国前列，截至2007年，已有上海洋山保税港区、上海外高桥保税物流园区、宁波梅山保税港区、浙江宁波保税物流园区和江苏张家港保税物流园区。其中，上海洋山保税港区与洋山深水港区开港同步正式启动，成为我国大陆第一个叠加对外开放港口、保税区、出口加工区、保税物流园区政策的新型港区。航运要素不断集聚，航运服务功能不断拓展，上海港、宁波港已经成为国内外各大船公司国际集装箱班轮航线的干线港，干线在航线中的比重和每月班轮数量，均大大高于国内同类港口的相同指标。由交通部与上海市政府共同组建的上海航运交易所，基本确立了中国航运政策研究中心和国际航运信息发布中心的地位。

党中央、国务院作出建设上海国际航运中心的决策后，2003年10月，提出“充分利用东北地区现有港口条件和优势，把大连建成东北亚重要的国际航运中心”，2006年6月，提出“将天津滨海新区努力建设成为中国北方对外开放的门户、高水平的现代制造业和研发转化基地、北方国际航运中心和国际物流中心”。经过最近几年的建设，这两个区域航运中心建设取得了重大进展。天津港、大连港基础设施再跃新台阶，建成一批达到世界一流水平的大型原油、矿石、集装箱码头。配合国家实施的大通关工程，通过深化口岸跨区域战略合作，改革和创新口岸综合管理模式和运行机制，不断塑造国际航运中心优良的软环境。2006年6月，国务院正式批准设立天津东疆保税港区、大连大窑湾保税港区，规划面积10平方公里的天津东疆保税港区不但是我国批准设立的第二个保税港区，也是目前我国面积最大的保税港区。这两个保税港区的设立，标志着大连东北亚国际航运中心和天津北方国际航运中心建设进入了新阶段。

二、水路交通服务能力显著提升

改革开放以来，我国船队运力规模迅速扩大，航线数量和班轮密度显著增加，水路运输保持持续快速增长，港口货物和集装箱吞吐量连年大幅度递增，海运贸易服务体系不断完善。我国先后与60多个国家签署了双边海运协定或协议，国内港口与70多个外国港口建立了“友好港”关系。21世纪伊始，我国已成为世界航运大国和港口大国。

（一）船队运力规模迅速扩大

1978年，我国船队运力规模为1 630万净载重吨，其中：中国远洋运输总公司运输船舶510艘，净载重量854.7万吨；上海海运局、广州海运局和大连轮船公司运输船舶257艘，净载重量250万吨，载客量2.2万客位；长江轮船总公司运输船舶2 544艘，净载重量258.8万吨，载客量12.7万客位，拖船功率32.7万千瓦。全国拥有沿海运输船舶2 066艘，净载重量286万吨；内河运输船舶10万艘，净载重量488.1万吨。

2007年，我国船队拥有19.18万艘运输船舶，运力规模达到1.19亿净载重吨，跃居世界第四位。中国远洋运输（集团）总公司拥有和控制各类现代化船舶872艘，船舶总运力达到5 482万载重吨，排名世界航运公司第二位。中远集团和中国海运集团集装箱船队的集装箱箱位分别达到44.1万标箱和43.2万标箱，双双进入世界10强。全国拥有远洋运输船舶2 284艘，净载重量4 164.64万吨，集装箱箱位106.98万标箱，载客量1.73万客位，船舶功率1 239.99万千瓦；沿海运输船舶9 322艘，净载重量2 450.58万吨，集装箱箱位12.11万标箱，载客量14.75万客位，船舶功率893.49万千瓦；内河运输船舶18.02万艘，净载重量5 266.25万吨，集装箱箱位6.87万标箱，载客量86.20万客位，船舶功率1 803.20万千瓦。全国水上运输船舶中，拥有集装箱船2 129艘，集装箱箱位92.27万标箱。

改革开放30年来，我国船队运力规模增长了7.3倍，船队构成发生了巨大变化。海洋运输船舶类型齐全，技术先进，适应能力增强，船队平均船龄明显降低，大型集装箱船、散货船、油船成为船队的主力船型，冷藏船、液化气船、木材船、滚装船等专用船舶成为船队的重要组成部分。内河运输船舶实现更新换代，专业运输船舶已基本实现钢质化，全面淘汰了挂桨机船和水泥质船。随着不断加快内河高等级航道网建设，内河运输船舶载重吨位得到大幅度提升，全国内河船舶平均吨位由48.8吨增加到292吨，船舶标准化程度也有了明显提高。

（二）航线数量和班轮密度显著增加

1978年，我国水路运输开辟的国际航线数量有限，与一些国家开展贸易后，许多应由我方承运的进出口外贸货物只能交给外国船公司运输，我方仅能完成其中70%左右的货运量。国际集装箱班轮运输基本处于空白状态，全国仅有一条上海至澳大利亚集装箱班轮航线。国内沿海运输和内河运输仍旧处于计划经济阶段，航线设置和运量安排全部由国家统一调度。

2007年，我国港口的远洋航线、近洋航线和国内沿海航线多达几千条，开辟的国际航线遍布全球12个航区各个重要港口，不但可以满足我国石油、铁矿石、粮食、煤炭等大宗外贸进出口货物的运输需要，而且还能够吸引国际海运市场的货源经我国港口中转。全国港口开辟国际集装箱班轮航线2 000余条，其中上海港有600多条，每月班轮航班达到2 100多班，宁波港有300多条，青岛港、深圳港分别有200多条，这些班轮航线运营船舶的箱位总计达到800多万标箱。国内沿海和内河运输航线通达全国各个港口，航班密度和班轮数量根据货物运输需求灵活调配，基本建成了沿海和内河沟通并与远洋衔接的专业化运输系统。水路运输市场机制对于船舶运力资源配置的作用得到充分发挥，在“北煤南运”、“北粮南运”、“矿石进江”、“油气内运”和集装箱运输中发挥了重要作用，尤其在运输高峰季

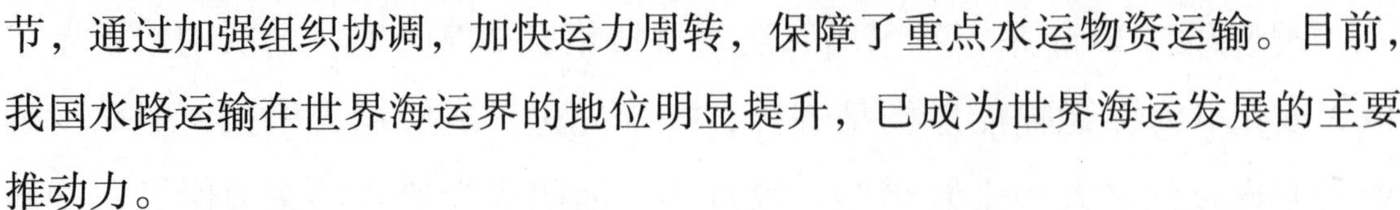

节，通过加强组织协调，加快运力周转，保障了重点水运物资运输。目前，我国水路运输在世界海运界的地位明显提升，已成为世界海运发展的主要推动力。

（三）水运生产持续快速增长

1978年，全国水路完成货运量4.74亿吨，货物周转量3 801.8亿吨公里。全国港口完成货物吞吐量2.8亿吨，其中，外贸货物吞吐量5 911万吨，集装箱吞吐量1.8万标箱，沿海港口货物吞吐量1.98亿吨，内河港口货物吞吐量8 200万吨。我国最大港口上海港的货物吞吐量7 955万吨，其中，外贸货物吞吐量1 573万吨，集装箱吞吐量0.8万标箱。

2007年，全国水路完成货运量28.12亿吨，货物周转量64 284.8亿吨公里，分别占我国综合运输体系货运量、货物周转量的12.4%和63.3%，其中，内河运输完成货运量12.99亿吨、货物周转量3 553.12亿吨公里，沿海运输完成货运量9.24亿吨、货物周转量12 045.83亿吨公里，远洋运输完成货运量5.89亿吨、货物周转量48 685.89亿吨公里。长江干线货运量突破11亿吨，蝉联世界内河第一。

全国港口完成货物吞吐量64.1亿吨，其中，外贸货物吞吐量18.49亿吨，沿海港口货物吞吐量40.42亿吨，内河港口货物吞吐量23.68亿吨，集装箱吞吐量1.14亿标箱。自2003年以来，全国港口货物吞吐量和集装箱吞吐量连续5年位居世界第一，2007年全国有14个港口货物吞吐量超过亿吨，上海港以4.92亿吨连续3年蝉联世界第一大港称号，宁波—舟山、广州、天津、青岛4个港口分别以4.73亿吨、3.43亿吨、3.09亿吨、2.65亿吨，进入世界前10位，秦皇岛、大连、深圳3个港口进入世界前20位。

改革开放30年来，我国水路货运量、货物周转量分别增长5.93倍和16.91倍，年均增长率达到6.4%和9.9%，全国港口货物吞吐量、外贸货物吞吐量分别增长22.9倍和31.3倍，年均增长率达到11.4%和12.6%。

进入21世纪后，随着我国加入世界贸易组织，水路货运量和货物周转量的增长速度进一步加快，7年间，水路货运量、货物周转量的年均增长率达到12.6%和15.3%，全国港口货物吞吐量、外贸货物吞吐量，年均增长率达到16.5%和18.4%。1978年至2007年全国港口货物吞吐量见图1-6。

1978年以来，我国港口货物吞吐量和外贸货物吞吐量的年绝对增长量大幅度提高。港口货物吞吐量1978年至1990年平均每年增长4 100万吨，1991年至2000年平均每年增长1.5亿吨，2001年至2006年平均每年增长5.6亿吨，2007年比2006年增长8.4亿吨。外贸货物吞吐量1978年至1990年平均每年增长1 000万吨，1991年至2000年平均每年增长3 900万吨，2001年至2006年平均每年增长1.74亿吨，2007年比2006年增长2.35亿吨。

改革开放30年来，我国水路集装箱运输以世界上罕见的发展速度迅猛增长，成为我国水路交通向现代化迈进的重要标志。改革开放初期，我国集装箱班轮运输刚刚起步，世界港口集装箱吞吐量前100位排名中，中国大陆无一港口入围，也没有专业的集装箱码头，集装箱装卸作业效率很低。20世纪90年代后，我国水路集装箱运输进入快速发展阶段，港口集装箱吞吐量以30%的年均增长率迅猛增加。自1978年开始，超过100万标箱用了11年，由100万标箱到1 000万标箱用了9年，由1 000万标箱到5 000万标箱用了6年，而由5 000万标箱到1亿标箱仅用了3年，2007年达到1.14亿标箱，全国港口集装箱吞吐量实现了从小到大的跨越式发展和历史性突破。1978年至2007年全国港口集装箱吞吐量见图1-7。

2007年，全国有16个港口集装箱吞吐量超过100万标箱，上海、深圳、青岛3个港口分别以2 615万标箱、2 110万标箱、946万标箱位居世界第2、4、10位，宁波—舟山、广州、天津3个港口进入世界前20位集装箱港口，全国有16个港口进入世界前100位集装箱港口。主要集装箱港口的现代化水平达到世界先进水平，装卸效率屡创世界记录。集装箱相关产业

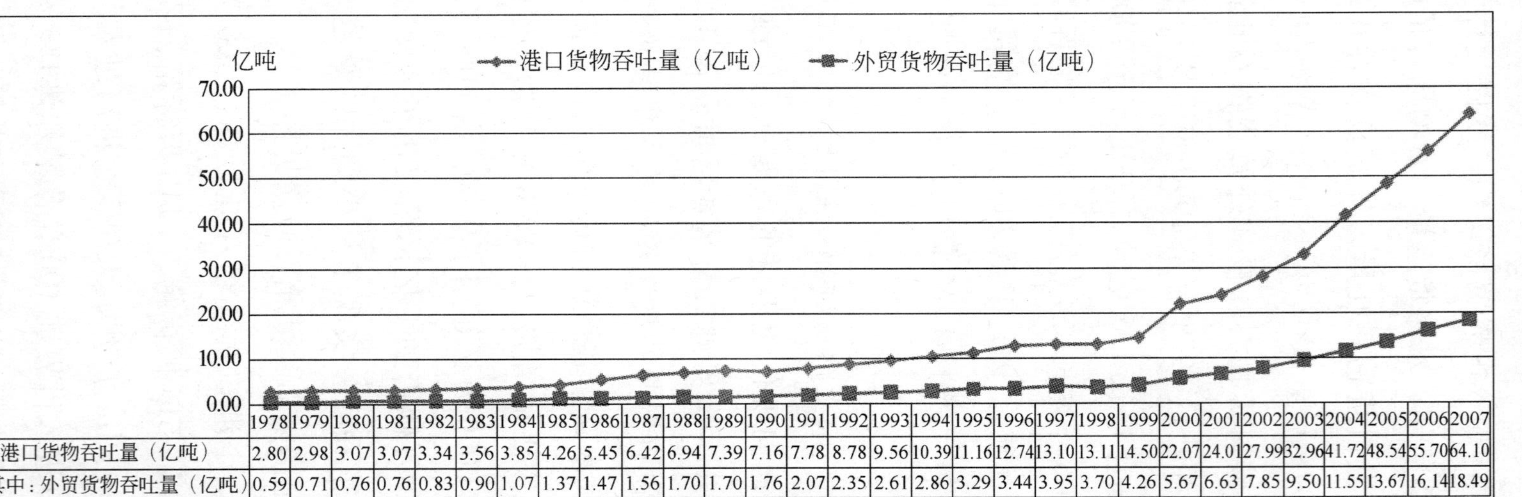

	1978	1979	1980	1981	1982	1983	1984	1985	1986	1987	1988	1989	1990	1991	1992
港口货物吞吐量（亿吨）	2.80	2.98	3.07	3.07	3.34	3.56	3.85	4.26	5.45	6.42	6.94	7.39	7.16	7.78	8.78
其中：外贸货物吞吐量（亿吨）	0.59	0.71	0.76	0.76	0.83	0.90	1.07	1.37	1.47	1.56	1.70	1.70	1.76	2.07	2.35

	1993	1994	1995	1996	1997	1998	1999	2000	2001	2002	2003	2004	2005	2006	2007
港口货物吞吐量（亿吨）	9.56	10.39	11.16	12.74	13.10	13.11	14.50	22.07	24.01	27.99	32.96	41.72	48.54	55.70	64.10
其中：外贸货物吞吐量（亿吨）	2.61	2.86	3.29	3.44	3.95	3.70	4.26	5.67	6.63	7.85	9.50	11.55	13.67	16.14	18.49

图1-6　1978年至2007年全国港口货物吞吐量

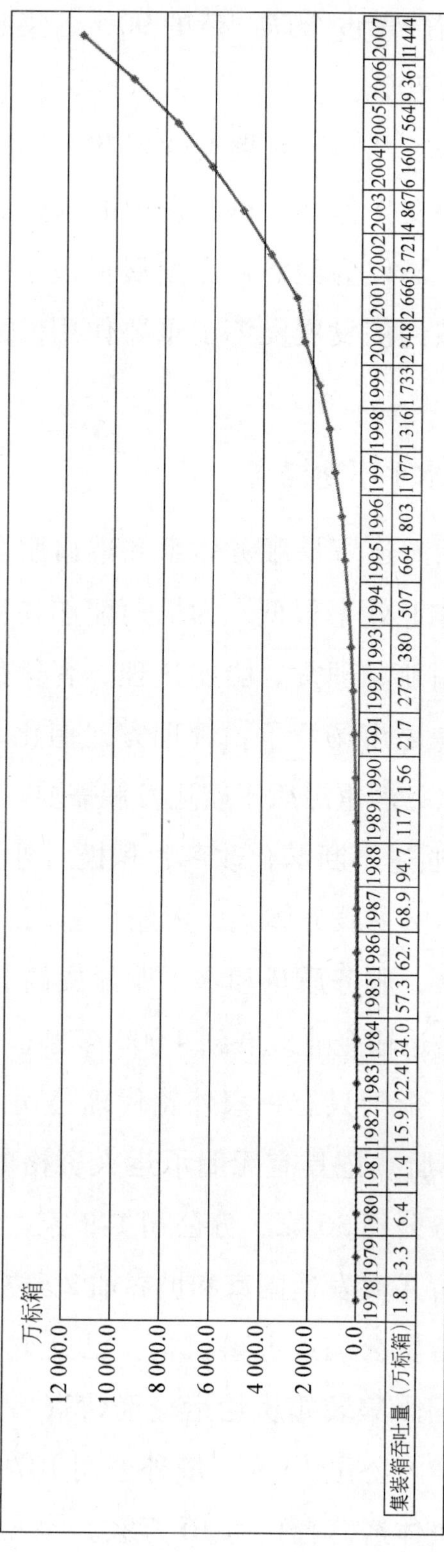

	1978	1979	1980	1981	1982	1983	1984	1985	1986	1987	1988	1989	1990	1991	1992	1993	1994	1995	1996	1997	1998	1999	2000	2001	2002	2003	2004	2005	2006	2007
集装箱吞吐量（万标箱）	1.8	3.3	6.4	11.4	15.9	22.4	34.0	57.3	62.7	68.9	94.7	117	156	217	277	380	507	664	803	1 077	1 316	1 733	2 348	2 666	3 721	4 867	6 160	7 564	9 361	11 444

图 1-7 1978 年至 2007 年全国港口集装箱吞吐量

也处于世界前列，集装箱产量占全球产量的90%，集装箱码头大型装卸机械设备占全球市场份额的70%。

水路运输持续快速增长凸显了水路交通对我国国民经济、对外贸易和区域经济社会发展的重要支撑作用，迅猛发展的水路集装箱运输有力地推动了我国现代物流发展，不仅为经济社会发展提供了坚实的运输保障，对我国产业布局调整和区域经济发展发挥了重要作用，而且进一步提升了我国交通运输现代化水平。

（四）水路交通服务水平不断提高

改革开放初期，我国海运贸易服务体系和港口服务水平与世界发达国家差距较大，码头装卸作业效率很低，为缩短船舶在港停泊时间所需的相关配套服务能力薄弱，引航、理货、船舶代理、客货代理、船舶供应等与航运密切相关的领域，缺乏市场竞争，管理方式僵化，业务能力薄弱，服务水平落后，水路交通服务严重滞后于航运发展需要。

改革开放30年来，通过不断深化改革，积极对外开放，我国已经逐步建立起了比较完善的海运贸易服务体系，无船承运人、国际船舶代理企业、船舶管理公司等快速发展，服务质量和水平明显提高。截至2007年，我国经营跨省运输的国内水路运输企业发展到4 000多家，从事国际运输的船公司260多家。彻底结束了全国只有一家外轮代理公司的历史，国际船舶代理企业达到1 895家，注册登记具有无船承运人资格的公司多达2 700家，外商在我国设立独资船务公司36家、分公司149家，独资集装箱运输公司7家、分公司71家。世界主要发达国家和世界前20位国际集装箱班轮公司均在我国设立了独资、合资公司或办事机构。已有146家境内外国际集装箱班轮公司在我国取得国际集装箱班轮运输经营资格，从事进出我国港口的班轮运输业务，其中境内公司39家，境外公司107家。民营水运企业迅速发展壮大，企业（含个体经营者）达10万家。

逐步放开理货市场，建立适度竞争机制。改革开放初期，全国只有一家外轮理货公司，目前组建了2家全国性理货公司，所有对外开放港口都设有多个理货机构，竞争机制引入理货市场，理货服务质量和服务水平得到明显提高。全面开放货运代理和船舶供应市场后，全国各地出现了众多货代企业，在给货主带来了极大便利的同时，也为水运企业集聚了大量货源，各个港口的船舶供应能力和服务水平有了显著提高。

引航体制改革促进了港口公共服务能力的提高。引航作为港口开放的关键环节，改革开放后，我国引航业经历了两轮改革，引航机构从港口企业中分离出来，成立具有独立法人资格的事业单位，完成了向港口公共服务职能的转变。根据“一港一引航”的原则，我国在开放港口设置了43家引航机构，拥有1 479名引航员，为靠泊港口所有码头的中外船舶提供公开、公平、公正的引航服务。引航体制改革，适应了我国港口经营主体多元化的发展需要，为提高开放港口综合竞争力，发挥了重要的作用。目前，我国引航业年引领来自世界各个国家和地区的船舶达30万艘次。

港口引入竞争机制，管理水平和作业效率显著提高。通过引进外资，国外先进的管理理念和管理方法在我国主要港口获得了广泛应用。以市场为导向，以资本为纽带，打破地域和行政界限，优化港口资源配置，使港口管理水平和作业效率显著提高。1978年，全国沿海主要港口船舶平均每次在港停时为3.1天，其中外贸船舶为9.2天，2007年沿海主要港口船舶平均每次在港停时，内贸船舶为0.8天，外贸船舶为0.98天，在外贸船舶平均每次装卸货已达9 000吨以上的情况下，平均每次在港停时仅为改革开放初期的十分之一，外贸船舶在中国港口的使用成本特别是在港停泊时间大幅度降低。主要集装箱港口的装卸效率屡创世界新高，部分主要港口的管理水平和作业效率处于国际先进水平。

三、水运安全监管救助明显改善

（一）海事监管覆盖全国所有通航水域

按照精简、统一、效能的原则，交通部不断深化海事管理体制改革，我国水上安全监督管理体系日臻完善。我国已经建立了覆盖全国各个通航水域的水上安全监督管理体系，在统一的领导体制下，20 个交通部直属海事局和 28 个省级地方海事局明确界定了对有关水域的管理分工，实行“一水一监、一港一监”，实现了“统一政令、统一布局、统一监督管理”的改革目标，具备了较强的水上综合执法和监督管理能力。确立了符合我国水路航运状况和特点的法律体系框架，实施执法责任和过错责任追究，行政相对人权益得到有效保护，海事机构权责逐步统一。实践证明，改革水上安全监督管理体制的决策是正确的，实事求是、循序渐进是改革成功实施的保障，实施改革后提出的“全国海事一家人，水上监管一盘棋，行政执法一面旗”新理念，拓展了改革成效，加快了海事发展。

改革开放以来，中国海事在执法队伍、执法装备和信息化建设等方面有了质的变化，基本适应了国民经济快速发展对水上交通的要求，基本满足了全国水上交通安全监管的实施需要。中国海事局作为国家法律法规赋予对非军用船舶监督管理的主要机构，代表中国政府履行国际公约，维护国家主权，保护国家海洋权益，维护了我国航运事业的根本利益，国际地位明显提高。

中国海事为水上交通运输构建了一个全面可靠的航海保障平台，营造了安全通畅、值得信赖的航行环境，提供了高效的助航服务，水域适应性明显提高。促进了五星旗船舶安全运输水平的提升，船舶适航性明显提高，为我国航运公司建设本质安全型企业提供了有效途径。对进入中国的外国籍船舶，把好了海上安全的最后一道防线。努力拓展船员准入渠道，注重高质量船员培养，积极开展船员的国际合作与交流，中国船员适任性明显提高。坚持“预防为主、防治结合”方针，加强船舶载运危险品运输和防止船舶污染水域监督管理工作，降低船舶污染风险和处置船舶污染事故的能力显著提高。不断推动国家水上应急反应机制建立，完善水上应急预案体系，打造通信应急平台，水上突发事件处置能力与事故调查水平显著提高。

中国海事监管着力强化源头管理，加大对船公司的安全管理力度，使水上交通安全监管逐步实现从水上管理转到岸上船公司管理和水上管理并举。加强对重点船舶、重点区域、重点时段和重点环节的安全管理，构筑起水上安全闭环管理体系，确保船舶适航、船员适任、安全畅通。制定并实施全国船舶定线制规划，结合国际电子航海技术，打造“海上高速通道”，建设安全畅通文明航区（线），提高水上运输效率。不断推进全国海区航标维护管理一体化进程，开展沿海重点水域航标效能改造和陆岛运输助航设施空白区域的测量、制图和航标建设。组织通航水域沉船及碍航物警示标志设立、档案管理、督促和强制清除工作，建立解决沉船及碍航物的管理机制。

我国逐步建立起了与社会主义市场经济体制相适应的水上安全监督管理新体制后，水上安全监督管理杜绝了一些水域行政执法交叉的现象，海事监管效率显著提高，稳定了水上安全形势。以 2006 年为例，在全国港口吞吐量以 15. 4% 的幅度上升，船舶进出港量以 34. 8% 的速度增加，各项水上施工和活动频繁，中国港口群已成为世界上最繁忙港口群的情况下，水上交通安全事故继续保持稳中有降态势，水上运输船舶事故件数、死亡人数、沉船艘数和直接经济损失四项指标同比分别减少了 17. 2% 、21. 5% 、18. 3% 和 10. 6% ，在我国海事搜救的责任区里，全年共发生遇险人员 17 498 人，通过组织搜救，成功脱险 16 753 人，其中外籍人员 962 人。

（二）水上救捞能力建设取得重大进展

按照政事分开的原则，交通部不断深化救捞管理体制改革，2003年6月28日，救捞系统按照国务院批准的方案成功实施了救捞体制改革。改革打破了延续50多年的救捞合一和以经营养救助的体制，实现了救助、打捞分开管理，确定了救助与打捞的事业单位性质，明确了救捞系统统一垂直领导管理体制，实现了救捞体制的历史性变革。在改革的推动下，救捞系统探索出一条具有中国特色的跨越式发展道路，应急反应能力显著增强，救助打捞水平不断提升，在水上人命、财产、环境救助和抢险打捞及其他自然灾害、事故灾难、重大政治军事应急救援中，冲得上去，救得下来，发挥了国家专业救捞队伍在关键时刻的关键作用，为保障我国水域人命财产安全及履行有关国际义务作出了巨大贡献，成为服务国家经济和国防建设的一支重要保障力量。

1999年11月24日，我国发生渤海湾客渡船海难，交通部认真吸取事故沉痛教训，按照党中央、国务院“高度重视水上交通安全”的指示精神，抓紧制订全国水上安全救助系统建设规划，大幅度加强水上安全监督和救助系统建设，搜索救助、水下打捞等装备水平和技术水平迅速提高。目前，我国的水上立体救助体系已基本形成，成立了北海、东海、南海救助局，在全国沿海和长江布设了救助站点，海上搜救指挥中心全天24小时值守，随时应对可能发生的水上安全事故。59艘救助船、11架救助飞机、21个救助基地、18支应急队伍动态待命，沿海50海里范围之内，救助船舶接警后的到达时间不超过120分钟。按照《国家水上交通安全和救助系统布局规划》，还将继续提高至沿海100海里内90分钟内到达，长江任何一个地点45分钟内到达。

救捞队伍认真履行应急抢险救助和公益性打捞职责，并根据国家指令，全力以赴完成了一系列重大政治、军事等特殊救援和保障任务。利用自有的专业优势，在多次重大海洋污染事故应急中发挥出关键作用，为海洋环境保护做出了突出贡献。在保障人命安全的同时，全力以赴救助遇险船舶和打捞沉船，有效避免和降低了国家和人民群众财产损失，救助了大量社会财产。救捞体制改革后，救捞系统充分发挥技术优势，积极开拓海洋工程服务、拖航运输、水下工程和其他业务，取得了良好的社会效益和经济效益，也为增强打捞能力，履行好国家职责，提供了重要的支撑。

2003 年 7 月至 2008 年 6 月，救捞系统先后组织救助行动 3 092 起，出动救捞船舶、飞机和救助队 4 418 艘（架、队）次，在恶劣气象等复杂条件下和惊涛骇浪中成功救助遇险人员 17 051 名，救助各类遇险船舶 813 艘，获救财产总价值达 317.5 亿元，在保障海上安全、代表政府履行国际海上人命搜救公约和双边海运协定方面，发挥了不可替代的作用。烟台、上海、广州 3 个专业打捞局承担了我国沿海突发性、应急性抢险以及港口与航道的沉船沉物公益性清障打捞等任务，共计投入各类船舶 120 艘参与主业工作。

（三）港口设施保安长效机制基本建立

2001 年“9·11 事件”及以后一系列恐怖事件的发生，使国际社会把打击和防范恐怖活动视为世界各国政府和人民共同的责任，国际海事组织对《1974 年国际海上人命安全公约》（SOLAS 公约）增加了船舶和港口设施保安的内容，并通过了公约修正案和《国际船舶和港口设施保安国际规则》（ISPS 规则），初步建立了海上反恐的国际合作框架，这是一项世界上任何国家都没有做过的海上保安工程。我国按照 SOLAS 公约海上保安修正案和 ISPS 规则的要求，经过各级港口行政管理部门和对外开放港口经营人的共同努力，我国不仅在 2004 年 7 月 1 日前如期完成了履约的各项准备工作，而且较好地实施了港口设施保安的履约工作，承担了我们在海上保安方面的国际义务，维护了我国的国际形象，保障了我国国民经济和对外贸易的持续健康发展。

我国开展港口设施保安履约工作后，按照“履行国际义务、创建平安港口、提供高效服务、促进和谐发展”的要求，认真履行国际公约，全面加强了港口设施保安工作。全国和各有关省、自治区交通厅以及各港口所在地的港口行政管理部门均指定了相应的工作机构，基本建立了港口设施保安长效机制，逐步形成了执行有力、监管有效的运行机制。以港口公安机关为骨干力量，进一步加强港口设施保安队伍建设，在全国重要港口认真开展港口保安演习，规范、持续、有效地强化港口保安工作。目前，全国所有对外开放港口设施均已完成了保安评估，制定了保安计划，取得了港口设施保安符合证书，内贸港口码头设施的保安评估工作也已取得阶段性成果。

四、水运环保节能取得长足进步

（一）溢油应急反应体系基本建立

进入21世纪后，我国成为世界第二、亚洲第一大石油进口国，90%的进口石油通过海上运输完成，每年航行于我国沿海水域的各类油船约16万艘次。随着油船密度的增加及超大型油轮的频繁出现，我国沿海水域原已十分繁忙的通航环境变得更加复杂，船舶溢油事故风险不断加大。为了防止船舶溢油污染，保护海洋生态环境和资源，交通部发布了《航运公司安全与防污染管理规定》，积极加强船舶溢油应急管理体系建设，不断增强船舶重大污染事故应急反应能力，在全国范围内开展了各级应急预案体系建设，目前，基本建设完成了国家、省、港口、船舶四级应急预案体系，为应急体系建设工作的全面开展提供了制度保障。

在建立船舶溢油应急组织管理机构方面，全国各沿海港口均建立了专门的船舶溢油应急组织指挥机构，一些沿海省市成立了船舶溢油应急反应中心，一些省市将溢油应急职能挂靠在海上搜救中心，并设立了溢油应急分中心，保证了应急行动的快速和高效。

在建立船舶溢油监视监测体系方面，交通部海事局在全国沿海和内河主要港口均设有分支或派出机构，形成了覆盖全国海域的船舶溢油监视监测体系。海事管理部门还在沿海和长江下游建设了26个船舶交通管理系统，73个沿海船舶自动识别系统基站，在沿海主要港口建立了闭路电视监控系统，并逐步探索使用计算机溢油扩散模型、卫星遥感监测和直升飞机空中监测等一批现代应用技术，拓展了监视监测手段，提高了溢油监视监测的准确性。

随着溢油应急体系建设的逐步完善，我国海上溢油应急反应能力明显增强。截至2006年年底，我国沿海可动用的应急能力包括围油栏26万米、收油机301台（套）、吸油毡520吨、消油剂260吨，基本具备在沿海主要港口的港区和近岸水域内控制、清除中小规模船舶溢油事故的应急能力。先后多次组织完成了全国性和国际性海上溢油应急反应联合演习，在沿海重要水域成功处理了多起海上溢油严重事故。

（二）水运行业节能减排初见成效

随着我国建设资源节约型、环境友好型社会战略的实施，水运行业更加重视节能减排工作，制定了节能减排的具体目标和措施，取得了初步成效。

明确节能减排工作机制和具体目标。各级交通主管部门成立了节能减排领导小组，初步建立了领导协调机制，出台了相关的规定和指导意见，推动了水运业节能减排工作的深入开展。大多数港口企业和一些重点水运企业，将节能减排作为企业经营管理的重点目标，根据企业自身的能源消耗特点，建立了能源考核管理机构和能源管理制度。制、修订了一系列相关的部门规章和技术标准规范，使节能减排管理工作更加规范有效。

加大科技投入，开展节能减排技术联合攻关，组织了10余个水路交通节能典型示范项目，实施节能减排示范工程。在管理上，建立了能源消耗的精细化合同化管理、集装箱码头全场智能调度系统等新的模式；在技术上，上海港、青岛港等大型港口实施了轮胎式集装箱门式起重机（RTG）“油改电”技术改造，集装箱码头集卡全场智能调度系统，开发和采用了能耗实时监控、港区电网动态无功补偿及谐波治理等新技术新工艺；在运输组织方式上，实行经济航速管理、内河船舶优化编队、货运集约化经营等新模式。

积极推进船舶大型化、标准化，加快老旧船舶更新改造，加强港口节能设计和评估，提升港口设施设备科技含量，改造与淘汰高耗能设备。通过努力，海运形成了以超大型油轮（VLCC）、好望角型干散货船（CAPE Size）和超巴拿马型集装箱船（Post-Panamax）为代表的大型专业化运输船队，船舶油耗下降到约5公斤/千吨公里。2006年，长航集团、黑龙江航运集团等的内河运输船舶，油耗为3.69公斤/千吨公里，比上年下降7.3%。全国主要沿海港口生产单位吞吐量综合能耗指标呈逐年下降趋势，2007年综合单耗为5.66吨标煤/万吨吞吐量，比“十五”初期下降13%。在船舶到港平均吨位提高近2倍的情况下，外贸船舶艘停时只有改革开放初期的1/10，作业效率显著提高，单位吞吐量占用岸线下降到1.3米/万吨。

五、水路交通科技教育成果丰硕

改革开放30年来，水路交通行业坚决贯彻和认真实施党中央、国务院“科教兴国”、“人才强国”战略和交通部党组提出的“科教兴交”、“人才强交”战略，紧紧围绕交通事业发展的总体目标和中心任务，加大科研投入和教育投入，大力推进水路交通技术研究开发和转化推广，开发应用了一批先进的成套技术和装备，一些重大工程的关键技术取得突破，数百项技术成果达到或领先国际先进水平，造就了一支规模庞大的水运人才队伍。

（一）水运工程技术取得重要突破

围绕煤炭、原油、集装箱、矿石等为代表的大型现代专业化码头的建设，我国在码头结构、地基处理、施工工艺、工程材料、工程试验等方面，形成了一批具有中国特色的技术创新成果。长江口深水航道治理工程作为我国历史上规模最大、技术最复杂的水运工程，成为世界上巨型复杂河口航道治理的成功典范。该工程在总体治理方案、半圆型沉箱导堤结构、专用施工设备及施工工艺等方面，形成了多达74项的创新技术，均属世界首创。长江三峡航运枢纽对通航建筑物的平面布置、水工结构和船闸输水型式等进行了重大技术创新，采用的四区段惯性输水系统，船闸单级运行的设计水头达到45.2米，成功实现高坝通航。以天津港为典型，我国淤泥质海岸大型码头建设成套技术取得重大突破，为我国在渤海湾、辽东湾、莱州湾以及长江、珠江大河口三角洲等淤泥质海岸地带发展建设港口，提供了强有力的技术支撑。我国在外海开敞式深水码头建设、内河高水位差码头建设、山区河流航道整治和渠化等技术领域也取得一系列重要成果。

我国沿海港口从近岸向外海深水发展，内河航道建设由个别滩险整治向长河段乃至全河流滩险整治和全线渠化发展，标志着我国水运工程建设综合能力已跃上新台阶，能够面对各种复杂条件，满足各种建设要求，完成各项艰巨工程。我国在港口规划设计、码头施工技术、航道整治技术等方面，已接近和达到国际先进水平，有些已经处于世界领先地位。

（二）船舶运输技术不断进步

围绕提高船舶运输效率和效益的目标，水路交通行业加强了新型运输方式及运输技术的开发应用，在国际集装箱运输成套技术、内河分节驳运输成套技术、江海联运系统技术、电子海图显示与船舶运输控制技术、船岸一体化信息管理技术等方面，取得的一系列重大成果，达到了国际先进水平。此外，注重船舶运输系统的整体性、功能性和协调性，从实现船、港、航相配套，装、运、卸相协调的要求出发，开展战略规划、设施建设、装备配置与运输管理的系统优化论证，实现了先进船舶运输装备、港航基础设施与现代管理技术的综合集成，提高了运输资源的配置效率，为建成煤炭、石油、铁矿石、集装箱、粮食、商品汽车、陆岛滚装等运输系统，提供了有力的技术保障。

（三）开发应用高新技术取得重大进展

水路交通行业开发应用高新技术，攻克和掌握核心技术，使水路交通的技术构成和技术水平发生了显著变化。以信息技术为代表的现代高新技术在水路交通行业得到了广泛应用，国际集装箱运输电子数据交换系统、集装箱智能化生产管理系统、大型专业化散货码头装卸自动化控制系统、船闸自动控制系统、内河数字化航道等，已成为水运行业技术进步的重要标志。

全球定位系统、地理信息系统、遥感遥测系统、计算机辅助设计等，在水路交通工程建设和运输生产中发挥了重要作用。水运行业全面应用互联网、企业网、业务数据库、信息管理系统和无线集群通信等技术，建立门户网站，对提升水路交通服务质量，促进科学管理，提高水路运输综合竞争力产生了重要影响。

在大型化专业化港口机械设备和集装箱产品研究、设计、制造领域取得一批核心技术和自主知识产权。中国港口机械设备研发制造从无到有，从小到大，目前，我国大型专用港口机械设备产量已位居世界前列，集装箱岸边起重机、集装箱轮胎龙门起重机畅销世界五十多个国家和地区，产量占据了世界市场份额的70%以上。集装箱制造能力位居世界第一位，钢质通用集装箱产量占据了世界市场份额的90%以上。

在水运安全和水运环保领域形成了一批具有中国特色的技术突破，在港口散粮粉尘防暴、重大危险事故与预防、内河航运安全保障、船舶安全检验、海上溢油应急快速反应等方面，为我国水路交通发展提供了强有力的技术支撑。

（四）水运教育取得突出成绩

改革开放30年来，我国水运教育根据水路交通行业传统、优势以及发展需求，紧密结合市场、产业、行业和岗位群的特点，逐步形成了具有鲜明行业特色的学科领域和人才培养体系，建立了全日制教育和继续教育“两个系列”，高等教育和职业教育“两个层次”，为水路交通行业培养输送了大量高学历、高技能、高素质的人才，取得了突出成绩。

紧密结合水运教育自身发展规律，创新水运教育管理体制，水运教育机构通过划转、合并、共建等形式，办学自主权不断扩大。创新水运教育投融资体制，多渠道筹措资金，办学条件和科研条件显著改善。创新水运专业招生和毕业生就业体制，扩大高校招生权限，实现毕业生与用人单位双向选择、自主择业。创新水运教学体制，完善人才培养模式，专业教育和素质教育并举。创新水运继续教育体制，按需培训，各方联动，实现多层次多规格教育。创新水运教育科技体制，促进科研发展，推动科技成果转化工作。

水运高等教育特色突出，硕、博士学科点和博士后流动站发展迅速，使办学水平得到进一步提高。1993年4月，交通部党组决定大连海运学院争取进入“211工程”行列，到21世纪初，大连海事大学“211工程”建设取得明显成效，取得了一系列标志性成果。改革开放30年来，随着水运教育与人才培养步伐加快，规模迅速扩大，水运人才队伍结构在学历、职称和年龄等方面，已经得到了明显改善。我国持证船员队伍已达到154万人，位居世界第一。

在狠抓水运人才培养的同时，不断完善水运人才管理机制。交通部通过建立交通行业拔尖人才选拔和培养机制、交通优秀技能人才评选表彰制度、交通行业关键岗位职业资格制度和交通人才工作信息服务系统等，紧紧抓住人才引进、培养和使用等关键环节，研究制定了一系列政策规定和保障措施，使引进机制更加灵活，培养渠道不断拓展，培养质量和水平不断提高，培养保障机制日趋完善，水路交通人才成长环境明显改善。以实施《新世纪十百千人才工程实施方案》为标志，水路交通高层次、高技能人才脱颖而出。

六、水路交通行业文明显著提高

（一）水路交通行业先进典型不断涌现

改革开放以来，水路交通物质文明建设取得的显著成就，离不开精神文明建设提供的强大精神动力和思想保证。水路交通行业对精神文明建设的认识不断提高，抓精神文明建设的自觉性不断增强，先进典型不断涌现，行业精神文明建设取得明显成效。

20世纪80年代、90年代，水路交通行业坚持物质文明和精神文明一起抓，做好改革开放中的思想政治工作，深入开展以“五讲四美三热爱”为主要内容的文明礼貌月活动，创建文明单位活动，学习杨怀远活动，“学雷锋、树新风”活动等具有时代特点的精神文明与行风建设，广大职工的主人翁责任感得到加强，涌现了一大批杨怀远式的先进模范人物和先进集体，青岛远洋公司的轮机员严力宾，成为改革开放后我国交通行业杰出的雷锋式优秀船员先进典型。

广泛开展“两学一树”活动，把“学雷锋、学严力宾、树立行业新风”的活动作为加强职工队伍建设的一项根本性措施来抓。在“两学一树”活动取得成效的基础上，又广泛开展了“三学一创”活动，“学习包起帆、学习华铜海轮、学习青岛港，创建文明行业”。

进入21世纪后，交通部认真贯彻落实《全国交通系统创建文明行业实施办法》、《交通行业文明公约》、《全国交通行业精神文明建设“十五”规划》、《全国交通行业十一五期精神文明建设工作指导意见》、《交通文化建设实施纲要》等重要文件精神，相继开展“三学四建一创”活动，“学先进，树新风，创一流”活动，“迎奥运，讲文明，树新风”活动，青岛港许振超、天津港孔祥瑞作为水路交通行业涌现的模范人物，成为全国交通行业“学先进”的榜样。

（二）水路交通行业文化建设不断充实

交通文化是社会主义先进文化的重要组成部分，是交通行业的灵魂，是实现交通又好又快发展的重要精神支柱。交通运输是支撑经济良性发展、促进社会全面进步的基础性、先导性产业和服务性行业，服务是其本质属性。基于这一认识，交通部提出了“交通发展要服务国民经济和社会发展全局、服务社会主义新农村建设、服务人民群众安全便捷出行”，提出了“发展现代交通业，建设一个更安全、更通畅、更便捷、更经济、更可靠、更和谐的现代公路水路交通系统”。从文化的角度，这正是围绕建设中国特色社会主义，基于交通运输的本质属性和交通行业的神圣使命所作出的价值选择，是交通文化的核心内涵，是引导交通事业科学发展的价值取向，也是贯彻落实党的十七大关于加强社会主义文化建设的具体体现。

交通部高度重视交通文化建设工作。2006 年全国交通工作会议明确提出：“努力建设具有鲜明行业特点和时代特征的交通文化，用文化和精神的力量凝聚全行业，使交通行业更加充满活力，不断开创交通事业发展的新局面。”2006 年 6 月 26 日召开的全国交通行业精神文明建设工作会议更加明确地提出：“加强交通文化建设，努力增强行业软实力”，力争文化建设在今后五年内取得明显进展。随后印发了《交通文化建设实施纲要》，这是交通部颁布的第一个有关交通文化建设的重要文件，对交通文化建设的指导思想、目标任务、工作原则和工作措施，作出了具体安排和部署。强调新时期交通文化建设要深入贯彻科学发展观和构建社会主义和谐社会的要求，建设具有鲜明时代特点和交通行业特色的精神文化、制度文化和物质文化；要以实践社会主义荣辱观为主线，以弘扬爱国主义为核心的民族精神和以改革创新为核心的时代精神为重点，大力加强精神文化建设；要在实践中加强探索和研究，系统总结交通文化建设的丰硕成果，确立符合先进文化前进方向和交通事业发展要求的交通行业的核心价值体系。将全行业文化建设提高到一个新水平，全面增强交通文化的吸引力和感召力，不断增强交通行业的凝聚力，提升交通行业的影响力，提高交通发展的软实力，为交通事业又好又快发展营造良好的文化环境。

按照交通部的部署，水运行业积极开展多种形式的行业文明创建活动，行业文化建设不断充实。在水运建设领域，积极组织开展了全国文明样板航道创建活动，建成了京杭运河苏南段等8段文明样板航道。在水运服务领域，通过开展“文明站船、文明航线”活动，水运服务水平得到了很大程度的提高。2005年，以“热爱祖国、睦邻友好、科学航海”为主题，开展了纪念郑和下西洋600周年活动，弘扬了中国航海人的开拓创新精神。国务院将每年7月11日定为“中国航海日”，“航海日”的确立，增强了全民的航海意识、海洋意识，促进了航海及海洋事业的发展，通过“航海日”活动，开展爱国主义教育，振奋了中华民族精神，增进了中国和世界各国的友好交往。对水路交通所包含的航运文化、港口文化、海事文化、救捞文化、航道文化、航标文化、船检文化以及船文化、长江航运文化建设、水路交通企业文化建设等开展深入研究，总结了水路交通文化内涵，提炼和宣传了水路交通精神。

第三节　水路交通改革开放基本经验

改革开放30年，是我国水路交通事业持续快速健康发展的历史时期，取得了举世瞩目的巨大成就。认真总结水路交通改革开放30年来的基本经验，对于我们把水路交通事业继续推向前进，具有重要的现实意义和深远的历史意义。

一、必须牢牢把握水路交通行业面临的主要矛盾，把解放和发展运输生产力作为中心任务

在社会主义初级阶段，人民群众日益增长的物质文化需要同落后的社会生产之间的矛盾是社会的主要矛盾。改革开放初期，水路交通运输是制约国民经济发展的薄弱环节，基础设施底子薄，基本建设历史欠账多，运输能力增长不能满足经济社会发展的需要，这是社会主要矛盾在水路交通行业的具体体现。努力探索有中国特色的水路交通发展道路，解放和发展运输生产力，是水路交通行业的中心任务。

“发展是硬道理。”30 年来，水路交通行业聚精会神搞建设，一心一意谋发展，努力加快发展、适度超前发展；坚持以人为本，努力提高服务能力、服务质量；坚持统筹兼顾，全面协调可持续的发展；自觉地贯彻落实科学发展观，促进水路交通行业又好又快地发展。扭住发展不放松，这是水路交通行业改革开放 30 年来最根本的经验。

二、必须紧紧围绕党中央、国务院的重大战略部署，抓住发展机遇，加快水路交通发展步伐

改革开放以来，全国水路交通行业认真贯彻党中央、国务院提出的“交通运输是国民经济的战略重点、必须优先发展”的方针，“发展以综合运输体系为主轴的交通业”的方针，“统筹规划、条块结合、分层负责、联合建设”的方针，“国家投资、地方筹资、社会融资、利用外资”的方针，全面落实“以人为本，全面协调可持续发展”的科学发展观，推进交通又好又快发展。水路交通行业在贯彻执行一系列正确方针的同时，在几个关键时期抓住机遇，用好机遇，使水路交通建设实现了跨跃式发展。一是在十一届三中全会确立全党工作着重点转移到经济建设上来后，抓住优先发

展交通运输的时机，针对水路交通基础设施建设资金严重缺乏，不失时机地向国务院领导汇报了相关情况，并提出了解决的思路，着力推动港口建设投融资体制改革。1985年10月，国务院批准发布《港口建设费征收办法》。二是党的十四大提出要“以上海浦东开发开放为龙头，进一步开放长江沿岸城市，尽快把上海建成国际经济、金融、贸易中心之一，带动长江三角洲和整个长江流域地区经济的新飞跃”的战略决策后，交通部把建设上海国际航运中心作为重中之重，先后完成了长江口深水航道治理一、二期工程和洋山深水港区一、二期工程，使上海港成为货物吞吐量世界第一大港和集装箱吞吐量第二大港。三是1998年亚洲发生金融危机，中央提出了扩大内需的方针，实行积极的财政政策，交通部抓住这一机遇，在加快公路建设的同时，加快了港口和内河航道建设，“九五”期间整治内河航道4 267公里，建成内河港口泊位340个，新增吞吐能力5 391万吨。沿海港口建成中级以上泊位133个，其中深水泊位96个，新增吞吐能力1.9亿吨，新增集装箱吞吐能力848万标准箱。“十五”期间，改善内河航道里程4 146公里，建成集装箱、原油、矿石、煤炭等专业化码头泊位920个，其中万吨级以上泊位188个，新增港口吞吐能力5.4亿吨，分别是“九五”期间的1.3倍、1.7倍和2.1倍。1998年以来的十年间，是新中国成立后水路交通建设投资最多、建设成效最显著的时期。

三、必须坚持解放思想，深化改革开放，不断探索水路交通发展之路

解放思想是发展中国特色社会主义的一大法宝，也是发展我国交通运输业的一大法宝。改革开放以来，水路交通行业的各级领导，围绕解放和发展水路交通运输生产力这个根本任务，不断解放思想，勇于创新，着力解决水路交通深层次矛盾和关键问题。破除了“一大二公”的所有制模式，形成了多形式、多成分的运输经济结构；破除了僵化的计划经济体制，建立了统一、开放、竞争、有序的水路建设市场和运输市场；改变了国家投

资的单一渠道，形成了多元化的投融资格局；拓展了国际视野，引进了国外先进技术、资金和管理经验。经过不断深化改革，完成了企业管理体制、港口管理体制、海事管理体制、救助打捞体制、引航体制和投融资体制等重大改革。坚持加强和完善行业管理，不断探索和创新市场经济条件下水运行业管理的范围、内容、手段和方法，为水路交通发展创造了良好环境。

四、必须注重科学规划，使水路交通发展战略、发展步骤和重大举措落到实处

保持水路交通事业持续快速健康发展，必须制定科学的发展战略和长远规划，坚持长远发展规划和阶段性目标相结合。改革开放以来，交通部大力加强交通战略、发展规划、发展政策的研究。80 年代，制定了我国公路、水运“三主一支持”交通基础设施长远规划设想，建设公路主骨架、水运主通道、港站主枢纽和支持保障系统。在实际工作中，又不断加以深化和充实，并认真做好交通建设项目的前期工作，坚持不懈地分步组织实施。1998 年，提出了实现交通现代化三个发展阶段的目标：第一个阶段的目标是交通运输的紧张状况有明显缓解，对国民经济的制约状况有明显改善；第二阶段的目标是基本适应国民经济和社会发展的需要；第三个阶段的目标是基本实现交通运输现代化。进入 21 世纪，陆续制定了《全国沿海港口布局规划》、《全国内河航道与港口布局规划》、《国家水上交通安全监管和救助系统布局规划》等长远发展规划，并得到了国务院的批准。在此基础上，还制定了长江三角洲、泛珠江三角洲、环渤海地区、东北地区、中部地区、西部地区等区域性水路交通发展规划和阶段建设目标。这样，我国水路交通发展的蓝图更加清晰，步骤更加明确。

五、必须坚持调动各方面的积极性，营造水路交通发展的强大合力

改革开放以来，我们坚持“统筹规划、条块结合、分层负责、联合建

设”的方针，充分发挥中央、地方和人民群众的积极性，形成了加快水路交通基础设施建设的联动机制。各级地方党委和政府对水路交通发展高度重视，给予了坚定支持，每一个对当地经济发展有重要意义的水运建设项目，从酝酿到实施，始终被列为各地政府抓交通的大事之一，在组织领导、资金筹措等方面，采取了一系列倾斜政策和积极措施，有力地保证了水运建设项目的顺利进行。广大人民群众从亲身体验中，认识到港口和航道建设的重要性，积极支持踊跃参加水路交通建设。水路交通基础设施建设资金需求量大、涉及面广、建设周期长，要使基础设施建设保持较快的发展速度，必须充分发挥中央、地方和人民群众的积极性，营造推进水路交通事业的强大合力。交通部与地方政府共同建设港口、航道，以及长江沿线上海、江苏、安徽、江西、湖北、湖南、重庆、四川、云南七省二市，合力建设长江黄金水道的实践证明，水路交通发展离不开中央与地方的密切配合，离不开各级党委政府和人民群众的关心支持。只有凝聚各方力量，坚持部省携手，促进区域联动，发挥好中央和地方两个积极性，坚持多渠道、多形式筹集水路交通建设资金，鼓励与引导地方资金和社会资本参与水路交通建设，才能克服前进道路上的各种困难，不断把水路交通事业推向前进。

六、必须坚持“科教兴交”和“人才强交”战略，把依靠科技进步和培养高素质人才摆在突出位置

改革开放以来，交通科技工作紧密结合水路交通基础设施建设、运输生产中的关键问题，通过软科学研究、重大装备开发、关键技术攻关、引进技术消化吸收、科技成果推广应用等多种形式，开发应用了一批先进适用的成套技术和装备，提出了一系列科学决策和新型运输系统研究成果，使水路交通的技术水平和技术构成发生了显著变化。水路交通行业科技进步的机制初步形成，促进了科技成果转化率和科技进步贡献率的提高。必

须充分发挥政府在科教兴交中的主导作用，企业在技术创新中的主体作用，科研机构、高等院校在科技创新中的主力军作用，科技中介机构的桥梁和纽带作用，使技术开发与水路交通生产建设紧密结合。建立以市场为导向、以企业为主体、产学研相结合，适应水路交通发展要求、符合水路交通科技自身发展规律的科技创新体系。增强自主创新能力，攻克关键性技术，突破牵动性技术，着力节能环保技术，普及应用型技术，依靠科学技术实现水路交通又好又快发展。

必须重视“交通人才工程”建设，牢固树立人才资源是第一资源的理念，抓住人才引进、培养和使用三个关键环节，不断创新人才工作的体制和机制，改善人才成长的环境和条件，加强管理人才、专业技术人才和技能人才三支队伍。从交通的实际出发，以院校和科研院所为依托，以水路交通建设和船舶运输的广阔实践为舞台，为水路交通事业发展培养造就了一批又一批的高素质人才。科技创新和人才成长，为水路交通事业的跨越式发展提供了有力的技术和智力支持，使我国在巨型河口深水航道整治技术、外海开敞式深水码头建设技术、淤泥质海岸建港技术、内河高水位差码头建设技术等方面，都达到了世界一流水平。

七、必须坚持依法治交，加强交通法制建设，不断提高公共服务能力

交通法制工作是各项交通管理工作的基础，加强交通法制建设，坚持有法可依、有法必依，做到依法治交，是维护水路交通运输健康发展的可靠保障。必须把法制建设提到更加突出的地位，坚持改革、发展与法制建设同步进行，实现各项交通工作的法制化，这是社会主义市场经济条件下探索水路交通运输健康发展的必然要求。改革开放以来，水路交通行业坚持立法与执法并重、执法与执法监督并举，依法治理交通的局面正在逐步形成。《海商法》、《港口法》、《海上交通安全法》等法律和《水路运输管理条例》、《内河交通安全管理条例》等一批交通行政法规、规章相继出台，

初步建立了水路交通法规体系框架，为水路交通改革和发展提供了法制保障。进入21世纪后，在科学发展观的指引下，努力坚持以人为本，加强服务型政府建设，推进政府职能、工作作风和工作方法的转变，不断提高水路交通运输适应经济社会发展能力、统筹规划和协调发展能力、公共服务和组织保障能力、运输和建设市场依法监管能力、水路交通安全管理和重大突发事件应急处置能力。

八、必须抓好行业文明和党风廉政建设，为水路交通发展提供强大精神动力和坚强政治保障

不断提高水路交通行业各级领导干部和广大职工的思想素质、政治素质和文化素质，是水路交通事业实现又好又快发展的强大保证。改革开放以来，水路交通行业以邓小平理论、“三个代表”重要思想和科学发展观为指导，以交通建设为中心，以提高职工队伍素质为根本，以加强领导班子建设为基础，以具有行业特点的精神文明建设为重点，广泛深入地开展了群众性精神文明创建活动，大力宣传符合时代精神、过得硬、叫的响的重大先进典型杨怀远、严力宾、包起帆，许振超、孔祥瑞，“华铜海”轮、青岛港等。弘扬了四海为家、艰苦创业的“筑港精神”，以苦为荣、无怨无悔的航标职工的“灯塔精神”，把生的希望让给别人、把死的危险留给自己的“救捞精神”。认真贯彻中央关于党风廉政建设的部署要求，建立健全了具有交通特色的教育、制度、监督并重的惩治和预防腐败体系。交通部在推进水路交通改革与发展中，密切结合水路交通行业实际，始终坚持“两手抓，两手都要硬”的方针，把两个文明作为统一的奋斗目标，一起部署，一起落实，努力推动创建文明行业活动。以“服务人民、奉献社会”为核心，凝炼水路交通行业核心价值观和行业理念，着力培育有理想、有道德、有文化、有纪律的水路交通干部职工队伍。

第二章 港 口

港口是综合运输系统中的重要枢纽，具有船舶出入与靠泊、货物装卸、航运技术服务和人员生活服务及旅客运输换乘等功能。随着技术进步和贸易的发展，现代港口的功能也在不断扩展，已成为国际物流系统的重要节点。港口作为重要的基础设施，在各国的经济与社会发展中发挥着重要作用，一般都会优先发展。1973 年，针对我国港口当时的落后状况，周恩来总理曾提出“三年改变港口面貌”的号召，掀起了新中国第一次港口建设高潮。

改革开放以来，国民经济持续高速增长，对外贸易蓬勃发展，为我国港口发展提供了强大动力。港口的快速发展有力支撑了我国经济社会快速发展，积极支持了我国对外开放逐步扩大和工业化的进程。我国港口发展以改革开放为契机，以博大的服务胸怀、积极参与经济全球化的开阔视野、清晰的发展战略、前瞻的科学规划、先进的建设理念和超前的市场意识，历史性地承担起支撑经济社会发展的重任，开创了崭新的局面。

30 年来，我国通过港口管理体制改革为港口的发展奠定了体制基础；通过加强规划制定为港口建设明确了方向；通过开放政策加快了沿海港口的全面发展。经过改革开放 30 年来的发展，初步形成了布局合理、配套设施完善、现代化程度较高的港口体系。在新的历史起点上，我国港口以科学发展观为指导，围绕全面建设小康社会的宏伟目标，积极主动适应进一步扩大开放、全面参与经济全球化的要求，满足国家实施重大区域发展战略的需要，走内涵式发展道路，着力提升港口的现代化水平和国际竞争力，充分发挥了港口在国民经济发展和综合运输体系中的作用。

第一节　港口改革开放历程

从解放初期到改革开放前的30年中，我国对沿海和长江干线主要港口一直实行中央集中管理，政府直接指挥和组织企业的生产活动，形成了政企合一、高度集中的管理模式。随着国民经济的发展，特别是改革开放以来，这一管理模式已经不能适应我国经济社会发展和经济体制改革的要求。一方面表现为港口能力的不足，另一方面表现为港口管理体制的制约和经营机制的落后，压船、压货、压港现象依然比较普遍。因此，改革港口管理体制和港口企业经营机制是我国经济社会发展的必然要求。改革开放30年来，我国港口围绕着港口管理体制和港口企业“政企分开”的两条主线开展了一系列的改革，取得了显著成效。

我国通过“下放地方、政企分开”的港口管理体制改革及相关配套体制改革，基本理顺了港口管理体制；通过改革港口企业经营机制，充分调动了地方政府和企业发展港口的积极性，推动了港口现代企业制度的建立；通过改革港口投融资体系，扩大了对外开放，实现了我国港口投资主体多元化，在扩展国内外资金来源的同时引进了先进技术与管理经验；通过制定和完善港口发展规划，引导了我国港口的科学发展；通过加强法制建设，为行业管理提供了法制保障。在改革开放的伟大历史进程中，这一系列改革措施的实施，进一步解放和发展了我国港口的生产力。

一、改革港口管理体制，转变政府管理职能

港口除了在综合运输体系中发挥着重要的枢纽作用外，对促进区域经济和社会发展也具有极其重要的作用。据统计，世界著名的城市中，有3/4

是港口城市（包括海港和内河港口），其中一半的城市是地区首府或国家首都。“以港兴市，以市促港”成为国内外众多港口与其所在城市互动发展的黄金法则。而能否建立一个适应经济社会发展客观条件的港口管理体制，也成为能否实现港口与区域经济协调发展的重要命题。

（一）实行对外开放

1980 年，为解决当时的港口疏运问题，交通部成立了港口管理局（后并入水运司），对港口各方面工作实行集中管理，并决定开放长江港口，增加沿海开放港口。同时，内河港口实行对社会开放，对国营、集体、个体的所有到港船舶的服务一视同仁。并批准了重庆、城陵矶、武汉、黄石、九江、芜湖、南京等长江港口开展外贸业务，以及南京、镇江、张家港、南通等长江下游港口的对外开放。1980 年，在港口开放的基础上，中共中央和国务院决定，建立深圳、珠海、汕头、厦门四个经济特区，实行特殊的管理体制和经济政策措施，以外向型经济为发展目标。1984 年，进一步开放天津、上海、大连、秦皇岛、烟台、青岛、连云港、南通、宁波、温州、福州、广州、湛江和北海 14 个沿海港口城市。港口以其自身独特的优势成为了我国改革开放的前沿阵地，在我国经济和社会发展中发挥了重要作用。经济特区和沿海开放城市的设立与发展，带动了我国对外贸易的快速发展，为港口的进一步发展提供了有力支撑，反过来也促进了港口的进一步开放。

到 2007 年底，我国对外开放口岸数量已达到 132 个，2008 年 6 月达到 137 个。通过对外开放，我国对外贸易和港口经济得以迅速发展，港口吞吐量持续稳定增长，港口城市建设和发展取得了显著成果，为港口的进一步发展提供了保障。

（二）港口管理体制改革

1. 沿海港口管理体制改革

1954 年 1 月，政务院颁布的《中华人民共和国海港管理暂行条例》明确规定：港务局负责执行海港行政管理工作与业务事项，并为企业经济核算单位。在计划经济时期，这种政企合一的港口体制曾经起到过积极作用，但从改革开放以来的国民经济发展趋势看，原有体制已不适于港口行政管理和企业经营发展的需要，既不利于港口的行政管理和规划建设，又不利于按经济规律管理企业。为满足国民经济和对外贸易发展对于交通运输提出的新要求，改革港口管理体制势在必行。在改革过程中，我国港口采取了积极试点、总结经验后再逐步推广的做法，取得了良好的效果。

1981 年底，国务院原则同意辽宁省人民政府提出的《大连港口体制改革试行方案》。从 1982 年 1 月起，大连港实行政企分开，将大连港务管理局拆分，分别成立大连港口管理局和大连港装卸联合公司，均为交通部直属一级单位。大连港由交通部和大连市双重领导，交通部为主。大连港的体制改革试点工作拉开了我国港口体制改革的序幕。

1984 年 6 月，经国务院批准，交通部采取“先扩权，后下放”的原则，在天津港实行“双重领导，地方为主”的管理体制改革试点。目的是进一步调动两个积极性，特别是地方的积极性，扩大企业自主权，提高效率和职工的生产积极性，促进港口城市和腹地经济发展。1986 年 8 月，邓小平同志到天津视察，看到天津港的巨变，高兴地说：“人还是这些人，地还是这块地，一改革，效益就上来了”，充分肯定了天津港改革的成绩。

在天津港试点成功的基础上，1984 ~ 1989 年，交通部逐步将 15 个直属沿海港口中的 14 个（因秦皇岛港煤炭运输关系全局，国务院决定仍由交通部管理。秦皇岛港务局于 1999 年与交通部脱钩，成为中央直属管理的大型国有企业。2002 年，下放河北省管理），共分四批下放地方政府，实行“双重领导，地方为主”的港口管理体制，并实行“以港养港，以收抵支”的财政政策。1994 年，海南港下放海南省管理。至此，以缓解瓶颈压力、调动中央和地方两个积极性建设港口为主要目标的第一轮港口体制改革取得了阶段性成果。

沿海港口体制改革的开展，使沿海港口的发展有了良好的开端，呈现出良好的发展势头，但仍存在一些问题。主要是："双重领导"，实为仍以交通部为主，未能真正调动地方政府管理和建设港口的积极性；"政企合一"不符合建设社会主义市场经济的要求；"以港养港，以收抵支"的政策有悖于国家新的税法，同时，由于一些港口微利经营或多年亏损，其"定额上缴"难以完成；港口理货体制不顺；引航隶属于企业集团，难以体现出国家主权的概念，也不能建立公平服务的机制。这些问题在客观上要求继续深化港口管理体制改革，逐步理顺各方面的关系，完善港口管理体制。为此，我国开展了以进一步调动地方建设港口的积极性、实现政企分开为主要目标的第二轮港口体制改革。

进入21世纪以来，随着经济全球化进程加快，我国外贸进出口迅速增长。加入世界贸易组织（WTO）为港口发展带来新的机遇的同时，也向港口提出了更高的要求。为深入解决体制瓶颈给中国港口发展带来的矛盾与困难，2001年11月，国务院办公厅下发《转发交通部等部门关于深化中央直属和双重领导港口管理体制改革意见的通知》（国办发［2001］91号），决定进一步深化改革港口管理体制，对原中央直属和双重领导港口管理体制再进行新一轮改革，改革的核心是实行港口属地化管理和政企分开，建立"一港一政"统一管理的行政体制。改革的基本内容包括：将秦皇岛港以及双重领导的港口全部下放地方管理；港口计划管理由中央改为地方管理；财务管理由"以港养港、以收抵支"改为"收支两条线"；逐步放开理货市场；改革引航管理体制等。

2002年初，交通部会同有关部委组成工作组，专门研究、协调并配合地方人民政府的港口深化改革工作，下发了《关于贯彻实施港口管理体制深化改革工作意见和建议的函》（交函水［2002］1号）。2003年3月，交通部下发《关于加快港口政企分开步伐和加强港口行政管理的通知》，进一步推动各地港口政企分开。各地新成立的港口行政管理机构迅速开展工作，港口企业按照建立现代企业制度的要求成为自主经营、自负盈亏的法人实体。至2004年，各港口相继实行了政企分开。

2. 长江港口管理体制改革

1982年5月，交通部向国务院报送了《关于长江航运体制的改革方案》。1983年3月，国务院50号文正式批转长江航运体制改革方案，要求积极试点、逐步推开，争取在1984年内完成改革任务。其中提出的改革长江航运行政管理体制和港口体制的措施包括：行政管理体制方面，组建长江航务管理局，为交通部派出机构，统一负责长江干线的航政、港政、航道整治管理，沿江各省的航务管理机构业务上受长航局管理指导，执行统一的法规、制度和指令；对各省设立在长江两岸的航务分支机构，隶属管理不变，实行双重领导；在港口体制方面，规定干线港口的行政管理机构为港口管理局，由交通部与地方双重领导，以部为主，其余港站交给地方或暂由以上港口管理，交给地方的港口由地方和长航局双重领导，地方为主；港口装卸业务、客货运和为船舶服务业务实行多家经营，为各类船公司服务，长江干线港口各装卸公司必须实行统一的收费规定和费率，未经交通部批准不得擅自修改；本着“谁建、谁用、谁管、谁受益”的原则，鼓励工矿企业、物资部门和航运企业建设码头，港务费由港口管理局收取，以维护航道和泊位水深。

1987年8月，国家经贸委与交通部联合上报《关于长江港口管理体制改革的请示》，进一步进行港口体制改革。同年11月，国务院批准了长江港口管理体制改革的请示。除张家港以外，将重庆、万县、宜昌、枝城、武汉、黄石、九江、安庆、芜湖、南京、镇江港等干线重点港口全部按港务局（含所属站、点、公安和战备、机械修配）成建制下放，实行交通部与地方双重领导以地方为主的管理体制，但长江干线航政、航道、通信的行政管理仍由交通部统一管理。1989年，交通部直属的长江干线26个重点港口，形成地方为主的管理体制。

1992年，邓小平同志南巡讲话发表后，我国改革开放和现代化建设进入了一个新的阶段，对交通运输提出了更高的要求。交通部认真分析研究交通发展状况，于7月提出《关于深化改革、扩大开放、加快交通发展的若干意见》。其中主要包括以下内容：提出了交通运输到2000年上新台阶的目标；改革水路运输计划体制，改革运价体制，扩大市场调节范围；扩大对外开放领域，拓宽利用外资渠道；转变政府职能，抓好行业管理；推动企业改组和联合，积极开展交通股份制企业试点工作等。并明确提出了要采取更灵活的方式多方筹集建设资金，支持航道部门结合航道疏浚营造土地和进行土地开发，允许国内货主和航运企业自建自营专用码头或租赁港务局码头、投资开挖专用航道，或与港务局合建公用码头及附属设施，继续支持地方自建码头和内陆省市到沿海沿江自建、合建并经营码头。

2001年以来，长江干线双重领导港口相应进行了港口管理体制改革，实行政企分开，下放地方管理。同时，鉴于长江航运的运作方式及其特点，长江港口企业可按照自愿原则，与航运企业进行资产重组，组建新的港口运输企业或采取多种方式联合经营。

3. 港口体制改革成果的法制体现——《港口法》

2003年出台的《中华人民共和国港口法》明确规定了各级政府港口行政管理部门管理港口的职责，为港口体制改革实施和新的港口管理体制的建立和运行提供了法制保障。《港口法》不仅规定了管理主体的权利、义务和港口管理的基本程序，也规定了对管理相对人的要求，在理顺港口的体制环境，使之更适应经济社会发展需要的同时，更有助于促使港口生产经营活动有秩序地进行。在进入21世纪和我国加入WTO的背景下，《港口法》的颁布实施，有利于积极推进公司制改革，促进港口企业建立规范的法人治理结构。

经过二十多年港口体制改革的实践，到2005年，我国港口下放和政企分开工作已全部完成，基本形成了符合市场经济体系要求的港口管理体系。

一是政府部门对港口实行分级管理。交通部对全国港口实行统一行政管理，负责制定全国港口行业的发展规划，按有关规定负责港航设施岸线规划和使用的行业管理，对大中型港口建设项目提出行业审查意见，制定港口行业发展政策和规章并实施监督。省级政府交通主管部门负责本行政区域内港口的行政管理。省级或港口所在城市政府港口主管部门按照“一港一政”的原则负责依法对辖区港口实行统一的行政管理。二是在统一的行政管理下，形成多元化的投资主体，按照港口规划建设港口。三是港口实现政企分开，港口企业作为独立的市场主体，依法从事经营活动。

二、改革港口经营机制，建立现代企业制度

港口从宏观和微观两个层面上来看，具有双重属性：一方面，它是国家重要的基础设施，在交通、物流和贸易等经济活动中发挥着重要的枢纽作用；另一方面，其自身作为经济实体，担负着维护自身生存与发展的任务。因此，要实现港口的健康发展，需要这两方面因素的协调作用。其中港口企业的经营机制对其发展至关重要。

（一）引入市场机制，完善港口市场体系

改革开放初期，针对运力严重不足的局面，交通部打破单一所有制限制，开放了交通运输市场。提出要从我国交通运输事业多层次、多形式、多渠道的特点出发，放宽政策，搞活交通。在1983年全国交通工作会议上，部党组提出“有河大家走船，有路大家走车”的口号，坚决破除对车船运输搞地区封锁，制止控制货源、到处设卡乱收费等做法。

1984年，为贯彻中共中央和国务院关于发展个体运输的指示精神，交通部发出通知，提倡水运专业户与水陆运输企业和专业户实行各种形式的合作、联运、联运与合营，提倡产运销结合，活跃运输市场。交通部明确提出交通部门的港口码头等设施对水运专业户开放，并和国营、集体等其

他经济形式的企业同等对待。在20世纪80年代，交通系统打破了“统一货源、统一调度、统一运价”的“三统”，到1987年，指令性运输计划由过去的17项缩减为3项（客运、外贸与重点物资）。

针对改革过程中出现的行业不正之风等问题，1989年，交通部开始对道路、水运市场进行整顿治理，以创造良好的市场环境和秩序，保证改革的顺利进行。认真开展了治理公路水路“三乱”（乱设站卡、乱罚款、乱收费）的行业纠风工作。同时，打破条块分割，全面开放公路水路运输市场，维护良好的市场环境，极大地促进了交通生产力的发展，为深化港口管理体制和经营机制改革铺平了道路。

为整顿改革港口费收，提高港口综合竞争力，交通部于1995年提出我国港口费收整顿改革方案，主要内容包括：加强港口费收的行业管理，建立合理调价制度；进一步完善港口费收的计费办法，优化费收结构，合理调整费率水平；简化港口费收项目，提高透明度和水运竞争力。此外，方案还指出交通部将主要从港口费收管理、船舶使费、装卸费和口岸其他部门的费收等方面进行改革。1997年4月，交通部颁布了《中华人民共和国港口收费规则（外贸部分)》，并于2001年12月进行了修订，《中华人民共和国港口收费规则（内贸部分)》也于2005年7月颁布。

从2002年开始，理货管理体制与全国港口管理体制一并进行改革，引入竞争机制，允许在港口成立第二家理货公司。到2003年，大部分双重领导港口外轮理货分公司的改制工作已经基本完成。2004年，主要港口都设立了两家理货企业。截至2005年底，中国外轮理货总公司及大部分在各港的分公司都按照要求进行了改制，第二家全国性理货公司——中联理货有限公司也进入沿海20多个主要港口。

《港口法》出台后，各地通过贯彻落实《港口法》，进一步加快了港口改革步伐，深化了港口运营体制，全面开放了港口市场，形成港口投资建设和经营的公平有序竞争的社会主义港口市场经济体系，为搞活港口建设和经营注入了新的活力。

（二）改革港口企业，建立现代企业制度

在20世纪70年代末的改革开放初期，交通系统便开展了企业整顿，工作的重点是扩大企业自主权。但当时的港口仍是以港口企业为主体，兼有行政的职能。港口这种政企合一的状况，不符合社会主义市场经济的运行规律，制约着港口生产力的正常发展。这对开展港口管理体制改革提出了客观要求。

80年代，交通系统的工作重点放在坚持以公有制为主体，积极发展多种所有制运输力量上，逐步扩大了企业自主权，全面推行了企业承包经营责任制。1987年，交通部提出了大中型施工、运输和港口企业实行承包责任制的初步方案，并在同期推行了企业厂长（经理）负责制。

90年代，交通系统以转换经营机制为重点，加大政企分开力度，进一步扩大企业经营自主权，并引导企业以资产为纽带实行兼并重组，组建了一批企业集团，建立了现代企业制度。1992年，根据国务院对股份制试点工作的部署，交通部成立了股份制企业试点方案审查小组，并明确了审批程序。至2000年，以交通为主营业务的上市公司共有45家，其中发行A股的40家，发行B股的8家，发行H股的6家。

进入21世纪后，港口企业实行了新一轮的改革，按照现代企业制度的要求，自主经营、走向市场，适应我国加入世界贸易组织（WTO）的要求。一是港口下放后，实行政企分开，港口企业不再承担行政管理职能，并按照建立现代企业制度的要求进一步深化企业内部改革，成为自主经营、自负盈亏的法人实体。二是改革港口企业的计划、财务管理体制。计划管理由中央计划管理改为地方管理；财务管理由“以港养港，以收抵支”改为“收支两条线”，同时，按规定征收港口企业所得税。

经营机制改革后，我国港口企业在数量和质量上都有了较快的发展。

涌现出一批大型港口集团企业，建立了现代企业制度。以上海国际港务（集团）公司为例，加快实施长江战略，入股南京集装箱码头，控股了武汉港口集团，还与重庆港务物流集团共同投资5 000万元组建了重庆集海航运有限责任公司，并与南通港签订了全面战略合作协议。

目前，我国大陆港口企业A股上市公司包括深圳赤湾港、盐田港、上港集团、天津港、厦门港、连云港港、日照港、营口港、锦州港、重庆港、南京港、芜湖港、北海港等港口的13家企业。厦门港、大连港和天津港还成功在港股上市（见表2-1）。得益于我国经济贸易的持续增长，近年来港口业务迅速增长，港口类股票的表现比较稳健，业绩优于我国上市公司的平均业绩。

我国港口上市公司情况一览表 表2-1

序号	上市公司名称	序号	上市公司名称
1	上海国际港务（集团）股份有限公司（A600018）	9	重庆港九股份有限公司（A600279）
2	天津港股份有限公司（A600717）	10	深圳市盐田港股份有限公司（A000088）
3	厦门港务发展股份有限公司（A000905）	11	芜湖港储运股份有限公司（A600575）
4	深圳赤湾港航股份有限公司（A000022）	12	北海市北海港股份有限公司（A000582）
5	日照港股份有限公司（A600017）	13	南京港股份有限公司（A002040）
6	营口港务股份有限公司（A600317）	14	大连港股份有限公司（02880. HK）
7	江苏连云港港口股份有限公司（A601008）	15	厦门国际港务股份有限公司（03378. HK）
8	锦州港股份有限公司（A600190）	16	天津港发展控股有限公司（03382. HK）

港口企业注重以资本为纽带，通过合资、上市、资本运营等各种方式发展自身业务。另外，积极发展国内外港口码头业务，一些大型企业实行跨地区乃至全球化经营。我国的主要港口运营商招商局国际有限公司和中远太平洋有限公司均已跻身世界港口运营商的前列。2007年招商局国际经

营的码头共完成集装箱吞吐量4 712万标准箱，中远太平洋公司经营的码头共完成集装箱吞吐量3 983万标准箱，两家公司分列全球第三和第五位。

三、加强港口规划，有力发挥指导作用

（一）1981~1990年间的港口规划

1978年，交通部提出《关于实现交通运输现代化的汇报提纲》，1980年，又提出《交通运输十年规划纲要设想（1981~1990年）》，这两个文件对于交通中长期发展规划做出了部署，为“六五”和“七五”时期的规划工作奠定了基础。

针对当时基础设施薄弱和港口能力不足，难以满足商品流通快速增长要求的情况，1981年，国家在加强港口码头建设的同时，决定推广过驳作业。沿海各港口加大投入，开辟新的锚地，添置浮筒，建造新的水上过驳起重设备并配备疏运船舶，采取各种措施保证水上过驳良好的作业环境，过驳作业量大幅度增长。

改革开放初期的“六五”期间，我国压船压港问题比较严重。为解决港口能力不足的问题，1985年，全国交通工作会议提出，在港口建设方面实行大中小并举、中央与地方并举、新建与改造并举的方针，努力提高经济效益。

国家在“七五计划”的调整产业结构的方向和原则中，明确提出把交通运输的发展放到优先地位。针对“六五”时期出现的问题，1986年，交通部确定了“七五”期间交通经济体制改革的重点和主要措施，在广泛调研的基础上，提出了我国港口布局规划的基本方针。

1986年，交通部组织了一次全国港口普查，查定并颁布了我国沿海主要港口的通过能力，为强化宏观控制，指导沿海港口规划、建设提供了依据。普查结果显示，截至1985年底，全国年吞吐量1万吨以上港口共计

1 947个，其中，内河港口 1 752 个，沿海港口 195 个。我国沿海主要港口码头泊位 500 多个，其中，深水泊位约 200 个。结果显示当时的港口建设未能适应经济贸易发展要求。

根据实际情况，交通部在沿海港口布局上提出了“两个大中小并举”（大中小港口和大中小泊位）的方针，即既要有重点地建设一批大港口，担负起枢纽的作用，又要建设适应对外开放需要、为大港口分流、服务地区经济发展的中小港口；同一个港口内既要建设深水泊位和专业化泊位，也要建设中小泊位和多用途通用泊位，达到大中小相结合的要求，以发挥港口的总体功能，满足多方面需要。

（二）1991 ~ 2000 年间的港口规划

90 年代之前，我国港口的规划建设主要考虑的还是港口水深条件等自然因素，而较少地考虑港口与腹地经济的综合协调发展。当时在港口规划方面提出了“发展四大湾”（大连大窑湾、宁波北仑湾、福建湄洲湾和深圳大鹏湾）的目标。进入 90 年代后，港口规划开始注重与腹地经济发展相结合，在这一时期的港口建设规划中，以下两方面的规划思想起到了重要作用：

一是实施港口重心大转移，拓展了港口与城市新的发展空间。各港口的老港区吞吐能力较小，且由于地处市中心等原因，难以拓展更大的发展空间。因此，跳出老港区，发展新港区，成为了当时众多港口规划的指导思想。大连、营口、秦皇岛、天津、青岛、上海、宁波、厦门和广州、深圳等地的港口纷纷开辟新港区，系统地进行了规划建设，各个港口都取得了较大发展。这一规划思想不仅使港口形成了专业化管理、集约化经营、规模化生产的大格局，而且为港口城市构建新的经济重心创造了条件。

二是适当增加沿海港口密度，建设唐山港、黄骅港、日照港和钦州港等港口，适应了腹地经济的发展要求。如日照港的规划建设，充分考虑到腹地经济对于煤炭和铁矿石等货种运输的巨大需求，在同一区域其他港口已有煤炭和铁矿石码头的基础上，大胆建设煤炭及矿石专业化码头，这些码头建成投产后，使那里的港口吞吐量实现连年快速增长，并于2006年一跃进入亿吨大港行列。

在全国交通系统深化改革，扩大开放，抓住机遇，加快发展的同时，为继续加强交通规划工作，根据20世纪80年代末提出的“三主一支持”（公路主骨架，水运主通道，港站主枢纽和交通支持保障系统）长远规划设想，90年代，交通部先后组织有关部门制定了交通基础设施的长远规划，科学筹划和指导公路水路交通基础设施建设。这是一项跨世纪的宏伟工程，从90年代初开始实施，计划用30年时间完成。这一战略思想及相应的规划提出了水运通道、港口枢纽和水运支持保障系统规划内容、2000年建设目标和“九五”期间建设重点，使交通发展有了更明确的长远发展目标。它的实施有效缓解了交通对国民经济发展的瓶颈制约。

1997年，交通部开展了第二次全国港口普查，对普查范围、对象、标准、时间、内容和成果均作了明确规定和具体要求，为港口规划和建设工作提供了数据支撑。普查结果显示，截至1996年底，全国有港口1 467个，其中，沿海165个，内河1 302个。全国港口生产性泊位34 536个，其中，沿海4 276个（其中万吨级及以上泊位526个），内河30 260个（其中万吨级及以上泊位96个）。

此后，我国港口基础设施、装备和生产在规模、结构等方面发生了较大变化。进入新世纪，我国港口逐步实现了多功能化、深水化，码头逐步实现了专业化、智能化。“九五”、“十五”这10年间，沿海港口新增深水泊位441个，新增吞吐能力超过12亿吨，煤炭、原油、集装箱、散粮、散装水泥等运输系统不断完善。上海国际航运中心的功能和作用也开始发挥。

（三）新世纪的港口规划

根据党的十五大提出的新“三步走”战略，交通部明确了公路水路交通发展实现现代化的三个阶段目标，为以后的战略和规划制定奠定了基础。在港口规划方面，总结了改革开放以来的实践，特别是90年代港口规划建设的经验。从物流系统的角度出发，进一步审视了港口在综合运输体系中的地位和枢纽作用。

1. 制定港口发展战略，加强基础设施建设管理

制定《全国沿海港口发展战略》。为适应21世纪初期国民经济和社会发展的要求以及经济全球化的发展趋势，总结改革开放以来的实践经验，加快沿海港口建设，交通部组织力量在加强科学研究的基础上，于2001年印发了《全国沿海港口发展战略》，提出沿海港口发展的总体目标是：适应经济全球化发展趋势，满足国家现代化建设的需要，以国际、国内航运市场为导向，建成结构合理、层次分明、功能完善、信息畅通、优质安全、便捷高效、文明环保的现代化港口体系。充分认识到了港口作为物流系统和综合运输体系中的重要枢纽的作用。《全国沿海港口发展战略》是未来一定时期沿海港口规划和建设的指导性文件。

国家提出西部大开发战略后，交通部积极出台相关政策，并安排资金重点支持西部地区的交通基础设施建设，包括支持内河航运资源丰富的西部地区的港口航道建设。西部交通建设注重以规划为指导，坚持“三主一支持”的长远规划设想。与此同时，注重依靠科技与创新，2001年，成立交通部西部交通建设科技项目管理中心，在西部地区交通建设科技项目中给予重点支持。

2. 水路交通规划注重以法律为依据，以调查为基础

根据《港口法》的授权，交通部与国家发改委联合组织编制了《全国沿海港口布局规划》（2006年）、《全国内河航道与港口布局规划》（2007年）等规划，并由国务院先后批准通过，成为指导我国沿海港口和内河航道与港口发展的最高层面的港口规划。在规划的指导下，一批大型专业化原油、铁矿石、煤炭、集装箱码头和深水航道工程相继建成并投入使用，以长江黄金水道为重点的内河航运得到快速发展。全国内河主要港口规划布局方案提出：形成由28个内河港口组成、以区域主要城市对外辐射的主要港口体系。

根据上述两个规划的指导性内容，结合各地的实际，各地方省市、港口主管部门先后制定了各地的港口规划，对当地港口的发展做出了具体的规划指导。此外，主要港口企业也依据港口主管部门的规划指导，针对自身发展的实际，相应制定出企业自身的泊位建设规划和业务发展战略。这一系列规划的出台，加强了港口规划的管理，保护了港口岸线资源，从而，引导我国港口朝着更合理的方向布局。

为全面、准确、系统地掌握全国港口现状，为港口规划、建设、管理提供信息支撑，在综合考虑港口管理体制改革进程、工作周期、普查数据为5年规划服务等因素的基础上，交通运输部①于2008年开展第三次全国港口普查工作。此次普查的范围是全国范围内具有船舶进出、停泊、靠泊，旅客上下，货物装卸、驳运、储存等功能，具有相应码头设施的所有港口。普查对象包括从事港口生产活动的港口经营人和船厂、港口管理部门及使用港口岸线、陆域和水域的涉港管理部门。普查内容包括港口管理部门和港口经营人情况、港口基础设施情况、港口设备情况、港口生产和能源消耗情况等。目前，普查各项工作进展顺利。

3. 因地制宜，制定区域交通发展规划

《港口法》出台后，交通部加快了全国与区域港口规划建设的步伐。根据《港口法》第十一条的有关规定，2004年，交通部公布了25个沿海主要港口和28个内河主要港口。沿海主要港口包括大连港、营口港、秦皇岛港、天津港、烟台港、青岛港、日照港、连云港港、上海港、南通港、苏

① 2008年2月27日，中共十七届二中全会上通过的《关于深化行政管理体制改革的意见》和《国务院机构改革方案》建议新设交通运输部，十一届全国人大一次会议于3月15日表决通过，3月23日挂牌。

州港、镇江港、南京港、宁波港、舟山港、温州港、福州港、厦门港、汕头港、深圳港、广州港、珠海港、湛江港、防城港港、海口港。内河主要港口包括泸州港、重庆港、宜昌港、荆州港、武汉港、黄石港、长沙港、岳阳港、南昌港、九江港、芜湖港、安庆港、马鞍山港、合肥港、湖州港、嘉兴内河港、济宁港、徐州港、无锡港、杭州港、蚌埠港、南宁港、贵港港、梧州港、肇庆港、佛山港、哈尔滨港、佳木斯港。

2005 年，国家发展和改革委员会、交通部印发了《长江三角洲、珠江三角洲、渤海湾三区域沿海港口建设规划（2004～2010 年)》，该建设规划范围为长江三角洲、珠江三角洲和渤海湾三个区域的沿海港口，以煤炭、原油、铁矿石和集装箱四大货类为主。2006 年，国家发展和改革委员会、交通部又印发了《长江三角洲、珠江三角洲、渤海湾三区域外沿海港口建设规划（2006～2010 年)》，该建设规划范围包括苏北、浙南沿海、福建东南沿海、粤东、粤西沿海、西南沿海港口，成为“十一五”沿海港口建设的又一个重要指导性文件。

结合我国区域经济发展特点，交通部于 2005～2006 年间分别发布了《振兴东北老工业基地公路水路交通发展规划纲要》、《长江三角洲地区现代化公路水路交通规划纲要》、《环渤海地区现代化公路水路交通基础设施规划纲要》、《促进中部地区崛起公路水路交通发展规划纲要》和《泛珠三角洲区域合作公路水路交通基础设施规划纲要》。这一系列规划的制定，表明交通部逐步加强了对行业的规划和指导工作，不断提高了科学行政水平。

4. “十一五”港口发展目标

经过改革开放近 30 年时间的发展，我国港口规划与建设取得了显著效果，基本上形成了布局合理、专业化程度高、技术设施先进的港口体系。进入“十一五”期，面对国内外经济贸易发展的新形势，交通部提出了“十一五”港口发展目标。

沿海港口发展目标包括：建设上海等国际航运中心；进一步完善沿海

港口布局，建设集装箱、煤炭、进口油气和铁矿石中转运输系统，扩大港口吞吐能力；改善港口航道条件；港口集疏运体系建设取得明显进展。陆岛交通进一步改善，1 000 人以上岛屿全部建有交通码头，力争 5 000 人以上岛屿基本具备滚装运输条件。内河港口发展目标包括：内河主要港口基本实现机械化、规模化，部分港口成为地区性物流中心。

四、改革港口投融资体制，实现投资主体多元化

港口建设具有投资大、回收期长的特点。改革开放前，我国港口建设，从水下到地面都靠国家投资，这种单纯依靠国家有限的财力办交通，是造成我国港口建设落后的原因之一。改革开放以来，特别是 1984 年实行“以港养港，以收抵支”政策后，港口建设得到了加强。但由于我国经济发展持续快速增长，港口吞吐能力仍无法满足要求。为适应国民经济和社会发展的需要，解决港口企业困难，保证港口建设投入，交通部着手实施港口投资体制改革。

（一）积极拓展港口建设资金渠道

1. 中央和地方政府投资港口建设

1986 年 1 月，我国开始对进出沿海港口货物按统一规定标准征收港口建设费，收入作为建设港口资金的一项来源。1993 年 7 月，国务院批准扩大港口建设费征收范围和标准，新开征航道建设费、水运客货运附加费，并允许内河港口建设投资者吹填造地，将土地综合开发收益用于内河航运建设。允许成立内河航运建设开发公司，对内河航运建设项目进行筹资、经营管理、资产管理及负责偿还贷款。支持有实力的企业发行股票、债券进行融资，用于航运开发建设。并根据国务院 1996 年 8 月发布的《关于固定资产投资项目试行资本金制度的通知》，对各种经营性投资项目试行资本金制度。

2. 社会资本投资港口建设

20 世纪 80 年代初期，为多方筹集港口建设资金，交通部在长江港口建设中就制定了“谁建、谁用、谁管、谁受益”的原则，鼓励各工矿企业、物资部门和航运企业投资建设码头，为港口建设开辟了新的集资道路。有关煤炭企业、钢铁企业、化工企业和粮食企业等纷纷在沿海和沿江地区兴建专业化货主码头，有力支持了我国港口建设，特别是专业化码头建设。

3. 引进外资建设港口

1983 年，秦皇岛、连云港等港口首先利用能源装船港的优势，向日本政府海外基金办理我国首批日元贷款。1985 年，天津港、上海港、广州港向世界银行首期贷款，投资建设集装箱码头。此后，我国港口利用外资数量逐步增加，1988 ~ 1989 年，大连港、宁波港、厦门港等港口也相继向世行贷款建设集装箱码头。世行贷款在我国集装箱运输发展的进程中起到了重要的作用。据统计，“十五”期间我国交通行业利用世行和亚行贷款 46 亿美元，占同期全国总额的 43%。

除外资贷款外，合资公司的建立也在我国港口发展和投资主体多元化进程中起到了重要作用。为了解决当时港口能力不足、港口管理水平落后的矛盾，本着“不求所有，但求所在”的思想，我国成立了一批港口合资公司。合资公司不仅带来了资金，也带来了先进管理经验，培养了专业人才，促进了我国港口企业的制度创新。1985 年，国务院出台了《关于中外合资建设港口码头优惠待遇的暂行规定》，中国港口建设进入快速发展时期，基础设施和管理水平不断提高。对外开放极大推动了基础设施建设，活跃了水运市场。1987 年，南京港务局与美国英雪纳公司（ENCINAL TERMINALS）合资，建立了我国第一家中外合资经营的集装箱码头公司。1993 年，和记黄埔集团与上海港务局合资组建了上海集装箱码头有限公司，总投资 56 亿元人民币，注册资金为 20 亿元人民币，双方各占 50% 的股权，合作期为 50 年，成为当时交通行业最大的合资项目。同年，盐田港集团与香港和记黄埔公司合资成立了盐田国际集装箱码头有限公司，合资经营盐田港区一、二期工程，这是当时深圳最大的合资项目。

为履行加入世贸组织的承诺，我国2002年发布的《外商投资指导目录》中取消了港口业中方控股的规定，已经对外商投资中国港口业全线放开。2003年香港和记黄埔集团再次投资上海港，和记黄埔旗下的和记港口浦东有限公司入股上海浦东国际集装箱有限公司，占股份30%。长期以来，香港和记黄埔和新加坡国际港务集团（PSA）一直是我国港口投资的主力，合资公司在我国码头发展过程中不但带来了码头建设资金，更重要的是带来了国际领先码头公司的运营与管理经验。主要外资港口运营公司在我国大陆投资码头情况见表2-2。

主要外资港口运营公司在我国大陆投资码头情况 表2-2

公 司 名 称	主要外资运营公司在我国大陆投资码头项目
和记黄埔有限公司	盐田国际集装箱码头、上海集装箱码头、上海明东集装箱码头（外五）、上海浦东国际集装箱码头、宁波北仑国际集装箱码头、惠州港业股份有限公司、江门国际货柜码头、南海国际货柜码头、汕头国际集装箱码头、厦门国际货柜码头、珠海国际货柜码头
新加坡国际港务集团	大连集装箱码头、东莞集装箱码头、福州集装箱码头、广州集装箱码头、天津集装箱码头

近年来，国际大型班轮公司参与码头投资力度加大，呈现出明显的港航一体化发展趋势。目前，丹麦马士基是投资中国大陆港口最多的班轮公司。马士基码头公司在盐田国际集装箱码头、大连集装箱码头、青岛前湾集装箱码头、上海外高桥四期、厦门嵩屿集装箱码头等码头中均占有相当比例的股份，同时拥有经营权。

（二）实现港口建设投资主体多元化

改革开放以来，我国港口建设投入显著增长。以沿海港口建设为例，“十五”期间，投资总额约1 300亿，是“九五”期间的3.2倍，却只相当于“十一五”前两年的投资额。而在连年增长的投资总额中，政府投资的比例逐步下降。据统计，1980 年中央政府投资占我国沿海港口建设总投资的 80%，到 1990 年下降到 60%，到“十五”期末下降到不足 4%，且主要集中用于港口公用基础设施建设。随着港口体制改革的不断深化，我国港口建设实现了投资主体多元化的局面。以 2007 年为例，全国港口建设完成投资 727.3 亿元，其中，国家预算内资金 2 320 万元，部专项资金 7.9 亿元，国内贷款 181.2 亿元，利用外资 30.8 亿元，地方自筹资金 19.2 亿元，企事业单位资金 366.3 亿元，其他资金 34.5 亿元。我国沿海港口建设历年投资情况见图 2-1。

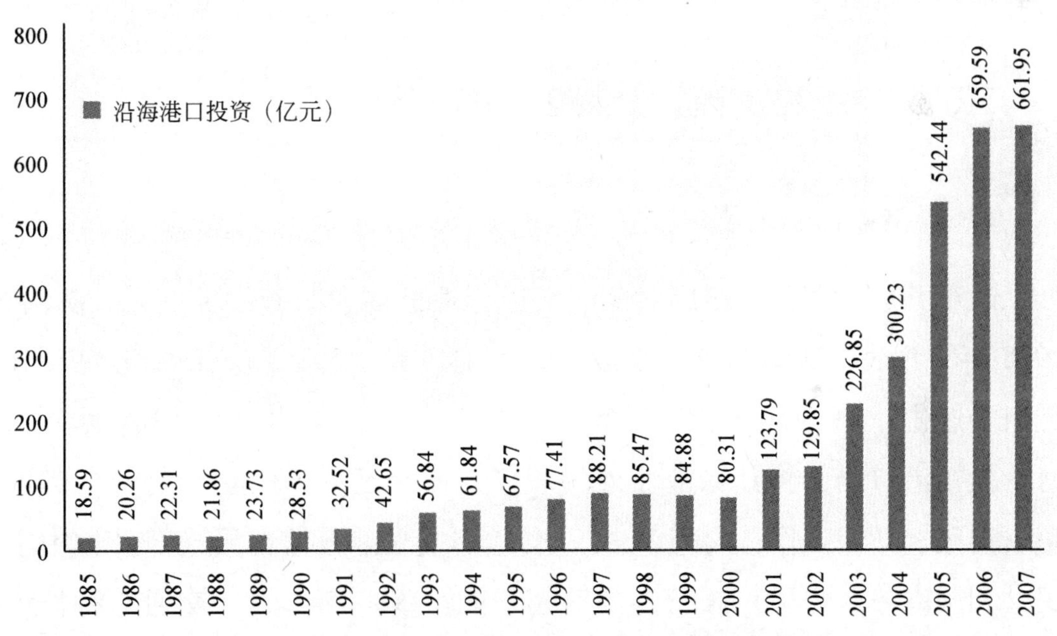

图 2-1　1985 年至 2007 年全国沿海港口建设投资

经过 30 年改革开放的实践，中国建立了符合中国国情、与国际接轨的具有中国特色的港口投融资和管理体制。港口建设费的征收，成为我国港口建设资金的重要来源，保证了我国港口建设的顺利进行。同时，中国政府鼓励社会资本和外资参与港口建设。近年来，随着港航一体化经营趋势的发展，中远、中海等多家国内外航运公司投资建设沿海主要集装箱码头；

随着我国产业政策的调整和引导，多家钢铁企业联合投资建设沿海矿石码头（如唐山曹妃甸码头）等等，拓宽了我国港口建设投资渠道。目前，我国港口业开放程度较高，大约有63%的沿海集装箱码头由外商参与投资和经营。我国港口建设实现了投资主体多元化的良好局面，得益于我国港口解放思想，成功实施了以“下放地方，政企分开”为目标的管理体制改革。

随着我国经济的发展和对外贸易量的连年增长，中国港口在保障外贸运输上发挥着重要作用，已经成为国际经贸活动的重要环节和世界港口体系中的重要组成部分。全球前20大班轮公司均开辟了挂靠中国港口的国际班轮航线，境外班轮公司占中国海运市场的份额已经超过70%。

五、改革港口配套体制，理顺相关系统关系

（一）港监体制改革

改革开放初期，交通部对部内水运管理机构和职能作了以下3次调整：1978年3月底，交通部将原水运局分为港口局、水运局。其中港口局分管港机、燃供、理货等业务，原船检港监局所属港监组划归港口局；1979年3月，撤销港口局，将其除港监外的职能并入水运局，成立水上安全监督局负责港监、环保工作；同年11月，交通部成立港务监督局（对外称中华人民共和国港务监督局）履行港务监督职能。1980年1月，交通部将长江航政局设在长江各港的管理部门统一为“中华人民共和国XX港务监督”和“中华人民共和国船舶检验局XX办事处”，对航行国际航线的船舶进行监督和检验。

港口体制改革工作启动后，交通部根据海上交通管理和安全监督需要，按照政企分开的原则将港口安全、秩序的监督和行政管理部分的工作从港务局划出，组建海上安全监督局（对外仍保留中华人民共和国港务监督局名称）。先后将隶属于沿海各港务局的17个港务监督、15个海上无线电通

信机构和 3 个隶属于航道局的航标测量处划出，组建了大连、营口、天津、秦皇岛、烟台、青岛、南通、连云港、上海、宁波、汕头、广州、湛江和海南 14 个海上安全监督局，实行交通部与地方双重领导、交通部为主的管理体制。海上安全监督局是我国《海上交通安全法》和《海洋环境保护法》等法规赋予的行政执法机构。1988 年，针对长江港航监督管理体制和港航监督机构内部的缺陷和弊病，交通部颁发了《关于长江干线港航监督管理若干问题的决定》，要求按《中华人民共和国内河交通安全管理条例》规定，从 1989 年 6 月 1 日开始，统一港航监督机构名称，各省港航监督部门应按规定依法履行职责分工，加强法制建设以及加强内部管理等。1998 年，原船检局和港务监督局（安全监督局）合并组建中华人民共和国海事局（交通部海事局）。

（二）理货体制改革

理货公司是船方或货主与港口间的公正单位，在港口负责对货物进行计数、检查货物残损、指导装舱积载、制作有关单证等工作。建国以来，外轮理货属于港口装卸作业的一项业务，这影响到了我国理货业务的公正性。另外由于理货公司仅有一家，缺乏竞争，服务质量难以保证。因此，理货体制改革势在必行。

针对当时许多港口不重视理货工作，理货差错事故时有发生的情况，交通部曾于 1971 年下发通知，要求港口限期恢复外轮理货公司，加强外轮理货工作。改革开放后，为适应长江港口开展外贸运输的需要，长江各港于 1980 年初成立了理货机构，属于中国外轮理货公司的分支机构。为提高外轮理货质量，1983 年 6 月，交通部根据长江港口外贸吞吐量的大小，调整了长江港口外轮理货分公司，对长江各港理货公司的体制和人员加以落实，外理机构按总公司的统一部署开展工作。

20 世纪 90 年代初，我国港口体制改革刚刚完成“双重领导，地方为主”的阶段性改革任务，为理顺体制，交通部将主要港口理货分公司从港务局划出，实行“双重领导，以总公司为主”的管理体制。

从2002年开始，理货管理体制与全国港口管理体制一并进行改革，引入竞争机制，允许在港口成立第二家理货公司。中国外轮理货总公司由原来向各港分公司收取收入3%的管理费改为占各港外轮理货公司16%的股份，原有的政府行业管理职能全部剥离。到2003年9月，大部分双重领导港口外轮理货分公司的改制工作基本完成。2004年，主要港口都设立了两家理货企业。截至2005年底，中国外轮理货总公司及大部分在各港的分公司都按照要求进行了改制，第二家全国性理货公司——中联理货有限公司也进入到沿海20多个主要港口。

（三）引航体制改革

2001年，交通部发布了《船舶引航管理规定》。根据国家《关于深化中央直属和双重领导港口管理体制改革的总体要求》，交通部于2004年全面启动了港口引航管理体制改革工作。2005年10月24日，交通部下发《关于我国港口引航管理体制改革实施意见的通知》，明确改革的目标是建立一个管理统一、安全引领、公平服务、高效廉洁的港口引航管理体制。主要内容是将沿海港口的引航机构从港口企业中分离出来，成立具有独立法人资格的事业单位，隶属于所在地港口行政管理部门。沿海引航机构按照“一个港口一个引航机构”设置，定名为“某某港引航站”。

自2006年底以来，港口引航管理体制改革进程加快。交通部积极推进改革，下发了《关于加强我国港口引航管理的通知》，开展引航机构审查审批工作，督促地方人民政府实施改革，并确保改革到位。截至2007年底，基本完成了港口引航管理体制改革。

引航体制改革中，引航工作实现了安全、平稳、有序的过渡。引航体制改革后，建立了公平、公正的引航秩序，引航服务质量和安全管理水平有了进一步提升。根据2008年中国船东协会对引航体制改革效果的调查结果，船东对于引航体制改革普遍给予肯定，认为改革总体上是成功的。

六、加强港口法制建设，规范市场管理行为

改革开放初期，交通部开始恢复和发展交通法规建设。从1983年11月至1984年8月，交通部全面清理了建国以来的交通法规，基本建立了交通法规体系框架。以《水路运输管理条例》及其实施细则等为主线，初步确定内河、沿海与远洋运输、港口生产、市场管理及经济纠纷处理等法律关系；以《航道管理条例》等为主线，初步确定有关港口、航道建设养护等法律关系。这一系列恢复和发展交通法规建设的工作，为依法行政和宏观管理打下了基础。

交通部在“十五”期间颁布并组织贯彻实施了《中华人民共和国港口法》（2003年6月）、《港口经营管理规定》（2003年12月）等重要法律法规。《港口法》等一系列法律法规的颁布实施，使我国的交通法制建设实现了历史性突破。“十五”期间，交通部共制定、修订了54件部颁规章，废止了247件部颁规章，精简了48%的行政审批项目。各级交通部门的行政审批项目大幅减少，行政效率明显提高。

（一）制定行业法律法规，维护市场秩序

改革开放以来，由于我国原有的港口法规、规章层次低，覆盖面小，没有形成港口发展所必需的法律体系。为缓解港口立法上的薄弱环节，我国从1992年起，就着手开展港口法的制定准备工作。《港口法》的制定工作历经10年，由两届全国人大常委会进行了3次审议，最终于2003年6月28日由第十届全国人大常委会第三次会议通过，2004年1月1日起施行。《港口法》是新中国成立以来第一部对港口事业进行全面、系统规范的法律。它深刻总结了几十年来我国港口管理、特别是改革开放以来的实践经

验，借鉴吸收了国际上港口管理和立法的有益做法，在港口的规划、建设、维护、经营、管理等方面确立了一系列重要法律制度。主要包括：确立了中央宏观调控、地方政府进行具体管理的港口管理体制；确立了港口规划、岸线管理等合理利用港口资源的制度；确立了港口多元化投资主体和经营主体建设和经营港口业务的制度；确立了港口业务经营人的准入制度和公开、公平竞争制度；以及确立了港口保护制度和安全管理制度。

《港口法》的出台，改变了我国港口无法可依的落后局面，填补了我国在港口立法方面的空白，解决了我国港口立法长期滞后的问题，从根本上启动了依法治港的进程，确保了港口在社会主义市场经济条件下不断优化运行机制和持续健康发展。

为贯彻实施《港口法》，各地方交通主管部门还依据《港口法》、《水路运输管理条例》等法律法规，结合本地区水运发展和管理的实际，出台了一系列的部门规章和地方法规。水运法制建设为加强行业管理提供了法律依据，为促进行业发展、深化体制改革提供了法律保障，有效促进了统一开放、竞争有序的水运市场初步形成。

在水运建设管理方面，交通部也颁布了一系列法规，修订和补充了沿海港口水工建筑工程定额和工程概算预算编制规定。1995年，为整顿水运建设市场秩序，规范市场行为，交通部按新修订的《航务工程施工企业资质等级标准》和《航道工程施工企业资质等级标准》，开始重新认定水运工程施工企业资质，并于1996年完成；1996年，交通部发布了《内河航运工程竣工验收办法》、《内河航运工程施工图设计文件编制办法》和《内河航运建设土建工程招标文件范本》3项内河建设管理法规性文件，规范了内河建设项目的实施和管理；1997年2月，交通部针对水运工程建设市场出现的问题，颁布了《水运工程建设市场管理办法》，包括“总则”、“管理与职责”、“项目报建”、“资信登记”、“勘察设计”、“招投标”、“合同管理”、“工程实施管理”、“法律责任”和“附则”等10章内容。

自2001年我国加入世贸组织以来，中国政府严格履行了入世承诺，完善相关的法规和规章，依法清理行政审批项目，简化市场准入手续，加强国际海运市场监管，规范市场行为。中国政府按照建立社会主义市场经济法律体系的原则，参照和借鉴国际航运惯例和外国的航运立法实践，先后颁布实施了《中华人民共和国国际海运条例》、《国际海运条例实施细则》、《外商投资国际海运业管理规定》等行政法规和部门规章，使中国国际海运管理走向规范化、法制化，适应了中国航运市场发展的需要，符合了中国加入世贸组织后海运业改革开放的要求。

在认真履行入世承诺的同时，还拓展了对外开放的领域和程度。中国政府允许外商在我国设立外资股比最高为49%的合资船公司，从事挂靠我国港口的国际运输；允许外商设立控股的合资企业，从事海运货物装卸、国际集装箱场站业务；允许外商设立独资企业，从事仓储业务；允许外商设立外资股比最高为49%的合资企业，从事国际船舶代理业务；港口服务方面，港口经营人基于合理和无歧视原则向国际海运经营者提供服务。鼓励外国资本投资、建设和经营我国的港口业。

“9.11”事件后，面对国际反恐新形势，为防止港口和船舶遭受恐怖主义袭击，国际海事组织于2002年12月通过了“《1974年国际海上人命安全公约》海上保安修正案——加强海上保安的特别措施”和“国际船舶和港口设施保安规则”。新的规则对港口的保安系统在硬件、软件两个方面提出了十分详尽的要求。为了防止恐怖事件的发生，根据这一规定，各缔约国政府要对其相关各个港口的保安状况进行评估，并制定相应的保安计划。中国积极履行SOLAS公约修正案以及《国际船舶和港口设施保安规则》（ISPS规则）的要求，颁布了《港口设施保安规则》和《船舶保安规则》，切实实施保安的履约工作。

（二）完善水运建设市场管理

为认真贯彻国务院召开的全国整顿和规范市场经济秩序工作会议精神，

执行《国务院关于整顿和规范市场经济秩序的决定》，交通部结合水运建设市场的实际情况，于2001年3月1日发布了《关于整顿和规范水运建设市场秩序的若干意见》，决定对全国水运建设施工开展整顿工作，严格基本建设程序，规范招标投标行为，提高工程质量，促进水运建设市场的健康发展。通过整顿，建设市场秩序有了明显改进。

为规范招投标过程，加强相关企业资质管理，提高工程质量，交通部发布一系列相关规章和技术规范。2002至2004年间，先后发布了《水运工程施工监理招标投标管理办法》、《水运工程试验检测机构资质管理办法》、《水运工程勘察设计招标投标管理办法》、《公路水运工程监理企业资质管理规定》和《水运工程机电设备招标投标管理办法》等文件。此外，还先后组织制定并发布《水下深层水泥搅拌法加固软土地基技术规程》、《水运工程水工建筑物原型观测技术规范》和《水运工程土工合成材料应用技术规范》等技术规范。以及《港口设备安装工程技术规范》、《港口工程质量检验评定标准》、《沿海港口建设工程概算预算编制规定》、《港口工程桩式柔性靠船设施设计》、《施工技术规程》和《港口设备安装工程质量检验标准》。2005年颁布了《港口工程竣工验收办法》。2007年，颁布了《水运工程建设标准管理办法》和《水运工程建设标准体系表》。

2007年4月，交通部公布了《港口建设管理规定》，自6月1日起实施。规定分为总则、港口建设程序管理、港口建设市场管理、信息报送、法律责任等共5章，对港口建设管理过程中的各个环节均作出明确规定。同年11月，颁布了《港口规划管理规定》，自2008年2月1日起实施。

通过实行工程招投标制、项目法人制、监理制、合同制四项制度，以及制定一系列法律法规和标准对水运建设市场的规范与保障，维护了水运建设市场的秩序，保障了水运基建质量。

第二节　港口发展成就

改革开放30年来，我国港口通过深化改革、扩大开放的一系列举措，实现了跨越式发展。在港口基础设施建设、港口吞吐量、专业化码头及运输系统发展、港口现代化进程等方面都取得了长足进展，从根本上扭转了改革开放初期港口能力严重不足的问题。当前，我国认真履行入世承诺及有关国际公约，进一步扩大港口对外开放，我国港口与国际经济贸易的联系更加紧密，港口经济蓬勃发展，国际航运中心的建设初具规模。港口作为国际贸易和物流的重要节点，接卸了95%的进口原油和99%的进口铁矿石，保障了对外贸易运输和国民经济的快速发展。

一、港口建设成效显著，基本缓解能力瓶颈

经过30年的发展，我国已初步形成了布局合理、层次分明、河海兼顾、门类齐全、配套设施完善、现代化程度较高的港口体系。我国港口已拥有可以靠泊装卸目前世界上最大干散货船（35万吨级）、油船（50万吨级）和集装箱船的专业化矿石、原油和集装箱深水泊位。

（一）总体能力建设迈上新台阶

改革开放30年来，特别是进入21世纪以来，港口管理体制改革取得显著效果后，我国港口建设呈现加速发展的态势。截至2007年底，我国内地共有413个港口，年吞吐量过亿吨的大港已经达到14个，分别是上海、宁波—舟山、广州、天津、青岛、秦皇岛、大连、深圳、苏州、日照、南通、营口、南京和烟台港。我国港口共拥有生产性泊位35 947个，其中万吨级及以上泊位1 337个（见附表2-1），专业化泊位比重超过50%，具备靠泊装卸30万吨级散货船、35万吨级油轮、9 500标准箱集装箱船的能力。

“六五”期间（1981～1985年），我国沿海15个主要港口开工建设万吨级以上泊位132个，建成投产54个，新增港口货物吞吐能力2 800万吨。全国港口码头建设成果相当于改革开放之前10年的总和。新建了一批大型专业化泊位，如10万吨级煤码头和矿石码头，3万吨级散粮码头、木材码

头、重大件码头和集装箱码头。

“七五”期间（1986～1990年），建成90多个深水泊位，沿海23个主要港口的276个万吨级以上泊位全部实现机械化。到1990年底，沿海主要港口已拥有泊位1 167个，其中，万吨级以上泊位284个，比1980年增加了3倍多。沿海港口货物吞吐量年均增长7%，港口能力严重不足的局面初步得到缓解。

“八五”期间（1991～1995年），沿海主要港口建成泊位293个，其中，万吨级以上泊位110个，中级泊位51个，新增吞吐能力1.35亿吨。其中，建成集装箱泊位14个，新增吞吐能力100多万标准箱；新建煤炭专用泊位11个，新增装船能力1 500多万吨，卸船能力1 300多万吨。到1995年底，沿海主要港口万吨级以上泊位达到400多个，吞吐能力约6.4亿吨。

“九五”期间（1996～2000年），港口建设开始进入结构调整时期。建成中级以上泊位133个，其中，万吨级以上泊位96个，新增吞吐能力1.9亿吨，新增集装箱吞吐能力848万标准箱。沿海20个主枢纽港建成万吨级以上泊位75个，新增吞吐能力1.5亿吨。煤炭、矿石、原油、集装箱、散粮、散装水泥等运输系统不断完善。上海国际航运中心的功能和作用开始发挥。长江口深水航道整治一期工程已经完成，水深达到8.5米。

“十五”期间（2001～2005年），随着港口体制改革的深入，沿海港口建设步伐明显加快，一批大型集装箱、原油、矿石、煤炭泊位相继开工投产，扭转了长期徘徊不前、港口能力不足的被动局面。建成投产专业化泊位920个，其中万吨级以上泊位188个，新增吞吐能力5.4亿吨，分别是“九五”期间的1.3、1.9和2.1倍。长江口深水航道整治二期工程完工，10米水深延伸至南京。在环渤海、长江三角洲、东南沿海、珠江三角洲、西南沿海形成了规模庞大并相对集中的五大沿海港口群。

为适应船舶大型化趋势及大型专业化泊位的建设，沿海港口进出港深水航道建设也取得了举世瞩目的成就，建成了天津港、广州港、黄骅港等一批人工深水航道。2007 年，我国最大的远洋深水港宁波—舟山港 30 万吨级深水航道开工建设；连云港也计划将原有 15 万吨级航道扩建为 30 万吨级深水航道，以匹配其世界煤炭第一大港的发展要求；湛江港也计划将现有 25 万吨级航道扩建为 30 万吨级，以满足建设国家千万吨级钢铁基地项目及中国石油 200 万立方米的油罐仓储中转项目的要求。

在沿海港口建设取得突破进展的同时，内河主要港口面貌也有了很大改观。1978 年全国内河航道与港口建设投资仅 0.67 亿元，2007 年完成投资 166 亿元；1978 年，内河港口拥有生产用泊位 424 个，没有万吨级泊位，2007 年拥有生产用码头泊位31 246个，其中，万吨级及以上泊位 259 个，泊位总数增长 73 倍（见表 2-3）。在长江、珠江、黑龙江、淮河水系和京杭运河形成了沿江（河）港口带。在长江、西江干线和长三角、珠三角水网地区建成了一批集装箱、大宗散货和汽车滚装等专业化泊位，三峡库区码头淹没复建工程全部完成，内河港口机械化和专业化水平不断提高。

进入 21 世纪后，大型深水专业化泊位建设速度明显加快，7 年间平均每年增加 5 万吨级及以上泊位 37 个。内河港口建成 5 至 10 万吨级泊位 52 个，10 万吨级泊位 2 个。

改革开放以来我国港口泊位统计数据 表 2-3

年 份	全国生产性泊位数	万吨级及以上泊位数	沿海泊位数	其中万吨级及以上	内河泊位数	其中万吨级及以上
1978	735	133	311	133	424	
1985	844	189	373	173	471	
1990	4 657	312	967	284	3 690	28
1995	6 187	438	1 263	394	4 924	44

续上表

年　份	全国生产性泊位数	万吨级及以上泊位数	沿海泊位数	其中万吨级及以上	内河泊位数	其中万吨级及以上
2000	32 858	784	3 700	651	15 299	133
2001	33 441	810	3 718	677	29 723	133
2002	33 600	835	3 822	700	29 778	135
2003	34 289	899	3 345	745	30 944	154
2004	35 108	944	4 197	790	30 911	154
2005	35 242	1 034	4 298	847	30 944	187
2006	35 453	1 203	4 511	978	30 942	225
2007	35 947	1 337	4 701	1 078	31 246	259

数据来源：历年交通统计资料汇编。

（二）港口生产力得到快速发展

改革开放30年来，港口生产保持了持续快速增长。港口货物吞吐量由改革初期的2.8亿吨增长到2007年底的64亿吨，增长了22倍，平均每天有28万个集装箱、近百万吨进口矿石、40万吨进口原油进出我国港口。自2003年起，我国港口货物吞吐量连续位居世界第一。港口外贸货物吞吐量由1978年的5 000多万吨增长到2007年的18.5亿吨，增长了31.3倍，集装箱吞吐量由约5万标准箱增长到1.14亿标准箱。我国8个大陆港口进入世界港口货物吞吐量排名前二十位，其中5个港口进入世界前十位。

沿海港口完成货物吞吐量由1978年的2亿吨，增长到2007年的40.4亿吨，增长了近20倍，其中，外贸货物吞吐量由5 000多万吨增长到16.9亿吨。内河港口货物吞吐量由1978年的0.8亿吨，增长到2007年的23.7亿吨，增长了近32倍，其中，外贸货物吞吐量由零增长到1.6亿吨，集装箱吞吐量由零增长到974万标准箱（表2-4）。

改革开放以来我国港口生产发展情况 表2-4

年份	港口总吞吐量	外贸吞吐量	沿海吞吐量	沿海外贸吞吐量	内河吞吐量	内河外贸吞吐量
1978	2.8	0.6	2.0	0.6	0.8	0
1985	4.3	1.4	3.1	1.3	1.1	0.06
1990	7.2	1.8	4.8	1.7	2.3	0.09
1995	11.2	3.3	8.0	3.1	3.1	0.2
2000	22.0	6.2	12.9	5.7	9.1	0.5
2001	24.0	6.6	14.5	6	9.5	0.6
2002	28.0	7.8	17.2	7.1	10.8	0.7
2003	32.9	9.7	20.6	8.8	12.3	0.9
2004	41.7	11.6	25.4	10.6	16.3	1.0
2005	48.5	13.7	30.1	12.5	18.5	1.1
2006	55.7	16.1	35.3	14.8	20.4	1.4
2007	64.1	18.5	40.4	16.9	23.7	1.6

数据来源：历年交通统计公报等，单位：亿吨。

二、专业化水平提高，有力保障了经贸发展

进入新世纪以来，为了适应工业化特别是重化工业发展进程加快的需要，我国沿海主要港口不断向专业化、大型化、深水化发展，在发展通用件杂货、散货码头的基础上，大力发展专业化码头和运输系统。以集装箱、煤炭、矿石、油品、粮食五大货种为重点，构架了具有我国特色的运输系统。

我国专业化码头的软硬件设施已经步入世界一流水平，新建了一批邮轮码头和 LNG 码头等技术含量较高的现代化码头，港口装卸技术和服务效率也走在了世界前列。

（一）专业化煤炭码头

20 世纪 80 年代后，随着我国经济开始腾飞，煤炭需求不断增长，为了解决煤炭运输的“瓶颈”制约，国家实施煤炭运输大通道建设计划，开始大规模建设煤炭专业化码头泊位。以秦皇岛港、天津港、黄骅港、唐山港、青岛港、日照港和连云港港为建设重点，努力提高北方地区港口煤炭装船能力。以建设上海、宁波、广州和电厂专用煤码头为重点，提高南方地区港口煤炭卸船能力。

截至 2007 年底，我国共有煤炭专业化泊位 151 个，整体水平已经进入国际先进行列。环渤海区域建成了世界上煤炭吞吐量最大、煤炭专业化码头泊位密度最高的煤炭装船港群。秦皇岛港煤码头连续建成二、三、四、五期工程，最近完成的五期工程已成为我国规模最大、工艺最先进、装船效率最高的煤炭码头。秦皇岛港从 2003 年起，连续五年煤炭装船量超过亿吨，煤炭装船设计能力达到 1.8 亿吨/年，成为世界最大的煤炭装船港。以开辟煤炭出海新通道为目标新建的日照港，拥有中国吃水最深、能力最大的 15 万吨煤炭专用泊位 2 个和 5 万吨级煤炭专用泊位 1 个，年通过能力

4 500万吨。2001 年投产的黄骅港，2007 年，其煤炭装船设计能力已达到6 500万吨/年。

全国港口煤炭吞吐能力迅速提升，解决了港口对煤炭运输的“瓶颈”问题，煤炭专业化码头已成为我国港口中最重要的基础设施之一，成为我国煤炭运输体系中的主要环节之一。2007 年，全国规模以上港口完成煤炭及制品吞吐量 10.6 亿吨，其中，沿海港口完成 8.19 亿吨，内河港口完成 2.44 亿吨。我国大陆港口煤炭吞吐量完成情况见图 2-2。

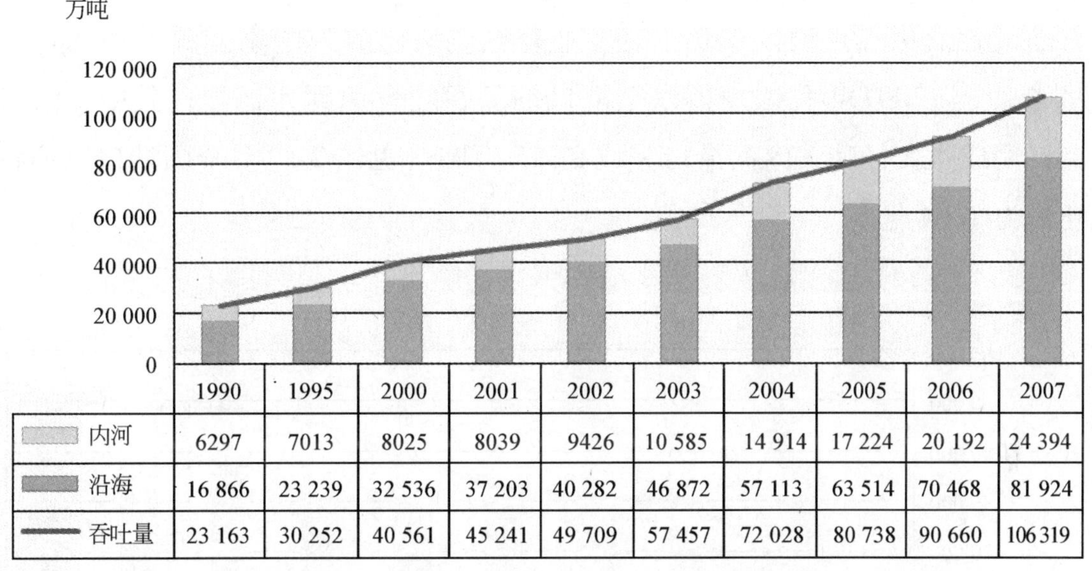

	1990	1995	2000	2001	2002	2003	2004	2005	2006	2007
内河	6297	7013	8025	8039	9426	10 585	14 914	17 224	20 192	24 394
沿海	16 866	23 239	32 536	37 203	40 282	46 872	57 113	63 514	70 468	81 924
吞吐量	23 163	30 252	40 561	45 241	49 709	57 457	72 028	80 738	90 660	106 319

图 2-2　1990 年至 2007 年全国规模以上港口煤炭及其制品吞吐量

（二）专业化油码头

随着石油等能源需求的不断增长，中国成为世界石油资源主要进口国之一。我国自 1993 年又成为石油净进口国后，10 多年间，石油需求量几乎翻了一番，2007 年，我国从国外进口原油已超过 1.63 亿吨，成品油 3 380 万吨，其中 90% 以上的油品通过水运方式运到国内，我国原油进口量已占世界原油贸易量的 6% ~7% 。为适应进口石油快速增长，近年来，我国加快建设油品专业化码头。2006 年，我国大连港和青岛港的 30 万吨级油品专业化码头投入运营，年接卸能力增加了5 000万吨，宁波—舟山港大榭岛25万吨级、册子岛30万吨级原油接卸泊位建成，天津港的30万吨级油船接卸泊位也正在建设中，我国港口油品专业化码头总体规模和能力迈上了新的台阶。2008年底，我国共有万吨级以上专业化原油泊位59个；港口原油库、罐总容量2 691多万立方米，其中，大连港和宁波—舟山港的库、罐总容量均超过300万立方米；能接卸25万吨级以上油船的有大连、青岛、宁波—舟山、湛江、茂名港等港口，这些港口的进出港航道水深普遍在－18米以上，25万吨级或以上的超大型油船均可自由进港或候潮进港；专业成品油（含液化气）泊位110个。专业化油码头已成为国家能源战略的重要组成部分。2007年我国规模以上港口油品吞吐量达到5亿吨，其中，沿海港口完成4.2亿吨，内河港口完成8 315万吨（见图2-3）。全国港口原油吞吐量为2.64亿吨。

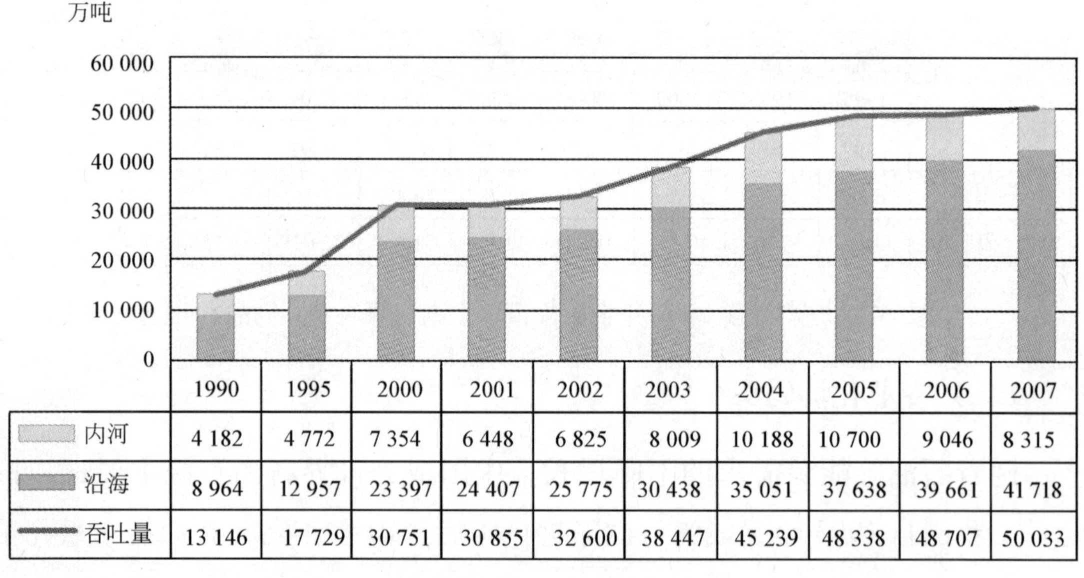

	1990	1995	2000	2001	2002	2003	2004	2005	2006	2007
内河	4 182	4 772	7 354	6 448	6 825	8 009	10 188	10 700	9 046	8 315
沿海	8 964	12 957	23 397	24 407	25 775	30 438	35 051	37 638	39 661	41 718
吞吐量	13 146	17 729	30 751	30 855	32 600	38 447	45 239	48 338	48 707	50 033

图2-3　1990年至2007年全国规模以上港口石油天然气及其制品吞吐量

油品专业化码头接卸系统技术先进，作业自动化水平不断提高。我国港口油品专业化码头的技术水平与专业化程度已达到国际先进水平。油品专业化码头生产作业均实现自动控制和生产作业现场实时监控，登船梯及消防炮均采用无线遥控操作。

（三）专业化矿石码头

进入21世纪后，我国钢产量增长迅猛，已成为世界最大的钢铁生产国和消费国。2007年我国粗钢产量达到4.89亿吨，占全球钢产量的36%，铁矿石进口量4.83亿吨，占全球铁矿石海运贸易量的一半以上，占我国外贸进口货重量约1/3，铁矿石已成为我国外贸进口第一大品类。

按照布局规划，我国有接纳25万吨级以上船舶的码头，也有接纳15万吨级船舶和25万吨级船减载靠泊的码头，有以接卸中转为主的沿海码头，也有以接卸二程转运船为主的内河码头。大连、营口、唐山、天津、烟台、青岛、日照、连云港、上海、宁波—舟山、湛江、防城港等主要的外贸进口矿石接卸中转港，年金属矿石进口量超过1 000万吨。其中，天津、青岛、日照、上海和宁波—舟山港等，矿石吞吐量均超过5 000万吨。海南八所港是铁矿石发运的主要装船港，海南铁矿石的内贸发运量长期维持在每年300万吨左右。近年来，大型矿石码头建设和结构调整加快。唐山港曹妃甸港区建设了3个25万吨级泊位、设计年通过能力达4 000万吨的矿石专业化码头。华东地区的上海和南通等港口为减少矿石中转环节，加快建设直接接卸进口铁矿石直达运输船的专业化码头。经过多年的建设，至2007年底，我国港口专业化矿石泊位已达80个，港口布局及码头结构均有明显改善，码头的大型化、专业化水平进一步提高，已能初步满足我国钢铁工业的发展需求。2007年，全国规模以上港口完成金属矿石吞吐量7.89亿吨，其中，沿海港口完成5.80亿吨，内河港口完成2.09亿吨，是全国港口货物吞吐量中仅次于煤炭的第二大散货（见图2-4）。7年来，我国港口金属矿石外贸吞吐量年均增长速度达到30%。

我国矿石专业化码头达到国际先进水平。码头工艺具备直装、直卸流

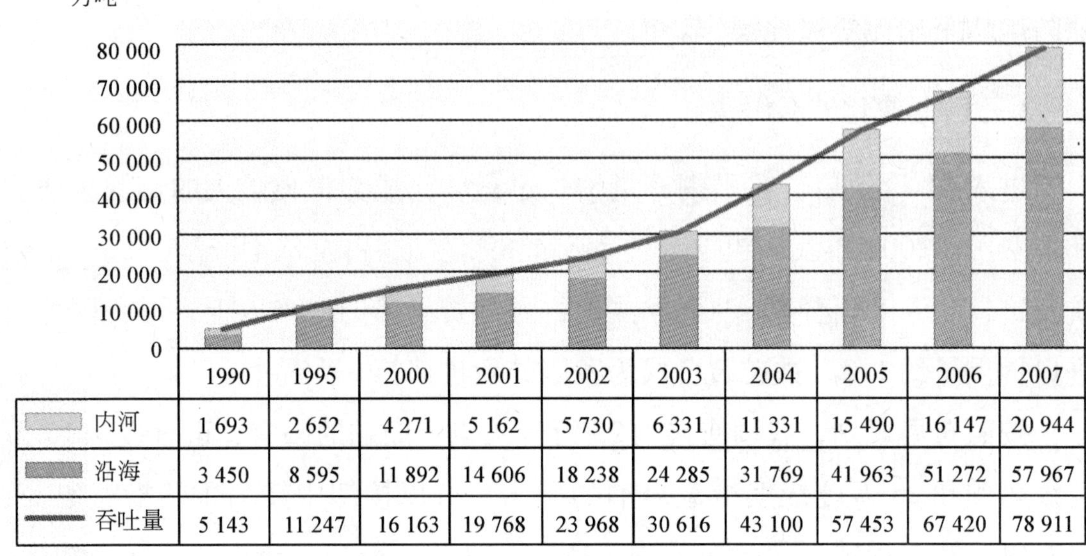

	1990	1995	2000	2001	2002	2003	2004	2005	2006	2007
内河	1 693	2 652	4 271	5 162	5 730	6 331	11 331	15 490	16 147	20 944
沿海	3 450	8 595	11 892	14 606	18 238	24 285	31 769	41 963	51 272	57 967
吞吐量	5 143	11 247	16 163	19 768	23 968	30 616	43 100	57 453	67 420	78 911

图2-4　1990年至2007年全国规模以上港口金属矿石吞吐量

程，进场流程，装车、装船流程等，由先进的计算机操作与监控系统、工业电视和生产调度广播系统以及信息管理系统组成的中央集控系统控制全部流程运作，可实时处理上千个现场信号，实施现场动态管理。

（四）集装箱码头

我国于1978年开辟第一条国际集装箱班轮航线，并开始启动集装箱码头建设，1980年，天津新港建成我国第一个集装箱码头，后又建成中转站。截至1980年底，共开通国际班轮航线15条。经过30年的发展，到“十五”期末，我国港口已经开辟140多条国际集装箱班轮航线，每月航班2 500多个；国际集装箱内支线70多条，每月航班1 100多个；内贸集装箱航线20余条，每月航班260多个。

我国已基本建立布局合理、层次分明、干支配套、设备先进、现代化程度较高的港口集装箱专业化码头体系，全国有100余个大小港口开展集装箱运输，形成了以上海为中心的华东和长江三角洲集装箱港口群，以深圳为龙头的华南和珠江三角洲集装箱港口群，以天津、大连、青岛为代表的环渤海集装箱港口群。2007 年，我国港口拥有集装箱专业化泊位 253 个，其中，上海、宁波 - 舟山、深圳、厦门、天津、大连、青岛、广州、连云港港等港口建设了一大批设备先进、作业效率高、吞吐能力大的集装箱专用码头，集装箱干线港具备了装卸第五代、第六代集装箱船的能力。以上海港洋山深水港区建成为标志，我国港口集装箱码头大型化、深水化、现代化程度正得到不断提高。

30 年来，作为交通运输现代化重要标志的集装箱运输以世界上罕见的速度迅猛增长。改革开放初期，我国集装箱班轮运输刚刚起步，世界港口集装箱吞吐量前 100 位排名中，中国大陆无一港口入围，集装箱装卸作业效率普遍较低。随着我国确立社会主义市场经济体制，积极参与经济全球化，发展外向型经济，促进了我国港口国际集装箱吞吐量进一步快速增长。1991 年以来，我国港口集装箱吞吐量年均增长率近 30%，为同期全球港口国际集装箱吞吐量年均增幅的近 5 倍。从 2003 年起，我国港口集装箱年吞吐量一直为世界各国之首，2007 年，上海港和深圳港集装箱吞吐量居世界第二、四位，青岛、宁波 - 舟山、天津、广州港也跻身世界港口集装箱吞吐量前 20 位港口行列，16 个大陆港口集装箱吞吐量进入世界前 100 位，主要集装箱港口达到世界先进水平，装卸效率屡创世界纪录。内贸集装箱运输也得到长足发展，2007 年，全国规模以上港口完成内贸集装箱吞吐量 2 579万标准箱。

纵观我国港口集装箱运输的发展历程，自 1973 年从零开始到 100 万标准箱用了 16 年，由 100 万标准箱到 1 000 万标准箱用了 9 年，由 1 000 万标准箱到 5 000 万标准箱用了 6 年，而由 5 000 万标准箱到 1 亿标准箱仅用了 3 年，实现了跨越式发展。

（五）专业化粮食码头

中国作为世界上人口最多的国家，既是世界粮食生产大国，也是消费大国。进入21世纪，我国粮食生产综合能力已经大体稳定在4.5~5亿吨的水平，商品粮约占其中的30%，粮食外贸进出口量每年约为4 000万吨左右。粮食生产和运输对我国国计民生具有非常重要的全局性意义，以“国粮统调，外粮东进，东西南北粮食大流通”为主要特征的粮食运输链在我国运输体系中占有重要地位。

港口是我国粮食运输链中的重要枢纽。80年代以后，我国粮食专业化码头建设进入快速发展阶段，陆续引进国外先进的卸船设备，积极建设散粮筒仓，沿海主要港口粮食专业化码头吞吐能力达到一定规模，到90年代中期，随着国家利用世界银行贷款，建立东北地带、长江地带、西南地带和华北地区四条粮食流通走廊，我国沿海和内河港口粮食专业化码头得到进一步发展。经过20多年的发展，我国港口粮食吞吐能力进入世界前列，有力保障了水路粮食运输。2007年，全国万吨级及以上泊位中有31个为粮食专用泊位，全国规模以上港口粮食吞吐量已超过1.03亿吨（图2-5），其中沿海港口8 591万吨，内河港口1 678万吨。粮食在运输过程中主要以袋装和散装两种形态出现，虽然，我国粮食运输中袋装粮食仍占相当大的比例，但是，进入港口装卸的粮食已基本是散装粮食，以散粮为作业对象的粮食专业化码头成为我国港口专业化码头的重要组成部分。以上海、大连、天津、广州、湛江、秦皇岛、连云港、厦门、防城港、日照等港口新建扩建的一大批粮食专业化码头为骨干，构成了我国港口粮食专业化码头总体布局。粮食专业化码头在我国港口粮食装卸生产中具有关键地位，2007年，全国规模以上港口粮食吞吐量1.03亿吨，我国进口的散粮已基本实现由粮食专业化码头进行卸船作业。自我国港口开始加快建设粮食专业化码头后，全国港口粮食吞吐能力迅速提升，充分缓解了粮食进出口运输在港口装卸环节上的紧张局面。

我国港口粮食专业化码头发展具有起步较晚、起点较高、技术先进和装卸兼具的特点。进入21世纪后，以亚洲最大的大连北良粮食码头建设为

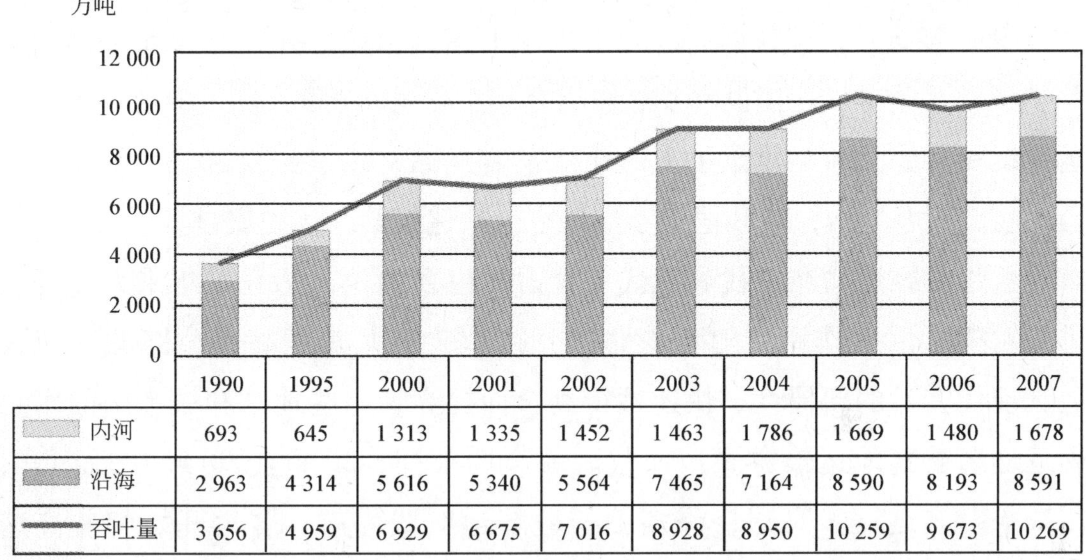

	1990	1995	2000	2001	2002	2003	2004	2005	2006	2007
内河	693	645	1 313	1 335	1 452	1 463	1 786	1 669	1 480	1 678
沿海	2 963	4 314	5 616	5 340	5 564	7 465	7 164	8 590	8 193	8 591
吞吐量	3 656	4 959	6 929	6 675	7 016	8 928	8 950	10 259	9 673	10 269

图 2-5 1990 年至 2007 年全国规模以上港口粮食吞吐量

代表，我国粮食专业化码头泊位的整体技术水平已经迈入国际先进行列，大连北良粮食码头年设计通过能力 900 万吨，可以接纳 10 万吨级散货船靠泊，码头卸船效率 2 000 吨/时，装船效率4 000 吨/时，筒仓容量达到 180 万吨，具备装卸船、装卸车双向工艺流程以及粮食长期储存保障能力。广州港等南方港口也相应建设了一批现代化的粮食专业化码头。

我国港口当前和今后还将新建和改造一批粮食专业化码头泊位，使我国以专业化码头为主导的港口粮食装卸体系更为先进和完善。

（六）客运及邮轮码头

新中国成立后，我国在大连、天津、烟台、青岛、上海、宁波、舟山、温州、福州、厦门、汕头、广州、海安、海口港等沿海港口，重庆、武汉、九江、芜湖、南京、南通、黄石、安庆、铜陵、杭州、长沙、宜昌、肇庆、梧州港等内河港口，新建扩建了一大批客运专用码头；中短途地方客运港口也都建立了客运泊位，3 000 人以上常住人口的岛屿已全部建有交通码头，1 000 人居住的岛屿大部分也建立了交通码头，跨江河的车客渡轮运输业得到了较快的发展。

1979年3月，交通部召开了全国水上客运会议，并于当年5月向国务院呈报了《关于加速建设和发展水上客运工作的报告》，进一步加快水上客运建设和发展，开工建设了上海十六铺客运站，抓紧建设武汉、南京、宜昌和汕头等客运站，对其他中小港口客运站建设给予优先安排。

水路旅客运输在古代和近代一直占居主要地位，为几千年来人类社会进步发挥了巨大作用。随着铁路、公路、航空尤其是高速公路的迅速发展，现代客运的便捷性、快速性得到全面提高，一些地区和城市间的水路客运逐渐被其他运输方式所替代。就全国范围，20世纪90年代后而言，传统水上客运逐步衰退，许多中长途客运航线停航，客运开始朝着高速化、客滚化、旅游化方向发展。20世纪90年代后，在深圳、广州、中山、珠海和珠江干线一些对港澳地区开放的主要客运码头，以及长江干线、松花江上的一些港口，先后建立了水翼船、高速双体船、气垫船等专用泊位。同时，长江三峡、桂林漓江、新安江千岛湖等水上旅游客运快速发展地区也配套建设了一批旅游客运专用泊位。为适应我国汽车拥有量迅猛增长后的出行需要，在大连、烟台、深圳、珠海、海口、海安等港口先后建立了滚装客运码头，开辟了滚装客运航线。

我国港口客运专用码头发展具有点面结合、台阶式跃升的特点。20世纪70年代以前，客运码头建设以扩大港口旅客吞吐能力为重点，达到能满足旅客安全上下客船的基本要求，但客运码头其他设施的配套标准和整体水平比较低。20世纪70年代后，一批设施装备先进的客运码头相继建成，迎宾大厅、售票大厅、候船大厅、行李房以及其他附属服务设施一应俱全，我国港口客运专用码头建设跃上新台阶，整体面貌有了较大改观。

进入新世纪，为适应国内外水上旅游发展步伐不断加快的趋势，上海、大连、天津、青岛、三亚港等沿海港口的客运专用码头完成升级改造，已经开始为世界顶级豪华游轮提供全面优质服务。随着我国高收入人群迅速扩大，游艇俱乐部也已成为港口发展水上客运的新亮点，上海、青岛、广州、宁波、厦门、深圳、南京、重庆港等港口，已拥有专为游艇服务的专用码头。以沿海主要港口新建一批大型邮轮码头为标志，我国港口客运专用码头与国际先进水平的差距进一步缩小，我国首座10万吨级豪华游轮码头已在旅游胜地海南省三亚港投入使用，上海国际客运中心拥有可同时停泊3艘8万吨级豪华游轮的专用泊位，码头岸线长达850米。

水路客运仍为我国旅客运输体系的必要组成部分之一，也是满足我国沿海和内河水网地带人员出行需要的主要运输方式之一。2007年全国规模以上港口旅客吞吐量达到7 958万人次，其中国际航线吞吐量1 012万人次。滚装客运蓬勃发展，2007年，我国沿海港口装卸滚装车辆超过957万辆，内河港口装卸滚装车辆达到108万辆。我国水路客运以陆岛交通、海峡横渡、水库区域内、大海湾内各港口之间、境内外国际客运以及水上旅游为主要内容。港口客运专用码头为水路客运服务广大人民群众安全便捷出行发挥了重要作用，在大型邮轮靠泊、旅客接待、综合服务等方面，形成了具有中国港口特色的水路客运服务内容，并带动了我国港口客运专用码头服务能力和服务质量的大幅度提升。

（七）其他专业化码头

1. 滚装码头建设

20世纪80年代中期以后，先后开辟了大连—烟台、蓬莱—旅顺、大连—东营、上海—镇海、舟山—镇海、厦门—漳州、珠海—蛇口、湛江—海口、北海—海口等跨海车客渡航线。

改革开放以来尤其是进入21世纪后，我国汽车工业发展迅猛，2005年全国汽车产量577万辆，其中，生产轿车277万辆，国外进口汽车16万辆。为适应我国商品汽车运输迅速发展的需要，继营口港1993年建成我国首座大型专业化商品汽车滚装码头后，在沿海和长江相继建成一批滚装码头，

2006年，大连港建成目前国内最大的商品汽车滚装码头。该码头拥有5万吨级和1万吨级泊位各1个，可满足汽车滚装船全天候靠泊作业，内外贸车辆堆存区和待装卸区标准车位达到6 400个，设计年通过能力37万辆。我国以沿海和长江为骨架的横T型商品汽车水陆联运综合运输体系已初具规模，2007年，全国港口滚装汽车吞吐量达到了1 065万辆（见图2-6）。

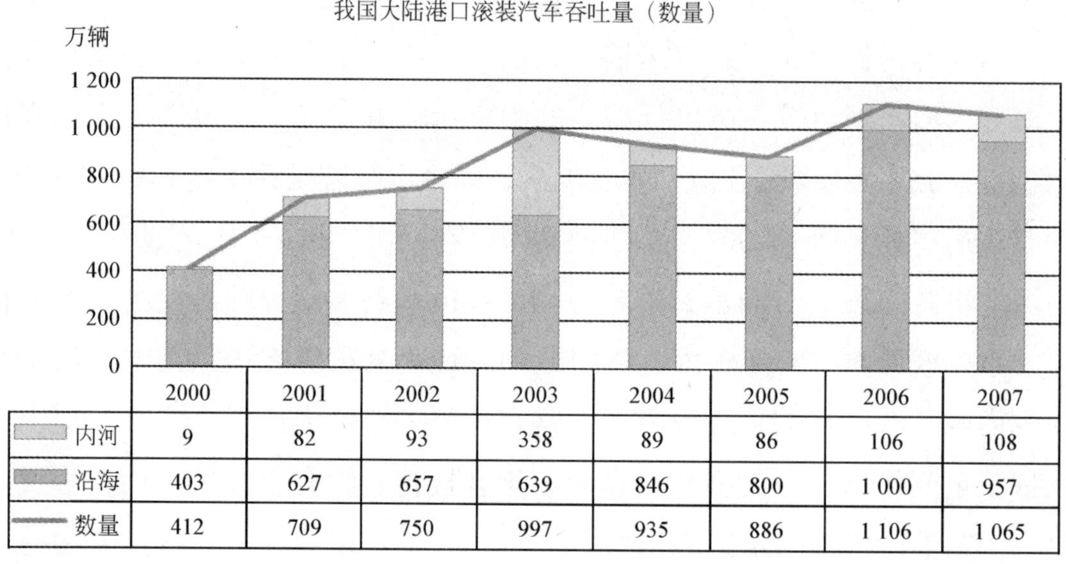

	2000	2001	2002	2003	2004	2005	2006	2007
内河	9	82	93	358	89	86	106	108
沿海	403	627	657	639	846	800	1 000	957
数量	412	709	750	997	935	886	1 106	1 065

我国大陆港口滚装汽车吞吐量（重量）

万吨

30 000
25 000
20 000
15 000
10 000
5 000
0

	2000	2001	2002	2003	2004	2005	2006	2007
沿海	6 681	9 987	12 327	13 390	17 584	18 613	22 068	20 909
内河	61	315	478	1 005	1 136	1 925	2 207	2 567
重量	6742	10 302	12 805	14 395	18 720	20 538	24 275	23 476

图2-6　2000年至2007年全国规模以上港口滚装汽车吞吐量

2. 液化气码头

液化石油气专业化码头装卸工艺与运输船型、库区储存方式密切相关。一般5 000吨以下的运输船多为常温高压方式，2 万吨级以上的大型运输船多为冷冻方式，我国进口液化石油气主要用大型冷冻式运输船，国内沿江、沿海港口之间运输则用小型常温高压式运输船。我国港口接卸液化石油气初创阶段主要依托油品和化工品码头，20 世纪 90 年代中后期，开始建设大型液化石油气专业化码头和储存库，已建成的液化石油气和天然气专业化码头主要分布在深圳、珠海、汕头、温州、泉州、苏州港、张家港港区等港口，拥有万吨级及以上泊位 21 个。

我国港口首座 10 万吨级液化天然气专业化码头已于 2006 年 6 月在深圳港建成投产，为广东省完成全国第一个液化天然气供气系统试点项目，奠定了坚实基础。根据“十一五”规划和国家能源战略，天然气在能源结构中的地位将不断提升，上海洋山深水港区、湄州湾、大连湾和南通洋口港区已在抓紧筹备建设液化天然气专业化码头。

3. 重大件码头

重大件货物装卸是港口生产中的一项特殊业务。超重、超长、超宽、超高并需要整体运输的大型机电设备，一般首选水运方式进行长距离运输，由港口重大件专业化码头承担装卸任务。

我国港口重大件码头有的使用轨道式或浮式起重机进行装卸作业，主要分布在沿海港口，上海、天津、青岛、大连、广州港等港口都配有大起重量的浮式起重机，单机最大起重量超过 1 000 吨。另一类使用固定式桥架起重机，主要分布在内河港口，典型的有乐山、宜昌、武汉港等港口，单机最大起重量达到 500 吨。港口重大件专业化码头为我国进出口大型机电设备发挥了重要作用，对许多重大项目的顺利完成作出了积极贡献。

4. 火车轮渡码头

火车轮渡专业化码头是专门服务于铁路运输的港口设施。20 世纪 70

年代以前，随着武汉、南京长江大桥建成，武汉、南京火车轮渡停摆。2000年，芜湖长江大桥开通，我国最后一条跨江（河）火车轮渡客运航线停摆。

近年，跨海火车轮渡得到了发展。2003年，正式开通的粤海铁路是我国第一条跨海铁路，将海南岛上的铁路与我国大陆的铁路网联结成为一体。为此，开通了琼州海峡火车轮渡线，该线在琼州海峡南岸的海南省海口市和北岸的广东省徐闻县配套建设了两个火车轮渡专业化码头。2004年，江阴火车轮渡货运航线开通运营，是目前长江唯一的火车渡运线。2006年，在烟台与大连之间横渡渤海海峡的火车轮渡航线开通。火车轮渡专业化码头在我国铁路运输中发挥着重要作用。

展望未来，我国专业化码头将继续得到快速发展，在全国港口体系中发挥越来越重要的作用。

三、信息化发展迅速，港口现代化程度提高

港口是国际物流供应链的主要环节，一个港口的现代化程度和发展水平的高低，在很大程度上取决于管理的信息化水平。船舶大型化、港口吞吐量持续增长、现代物流的蓬勃发展都对港口作业效率和管理水平提出了更高的要求。目前，世界各大港口通过引进先进技术和设备，如电子数据交换系统（EDI，Electronic Data Interchange）、船舶交通服务系统（VTS，Vessel Traffic Services System）以及堆场智能化管理技术等，不断提高其管理水平和运作效率。通过多年来的建设，我国港航企业信息化水平有了很大提高，行业信息技术应用在国内处于领先水平。

与此同时，我国港口装卸技术也取得了长足发展，港口自动化程度不断提高。一系列世界一流的专业化码头的建成投产标志着我国港口加快了向现代化迈进的步伐。

（一）港口信息化发展成果显著

1. 水路基础设施建设的信息化应用

计算机辅助设计（CAD，Computer Aided Design）、地理信息系统（GIS，Geographical Information System）、全球定位系统（GPS，Global Positioning System）等技术，已经在规划、勘察、设计等方面全面应用，企业内生产管理已基本实现了计算机化，相当一部分单位已经利用局域网和互联网开展了网上联合设计。

2. 港航企业生产管理信息化水平较高

截至2005年6月，我国枢纽港口和运输企业，均建设了与国内外客户沟通的信息网络平台和具有企业特色的网页。我国年吞吐量超过亿吨的港口，信息化建设起步较早，计算机应用面广，基本实现了生产业务管理、专用码头管理的信息化或智能化，以及港口安全调度的视频化和管理数字化。由于集装箱运输模式先进，生产作业信息量大，对作业效率要求较高，因此集装箱码头信息系统发展迅速。我国集装箱码头在发展过程中，先后通过购买国外系统、合资经营结合自主研发等多种形式应用管理信息系统，信息化水平较高。目前，我国集装箱码头在生产调度、集装箱业务管理等方面广泛应用计算机技术，信息管理系统不断升级完善，使我国的集装箱港口迅速向管理现代化目标迈进。

自2003年以来，我国一些大型沿海港口建立了一流的生产调度指挥中心。该系统涵盖了引航、拖轮、码头生产调度等多个业务流程，为港口生产实现了“三调合一”的目标。该系统融合了计算机软件、GPS卫星定位、GIS、无线数据通信（GPRS，General Packet Radio Service）应用、船舶自动识别系统（AIS，Automatic Identification System）、航海地理学、视频监控等多种技术领域。

3. 中国电子口岸EDI系统的应用日益广泛

以计算机应用、通信网络和数据标准化三大要素为核心的电子数据交换技术在我国集装箱运输中得到广泛应用，自1997年我国自主开发《国际集装箱运输电子信息传输和运作系统》（EDI系统），在上海、天津、青岛、宁波港和中国远洋运输（集团）总公司的示范工程中取得成功后，集装箱运输EDI系统应用范围不断扩大，进入21世纪，我国主要集装箱港口、航运企业以及船舶代理、货运代理等已经普遍应用EDI技术手段开展业务操作。

交通部建立的水运生产快速反应信息系统，目前已与20个港航EDI中心、80家港航单位实现了网络连接和信息共享，该系统在2008年的抗冰雪灾害、保电煤运输中发挥了重要作用。在交通部的统筹安排下，建成了沿海港口建设项目信息报送系统，开发了“EDI报文信息与管理系统”、“无船承运、海峡两岸海上运输业务网上办理系统”以及全国水路运政管理信息系统，并加快了水运信息化标准的制、修订工作，目前，交通部正在制定水路货物运输电子数据和交换管理办法及规程。

各地港航管理信息化建设不断推进，开发应用了港航管理综合业务系统，建立了水路交通行政处罚管理、行政许可网上审批、稽征管理、水路运输管理等信息系统。

近10年来，港航EDI网络系统的应用已由基本运输伙伴的信息共享，逐步扩展到政府监督控制部门及其银行、仓储等领域，效益显著，在国内外运输领域都有较大影响。目前，连接的用户群体有运输伙伴、政府监管部门、仓储、生产企业和银行等。该系统的应用不但促进了我国水运行业信息化的建设，同时也为中国电子口岸的发展奠定了良好基础。交通部已成立了交通电子口岸建设领导小组，在重庆、大连成立了交通电子口岸分中心。

4. 港口电子商务和物流信息系统发展迅速

自2004年以来，港口作为物流和信息流的枢纽，具备了建设港口物流信息系统及电子商务服务系统的得天独厚的优势。在EDI系统的基础上，港口由作为部门、企业间的信息中介，发展到能提供信息转换、传递、存证等增值服务。构建以港口“物流信息及电子商务服务系统”为核心的区域经济的骨干信息网络，提高口岸的物流数字化水平，实现现代物流执法监管部门、生产作业单位、代理服务和运输行业的信息化、网络化，提高口岸通关效率，提高区域物流速率，降低物流成本，以信息化带动口岸国际化，实现口岸物流的跨越式发展，全面提升城市和港口的竞争实力，促进港口和贸易相关单位的加快发展。

（二）相关技术发展迅速，港口现代化程度提高

1. 码头工程技术

改革开放以来，中国水运工程科技进步，取得了突破性进展。在码头结构、地基处理、施工工艺、工程材料、工程试验等方面，形成了一批具有中国特色的专有技术。码头结构方面的大型格型钢板桩码头，半圆沉箱、大直径薄壁钢筋混凝土圆筒开发应用；地基处理方面的真空预压法，水下深层水泥搅拌法加固软土地基，爆炸法处理水下软基；施工工艺方面的大型沉箱预制及入水出运工艺，大型沉箱远距离海上拖运技术，深水航道水下抛石基床整平船、铺排船等成套技术装备研制与应用；工程材料方面的高性能混凝土材料研究与应用，土工合成材料应用；以及长江口深水航道河势变化试验研究，不规则波水工模型试验装备和技术应用等，都是代表当前国际先进水平的重大技术成果。中国水运工程建设行业的标准体系已跻身世界先进行列，荷载和风浪参数统计分析、地基可靠度和土压力研究，在国际上处于领先水平。

中国在水运工程领域取得的一系列科技成果已成功应用于许多港口的软基处理、航道整治、开敞海域深水码头、高水位差码头、防波堤、导航灯塔等水工建筑物建设，圆满完成了上海洋山港区，天津东港区，黄骅港，宁波北仑港区，长江口、珠江口深水航道整治，西江、汉江通航段全线整

治，长江干线界牌洲、碾子湾航道整治，松花江三姓浅滩整治，嘉陵江渠化工程，三峡船闸、葛洲坝船闸等高难度工程。中国沿海港口从近岸向外海深水发展，航道建设由个别滩险整治向长河段乃至全河流滩险整治和全线渠化发展，标志着中国水运工程建设综合能力已跃上新台阶，能够面对各种复杂条件，满足各种建设要求，完成各项艰巨工程。中国在港口规划设计、码头施工技术、航道整治技术等方面已接近和达到国际先进水平，有些已经处于世界领先地位。

2. 机械制造及自动化技术

经过近30年的快速发展，中国港口主要货种已基本实现机械化、专业化装卸。秦皇岛、唐山、天津、黄骅、青岛、日照和连云港7大煤炭装船港已全部实现专业化装卸，上海、宁波—舟山、广州3大煤炭卸船港以及台州、温州、福州、汕头、深圳、珠海、湛江等港的煤炭卸船作业也已全部实现机械化。矿石装卸作业已全部实现机械化，上海、青岛、宁波—舟山、天津、唐山五大港口已实现了专业化装卸。国内港口的粮食装卸作业也已全部实现机械化，大连、深圳、广州、上海等港的散粮专业化码头成为中国粮食进出口的骨干力量。集装箱、原油、成品油、液化气作业，从起步时就注重采用国际先进技术，积极发展专业化码头，目前，集装箱专业化码头已遍布全国各个重要港口，原油、成品油、液化气全部实现了专业化泊位作业。中国港口在努力提高集装箱化率的同时，积极推进件杂货作业机械化，主要港口件杂货作业中的关键环节已全面实现了机械化，中小港口件杂货进出船舱等作业环节也已基本实现机械化。中国港口在装卸工艺系统、大型技术装备、装卸流程自动控制、港口生产调度管理等诸多方面已跨入了国际先进行列。

中国港口能够在改革开放后的20多年时间内，迅速实现主要货种机械化、专业化作业，与中国在大型化、专业化港口机械设备研究设计制造领域取得的跨越式发展紧密相连。中国港口告别了基本依靠进口机械设备的年代，由中国自行设计制造的产品已成为港口机械设备的主流，为中国港口装卸工艺系统优化和实现机械化、专业化作业奠定了坚实基础。

四、认真履行义务以开阔眼光与国际接轨

（一）履行公约义务，开展港口设施保安工作

我国是国际海事组织的 A 类理事国，中国政府按照“履行国际义务、创建平安港口、提供高效服务、促进和谐发展”的要求，认真履行国际公约，全面加强港口设施保安工作。

为履行国际海事组织《1974 年国际海上人命安全公约》（SOLAS 公约）海上保安修正案和《国际船舶和港口设施保安规则》（ISPS 规则，2004 年 7 月 1 日生效），从 2003 年开始，交通部组织对我国所有对外开放港口进行港口设施保安评估、制订保安计划。各港投入了大量资金，配备港口保安设施、培训人员等。目前，共批准港口保安计划，颁发港口设施保安符合证书 800 件，表明了中国严格履行 SOLAS 公约和 ISPS 规则的决心和责任感。

为保障我国顺利履约，维护港口设施安全，交通部、国家发展和改革委员会于 2006 年 4 月下发通知，决定自当年 6 月 1 日起收取港口设施保安费，执行期限暂定 3 年。

目前，所有对外开放港口设施均取得了港口设施保安符合证书，基本建立了港口设施保安长效机制，逐步形成了执行有力、监管有效的运行机制。2008 年，交通运输部按照“从严从紧、突出重点、强化落实、坚持不懈”的工作原则，认真落实港口设施保安的各项部署，尤其是做好有奥运项目赛事城市的港口设施保安工作，将奥运期间安保工作措施落实到位，责任落实到人，保安力量和装备配备到位，港口整体保安状况良好，保障了奥运会的顺利进行。

（二）维护港口公共安全，引航事业蓬勃发展

引航是港口开放的一个关键环节。港口开放，首先是对外籍船舶开放。根据我国政府规定，外籍船舶进出中国港口，必须向港口引航机构申请引航。这不仅维护了国家领海主权和国防安全，而且保证了船舶安全及时进出港口，维护了港口公共安全。

随着海运业的快速发展，引航业自身得到了超常发展。改革开放初期，我国只有少数港口对外开放，进出的外籍船舶数量很小，全国引航员人数不多。上海港才有50人，其他港口最多只有10多人、20人，少的只有几个人，大多数港口、包括长江全线港口未开放，没有专职引航员。1982年国务院宣布沿海十四个港口对外开放后，引航员紧缺的问题在各港普遍存在。交通部和各港口管理部门采取有效措施，加强引航员培训，但由于引航员培训周期长，跟不上进出港口船舶数量急剧增长的需要。特别是1992年我国港口掀起了更大一轮开放热潮后，引航员不足的矛盾更为突出。

船舶的大型化、进出港口航道船舶航行密度不断增大等，均对引航服务水平提出了新的挑战。我引航机构打破常规，科学论证，和有关部门一起制定周密的安全措施，千方百计地将大型船舶安全引领进港。引航机构不断改革，锐意创新，千方百计节省船期，加快船舶周转，提高港口竞争力。

目前，我国共在开放港口设置了43家引航机构，拥有1 479名引航员，约占世界引航员总数的1/7。年引航中外船舶达30多万艘次，其中包括超大型油轮，世界最大的载箱量14 000标准箱的集装箱船，水面高度120米的钻井平台，宽度达92米的T型驳及各种豪华邮轮和大型军舰等。上海港目前是世界第一大港，上海港引航站年引航船舶达到6万艘次，最高日引航艘次破300大关，创世界港口引航最高记录。我国港口引航受理率达100%，开航准确率达98%，基本没有因引航造成的压船压港现象。事故率

控制在万分之一以内，不少引航站做到了10年引航无事故。

长江引航中心成立后，发挥集中统一管理优势，对进江船舶实行一次申请，全程服务，实行分段引航，全面推进夜航，加快船舶周转，同时发挥整体技术优势，充分利用长江水深资源，扩大进江船舶尺度，特别是与上海引航站合作，将“海上世界”油船（载重吨位50万吨）安全引进长江内河，创造了世界引航史上的奇迹。

（三）应对资源、环境约束，开展节能环保工作

从1973年第一次全国环境保护工作会议开始，交通部就成立了以主管部长为主任的环境保护委员会。近年来，随着能源供需的矛盾和环境保护方面的要求，交通部对节能和环保工作给予了前所未有的重视。

1. 成立专门机构，负责节能环保工作

交通行业是资源占用型和能源消耗型的行业，是温室气体排放的主要行业，同时，也具有成为节约型行业和环境友好型行业的巨大潜力。为此，交通部专门成立交通部能源管理办公室，负责推进交通行业的节能减排工作；后成立交通部环境保护办公室，组织并检查监督国家和交通行业环保法规的贯彻实施。并成立交通部环境保护中心，该中心在交通环保规划、政策法规、标准、科研等方面开展工作。努力降低交通建设、运输管理各个领域、各个环节的建设成本和管理成本，抓紧研究车辆、船舶用油，码头装卸设备用电等行业节约型技术、标准和规范，推广先进的标准化车船装备，发展循环交通经济，推进节约型行业建设，已经提上交通系统的工作日程。

2. 积极推进港口的节能减排

按照国家关于建设资源节约型、环境友好型社会的要求，交通部提出了“‘十一五’时期港口业能耗下降20%，沿海港口每万吨吞吐量占用码头泊位长度下降25%”的目标，节能减排工作已成为“十一五”期间交通行业的重点工作之一。2007年，交通部组织对我国沿海24个港口、内

河20个港口企业的节能新技术、新方法应用和生产能耗考核情况进行了调研，并于12月出台了《关于港口节能减排工作的意见》。

为了全方位推进节能减排工作，2007年，交通部组织专家完成了13项港口基本建设工程项目的节能评估报告的审查工作，提高了设计、建设单位节能意识，促进了港口企业采用先进的技术工艺和装卸机械加强能源管理，达到从源头上控制港口能源消耗的目的。

2007年，全国水运工作会议明确提出，充分发挥水运比较优势，做好“三个服务”，加快水路交通的结构调整、升级和转型，实现科学发展、安全发展、和谐发展。充分发挥内河航运在水资源综合利用中的重要作用，促进航运资源的合理开发、高效利用、有效保护和优化配置。

3. 加大环保工作力度

中国政府鼓励采用节能减排技术，实施港口建设项目环境影响评价和节能评估，以促进港口与环境相协调，实现国际社会倡导的也符合我们自身利益的可持续发展。大多数港口企业和一些重点水运企业将节能减排作为企业经营管理的重点目标，根据企业自身的能源消耗特点，建立了能源考核管理机构和能源管理制度。上海港、青岛港等港口实施了集装箱龙门起重机（RTG）“油改电”技术改造，集装箱码头集卡全场智能调度系统，开发和采用了能耗实时监控、港区电网动态无功补偿及谐波治理等新技术新工艺。并加强港口节能设计和评估，提升港口设施设备科技含量，改造与淘汰高耗能设备。通过努力，全国主要沿海港口生产单位吞吐量综合能耗指标逐年呈下降趋势，2007年，综合单耗为5.66吨标煤/万吨吞吐量，比“十五”初下降了13%。

海上溢油控制与应对。我国推进建立国家船舶油污损害赔偿机制，实行船舶油污强制保险，建立油污损害赔偿基金制度。此外，还建立和完善应急管理体系，健全应急预案，完善应急机制。《防治船舶污染海洋环境管理条例》等法律法规制定、修订草案已报国务院审核。

30 多年来，交通环保从单纯的废物治理和船舶污染防治，逐步在公路、水路、港口建设和运营中进行全面的环保管理。坚持以科学发展观为指导，实现港航业健康可持续发展。中国鼓励先进科学技术在港口领域的应用，目前，我国在港口装卸设备制造方面达到了国际领先水平。我们重视通过技术创新改善劳动者的工作条件，依法保护劳动者的合法权益。中国所有的国际航线港口都严格履行国际海事组织等有关国际组织制定的相关国际公约，确保港口安全运营，符合环保要求。

五、港口经济蓬勃发展，成为我国开放前沿

1978 年，交通部向国务院提出以企业筹措资金的办法，由其属下的香港招商局在广东省深圳创办了全国第一个对外开放的工业区——蛇口工业区。蛇口工业区于 1979 年 1 月 31 日获国务院批准设立，7 月正式动工兴建。同年，我国建立了第一个经济特区——深圳。蛇口工业区的建设，吹响了我国交通改革开放的号角。30 年来，全国各地尤其是沿海、沿江地区通过招商引资，建立了数量众多的以港口为依托的特色工业区，带动了地区经济发展。

（一）港口是改革开放的前沿

在我国改革开放过程中，经济特区、沿海开放城市、沿海经济开放区、保税港区等的依次开放，都离不开港口这一核心要素，这是对外开放和配置外向型经济生产力不可或缺的重要战略资源。正是港口发挥了资源特质和生产要素配置的能动作用，依托港口的通道优势和口岸优势，布局了“三来一补[①]”的出口加工业，才使这些地区成为我国最具活力的经济发达

① 指来料加工、来样加工、来件装配和补偿贸易，是中国大陆在改革开放初期尝试性地创立的一种企业贸易形式。

地区。

1984年，我国进一步扩大开放范围，由4个经济特区扩大到14个沿海港口城市，随着沿海城市进一步实行对外开放，对港口的发展提出了更新更高的要求，也为港口发展提供了更广阔的空间。到1995年，对外开放口岸已达124个，每年接纳世界100多个国家和地区的3.6万多艘船舶。

进入新世纪，港口在促进经济和配置资源中的作用日益增强，对我国扩大对外交往，调整产业结构，发展外向型经济产生了重要影响。到2007年底，我国对外开放口岸已达132个。依托港口建设物流园区、保税区、高新技术产业区、经济开发区，成为港口和区域新的经济增长点。港口已经成为我国国民经济、对外贸易和区域经济社会发展的重要支撑。

（二）保税区与临港工业的发展

自1990年，我国设立第一批保税区。从2005年6月起至2008年底，经国务院批准，我国已经同意设立了上海洋山港、天津东疆、大连大窑湾、海南洋浦、宁波梅山、广西钦州、厦门海沧、青岛前湾、广州南沙、深圳前海湾、张家港和重庆两路寸滩保税港区等12个保税港区。进入新世纪以来，港口功能得到充分拓展，服务能力显著提升。我国港口功能由客货运输换装和中转，逐步向物流、工业和商贸、旅游领域拓展。在传统的装卸、转运业务基础上，港口大力拓展包装、加工、仓储、配送、提供信息服务等高附加值综合物流功能。

为充分发挥港口区位优势，在港口周边地带发展临港工业和现代物流已成为港口经济发展的趋势。随着我国重化工业的发展，围绕港口建立和发展临港工业的力度不断加大。石化、钢铁等行业已成为我国临港产业中的支柱产业。2005年，我国发布钢铁产业发展政策，鼓励钢铁企业将工厂设在沿海，也带动了曹妃甸25万吨级矿石码头等一批专业化大型矿石码头的建设。

港口航运业的蓬勃发展，同时也带动了修造船、港机和集装箱制造等港航相关产业发展，并在国际上占有重要地位。改革开放30年来，我国修造船业走过了拆大船、修大船、造大船的历史。我国造船能力和技术水平近年来有了很大提高，目前，从全球船厂接单总量来看，我国稳居三甲，在未来一段时期内，我国造船能力可望超过韩国排名世界第一。随着我国港口集装箱运输的发展，集装箱相关产业也得到了迅猛发展，目前我国集装箱产量占全球的比重高达90%，产能主要分布在沿海港口城市，仅中集集团（CIMC）的产能就超过全球的一半。集装箱等大型专业化装卸机械设备制造业也得到了较快发展。我国开发制造的集装箱专用装卸设备已经成为国内集装箱码头的主流设备，上海振华港机公司在10年时间内，创立了具有世界影响的ZPMC品牌，其生产的集装箱岸边装卸桥、集装箱轮胎龙门吊等集装箱码头核心装卸设备已达到国际一流水平，占世界市场份额的70%，使我国不但由集装箱装卸机械进口国变为出口国，而且成为世界港口机械生产的强国，有力地支持了我国港口集装箱专业化码头的发展。

（三）加快内河港航开发建设，促进区域协调发展

近几年来，随着沿海地区产业结构调整和产业转移，内陆地区的外向型经济也得到了快速发展，港口的辐射范围不断扩大。环渤海港口群对东北、华北，山东沿海港口群对黄河流域，长三角港口群对长江流域，珠三角港口群对珠江流域，西南沿海港口群对西部地区等，辐射拉动作用日益明显，沿海港口对广大内地经济发展的支撑作用也越来越突出。

2005年11月28日，长江沿江七省二市和交通部共同召开了“合力建设黄金水道，促进长江经济发展”座谈会，形成了共识，明确了长江水运发展总体目标，提出了“十一五”时期的建设重点。合力建设黄金水道，促进长江经济发展，对于全面提升长江水运对沿江经济社会发展的服务能力和服务质量，加快沿江综合运输大通道建设，进一步推动长江流域经济

增长方式的转变，促进沿江区域经济社会全面协调可持续发展，具有十分重要的意义。长江黄金水道建设得到了国家的高度重视。《国民经济和社会发展第十一个五年规划纲要》明确要求："积极发展水路运输，提高内河通航条件，建设长江黄金水道和长江三角洲高等级航道网，推进江海联运"。内河水运纳入了国家重点鼓励发展产业目录。《国务院关于加强节能工作的决定》，要求积极推进节能型综合交通运输体系建设，加快发展内河运输。沿江省市政府也高度重视长江黄金水道的发展，逐步加大了对内河水运建设的政策扶持和资金投入力度。建立了长江黄金水道建设部省市协调机制，成立了长江水运发展协调领导小组及办公室。共同研究拟定了《"十一五"期长江黄金水道建设总体推进方案》，并于2006年11月召开的长江水运发展协调领导小组第一次会议上签署。

随着国家对于发展西部交通的继续支持，以及鼓励发展内河航运，开发长江黄金水道等一系列政策的引导，加之受土地和岸线资源稀缺、环境保护、油价上涨等约束性因素的影响，内河航运的比较优势将更加突出，内河港口也面临新一轮的发展机遇，并可望在未来一段时期内，作为广大内陆地区的开放前沿，像沿海港口一样继续发挥发展内陆经济、促进协调发展的重要作用。

六、航运中心初具规模，提升区域竞争实力

国际航运中心总是与国际经济、贸易中心密切相关，世界典型国际航运中心均是以面向海洋、航运业发达的国际大都市作为依托。目前，世界主要国际航运中心城市为伦敦、纽约、鹿特丹、新加坡、香港等。发展航运中心对于我国区域经济竞争力的提升具有重要的战略意义。国家先后批准了上海国际航运中心、大连东北亚重要国际航运中心和天津北方国际航运中心建设。有关各港口城市已经研究制定航运中心发展规划，并开始实施。

（一）上海国际航运中心建设

为贯彻党的十四大关于开发开放上海浦东，尽快把上海建成国际经济、金融、贸易中心的重大战略决策，1996 年 1 月，党中央、国务院提出了建设上海国际航运中心的战略目标。2001 年，我国“十五”规划纲要明确提出建设上海国际航运中心。

为保障并服务上海国际航运中心的发展，长江口深水航道工程开工建设。工程于 1997 年底经国务院批准实施，分三期建设。2002 年 9 月 22 日，一期工程通过了国家的竣工验收，航道水深达到 8.5 米。二期工程在 2004 年正式开工，到 2005 年 3 月，建成了 10 米水深、底宽 350 米至 400 米的深水航道。三期工程设计通航水深将达 12.5 米，底宽 350 米至 400 米，目前，已进入攻坚阶段。三期工程完成后，第三、第四代集装箱船可以全天候进出长江口，第五、六代集装箱船和 10 万吨级散货船及油轮可以乘潮进出长江口。

21 世纪初，为进一步扩大集装箱吞吐能力，解决国际航运中心建设面临的缺少深水泊位的问题，上海港洋山深水港区开工建设，整个工程规划至 2020 年，总投资超过 500 亿元，建设码头深水岸线总长超过 10km，布置 60 个超巴拿马型集装箱泊位，形成至少 1 500 万标准箱的年吞吐能力。一期工程 5 个 7 万至 10 万吨级集装箱深水泊位已于 2005 年底建成投产，年吞吐能力 300 万标准箱，配套工程 32.5 公里东海跨海大桥将洋山港区与陆上腹地紧密联系。二期工程设计吞吐能力 210 万标准箱，也已于 2006 年底建成投产，解决了上海港天然水深不足的问题。

上海洋山保税港区经国务院批准设立，于 2005 年 11 月底通过验收，2005 年 12 月 10 日，在洋山深水港开港的同时洋山保税港区正式启用。洋山保税港区由小洋山港口区域、芦潮港陆上区域和连接小洋山岛与陆地的东海大桥组成。规划面积 8.14 平方公里，首期封关运作面积为 7.2 平方公里，是我国第一个保税港区，也是实行港口和保税区、出口加工区、保税物流园区功能合一的运作模式创新区。

成立上海航运交易所。1996 年 11 月 8 日，经国务院批准，由交通部和上海市共同组建的我国第一个国家级水运交易市场——上海航运交易所成立。上海航交所成立的目的是规范交易活动，促进我国航运市场发展和发育，配合上海浦东开发开放和上海国际航运中心的建设。其基本功能是规范航运市场交易行为，调节航运市场价格，沟通航运市场信息。上海航运交易所运转以来，开发了中国出口集装箱运价指数、中国沿海散货运价指数等反映我国航运市场变化的指数，已成为国内外航运及贸易界广泛关注的信息发布机构。

成立上海组合港。1997 年 9 月，经国务院批准，以江苏、浙江、上海主要港口组建的上海组合港在浦东正式成立。成立上海组合港是建设上海国际航运中心的重要内容，其职责是：以上海为中心，浙江和江苏为两翼，对集装箱码头进行组合和协调。上海组合港的成立，有助于发挥组合港的综合优势平衡协调发展，扩大开放成果，避免港口重复建设和无序竞争。

目前拥有包括洋山深水港区在内的集装箱泊位 42 个，万吨级以上泊位 82 个，集装箱码头装卸船时量最高已达每小时 690 标准箱。全球最大的 20 家船公司已全部入驻上海，航线覆盖全球 300 多个港口，集装箱月航班密度已达到 2 239 班。上海港 2005 年成为世界第一大港，2007 年成为集装箱第二大港。近年来，上海在港口设施、吞吐量、造船和港机制造等方面的“硬实力”大幅提升，并跻身世界前列，已经初步显现出国际航运中心的部分特征。在未来一段时期，上海国际航运中心将加强在航运金融、保险、法律、信息、教育等方面的“软实力”建设，进一步扩展国际航运中心的服务功能。

（二）大连东北亚重要国际航运中心建设

2003 年 10 月，党中央国务院发布了《关于实施东北地区等老工业基地振兴战略的若干意见》，提出把大连建成东北亚重要的国际航运中心的战略部署。国家发展和改革委员会于2007年8月30日批复了辽宁省制定的《大连东北亚国际航运中心发展规划》，这是我国批准的第一个航运中心发展规划。

从2003年10月至2008年，大连港累计完成港口建设投资170亿元，新增泊位近25个，新增港口通过能力9 500万吨，集装箱通过能力325万标准箱。先后建成了以30万吨级原油码头、30万吨级矿石码头、100万台汽车物流码头、-16米水深集装箱码头等为代表的一批专业化泊位，初步搭建起以“一岛三湾”（大孤山半岛、大窑湾、大连湾、鲇鱼湾）港区为核心，以老港区和长兴岛公共港区为两翼，以庄河等地方港口为补充，以大窑湾北岸为储备的港口发展格局，基本形成了适应国际航运中心发展要求的港口保障体系。大连港还加强了港口公路铁路集疏运体系的建设，构造了各种运输方式有效衔接、一体化的港口物流网络。2006年8月31日，大连大窑湾保税港区经国务院正式批准设立，于2007年8月20日正式封关运作。大连港正积极利用保税港区特殊的政策和功能，努力打造国际航运中心的核心功能区。

根据《大连东北亚国际航运中心发展规划》，到2010年，大连争取初步形成东北亚重要国际航运中心的主体框架；到2020年，基本建成核心功能突出、产业基础雄厚、服务体系完备、比较优势明显的东北亚重要国际航运中心。

（三）天津北方国际航运中心建设

2006年，国务院《关于推进天津滨海新区开发开放有关问题的意见》提出将天津滨海新区努力建设成为中国北方对外开放的门户和北方国际航运中心。

2006年5月，交通部发布《天津北方国际运输中心交通基础设施发展规划指导意见》，提出天津北方国际航运中心港口、对外公路通道、疏港公路等公路水路交通的发展方向和重点。同年8月，国务院正式批准设立天津东疆保税港区，占地10平方公里的天津东疆保税港区不但是我国批准设立的第二个保税港区，也是目前我国大陆面积最大的保税港区。

天津北方国际航运中心建设已取得积极成效。2002年至今的6年时间，是天津港发展速度最快、发展质量最好的一段时期。天津港航道等级由10万吨级迅速提升至25万吨级，吞吐量用两个3年时间连续跨越了两个亿吨台阶，年度主营业务收入和工程建设投资双双超过百亿元，进一步巩固了我国北方第一大港的地位。天津港先后开工建设了一批10万吨级集装箱泊位和煤炭泊位、5万吨级滚装泊位、30万吨级原油泊位和25万吨级矿石泊位等专业化泊位，着力打造集装箱分拨中心和散货物流中心，为建设辐射华北、东北、西北的北方国际航运中心打下了良好的硬件基础。

第三章 航 道

我国幅员辽阔，大江大河横贯东西，支流纵贯南北，大小湖泊众多，具有发展水上运输的优越自然条件。改革开放30年来，坚持以改革创新推动航道事业的发展，使我国的内河通航里程增加，航道等级提高，航道管理逐步规范，内河航运一步步地向着现代化的方向迈进。

第一节 航道改革开放历程

一、加快航道管理体制改革

航道是重要的交通基础设施，是发展内河航运的基础和保障，然而，我国的航道事业在交通事业的整体发展中相对落后，航道事业要赶上交通发展的步伐，航道体制改革的任务十分艰巨。改革开放以来，根据交通部提出的“深化改革、依法治航、加强养护、征好规费、科学管理、保障畅通”的航道养护管理工作指导方针，坚持以“体制创新、管理创新”的思路，促进航道事业的发展，不断对航道管理体制和航道养护机制的改革进行积极探索。

（一）理顺管理体制、强化政府管理职能

理顺航道管理体制，建立新型的航道养护机制，是保障航道事业持续健康发展的客观要求。随着交通运输管理体制改革工作的全面启动，交通

部明确了对航道管理体制改革的基本要求：一是要调动起各方面的力量，共同促进航道建设和发展；二是要加强行政管理，保证行政管理集中统一。根据这一改革的基本思路，一系列的改革措施逐步开始实施。

1. 全国内河航道管理机构改革

根据全国内河航道管理的具体情况，为加强行业管理，特别是重点航道跨区域、跨行业的协调管理，交通部对于原有的内河航道管理和养护、航道建设部门进行了必要的改革。

1983 年，将原黑龙江省航运管理局收归交通部直辖管理，成立了交通部黑龙江航运管理局，统管黑龙江水系各项航政、行政管理和水上运输组织工作。

按照国家经贸委经交〔1984〕685 号文通知关于“将西江（珠江）的航政、港政、航道管理和发展规划的制定改由交通部统一领导”的要求，交通部于 1986 年组建珠江航务管理局。珠江航务管理局作为交通部派出的行政管理机构，对珠江内河行使行政主管部门职责。

按照政企分开、港航分管的原则，1984 年，在原长江航运管理局的基础上组建长江航务管理局和成立长江轮船公司。长江航务管理局作为交通部的派出机构，统一负责长江干线的航政、港政、航道整治管理。沿江各省的航务管理机构，业务上受长江航务管理局指导，执行统一的法规、制度和指令。对沿江各省设在长江两岸的航务分支机构，隶属关系不变，实行双重领导。长江干线和国家计划开发的重要支流列入国家航道，由国家统一规划建设。其他支流属省、县航道，由省、县规划建设。长江航务管理局下属的长江航道局全面负责长江干线航道的建设和养护工作。

1987 年 11 月，经国务院授权，国家计委同意成立“京杭运河江苏省交通厅航务管理局”。该机构实行交通部和江苏省双重领导，以省为主，统一领导和管理苏北大运河航务工作。

1998 年 1 月，成立长江三峡通航管理局，为长江航务管理局下属具有行政管理职能的正局级事业单位。其职责是：对长江干线三峡河段（庙河至中水门，全长59公里）通航辖区实施统一管理，包括海事、航道、通信、过闸船舶通航调度、三峡船闸（含待闸锚地）日常运行维护、葛洲坝船闸及航道运行维护等管理工作。

2005年，完成了长江口航道管理体制的改革，成立了交通部长江口航道管理局，建立起长江口航道建设、管理、养护一体化的长效管理机制。解散原长江口航道建设有限公司，原三方股东（交通部、上海市人民政府、江苏省人民政府）出资投入长江口航道建设有限公司所形成的资产，全部无偿划入交通部长江口航道管理局，长江口航道建设有限公司已签订的所有合同、协议以及债权债务等，在公司解散后，全部由交通部长江口航道管理局承接并依法履行。

2. 沿海航道与航标管理体制改革

在1984年以前，我国的沿海航道与航标管理是由交通部上海航道局、天津航道局和广州航道局分别行使管理职责，包括具体负责我国重要沿海航道管理维护任务、海区航道测量、海上航标设置和管理、港口出海航道疏浚维护等任务。1984年以后，航道与航标管理体制开始实施改革。

一是三个航道局由事业单位转变为施工企业。沿海航道维护工作每年由交通部基建管理司下达维护计划，航道局负责养护工作的实施，航道维护费用由交通部支付。2003年以后，交通部将珠江口伶仃洋航道下放给广东省交通厅，2004年，黄浦江航道下放给上海市，交通部不再支付维护费用；同时，原上海航道局上海航道处对黄浦江和长江口航道的管理职能分别划至上海港口管理局和长江口航道管理局。

二是原三个航道局内设的航标处仍然保留事业单位性质。海上航道的测量、航标设置与管理职能、人员、设备，从航道局中划归部属海上安全监督机构管理；1998年交通部实行水监体制改革后，分别归属上海、天津、广东、海南四个海事局。

（二）实行政企分开、促进企业经济效益提高

针对计划经济时期事业单位在工作效率、经营效益等方面存在的问题，为适应市场变化需要，交通部通过试点，围绕着提高企业的经营效率，逐步开始对交通航道事业单位进行改革。改革的过程分为两步：一是航道建设事业单位的企业化管理；二是调整企业组织经营结构，改制后的航道建设工程企业与交通部脱钩。

1. 航道事业单位的企业化改制

1980年8月开始，交通部对所属的航务工程局、航道管理局进行了“扩大企业自主权、改变经费管理方式”的试点。通过对企业效益与职工的收入挂钩，调动了职工的生产积极性，为企业转制作好了准备。

1987年，交通航道部门改为企业化管理，成为自主经营、独立核算、自负盈亏的经济实体。交通部第一、二、三、四航务工程局和天津、上海、广州航道局分别改为公司，实行企业化经营。

1995年，交通部提出了交通行业国有企业要普遍实行资产经营责任制的要求。各类企业着手研究以资产经营责任制代替承包经营责任制的实施办法，保证国有资产的保值增值。1996年，交通部制定了部属企业资产经营责任制的考核指标体系与考核办法，并开始组织实施。

2. 完成交通部与直属企业脱钩

按照政企分开的要求，1998年，交通部4个航务工程公司与交通部脱钩，并入中国港湾建设（集团）总公司，现为中国交通建设股份有限公司的子公司，面向交通行业、面向社会，以投标、承包方式，承揽国内、国际工程项目。交通部上海、天津、广州3个航道局于1998年与交通部脱钩，隶属中国港湾建设（集团）总公司，有关航道测量和航标管理职能划归海上安全监督机构管理。

在交通部直属企业与部脱钩后，为及时了解企业的生产经营情况，便

于掌握行业发展趋势和企业经营动态，从而有效指导企业改革，交通部加强了行业管理并适时调整发展政策。1999 年 12 月 30 日，根据政企分开原则并考虑企业脱钩的实际情况，交通部建立了水运企业联系制度（其中有7家水运施工勘察设计企业）。根据企业联系制度的要求，交通部建立了统计报表定期报送制度和重大业务问题或重要情况直接报告制度，定期召开联系企业工作会议，研究、协调企业和行业重大问题，指导企业改革、发展和管理工作。

（三）改革航道养护机制、适应航道事业发展

改革开放前，我国的航道养护工作基础十分薄弱，航道养护经费短缺的局面，始终没有得到根本性改变；航道养护机制不活，养护手段落后；航道养护管理队伍的综合素质还有待进一步提高。改革开放 30 年来，各级航道管理部门在交通部的直接领导下，通过认真总结航道养护工作的实际经验，不断探索、研究和构建新型航道管理和养护组织体系。

1. 建立相对统一和集中的管理方式

深化航道管理体制改革，必须突出考虑航道的系统性和网络化特点，关键是确保重点航道养护，核心是建立较为集中的管理体制模式。1985 年，全国交通工作会议上，交通部提出了加强各级政府交通部门的行政职能，逐步实行全行业管理的改革要求。2002 年《内河航道养护与管理发展纲要》提出，按照建立中央和省两级航道管理体制的政策建议，由目前较为分散的管理逐步改革为以省级航道管理机构统一管理为主的模式。水运较为发达的广东、江苏两省紧紧抓住机遇，率先建立了以省级航道管理机构为主的体制模式，实现了全省航道统一建设、统一管理、统一养护。

经过多年的改革和调整，我国内河航道除长江干线由中央设立机构直接管理外，其余均为地方政府管理。地方政府实行的管理体制模式基本可分为省一级交通主管部门设置机构实施集中管理和县级以上地方交通主管

部门设置机构分级管理两种模式；在管理形式上设置有专门的航道管理机构统一管理，以及集航运、海事和港口管理职能于一身的港航管理机构统一管理两种形式。改革实践证明，建立相对统一和集中的养护管理机制，有利于养护工作的更好开展。

2. 引入市场机制、实施疏养分离

为保证国家经济发展战略的实施，解决内河航道建设发展过程中面临的困难和问题，探索推进事企分开和在养护工作中引进市场机制，成为改革工作中的一项重要任务。

长江航道局在改革中试行疏养分离的体制，对疏浚船舶实行企业化管理，并通过“减站增效”、“减员增效”、“大站养护”等改革措施，减轻了航道养护经费的负担；一线航道管理机构逐步实现了由养护生产型到综合管理型的转变。在江苏、广东、浙江、安徽等省，也逐步实现了事企分开、管养分离。航道养护工程的市场化运作，使养护效率和质量都有了新的提高。

3. 坚持分类养护与重点养护原则

航道工作的任务是促进和保障水路运输的发展，要求航道养护能够保持高标准的航道等级，提供良好的通航条件。我国内河流域有6万多公里的等级航道，但内河航运完成的运量主要发生在长江干线及其主要支流、京杭运河和长江、珠江三角洲水网地区等重点内河航道。为有效利用有限的养护资金，最大限度地适应和满足内河船舶通航的要求，更有必要按照分类养护的原则，加强和突出重要航道的养护，以更好地发挥这些航道的优势。

为适应内河航运快速发展的需要，航道管理更加注重改革创新和建养并重，更加重视重点航道的养护。交通部要求各地区航道养护和管理部门，认真研究本地区当前的航道养护范围和分类维护标准，根据不同航道在整个网络中的地位和作用，合理调整养护工作格局，突出重点航道的养护工作。

二、实现航道建设养护、管理的规范化

改革开放30年来，交通部十分重视航道法规的建设，制定颁布了一系列航道管理法规和规章，明确了航道管理和养护工作的主要任务，为航道管理部门进行航道建设、管理、养护等提供了法律依据。

（一）加快行业立法

20世纪90年代初期，水运工程施工和勘探设计竞争日趋激烈，水运工程建设市场秩序混乱，出现了不少问题。根本的原因是市场机制不完善、相应法规不健全和宏观调控力度不够等。为整顿市场秩序，建立规范有序的水运工程建设市场，交通部加快了航道法制建设。

1987年8月，国务院颁布的《航道管理条例》及其《实施细则》（1991年8月交通部颁布）对航道管理机构及其职责、国家航道与地方航道的划分、航道的规划与建设、航道的养护与养护经费及行政处罚等，都作出了具体的规定，是航道建设和养护工作的基本法规。

《水运工程建设市场管理办法》（交通部令1997年第1号）于1997年2月21日颁布，对水运建设市场管理与职责、项目报建、资信登记、勘探与设计、招标与投标、合同管理、工程实施管理、法律责任等方面进行严格规定。

各省在航道立法方面也取得了重大的进展。广东、上海、江苏等省市人大常委会相继审议通过了地方性航道法规，广东省和上海市还直接授权航道管理机构行使航道行政执法权。浙江、上海、江苏、安徽、吉林等省市人民政府制定发布了航道管理规章。这些法规和规章，符合地方航道管理工作的实际和要求，进一步明确了航道管理机构的职责、权利、义务，健全了航道管理制度，为依法管理航道提供了依据。

交通部于2004年重新启动《航道法》立法工作，2006年《航道法

(送审稿)》报送国务院审核。《航道法（送审稿)》总结了《航道管理条例》自1987年颁布实施以来的经验，结合航道建设与管理的新情况和国外航道立法经验，对航道规划、航道资金、航道建设、航道养护、航道管理与保护、法律责任等进行了详细规定，在篇幅内容上比《航道管理条例》有较大的增加，有关规定力求清楚、合理、严谨。

2007年4月，交通部颁布了《航道建设管理规定》，自当年5月1日起正式实施，对加强航道建设监督管理，维护航道建设市场秩序起到了十分重要的作用。

（二）制定技术标准规范

改革开放以来，我国水运工程建设规范从无到有，从借用到自编，已经颁布了多项航道建设标准规范，使航道设计和施工有章可循，在航道建设中起到了至关重要的作用。

1992年，制定《内河航道管理和养护工作纲要》，明确了2000年前航道管理和养护工作的11项具体任务；2002年9月，发布了《内河航道养护与管理发展纲要（2001~2010年)》。这两个《纲要》的制定，成为各时期航道管理和养护工作实施的主要依据。

1996年，交通部发布了《内河航运工程施工图设计文件编制办法》、《内河航运建设土建工程招标文件范本》、《内河航运工程竣工验收办法》等内河建设管理规范性文件。

由交通部组织长江航道局和南京水利科学研究院等单位修订完成的《内河航道维护技术规范》，经批准为强制性行业标准，自2006年5月1日起开始施行。

2007年，修订发布了《水运工程建设标准管理办法》、《水运工程建设标准体系表》、《水运工程设计节能规范》、《水运工程疏浚和吹填工程技术规范》等相关规范，推进了新技术、新结构、新工艺和新材料的使用，适应了建设资源节约和环境友好型交通行业的要求。2007 年，交通部完成了《港口工程初步设计文件编制规定》和《航道工程初步设计文件编制规定》的审查工作，选定了 10 个试点项目开展初步设计委托咨询审查。交通部还组织完成了评标专家的建库工作，共组织和实施了 5 期专家库入库专家的培训工作，并完成了水运工程建设专家库管理信息系统的开发，实现了在网上选取专家。2007 年 12 月，交通部出台了《内河水运工程建设项目管理绩效考核办法（试行）》，规范了各方建设项目管理行为，科学、客观、真实、全面地考核评价项目参建单位的工作。

2007 年底，我国水运工程建设技术标准达到 125 项，涉及水运工程建设规划、勘察、设计、施工、监理定额和质量检验评定等环节，内容包括港口、航道、疏浚、通航建筑物、修造船水工建筑物和水上交管系统等专业，覆盖了水运工程建设全行业。

（三）严格市场准入

1995 年，为整顿水运建设市场行为，交通部按照新修订的《航务工程施工企业资质等级标准》和《航道工程施工企业资质等级标准》，开始对水运工程施工企业进行资质重新就位工作。

2000 年，按照建设部关于工程勘察设计单位资质改革的统一布置，交通部组织完成了《水运工程行业工程设计资质标准》的修订工作。原有的航务工程与航道工程施工资质合并成港口与航道工程施工总承包资质；另增港口与海岸工程、港口装卸设备安装工程、航道工程、通航建筑工程、通航设备安装与水上交通管制工程等 6 项专业承包资质，并修订了这 7 项资质的具体等级标准。

2003 年，交通部组织实施了注册土木工程师（港口与航道工程）执业资格认证，已完成《注册土木工程师（港口与航道工程）执业管理办法》的起草工作。开始实施土木工程师（港口与航道工程）、建造师（港口与航道工程）执业资格制度，初步建立了水运工程专业技术人员培养体系。

至2007年底，全国共有7家施工企业，取得了港口与航道工程施工总承包特级资质，41家施工企业取得了港口与航道工程施工总承包一级资质，17家施工企业取得了港口与海岸工程等专业一级资质；20多家设计企业取得了水运工程设计甲级资质，59家企业取得了水运工程甲级监理资质，35家企业取得了水运工程乙级或机电专项监理资质。

（四）规范市场秩序

按照内河航运工程自身特点，交通部从建设项目的审批、实施、监督和验收各个环节，对航道建设工程进行严格管理。

根据《建设部、监察部关于2000年建设工程项目执法检查工作安排意见》的有关要求，2000年，交通部组织开展了对在建及新开工水运工程建设项目的执法检查工作。执法检查工作的重点是：以工程建设质量为核心，紧紧围绕工程招标活动，贯彻落实《招标投标法》、《水运工程施工招标投标管理办法》，目的是进一步规范工程招标投标行为，完善工程招标投标制度。

2000年9月12日，交通部发布实施了《水运工程施工招标投标管理办法》。该《办法》适用于我国境内单项合同估算价在200万元人民币以上或项目总投资额在300万元人民币以上的水运工程基本建设项目和技术改造项目。《办法》明确了招标人和招标工程项目所应具备的条件、水运工程施工招标方式和程序、招标公告和文件的主要内容、对潜在投标人的资格审查以及投标、开标和评标的方式、程序和准则等，规定水运工程施工招标投标实行报审、报备制度，建设项目招标方案、招标文件、资格审查结果等，需报交通主管部门备案，评标报告报交通主管部门核备。

2001年，交通部下发了《关于进一步开展水运工程建设项目执法监察工作的通知》，明确执法监察工作的重点是：以工程建设质量为核心，紧紧围绕工程招标投标活动，查处肢解工程发包、虚假招标、私下授标、层层转包或违法分包等违法违规现象。

2006 年 11 月，交通部下发通知，开始建立内河水运建设项目动态管理系统和动态数据库，以全面掌握、了解、分析内河水运建设项目的动态情况。

2007 年 4 月，交通部颁布了《航道建设管理规定》，对航道建设管理过程中的各个环节做出明确规定。《规定》自 2007 年 6 月 1 日起实施，进一步理顺了各级航道管理部门的职责，规范航道建设、管理行为，为航道建设管理体制的完善和航道建设发展，提供了有力的保障。

（五）完善质量管理

为保证航道工程质量，各级交通主管部门不断加强对航道工程的质量管理，坚持对航道在建项目的质量检查，针对存在问题及时整改，不断地推进质量管理体系的完善。

交通部作为行业管理部门，对水运工程质量行使监督、检查职权。1999 年 1 月，交通部发布了《关于加强水运工程项目质量管理的通知》，要求重点做好建立和完善质量监督机制、切实履行法定质量责任、完善技术责任制、规范招投标行为、严格工程监理、加强现场管理、依靠技术进步改善工程质量等工作。同时，交通部对水运建设工程建设项目进行经常性的抽查，以确保工程建设质量的提高。

在广泛听取试验检测机构和质量监督部门意见的基础上，交通部对试验检测机构资质管理办法不断进行修改完善。2001 年修改出台了《水运工程施工监理合同范本》和《水运工程质量监督规定》，旨在规范水运工程监理的招投标及其质量监督工作，加强水运工程建设项目执法检察和质量评审的力度。

按照交通部《水运工程优秀勘察奖和优秀设计奖评选办法》和《水运工程质量奖评选办法》（试行）的规定，在全国范围内，开展了水运工程优秀勘察奖、优秀设计奖和质量奖的评选工作。对全国内河“九五”和“十五”期水运建设优秀项目14项、32个先进集体和116名先进个人进行通报表彰。此外，还开展了内河水运示范工程建设项目管理绩效考核工作，完成了株洲航电枢纽等8个内河水运示范工程活动的验收。

通过开展水运工程勘察、咨询、设计、施工、监理、试验检测等市场秩序整顿和执法监察工作，积极推行项目法人制、工程招标投标制、工程监理制和合同管理制、工程质量终身制、廉政合同制，进一步规范了市场主体行为，增强了质量意识，健全了质量保证体系，使水运工程建设质量不断跃上新的台阶。

（六）提高管理水平

1. 规范执法行为

各级交通主管部门和航道管理机构认真落实交通行政执法岗位资格制度，对航道行政执法人员普遍进行了岗位培训和考核，高标准、严要求建设航道行政执法队伍，认真规范执法行为。推行执法公开制度，主动接受社会监督，依法保护航道权益，提高依法管理水平，促进航道管理与养护工作规范化、法制化。

改革开放以来，各地加大航道执法力度，拆除违章建筑，处罚航道违章行为，使各种侵占航道及其设施，恶化通航条件的行为得到了有效制止，航道保护得到了加强。在公路、铁路、电力、水利等行业大规模建设中，全国主要航道上没有出现新的严重碍航建筑物。

2. 认真做好桥梁通航标准的审批

随着我国改革开放的深入和国民经济的发展，沿海、沿江城市陆岛沟通和两岸开发的需求日益增长。为满足货物、旅客运输的需要，铁路和公路的修建带动了各地的建桥热潮，但是跨江桥梁建设的同时也给船舶的安全通航及航运的发展带来了一定的影响。为保障船舶航行和桥梁本身的安全，保护航运资源，交通主管部门对跨江桥梁建设的管理力度逐步加大，通过规范桥梁通航标准的审批程序，制定一系列相关规范和技术标准，使桥梁通航标准的审批、建设及营运后，桥区通航安全和航标维护工作逐步向规范化、程序化迈进。

近年来，交通部先后审批了武汉阳逻长江大桥、南京长江第三大桥、苏州南通长江公路大桥、湛江海湾大桥、青岛海湾大桥、杭州湾交通通道跨海大桥、泸州长江公路三桥、浙江飞云江大桥、珠江黄埔大桥等特大型桥梁的通航标准和技术要求。

3. 加强通航船闸管理

1989 年 8 月，交通部制定颁布了《船闸管理办法》，规定各级船闸主管部门对管辖范围内的船闸实行统一管理，船闸管理必须确立为航运服务的宗旨，做到科学管理、合理使用、定期保养、计划修理，保证设备正常运转；同时，对船闸管理和运用，过闸费的征收和使用，以及奖励与惩罚等作出了具体规定。

2006 年，湖南、江西省人民政府加强了对航运资源的保护，出台了在通航河流上建设闸坝必须同步兴建通航建筑物的相关规定。四川省统筹全省水资源综合开发，加快航运梯级枢纽建设，推动长江黄金水道与成都平原区域经济发展的有机结合。

三、积极推进内河航道标准化进程

内河水运具有运能大、占地少、能耗低、污染轻的基本特征，是内陆地区最具可持续发展的运输方式之一。但是，内河水运要真正发挥出自身的优势，还必须具备一定的通航条件，包括通航标准的统一、航道网络的形成，以及高等级航道的建设等等。航道建设的主要任务是：在现有航道布局内，调整和优化航道的等级结构，在特定区域促进和保障水路运输优势的发挥。

（一）实施内河航道普查

为了更好地规范航道等级标准，摸清我国内河航道的现状，交通部于1979年和2002年，先后两次开展了全国性的内河航道普查。

普查范围包括：全国范围（分水系）内已进行航道技术等级评定的内河航道，以及未评定等级但进行了航道建设或有航运开发价值的内河航道。普查内容为内河航道概况、航道现状、航道枢纽、过河建筑物、临河设施的基本信息和航道管理机构及养护力量等情况。普查工作设置了近180个主要指标，建立了全国内河航道基础信息管理系统，并绘制完成了全国内河航道电子图集。

根据航道普查统计，1979年底，全国内河航道通航里程10.78万公里，通航河流上的碍航闸坝1 334座；2002年底，全国内河航道通航里程为12.31万公里，其中等级航道6.29万公里，通航河流上的碍航闸坝1 713座。

航道普查为编制交通建设规划、改进内河航道管理工作，提供了准确可靠的数据资料，成为内河航道建设的重要依据。

（二）完成通航标准制定与航道定级

改革开放初期，随着内河水利基础设施投资规模的扩大，建设拦、临、跨河建筑物的数量增多，在全国各地不同程度的出现了违章和降低通航标准现象，尤其是桥航矛盾、碍航闸坝等问题突出，严重影响了航运资源的开发和利用。为此，交通部开始进行内河通航标准的制定与航道定级工作。各项航道建设、维护和保障标准的规范与实施，为适应我国航运发展、保障船舶通航安全和实现内河航道的标准化管理提供了依据。

1. 划分航道技术等级

1990 年 12 月，经建设部批准实施《内河通航标准》，规定内河航道分为 I ~ VII 级和等外级，并确定了不同等级航道的通航吨级标准。

1992 年 9 月公开的全国内河航道管理和养护工作会议，决定在全国范围内，开展航道定级工作。1994 年 12 月，交通部发布了《内河航道技术等级评定工作大纲》，明确了航道定级的目的、任务和具体要求，提出用 2 ~ 3 年的时间，基本完成全国内河航道的定级工作；各省（区、市）交通主管部门根据交通部的统一部署开展工作。

1999 年底，内河航道技术等级评定工作全面完成。经批准的航道等级中，I ~ IV 级航道定级的水平年为 2030 年，其他等级航道定级的水平年为 2020 年，成为未来航道建设、管理的主要依据。航道管理部门依据航道定级标准进行维护和管理，并依法制止新的碍航建筑物出现。

2. 制定内河航标标志与标准

1986 年 2 月，国家标准局颁布了《内河助航标志》和《内河助航标志的主要外形尺寸》两项国家标准。

1995 年 12 月，国务院以 187 号令颁布了《中华人民共和国航标条例》。这是我国正式颁布的第一部航标法规，适用于在我国水域及管辖的其他海域设置的航标，目的是加强航标管理和保护，保证航标处于良好使用状态。条例明确规定了交通主管部门负责管理和保护的航标范围，是除军用航标和渔业航标以外的航标。

1996 年 5 月，交通部以 2 号令发布了《内河航标管理办法》，主要内容包括：航标管理机构及职责、专设航标的设置与维护管理、航标保护等。它是在总结 30 多年内河航标事业发展和新技术在航标领域的应用及推广的实践经验基础上制定的，是一部比较完整、系统的规章。

（三）逐步解决碍航船闸的复航

改革开放初期，在全国内河通航水域共有碍航闸坝 1 334 座。为实现内河水资源的综合利用，交通、水电两部共同协商，加强组织管理，加大资金支持，逐步解决碍航闸坝的复航问题。

1983年，交通、水电两部联合成立了解决碍航闸坝协调小组。1985年1月，两部决定凡有碍航闸坝的省（区、市）都要成立水电、交通两厅（局）组成的协调小组，逐步解决本地区碍航闸坝的复航问题，并防止产生新的碍航闸坝。

1983年5月，三峡水利枢纽工程由论证期转入建设期。1984年2月，交通部下发了《关于三峡枢纽通航问题的通知》，决定成立三峡水利枢纽通航领导小组，负责组织研究三峡水利枢纽通航问题。通过综合论证，提出了采取“以江养江，自我发展，良性循环，各方得益”的原则，用三峡大坝电站发电收入的一部分，进行支流分期梯级开发，既利于防洪、发电，又可保证航运畅通。长江三峡双线五级连续船闸的建设实施，正是体现了水资源综合利用、综合得益的精神。

1986年，交通部组织进行了碍航闸坝的普查工作，并制定复航规划，认定具备复航经济价值的约有150座，在“七五”期间安排和做好前期工作的约50座。

至2007年底，全国内河航道枢纽4 143处，其中可通航2 339处；通航建筑物船闸835座，升船机42部，能够正常使用的船闸580座（占70%），升船机18部（占43%）（表3-1）。

全国内河航道枢纽及通航建筑物　　表3-1

年份	航道枢纽		通航建筑物		可正常使用	
	总计	可通航	船闸	升船机	船闸	升船机
1990			824	45		
2000			921	59		
2005	4 131	2 330	826	42	573	18

续上表

年份	航道枢纽		通航建筑物		可正常使用	
	总计	可通航	船闸	升船机	船闸	升船机
2006	4 142	2 339	833	42	578	18
2007	4 143	2 339	835	42	580	18

四、合理制定航道建设规划与目标

随着国民经济发展及交通运输需求的快速增长，内河航运在国民经济中的基础性、先导性作用得到广泛认可。根据国家经济发展的总体需求及内河通航条件，制定一套科学、完整、可行的内河航运长远发展规划，有计划、分步骤的对现有航道进行整治，以更好地为区域经济发展服务，成为各级政府及航道管理部门的一项重要任务。

（一）内河航道总体建设目标

1978 年 3 月，交通部根据国务院制定的《1976 年到 1985 年发展国民经济十年规划纲要（草案）》精神，草拟了《关于实现交通运输现代化的汇报提纲》。该提纲提出了交通运输到 2000 年的规划设想。其中设想之一就是要“建成一个江、河、湖、海四通八达的水运网。有步骤、分阶段地整治长江、珠江、淮河等水系，建成京杭、湘桂、干粤、郑淮、江淮、两沙、辽河等运河。”

水运主通道是国家级航道的主干和全国航道网的主要骨架。1995 年 10 月，交通部在全国内河航运建设工作会议上，明确了我国水运主通道的布局目标、原则和内容。其中，内河主通道是由 20 条内河航道组成的航道网，约 1.5 万公里，占全国内河通航里程的 14%。其总体布局规划被称为“一纵三横”，即一纵：京杭运河淮河主通道；三横：长江及其主要支流主通道，西江及其支流主通道，黑龙江松花江主通道。这次会议还提出，“九五”期间初步形成“两横一纵两网”全线贯通的格局。

1998年2月，交通部召开了全国内河航运建设现场会，进一步确定从20世纪末到21世纪前10年或者更长一点时间，内河航运建设的主要任务是实现“两横一纵两网”的全线贯通。“两横”是长江水系主通道、珠江水系主通道，“一纵”是京杭运河~淮河主通道，“两网”是长江三角洲江南航道网、珠江三角洲航道网。

2000年水运主通道建设目标是：初步形成以三级以上航道（通航千吨级船舶）为骨架，以四、五级航道（通航三、五百吨级船舶）为基础的航运网络，内河航运通道改善航道里程9 000公里，干线和主要支流基本实现直达运输。

为推进西部大开发战略的实施，交通部于2000年发布了《西部地区内河航运发展纲要》，其总体发展目标是：用20年左右的时间，基本形成西部地区通江达海的水运主通道，开发建设主要支流航道及港口设施，形成配套的内河航运服务体系；到21世纪中叶，实现以水运主通道为骨架、干支相通、设备配套、水陆联运、功能完善、优质服务的现代化内河航运体系。

（二）阶段规划目标的分期实施

《航道管理条例》要求国家航道发展规划由国务院审查批准后实施。按《条例》，交通部认真组织制定了各个阶段的内河航道建设发展规划，包括航道建设重点、建设任务和实现目标（表3-2）。

1981~1990年，内河航运建设以三江两河（长江、西江、黑龙江、京杭运河、淮河）为重点，相应改善主要支流的通航条件，有计划地解决碍航闸坝，使通航千吨级以上驳船队的航道达到7 000公里，逐步提高内河航运比例。在这个10年中，航道建设规划以疏浚养护为主，重点目标是主通道的畅通。

1991～2000年，重点建设内河航运基础设施，以提高航道等级为重点；形成长江干流、西江干流、京杭运河（济宁—杭州）水运主通道，以及长江三角洲江南航道网、珠江三角洲航道网基本贯通的内河航道格局。在"九五"以后，内河航道建设投入逐步开始增加，航道建设目标以高等级航道网建设为主；体现出航道建设进入一个新的里程阶段。

2001～2010年，建设重点在改善出海航道，提高内河通航条件，建设长江黄金水道和长江三角洲高等级航道网，推进江海联运。规划到2010年实现长江干线航道条件明显改善，5万吨级海船乘潮直达南京，3 000吨级海船季节性通航至湖南城陵矶，三峡库区万吨级船队可直达重庆主要港区，千吨级船舶直达云南水富，长江三角洲高等级航道网中，主要航道通航1 000吨级船舶；京杭运河堵航问题明显缓解。规划至2010年底，全国三级以上内河航道里程将达到1万公里以上，五级航道达到3万公里以上（表3-2）。

（三）未来航道建设规划与目标

进入新世纪以来，为准确把握21世纪初期我国内河航运发展方向，将"三主一支持"（公路主骨架、水运主通道、港站主枢纽、交通支持保障）形成的长远规划设想逐步付诸实践，交通部组织开展了内河航运发展战略和规划研究。相继编制完成了未来水运主通道、长江三角洲高等级航道网、珠江三角洲高等级航道网、长江和珠江等主要水系内河水运发展规划，形成了较为完整的内河航道建设长远发展规划体系。

2004～2005年，交通部先后发布了《长江三角洲高等级航道网规划（要点）》和《珠江三角洲高等级航道网规划（要点）》，规划以2010年、2020年为水平年，确定了高等级航道网在区域内河航道体系中的核心和骨干作用。

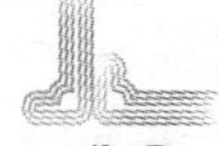

表 3-2

全国内河航道建设规划与目标

规划时期	建设重点	建设任务与目标
“六五”期 1981 ~ 1985 年	长江干线重点航道，西江广州—贵县段，京杭运河济宁—扬州段	开工建设平陆运河和两沙运河，做好干粤运河、湘桂运河的规划、勘测、设计，结合水利建设，增建船闸，改善通航条件
“七五”期 1986 ~ 1990 年	以三江两河（长江、西江、黑龙江、京杭运河、淮河）为重点，相应改善主要支流的通航条件，有计划的解决碍航闸坝	改善航道 1 万公里。通航千吨级以上驳船队的航道达到 7 000 公里
“八五”期 1991 ~ 1995 年	长江干线、西江干线、京杭运河、黑龙江等水运主通道的基础设施，以及长江支流的汉江、湘江、信江航道建设	改善航道里程 4 000 公里
“九五”期 1996 ~ 2000 年	加强内河航道基础设施建设，提高航道等级；基本形成三级以上航道为骨架的航运网络，干线和主要支流基本实现直达运输	改善航道里程 9 000 公里。三条内河水运主通道及两网基本贯通①
“十五”期 2001 ~ 2005 年	以“两横一纵两网”水运主通道建设为重点	重点航段的碍航险滩整治、航电枢纽工程
“十一五”期 2006 ~ 2010 年	以长江黄金水道建设及京杭运河扩能改造为重点	三级以上内河航道里程达到 1 万公里以上，五级航道达到 3 万公里以上

备注：①水运主通道—长江干流、西江干流、京杭运河（济宁—杭州），两网——长江三角洲江南航道网、珠江三角洲航道网。

2007 年，国务院批准实施《全国内河航道与港口布局规划》，规划航道里程约 1.9 万公里，其中，三级及以上航道 14 300 公里，四级航道 4 800 公里，分别占规划航道里程的 75% 和 25%。到 2010 年，内河航道通过能力比 2005 年提高约 40%，2020 年将比 2010 年翻一番（表 3-3）。其中：

1. 长江三角洲布局规划方案以长江干线和京杭运河为核心，三级航道为主体，四级航道为补充，由 23 条航道组成长江三角洲地区“两纵六横”高等级航道网；重点是通往上海国际航运中心主要集装箱港区的内河集装箱运输通道的建设；规划航道里程 4 330 公里，三级及以上航道 3 400 公里，四级航道 930 公里（表 3-4）。

2. 珠江三角洲布局规划方案以三级航道为基础，由 16 条航道组成“三纵三横三线”高等级航道网；规划航道总里程 939 公里（表 3-5）。

3. 西部地区内河航运建设重点按规划分三个层次推进：

第一层次，建设水运主通道，即强化长江干线、西江干线、嘉陵江、汉江、右江及北盘江、红水河等建设，航道总长 4 060 公里；

第二层次，建设连接水运主通道的重要支流，其中主要包括：长江水系的渠江、乌江、岷江；珠江水系的南盘江、左江、澜沧江等，总航道里程 2 545 公里；

第三层次，建设效益明显的区间通航河流（河段）及库（湖）区的航运设施，如建设金沙江、黄河等库区、湖区的航运设施，以满足日益增长的旅游需求和西部偏远地区人民的基本交通运输需求。

五、逐步形成稳定的建设养护资金来源

改革开放初期，国家每年在计划内拨出一定数额的资金，专门用于补助地方内河航道建设项目，同时还动用粮、棉、布等，实行“以工代赈”，帮助贫困地区整治航道。但是，航道作为一项基础设施，建设与养护的资金需求量较大，同时，由于航道工作的特点又难以形成吸引社会投资的回

2020年全国内河高等级航道布局方案表

表 3-3

航道名称		起讫点	里程（km）	现状	规划	备注
两横	1. 长江干线	水富—重庆	412	五～三级	三级	
		重庆—长江口	2 426	三～一级	一级	规划城陵矶—武汉利用自然水深通航3 000吨级海船；武汉—铜陵利用自然水深通航5 000吨级海船；铜陵—南京通航5 000吨级海船，利用自然水深通航1万吨级海船；南京—长江口通航5万吨级及以上海船
	2. 西江航运干线	南宁—广州	854	五～三级	三级及以上	肇庆—思贤滘通航3 000吨级海船
一纵	1. 京杭运河	梁山—杭州	1 052	六～二级	三～二级	其中梁山—济宁三级，济宁—扬州（含湖西航道）二级，谏壁—杭州三级
两网	1. 长江三角洲高等级航道网		4 330	两纵六横（详见表3-4）		
	2. 珠江三角洲高等级航道网		939	三纵三横三线（详见表3-5）		
十八线	1. 岷江	乐山—宜宾	162	六～四级	三级	
	2. 嘉陵江	广元—合川	603	六～四级	四级	
		合川—重庆	95	四级	三级	
	3. 乌江	乌江渡—涪陵	594	七～五级	四级	
	4. 湘江	松柏—城陵矶	497	六～三级	三级及以上	
	5. 沅水	三板溪—常德	667	六级	四级	
		常德—鲇鱼口	192	四级	三级	
	6. 汉江	安康—丹江口	352	六～七级	四级	
		丹江口—汉口	617	六～四级	三级	

续上表

航道名称		起讫点	里程（km）	现状	规划	备注
十八线	7. 江汉运河	龙洲垸—高石碑	69	不通航	三级	
	8. 赣江	赣州—湖口	606	六～三级	三级及以上	
	9. 信江	贵溪—罐子口	244	七～五级	三级	
	10. 合裕线	合肥新港—裕溪口	143	六～三级	三级	
	11. 淮河	淮滨—正阳关	177	五级	四级	
		正阳关—淮安	383	五～三级	三级	
	12. 沙颍河	漯河—沫河口	378	六～五级	五～四级	
	13. 右江	剥隘—百色	80	四级	四级	
		百色—南宁	355	六级	三级	
	14. 北盘江—红水河	百层—来宾	678	七～六级	四级	
		来宾—石龙三江口	63	六～四级	三级	
	15. 柳江—黔江	柳州—桂平	284	六～五级	三级	
	16. 黑龙江	恩和哈达—伯力	1 890	四～二级	三级及以上	根据《中俄额尔古纳河和黑龙江界河段水资源综合利用规划》确定
	17. 松花江	大安—肇源	90	四级	四级	
		肇源—同江	886	四～三级	三级及以上	
	18. 闽江	南平—外沙	278	六～一级	四级及以上	
规划航道里程约 1.9 万公里，其中三级及以上航道 14 300 公里，四级航道 4 800 公里，分别占规划航道里程的 75% 和 25%。						

2020 年长江三角洲高等级航道网布局方案表

表 3-4

航道名称		起讫点	里程（km）	现状	规划	备注
两纵	一、京杭运河—杭甬运河（含锡澄运河、丹金溧漕河、锡溧漕河、乍嘉苏线）	1. 京杭运河：苏北运河—江南运河	800.2	五～二级	三～二级	苏北运河（含湖西航道）二级，江南运河三级
		2. 杭甬运河：三堡—甬江口	238.0	六～四级	四级	
		3. 锡澄运河：黄田港—皋桥	37.0	五级	三级	
		4. 丹金溧漕河：七里桥—溧阳	66.5	六～五级	三级	
		5. 锡溧漕河：宜城—洛社	55.0	五级	三级	
		6. 乍嘉苏线：乍浦—平望	72.2	五级	四级	
	二、连申线（含杨林塘）	7. 连申线：盐河—灌河—通榆河—射阳河—通榆河—通扬运河—如泰运河—焦港河—申张线—苏申内港线	604.7	七～三级	三级	
		8. 杨林塘：巴城—杨林口	40.8	七级	三级	
六横	一、长江干线	9. 长江干线：南京—长江口	437.0	一级	一级	通航 5 万吨级及以上海船
	二、淮河出海航道—盐河	10. 淮河出海航道：洪泽湖南线—灌溉总渠—淮河入海水道—通榆河—灌河	278.5	五～三级	三级	
		11. 盐河：杨庄—武障河闸	95.0	七～六级	四级	
	三、通扬线	12. 通扬线：高东线—建口线—通扬运河—通吕运河	299.0	七～五级	三级	
	四、芜申线—苏申外港线（含苏申内港线）	13. 芜申线：芜太运河—太湖航线—太浦河	297.0	七～五级	三级	
		14. 苏申外港线：宝带桥—分水龙王庙	64.7	六～五级	三级	
		15. 苏申内港线：瓜泾口—宝钢支线铁路桥	111.0	五级	三级	
	五、长湖申线—黄浦江—大浦线、赵家沟—大芦线（含湖嘉申线）	16. 长湖申线：小浦—西泖河口	143.2	五～四级	四～三级	
		17. 黄浦江：分水龙王庙—吴淞口	91.7	三～一级	一级	
		18. 大浦线、赵家沟：赵家沟—大治河；随塘河—黄浦江	51.5	七级	三级	
		19. 大芦线：内河集装箱港区—黄浦江	46.1	七～五级	三级	
		20. 湖嘉申线：闸西—红旗塘	104.0	六～四级	三级	
	六、钱塘江—杭申线（含杭平申线）	21. 钱塘江：衢州—赭山	296.0	五～四级	四级	
		22. 杭申线：塘栖—分水龙王庙	123.0	五～四级	三级	
		23. 杭平申线：新市—竖潦泾	138.0	六～五级	四级	
	合计	规划航道里程 4 330 公里，其中三级及以上航道 3 400 公里，四级航道 930 公里。				

表 3-5

2020 年珠江三角洲高等级航道网布局方案表

航道名称		起讫点	里程（km）	现状	规划	备注
三纵	一、西江下游出海航道	1. 西江下游出海航道：思贤滘—百顷头 磨刀门水道：百顷头—挂定角 磨刀门出海航道：挂定角—横州 挂定角—九澳	89 46 28 25	三级 三级 三级 四级	一级	3 000 吨级海船
	二、白坭水道—陈村水道—洪奇沥水道	2. 白坭水道：渡槽桥—珠江大桥	44	五～四级	三级	
		3. 陈村水道：濠滘口—三山口	22	四级	三级	
		4. 洪奇沥水道：板沙尾—洪奇门	41	四～三级	三级	1 000 吨级江海船
	三、广州港出海航道	5. 广州港出海航道：广州—黄埔前航道 广州—黄埔后航道 黄埔—虎门	20 28 52	一级	一级	1 000 吨级海船 5 000 吨级海船 5 万吨级海船
三横	一、东平水道	6. 东平水道：思贤滘—广州	76	三级	三级	1 000 吨级江海船
	二、潭江—劳龙虎水道—莲沙容水道—东江北干流	7. 潭江：三埠—熊海口	58	四级	三级	1 000 吨级江海船
		8. 劳龙虎水道：虎坑口—狗尾	16	六级	三级	1 000 吨级江海船
		9. 莲沙容水道：南华—莲花山（含均安水道及八塘尾—大沙尾）	108	三级	一级	1 000 吨级江海船
		10. 东江北干流：石龙—东江口	42	六级	四～三级	
	三、小榄水道—横门出海航道	11. 小榄水道：莺歌咀—大南尾 大南尾—横门口	30 15	四级 四级	三级 一级	1 000 吨级江海船 3 000 吨级海船
		12. 横门出海航道：横门口—淇澳	36	三级	一级	3 000 吨级海船
三线	一、崖门水道—崖门出海航道	13. 崖门水道：熊海口—崖门口 14. 崖门出海航道：崖门口—荷包岛	25 42	三级 三级	一级 一级	5 000 吨级海船 5 000 吨级海船
	二、虎跳门水道	15. 虎跳门水道：百顷头—虎跳门口	46	三级	一级	3 000 吨级海船
	三、顺德水道	16. 顺德水道：紫洞口—火烧头	50	四～三级	三级	
	合计	规划三级及以上航道 939 公里。				

报机制。航道建设养护资金的短缺，一直成为航道事业发展的主要制约因素。改革开放30年来，国家在投融资方面，实施了一系列的改革和优惠政策，扩大融资渠道，多方筹措航道建设和养护资金，广泛吸纳社会资金，积极争取利用国外资金，加快了内河航运建设步伐。

（一）加强航道规费征收

航道养护费和过闸费是航道管理和养护的主要资金来源。1992年8月，交通部、财政部、国家物价局联合发布了《内河航道养护费征收和使用办法》，进一步明确了航养费的征收范围，调整了征收标准，规定航养费由各级交通主管部门下设的航道管理机构负责征收管理，加强了对航养费的使用管理。

航道规费征收是一项政策性很强的工作，各级航道管理机构对征收工作高度重视，努力做到应征不漏。首先，各地加强了对费源的调查摸底，掌握征收工作的主动权；同时，加强了对征收人员的业务培训，健全了内部管理制度，规范了征收行为，加强了对规费征收的稽查和监督，全国航道养护费的征收和使用在总体上比较规范，实现了航道规费与水运发展的同步增长。航养费、船舶过闸费两费征收总额从2001年的12.17亿元增长到2007年的30.56亿元，其中长江干线、江苏、安徽、广东、江西、山东、浙江等7省的年规费收入均超过亿元。

（二）建立内河航运建设专项资金

“九五”期，国家利用车购税、港建费中免交的国家能源交通重点建设基金、国家预算调节基金等，建立内河航运建设专项基金，由交通部统一安排用于水运基础设施建设。此后，交通部从车购税、港建费中安排部分专项资金用于航道等内河航运建设，每年实际投入的内河航道建设资金为10～15亿元，2005年以后增加到20亿元左右。至2007年底，中央政府内河航道建设专项基金累计投入超过170亿元。同期，地方政府自筹投入的航道建设资金累计超过230亿元。未来，根据国家航道建设的总体要求，将进一步建立和完善中央和地方两级内河航运建设专项资金，逐步扩大专项资金规模，积极争取利用国债资金投入内河建设。

（三）积极利用外资

随着国家在交通行业投融资领域的逐步开放，从“九五”期开始，利用世界金融组织贷款推进内河航道的开发与建设。至2008年底，内河航道建设累计利用外资约60亿元左右。其中，广东、广西、湖南、湖北、江苏、浙江、江西等省利用世界银行或亚洲银行贷款，先后完成了多项内河航道整治及航电枢纽工程建设。

国际金融组织贷款不仅加快了我国内河航运建设，也促进了内河航道管理的规范化、现代化。世行、亚行等国际金融组织对贷款项目实行全过程管理，在项目前期工作、项目实施（包括招投标管理）及后评价等方面，推行了一整套规范的制度和做法。贷款项目包括：内河航道通航保障设施的建设、航道维护及航道管理信息系统等。这不仅为工程项目的顺利实施提供了保障，而且引进了国际上先进的管理理念和管理经验，对于我国内河航道建设和养护管理与国际接轨具有非常重要的推动作用。

（四）实施政策引导

国家实行“各部门、各行业、各地区一起干，国有、集体、个人以及各种运输工具一起上”的方针，制定实施政策措施，鼓励和支持各方资金参与航道建设，带动了地方航道建设的积极性，形成了多层次、多形式的内河航道建设资金渠道。例如：

——广东省人民政府每年有2亿元的财政拨款用于航道建设和养护，使广东省的航道工作改变了面貌。湖北省从2006年开始，每年安排财政资金1亿元用于内河水运建设。甘肃、吉林等省将航道养护管理的基本支出列入了省级财政预算。贵州、云南省级财政每年对航道养护与管理工作进行补助。一些县级政府也对航道养护工作给予资金等方面的积极支持。

——上海航道管理部门研究提出了“一环十射”的建设思路，得到了上海市人民政府的大力支持和肯定。航道建设还得到了沿江企业的参与和合作，企业作为航道建设的直接受益者，不仅投入了部分建设资金，还承担了部分航道养护费用。

——国家允许成立内河航运建设开发公司，对内河航运建设项目进行筹资、经营管理、资产管理及负责偿还贷款。从“十五”后期，我国利用国内银行贷款成为内河航道建设的重要资金来源，占全年航道建设资金投入的1/3左右。交通部支持内河沿线省（区、市）以及受益较大的地、市（县）政府部门和有关企业筹集资金，对内河航运进行联合开发建设。例如：浙江省有14条干线航道总长1 100公里（占浙江省航道总里程的10%），被批准列为“四自”（自行贷款、自行建设、自行收费、自行还贷）航道工程。根据规定，每条收费航道的收费期限最长为30年，收费标准一般为最高1.5元/吨，最低1元/吨。

——在通航河流上，结合航道整治推行航运梯级开发，实行航电结合，以发电收入用于航道整治；允许内河港口、航道建设投资者吹填造地，进行土地综合开发，收益用于内河航运建设；将损害、占用航道及护岸的补偿费和建设项目预留维护经费等，用于航道设施的恢复和建设养护。

（五）增加航道建设资金投入

“九五”期以来，随着内河建设投资主体的多元化发展，航道建设资金投入逐渐增加。2005年，全国内河航道建设投资达到74亿元，比2004年增加了23亿元；2006年增加到99亿元，比2005年增加25亿元，在两年时间内，建设投资增加了近1倍；2007年为101亿元（图3-1）。

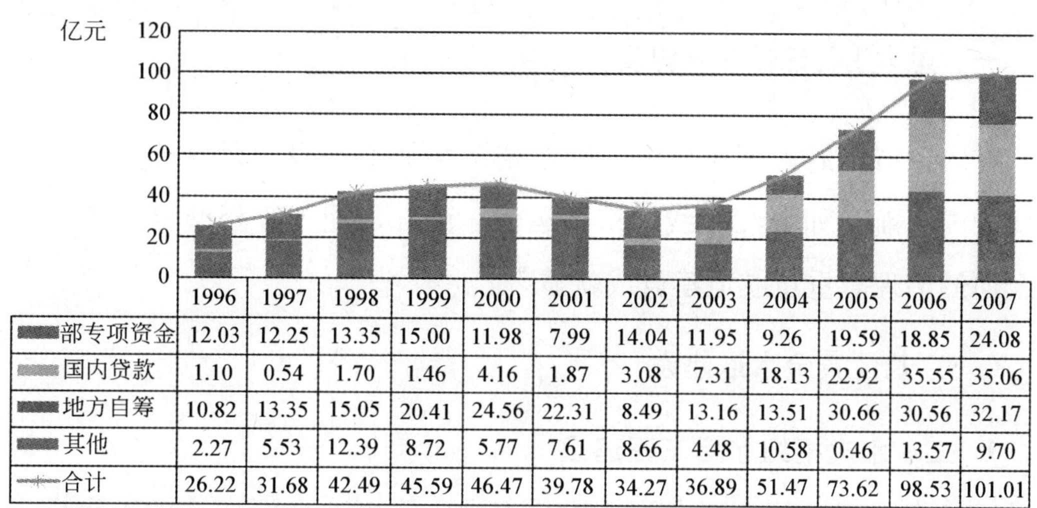

	1996	1997	1998	1999	2000	2001	2002	2003	2004	2005	2006	2007
部专项资金	12.03	12.25	13.35	15.00	11.98	7.99	14.04	11.95	9.26	19.59	18.85	24.08
国内贷款	1.10	0.54	1.70	1.46	4.16	1.87	3.08	7.31	18.13	22.92	35.55	35.06
地方自筹	10.82	13.35	15.05	20.41	24.56	22.31	8.49	13.16	13.51	30.66	30.56	32.17
其他	2.27	5.53	12.39	8.72	5.77	7.61	8.66	4.48	10.58	0.46	13.57	9.70
合计	26.22	31.68	42.49	45.59	46.47	39.78	34.27	36.89	51.47	73.62	98.53	101.01

图 3-1 1996 年至 2007 年全国内河航道建设资金投入

从建设投资的来源构成看，2007 年，交通内河专项基金投入近 24 亿元，占当年内河建设资金总投入的 24%，地方政府自筹资金比重为 32%（图 3-2）。

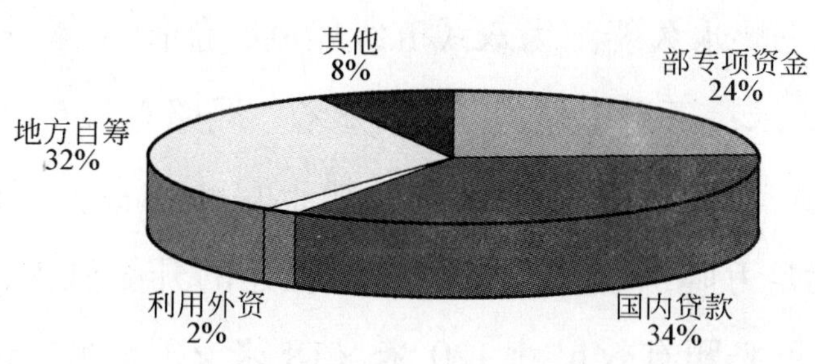

图 3-2 2007 年内河航道建设资金来源构成

第二节 航道发展成就

改革是航道事业发展的动力。在航道管理体制、养护机制、管理方式等方面不断地进行了大胆改革及勇于创新，逐步适应社会主义市场经济体制的要求，推动了航道事业的不断向前发展。

一、重大工程建设成就显著

在国家拟定的规划指导下，一系列深水航道工程建设开始实施。一批重要的内河航道如长江干线、京杭运河、西江、湘江等相继得到了比较系统全面的治理。重点航道建设成就显著。

（一）长江黄金水道建设

1. 三峡水电枢纽航运工程建设

1992年4月，第七届全国人民代表大会第五次会议通过了兴建长江三峡工程的决议案。工程建设从1993年开始，分三期实施：第一期（1993～1997年）实现了大江截流；第二期（1998～2003年）实现水库首次蓄水、永久船闸通航和第一批机组发电；第三期（2003～2009年）实现全部机组发电和枢纽工程全部完建。三峡工程永久通航建筑物包括船闸与升船机。已经建设完成的三峡永久船闸为双线五级船闸，船闸主体段长1 609米，上游引航道长2 113米；下游引航道长2 772米，线路总长6 442米，船闸有效尺寸为280米×34米×5米（长×宽×槛上最小水深），年单向通过能力5 000万吨，可满足万吨级船队通过要求；在建的升船机为单线一级垂直齿轮齿条爬升式，承船厢有效尺寸120米×18米×3.5米，最大提升高度为113米，可快速通过3 000吨级的客货轮。

2. 三峡库区水运设施淹没工程复建

随着三峡工程的不断进展，库区原有大部分水运设施将会因库区蓄水水位的上升而遭淹没。交通部自1992年开始进行库区淹没设施实物调查、复建规划等工作，组织编制了《长江三峡工程库区水运设施淹没复建规划》及其实施方案。复建工程共有96项。复建工程以港口、航道、通信、港监等项目为重点，全部工程完成后，基本满足了库区客、货运输的要求。

3. 长江口深水航道建设

长江口深水航道治理工程按照“一次规划、分期建设、分期见效”的原则，自 1998 年起分三期实施，航道治理通航水深计划由原来的 7 米增深到 12.5 米。一期、二期工程竣工后，形成了一条底宽 350 米到 400 米、通航水深 10 米、总长 74.47 公里的深水航道。三期工程于 2006 年 9 月 30 日开工建设，治理目标为水深 12.5 米、底宽 350 ~ 400 米的双向航道，以满足第三、四代集装箱船全天候进出港和第五、六代集装箱船乘潮进出港为基本目标，兼顾 10 万吨级散货船乘潮通航。

4. 长江干线航道疏浚工程建设

按照长江干线各航区特点，有计划、分步骤地对长江干线开展了大规模的整治和疏浚。“六五”期间，在长江上游川江航道进行了较为系统的整治；“七五”和“八五”期间，完成了兰叙段 1 000 吨级航道整治工程，在长江中下游对“三沙”、碾子湾、天星洲等重点水道进行了长期的疏浚、治理，完成了枝江水道整治和道人矶炸礁工程；“九五”期间，长江干线航道完成了界牌河段综合治理、兰巴段航道、太子矶水道等浅险航道整治工程，共改善千吨级以上航道 743 公里，实现万吨级船队常年通过，并大范围提高航道维护尺度，实施航路改革与双侧设标。“十五”期，开始实施了长江上、中、下游河段 14 处重点碍航浅滩的清淤应急工程；2006 年，长江东流水道整治基本完工，太子矶炸礁工程已经实施；中游基本完成了陆溪口、罗湖洲航道整治工程，马家嘴、嘉鱼—燕子窝航道的整治正在顺利展开；上游完成了三峡库区 156 米蓄水库尾炸礁工程和泸渝段航道工程。

三峡库区蓄水和一系列长江航道整治工程项目实施后，长江干线航道的通航条件大为改善。上游 3 000 吨级船舶可以从涪陵直达宜昌；中游受宜昌至城陵矶浅水航段的影响，枯水期满足 1 500 吨级以下船舶的满载通航；下游全年可实现 5 000 吨级船舶满载至武汉，其中，南京以下能够满足 5 万吨级海船的通航。航道条件的改善，有力地促进了通航船舶的大型化，为长江干线货物运输量的快速增长提供了支撑。

（二）京杭大运河航道建设

京杭运河江苏北段徐州～至扬州404公里航道，在原有基础上经过1982～1988年的续建工程，达到二、三级航道标准，建有10个梯级共18座船闸（其中8座复线闸按二级标准建成），可常年通航千吨级船队。苏南运河整治工程在1997年10月完成了156公里航道的整治，共改建了42座桥梁，并对全线进行护岸、绿化、设置标志标牌；全线达到四级航道标准，航道底宽大于40米，水深2.5米，弯曲半径不小于350米，可通航500吨级船舶，成为我国内河的一条标准化、美化航道。

京杭运河山东段（济宁至台儿庄）工程的164公里三级航道疏浚及万年、韩庄两座枢纽（包括船闸、节制闸和公路桥），于2000年竣工验收并进行试航；京杭运河浙江段从鸭子坝至杭州83公里长的四级航道，于2000年11月竣工验收；2000年，从山东省济宁市至浙江省杭州市的京杭运河段全线已可通航500吨级以上船舶。

京杭运河浙江段杭甬运河是国家规划建设的长三角高等级航道网“二横六纵”中重要的组成部分，是京杭运河的延伸。杭甬运河西接京杭运河杭州段，东连宁波甬江至宁波—舟山港，途经杭州、绍兴、宁波三个城市。航道全长239公里，共有7道闸门。2003年9月，杭甬运河开始全线动工改造，2007年12月29日，改造工程基本建成。杭甬运河全线达到了四级航道标准（通航500吨级船舶），与改造前相比，该运河航道通过能力提升了10倍以上，成为浙东水系的黄金通道。

（三）珠江三角洲航道网建设

西江航运干线一期工程建设完成三级航道里程545公里，其中，骨干工程包括桂平航运枢纽、东平水道航道整治工程等，成为全国“以电养航”和滚动发展的范例；随着二期工程的完成，实现了854公里三级标准航道的全线贯通；使千吨级船舶可从广州直达南宁。

西江下游肇庆至虎跳门出海航道整治工程，按双向通航3 000吨级海轮的设计标准进行整治，整治航道168公里。于1996年开工，2002年完工。

至2006年，珠江三角洲高等级航道网建设已完成西江下游肇庆至虎跳门、莲沙容水道、横门出海航道、陈村水道等航道整治主体工程。西南水运出海通道之一的柳、黔江金滩等10个重点滩险航道整治工程通过竣工验收，柳、黔江航道达到国家五级航道、通航300吨级船舶的标准。

（四）西部地区内河航道建设

西部地区航道里程为2.28万公里，占全国的19.6%。自“九五”期开始，陆续完成了多项航道建设项目。其中：

西江航运建设二期工程。南宁至广州854公里航道全部达到了通航千吨级船舶的三级航道标准。

嘉陵江四级航道渠化工程。这项工程包括相互衔接的16个梯级枢纽开发，航道通航标准为四级，预计2010年基本实现嘉陵江全面渠化，使嘉陵江航运条件得到根本性的改观。该项目开发工程以股份制为纽带，成为我国“联合开发、联合建设、综合利用水资源”的成功典范。

岷江航道整治工程。岷江河段宜宾至乐山162公里航道整治工程，为三峡电站工程大件运输创造了条件，保证了三峡工程顺利实施。

乌江航道整治工程。乌江河段大乌江至龚滩264公里五级航道整治工程使重庆涪陵至贵州沿河高速班轮得以开通，实现了乌江流域人民对两地间朝发夕至的夙愿。

澜沧江航道工程。澜沧江景洪至中缅243号界桩71公里航道续建、曼厅大沙坝浅滩9公里航道整治，使澜沧江南德坝至中缅262公里的航段全部达到了六级标准，为澜沧江——湄公河国际航运的发展创造了极其有利的条件。

（五）航道梯级渠化建设工程

自“十五”期以来，全国航电枢纽建设全面铺开，“以电养航”的建设模式实现了内河航运建设的滚动发展。

嘉陵江实施了全江梯级渠化工程建设，总投资近240亿元。

株洲航运枢纽工程为湘江株洲市上游24公里，主要工程包括：发电厂房，总装机容量为140MW，年发电量6.6亿千瓦时；24孔泄水闸；渠化三级航道96公里；工程总概算为近20亿元（含1个杂货码头），总工期为5年。“十五”期末，该工程的航电枢纽船闸建成通航，首台机组发电。

乐滩水电枢纽船闸、大化水电枢纽船闸的竣工与下游百龙滩等电站船闸的复航建设，将使珠江水系西江上游断航20年的红水河恢复通航。

二、航道技术等级进一步提高

“九五”期间，我国内河航道建设贯彻了“统筹规划、条块结合、分层负责、联合建设”的方针，基本完成了交通部制定的“九五”内河航运建设计划；在137项建设工程中，80%的项目按计划完成，共完成投资231亿元，实际改善航道里程3 672公里，实现了“两横一纵两网”基本贯通的格局；内河航道里程达到11.9万公里，五级以上航道由1995年的1.86万公里增加到2.3万公里，航道质量明显提高。

“十五”期间，内河以“两横一纵两网”水运主通道建设为重点，实施了长江部分重点碍航滩险整治工程、三峡库区水运淹没复建工程、京杭运河苏北段船闸扩容和续建工程、珠江三角洲骨干航道、西南水运出海通道建设工程及内河航运支持保障系统配套工程等一批重点工程，稳步地推进了内河航运基础设施建设；“十五”期间，全国内河建设完成投资326亿元，是“九五”期的1.4倍，改善内河航道里程4 146公里；内河航道通航里程12.3万公里，其中，五级以上航道比2000年增加近600公里。

“十一五”期，内河建设投资力度加大，主要用于以长江黄金水道为重点的内河航运建设，特别是航道等公益性基础设施建设。至2007年底，全国内河航道通航里程达到12.35万公里，比上年末增加107公里；内河航道养护里程达到9.98万公里，占内河航道总里程的80%，比2000年增加1.59万公里；航道设标里程3.7万公里，设标数量3.5万座；全国沿海航道养护里程超过1万公里（表3-6）。全国航道养护工作逐步进入一个全新的发展水平。

全国内河航道等级里程 表3-6

年份	通航里程（公里）	等级航道里程（公里）							
		合计	一级	二级	三级	四级	五级	六级	七级
1980	108 500								
1985	109 075	57 456							
1990	109 192	59 575							
1995	110 598	56 623	1 083	605	5 027	4 829	7 073	17 650	20 356
2000	119 325	61 367	2 946	1 960	3 387	5 416	9 351	20 953	17 354
2005	123 264	61 014	1 404	2 513	4 714	6 697	8 331	18 771	18 584
2006	123 388	61 035	1 407	2 538	4 742	6 768	8 584	18 407	18 589
2007	123 495	61 197	1 407	2 538	4 877	6 943	8 586	18 401	18 445

三、航道通航保障和资源保护工作得到加强

自2005年以来，交通部一直把长江三峡通航保障工作列为部重点工作之一，组织部内有关司局、长航系统各单位和沿江交通港航部门，协调国务院有关部门，按照“早打算、早准备、早落实”的思路，开创性地开展工作，圆满完成了三峡船闸完建期通航保障任务。三峡、葛洲坝船闸将船舶过闸调度计划由24小时缩短为4小时公布一次，提高了过闸效率。积极协调解决枢纽船闸船舶严重滞航事件。在苏北运河全线实施了船舶过闸联

合制度；制定了解决京杭运河堵航问题的实施方案，筹备成立了京杭运河航运协调领导小组，组织制定了京杭运河排堵应急预案、京杭运河信息化工程建设方案等。

交通部积极配合国家发展和改革委员会协调解决碍航船闸问题，促进了乌江构皮滩水电站同步建设通航设施，富春江船闸实施升级改造等，以更好地适应交通运输发展的要求。交通部主管部门督促桥梁单位对桥区助航标志等存在的安全隐患实施整改；长江航道局实施了荆州长江公路大桥非设计通航孔桥防撞设施建设。

四、创建样板航道成绩斐然

为切实提高内河航道的管理水平，整顿规范航运市场秩序，建立良好的行业文明新风，自2000年起，交通部在全国范围内，开展了创建“文明样板航道”活动。

由交通部组织成立的文明样板航道创建工作领导小组，负责样板航道的相关工作，对全行业深入开展创建文明样板航道活动提出要求和指导性意见。文明样板航道的创建工作分两步走，先开展创建省级“文明样板航道”，经过实践检验和社会监督，在条件具备时，再创建成国家级“文明样板航道”。

交通部制定了《文明样板航道标准》及《评定办法》，严格规范了样板航道的审批。文明样板航道的评定标准主要是：船舶标准化与平均吨位的提高，控制船舶水污染和噪声污染状况，提高船舶安全技术性能、航道和船闸通过能力，制止船舶超载和治理“三无”船舶，改造碍航桥梁、清除违章建筑及设施有所突破并促进了沿河城区美化改造。

在内河航运繁忙的京杭运河（江南段、塘栖至红旗塘）、长江干线（宜昌、武汉航区）、长江三角洲、西江航运干线（南江口至肇庆段）及珠江三角洲、黑龙江界河（黑河至奇克段）等，已经创建了国家级文明样板航道

1 700 多公里，省级文明样板航道 3 000 多公里。

五、内河水运科技水平显著提高

（一）技术创新成果丰硕

改革开放以来，尤其是近 10 年，内河水运工程技术取得了重大进展。在通航建筑物的平面布置、水工结构和船闸输水形式等方面有许多创新；取得了长江口深水航道治理工程成套技术、高水头船闸输水系统节水技术、抗盐污染高性能混凝土配制成套技术、河口海岸泥沙运动规律研究等创新成果。其中，部分成果达到了国际先进水平。

长江口深水航道治理工程是我国历史上规模最大、技术最复杂的水运工程。工程中形成了多达 74 项的创新技术，均属世界首创。波浪往复作用下地基沙土液化处理技术是我国集成创新的国际领先新技术，成功地解决了长江口深水航道治理工程水工建筑物在波浪作用下地基沙土液化的技术难题；半圆形防波堤新结构技术是我国引进创新的国际领先新技术，完善了半圆形防波堤新结构的设计理论，成功地解决了长江口深水航道治理工程水工建筑物的新结构问题，成为世界上巨型复杂河口航道治理的成功典范。

在通航船闸建设中，三峡船闸采用四区段惯性输水系统，船闸单级运行的设计水头达到 45.2 米，标志着我国在高坝通航技术方面取得了重要突破。闽江水口 2 ×500 吨全平衡式垂直升船机的成功建设，填补了我国大型垂直升船机建设的空白。

（二）数字化航道建设取得进展

航道建设已开始推广使用先进的施工技术，如 GPS 卫星定位、遥感、智能化动态监控、工程管理信息化、铺排船施工、大型模板等新技术。长江航道治理项目，罗湖洲和东流水道航道整治中，均采用了GPS定位的铺排船施工，极大地提高了铺排的质量。

在航标建设方面，大量运用新技术、新材料，航标的科技水平有了较大提高。长江干线及江苏、广东、福建等一些水运发达地区，采用防腐钢质热镀锌外贴反光膜新材料，使航标更加醒目、美观；在出海航道上，推广航标大型化，在主要航标上安装雷达应答器和雷达反射器，充分发挥航标的助航功能；航标遥控技术也开始在内河航道得以应用，在有效保证航标标位的准确性，降低航标的巡查成本方面取得了进展。

在部分样板航道上，开始应用航道电子信息标牌，及时向过往船舶发送通航状况、气象预报等各类相关信息，得到了船东的普遍称赞。

（三）新材料得到广泛应用

新材料应用研究取得进步。抗盐污染高性能混凝土的应用使海洋环境下水工建筑物使用年限达到50年以上。土工合成材料的应用是世界上近20多年迅速发展起来的新技术。土工织物在岩土工程中有着显著的优越性，因而，在发达国家的基础设施建设中得到了普遍的应用。近10年来，我国较大规模使用土工合成材料。1996年，交通部将土工织物在港口及航道工程中的应用项目列为部重点推广应用项目。自1998年9月至2000年7月，有关单位先后对水运工程土工织物软体排设计与施工技术研究等3个科研项目进行了研究，并对《水运工程土工织物应用技术规程》进行了修订。2000年7月31日，长江口深水航道一期治理土工织物示范工程和长江界碑航道整治土工织物示范工程顺利通过了国家经贸委、建设部和交通部的验收。交通部组织对这两个示范工程进行了重点推广应用。从推广应用情况来看，土工织物已广泛运用于航道工程的护底、护滩，整治建筑物的坝体结构以及航道工程护岸等。

第四章　航　运

十一届三中全会后，交通部认真执行中央决策，实施放开搞活的方针，转变职能，加强行业宏观管理，不断探索交通改革与发展的新路子，努力提高交通运输能力，加快水路交通现代化建设。30 年来，通过一系列鼓励和支持航运发展的政策、法规，使航运业健康、持续发展，在综合运输体系中占有更加重要的地位，保障了我国能源、原材料等大宗货物运输，有力地支撑了国民经济和对外贸易又好又快地发展，为国家的改革开放和经济发展作出了突出贡献。

第一节　航运改革开放历程

一、航运管理机构改革

（一）航运管理机构改革

根据国民经济形势的发展变化和市场经济的要求，交通部对航运管理机构设置进行了多次改革，管理权限和范围也相应进行了调整。

1978 年 3 月 29 日，交通部将原水运局一分为二，分别成立港口局和水运局。水运局的职能包括调度、商务（运价、货运、客运）、船舶技术、地方航运等业务管理，以及直属海运和长江航运业务的归口管理。

1982 年 7 月，根据《国务院关于交通部机构编制的复函》，交通部完成了机构的撤并和职能调整。撤销了远洋运输局，组建了海洋运输管理局和内河运输管理局。

海洋运输管理局主要由原水运局的海运部分和远洋局的行政部分组成，负责管理沿海运输、远洋运输工作。同时，将水运局管理的内河部分工作划出，充实必要的业务技术力量和管理人员后，组建内河运输管理局，以加强内河的开发利用和航运的行政管理工作。以上两局的航运管理职能调整为领导和归口管理远洋、沿海、内河运输生产，会同有关部门组织外贸运输和平衡内贸、外贸货源，配合物价部门制定内贸、外贸运价，负责对外租船和安排班轮，合理安排港口能力，按时按质地完成外贸物资的运输和国内客货运输任务。

1988 年 4 月，七届全国人大一次会议通过了《国务院机构改革方案》。作为国家机关机构改革工作的试点单位，交通部随即展开了改革开放后的第二次机构改革。在机构设置上的突出变化是撤消了海洋运输管理局和内河运输管理局，设立运输管理司，统一负责水路和公路的运输管理工作。

这次改革的主要特点是：以转变职能为核心，加强宏观调控和行业管理，主要抓好统筹规划、政策法规、经济调节、监督服务；淡化对企业直接控制的职能，强化对企业间接调控的功能；进一步下放权力和搞活交通运输企业，理顺管理体制，对关系国计民生的重点运输仍保持必要的直接控制；精简机构，减少层次，划清权限，明确职责，减少业务交叉，从而使运输协调，效率提高。这次机构改革与整个交通运输体制改革相结合，使交通经济体制改革不断深化。1988 年后，交通部对航运业逐步转变为主要实施行业管理。

1993 年 3 月 22 日，八届全国人大一次会议审议通过了《关于国务院机构改革方案的决定》。其核心内容是推进经济体制改革的同时，建立起有中国特色的、适应社会主义市场经济体制要求的行政管理体制，改革的重点是继续转变政府职能。1994 年 2 月 25 日，国务院办公厅发布了《关于印发交通部职能配置、内设机构和人员编制方案的通知》，将原来的运输管理司调整为公路管理司、水运管理司，从综合运输体系出发，按运输方式分设机构。

航运管理体制的主要变化是实行政企职责分开，把按规定属于企业的自主权放给企业，不再干预其生产经营活动。运输企业可根据市场需求，在批准的规模内自行决定运力增减和班期调整。对部属企业下放部分计划、财务、设备、价格和人事劳资等管理职权；减少直属水运计划比重，取消非重点物资运输计划，进一步放开运输价格；下放部分运输线路、运力额度、边境口岸的运输审批权等。新成立的水运管理司负责水路运输行业管理和运输组织管理；制定行业管理规章；参与制定水运行业规划、中长期计划和年度计划；负责水路国际、国内运输、船舶代理、外轮理货和水运设备等行业管理工作；协调和审批国际、跨省航线；组织实施国家重点、紧急物资的运输；培育和管理水运市场；管理水运价格；拟定、实施国际运输合作协议和运输协定。

1998 年 3 月 10 日，九届全国人大一次会议审议通过了《关于国务院机构改革方案的决定》，改革的目标是：建立办事高效、运转协调、行为规范的政府行政管理体系，逐步建立适应社会主义市场经济体制的有中国特色的政府行政体制。在航运管理方面，交通部将水运管理司和基本建设管理司合并，组建水运司，并将部台办成建制划入水运司。

（二）长江航运管理机构改革

长江是中国第一大河流，长江航运是长江流域经济发展的重要基础。长江干线航道，上起云南水富，下至上海长江口，全长 2 837.6 公里，其中，3 级以上航道 2 688 公里，占 95%。长江航运以江海联运、铁水联运、干支直达和江海直达形成的区位优势成为我国综合运输体系的重要组成部分。

1980年6月，国务院领导在听取交通、邮电十年规划汇报时指出，要重视长江水系航运的开发利用，要改革长江航运管理体制。

1982年5月10日，交通部向国务院报送了《关于长江航运体制的改革方案》。1983年3月25日，国务院50号文正式批准了长江航运体制改革方案。改革的第一步是实行港航分管和政企分开。1983年12月完成了组建长江航务管理局和成立长江轮船总公司的工作。长江航务管理局作为交通部的派出机构，统一负责长江干线的航政管理、发展规划、船舶监督检查、船员考试发证、水域防污、船舶海难救助、港航事故处理和运输市场的行政管理工作，协调部门间、企业间的相互关系。长江轮船总公司是交通部直属一级独立核算的运输企业，管辖重庆、武汉、芜湖、南京、上海5个轮船公司等。

1986年，实行长江航运体制第二步改革。长江航务管理局进一步“政企分离”，与所属港口企业在经济上脱钩，加强行业管理职能，理顺港航关系。

1998年，进一步明确了长江航务管理局为交通部派出机构，对所在内河行使航运行政主管部门职责。

2002年，进一步明确了长江航务管理局的主要职责及人员编制，并由事业单位转变为行政机关。

（三）其他内河航运管理机构改革

珠江航务管理体制。珠江内河航运发达，仅次于长江。西江航运干线是珠江水系的主要航线，自南宁经东平水道至广州854公里，是沟通西南与粤港澳地区的重要纽带。根据国家经贸委经交［1984］685号文，提出了将西江（珠江）的航政、港政、航道管理和发展规划的制定改由交通部统一领导的要求，交通部于1986年组建了珠江航务管理局。该局是交通部在珠江水系派出的行政管理机构，正厅（局）级行政性事业单位。1998年，进一步明确珠江航务管理局为交通部派出机构，对所在内河行使航运行政主管部门职责。

黑龙江航运管理体制。黑龙江水系包括黑龙江、松花江、乌苏里江、嫩江和第二松花江等干流，通航里程达5 435公里，其中，我国境河流有3 600公里。经国务院批准，交通部于1983年将原黑龙江省航运管理局收归部直辖领导，成立交通部黑龙江航运管理局，统管黑龙江水系各项航政、行政管理和水上运输组织工作。该局既是交通部和黑龙江省航运行政管理单位，又是部直属航运企业，为政企合一的单位。1998年，进一步明确了黑龙江航运管理局对所在内河行使航运行政主管部门职责，在政企分开、减员增效、逐步扭亏的基础上下放地方管理。

大运河（苏北段）**航运管理体制**。1987年11月，经国务院授权国家计委，以计交［1987］2075文批复，同意成立“京杭运河江苏省交通厅航务管理局”。该机构实行交通部和江苏省双重领导，以省为主，统一领导和管理苏北大运河航务工作。

二、国有航运企业改革

随着国有企业的改革发展进程，我国国有航运企业改革也大体经历了三个阶段，主要包括：扩大经营自主权阶段，制度创新和结构调整阶段，以及国有资产管理体制改革推动国有企业改革发展阶段。其中，组建大型企业集团、股份制改革、建立企业联系制度等，对国有航运企业的改革产生了重大影响。

（一）组建大型企业集团

1991年5月16日，国务院发出了《关于进一步增强国营大中型企业活力的通知》。为贯彻通知精神，1991年6月中旬，交通部印发了《关于进一步搞活部属和双重领导大中型交通企业的若干意见》。同年，还发布了《进一步搞好地方交通企业的若干意见》，《意见》结合交通行业实际情况，指导了交通企业经营机制改革。

1991年12月14日，《国务院批转国家计委、国家体改委、国务院生产办公室关于选择一批大型企业进行试点请示的通告》，将交通部直属的中远集团、长航集团列入第一批试点企业集团名单。1992年12月25日，国家计委、国家体改委、国务院经贸办同意中国远洋运输总公司更名为中国远洋运输（集团）总公司，并以其为核心企业，同所属的全资子公司和中国外轮代理总公司、中国船舶燃料供应总公司、中国汽车运输总公司等为紧密层企业，组建中国远洋运输集团（简称中远集团），成为我国最大的国际海洋运输集团。

1992年12月29日，国家计委、国家体改委、国务院经贸办同意以中国长江轮船总公司为核心企业，同所属全资和控股的企事业单位、运输企业等为紧密层企业、组建中国长江航运集团（简称长航集团），成为我国最大的内河航运集团。

1993年1月16日和3月6日，中国远洋运输集团和中国长江航运集团分别正式成立。同时，中国远洋运输集团获准从1994年1月1日起实行国家计划单列。

1996年10月28日，国家经贸委批准大连、上海、广州三大海运局合并成立中国海运集团。1997年8月18日，中海集团在上海正式挂牌，并被国务院批准列入国家120家企业集团试点单位。

（二）股份制改革

1992年，国务院对股份制试点工作做出部署，交通行业属于国家股份制改革试点行业范围。为做好试点工作，交通部成立了股份制企业试点方案审查小组，并明确了审批程序。

1992年，交通部批准上海海运局、上海长江轮船公司、广州海运局、南京长江油运公司、深圳远洋股份公司作为股份制试点单位。这些试点企业的完善方案经国家有关部门或地方政府批准后，即正式改制。同时，中国远洋运输（集团）总公司经部批准，与中信公司、中化公司、中粮公司联合发起成立了保险股份公司。1994 年 6 月 18 日，国务院证券委员会批复了关于上海海运（集团）所属上海海兴轮船股份有限公司 H 股的发行额度，使其成为我国到境外上市的首家交通企业。

到 2007 年底，我国航运企业已有 11 家在国内 A 股市场上市，5 家在香港 H 股市场上市。

（三）交通部与所办经济实体和直属企业脱钩

1999 年 1 月 1 日起，交通部与原直属企业中远集团、长航集团、中海集团等大型国有航运企业“脱钩”，解除和这些大型企业集团的隶属关系，专门负责水路运输的行业管理职能。

（四）建立企业联系制度

1999 年 12 月，为在企业经营机制改革完成后，及时了解企业脱钩后的生产经营情况，掌握行业发展趋势和企业经营动态，从而有效指导企业改革，加强行业管理并适时调整发展政策，交通部建立了重点水运企业联系制度。交通部打破行政隶属关系和所有制结构，按经营区域（国际、沿海、内河）、地区（行政区划）选择了一批大中型航运、船舶代理企业，建立了统计报表定期报送制度和重大业务问题或重要情况直接报告制度，召开联系企业工作会议，研究、协调解决企业和行业重大问题，指导企业改革、发展和管理工作。

三、航运市场开放

（一）对内搞活

交通部认真贯彻党中央提出的“对外开放、对内搞活”的方针政策，打破航运业传统的计划运输体制，使航运业形成了以国有航运企业为主体，多种经济成分并存和多种经营方式并存的格局。

1980年，交通部批准中国远洋运输总公司与江苏、河北等省合资建立地方远洋运输公司。之后，各航运企业也纷纷以不同方式联合经营。

1983年，全国交通工作会议提出了“有河大家走船，有路大家走车，做到干支相连，干支直达”的指导意见，坚决破除对车船运输搞地区封锁，制止控制货源，允许跨省运输，实行多家经营。

1984年11月3日，国务院发布《关于改革我国国际海洋运输管理工作的通知》。文件规定：“中远、外代可承揽部分货物和少量租船，与货主建立直接的承托关系，外运可以经营部分船队和少量船舶代理业务。”外代公司独家代理船舶的格局被打破。1985年4月11日，中国船务代理公司成立。至此，我国的船舶代理业第一次引入竞争机制。

1985年，全国交通工作会议提出了“坚持放宽搞活的方针，进一步调动各方面力量，共同发展交通运输事业，真正做到各部门、各行业、各地区一起干；国营、集体、个人以及各种运输工具一起上。”进一步鼓励多种经济成分从事水路运输。

1992年11月10日，国务院发布了《关于进一步改革国际海洋运输管理工作的通知》，明确了“船代业务允许多家经营”。船舶代理业务全方位开放及多家竞争的局面形成。

1990年4月，烟台海运总公司开辟蓬莱—旅顺车客渡航线，打破了渤海湾客运独家经营的局面，随后一些地方企业、中外合资企业相继加入。1993年10月，交通部公布了《全面开放渤海湾海上客运市场方案》，其打破了航区、条块分工限制，凡符合经营海上旅客运输条件的企业，经批准均可经营渤海湾跨省航线的旅客和客滚运输。《方案》要求积极稳妥地推进运价改革，客运实行中央或地方政府指导性价格，企业可在规定浮动幅度内自主定价，扩大企业定价权，从而，初步形成市场决定价格的机制。经过改革试点，渤海湾客运船舶由单一普通常规客轮向客滚船、高速船等多种船型发展，整体技术水平大为提高。港航企业市场竞争意识普遍增强，初步形成了渤海湾海上客运的市场机制。

1996 年 10 月 3 日，经国务院批准，交通部以 8 号令颁布了《上海航运交易所管理规定》。1996 年 11 月 8 日，经国务院批准，交通部和上海市人民政府共同组建了我国第一个国家级水运交易市场——上海航运交易所，其目的是：为促进我国航运市场发展和发育，配合上海浦东开放开发，把上海建成国际航运中心。

其基本功能是：规范航运市场交易行为、调节航运市场价格、沟通航运市场信息，对水运市场健康发展起一定的示范引导作用。

2001 年 5 月 1 日，国内水运客货运输价格放开，实行市场调节价。具体价格由航运企业根据经营成本和市场供求情况自行确定，中央直属航运企业的客货运输价格由企业报国家计委、交通部备案，其他企业的运输价格报相关省（区）价格、交通主管部门备案。水运价格放开后，充分发挥了价格杠杆对航运市场资源的配置作用，极大地促进航运业的发展。

（二）对外开放

1985 年，交通部颁布《关于从事国际海运船舶公司的暂行规定》，经批准允许外商以合资形式在中国设立国际船舶运输公司。

1988 年，国务院口岸领导小组颁布了《关于改革我国国际海洋运输管理工作的补充通知》，取消了外贸运输“货载保留”和“货载分配”政策，不再用行政手段规定国内船舶的承运份额，也不再规定承运外贸进出口货物的中方派船比例。这一政策使海运业成为中国最早直接参与国际市场竞争的行业。

1990 年，国务院颁布了《海上国际集装箱班轮运输管理规定》（1998 年修订）和《从事国际海运船舶公司暂行管理办法》，允许外国航运公司从事停靠中国港口的国际班轮运输，以及外商在中国设立中外合营的航运公司。此外，国务院颁布了《国际集装箱运输管理规定》，允许外商在华设立合营集装箱运输企业，从事集装箱装卸、中转站服务。

1992年，交通部提出允许外商在华开办航运代理合营企业。在此之前，船舶代理公司必须是中华人民共和国的国营企业法人。同年，国务院在关于改革国际海洋运输管理工作的有关文件中指出，放开船代、货代，允许多家经营，鼓励竞争，提高服务质量。凡符合开业条件、合法经营的企业（包括取得企业营业执照的外商在华分支机构），经批准均可从事货代、船代业务。

1992年7月，经交通部批准，可以适度发展中外合资水路运输企业，从事境内沿海和内河运输，但不允许外国籍船舶经营中国港口间的海上运输和拖航。由于主权、经济和其他原因，各国一般只允许本国承运人从事沿海运输。

2001年12月10日，中国正式加入WTO。我国政府承诺，在国际海上运输领域，从事班轮和非班轮运输业务的外商，挂靠中国开放港口不再存在限制；允许外商设立合营船公司，经营悬挂中国国旗的船舶，但外资比例不得超过49%，并享受国民待遇。国际海运辅助服务允许外资设立合营企业，从事船舶代理服务，但外资比例不得超过49%。

四、航运管理法规

改革开放以来，国家高度重视航运政策和法规建设。逐步建立了以《海商法》、《港口法》为龙头，以《国际海运条例》、《水路运输管理条例》、《外商投资国际海运业管理规定》、《国内水路货物运输规则》、《国内水路运输经营资质管理规定》、《内河运输船舶标准化管理规定》、《船舶登记条例》等若干条例为骨干和一系列部门规章组成的航运法律法规体系，为进一步规范、促进航运业发展，维护航运市场秩序，保障运输各方当事人的合法权益，规范外商在华投资国际海运业，保护中外投资者的合法权益提供了法律基础。

（一）国际航运

1989 年 3 月 16 日，交通部下发了《关于加强国际班轮管理的通知》。规定凡不符合“五定”要求，未经交通部批准，一律不得宣布为班轮。1990 年 7 月 1 日，交通部实施《海上国际集装箱班轮运输管理规定》，加强国际班轮运输管理，鼓励、促进国际班轮运输的发展。

1990 年 3 月 2 日，交通部发布了《国际船舶代理管理规定》，加强了对国际船舶代理业务的管理，适应了国家发展对外贸易和国际航运的需要。

1990 年 3 月 21 日，交通部、铁道部联合发出《关于发布“工试”国际集装箱多式联运有关办法、规定的通知》，发布了《国际集装箱多式联运管理办法（试行）》、《国际集装箱运输单证管理规定（试行）》和《国际集装箱多式联运国内段费收办法（试行）》。1990 年 12 月 5 日，国务院发布《中华人民共和国海上国际集装箱运输管理规定》，明确设立海上国际集装箱运输企业的必备条件、开业审批程序和办法；规定集装箱应使用专门的集装箱运输单证；规定集装箱及集装箱货物运输的交接和划分责任的依据等。这是我国颁布实施的第一部有关集装箱运输的国家法规，对加强我国海上国际集装箱运输的行业管理、搞好宏观控制、调节集装箱运输市场发挥了重要作用。

1993 年 7 月 1 日，《中华人民共和国海商法》正式实施。《海商法》系统规定了船舶、船员、海上货物运输合同、海上旅客运输合同、船舶租用合同、海上拖航合同、船舶碰撞、海难救助、共同海损、海事赔偿责任限制、海上保险合同、时效以及涉外关系的法律适用等海商法律制度，从而，为规范海上商事行为、解决海事纠纷、保护当事人的合法权益提供了重要的依据。1999 年 12 月 25 日，九届全国人大第十三次会议审议通过了《中华人民共和国海事诉讼特别程序法》，规定了管辖、海事请求保全、海事强制令、海事证据保全、海事担保、送达、审判程序、设立海事赔偿责任限制基金程序、债权登记与受偿程序、船舶优先权催告程序等海事诉讼的特别程序，使我国的海事审判有了专门的程序法，为强化海上运输法制环境提供了法律保障。

2001年12月11日，国务院以第335号令发布了《中华人民共和国国际海运条例》，自2002年1月1日起实施。条例的颁布实施，全面地反映了中国加入WTO的海运服务承诺，在国际海上运输经营活动以及相关的辅助性经营活动实施监督管理方面，对管理模式进行了较大的调整，对符合规定条件的企业，颁发了相应的经营资格证书等。这是我国第一部关于国际海运管理的行政法规，为维护国际海运市场秩序，保障国际海上运输各方当事人的合法权益，提供了重要的法律保障，促进了海运市场的改革与开放。

2003年1月20日，交通部发布了《中华人民共和国国际海运条例实施细则》，自3月1日起施行，使我国国际海运市场的管理更加透明、更具可操作性。

2004年2月25日，交通部、商务部联合发布了《外商投资国际海运业管理规定》，作为《国际海运条例》的配套规章，明确了外商投资类（国际船舶运输、无船承运、国际船舶代理、国际船舶管理、仓储、集装箱场站）国际海运业务的申办条件、申请手续，以及审批机关应当遵守的程序等。

（二）国内航运

1986年12月1日，经国务院批准，交通部发布了《水路货物运输合同实施细则》，自1987年7月1日起实行。该实施细则从属于《中华人民共和国经济合同法》，全面规定了水路货物运输中，承运人和托运人双方在订立、履行、变更和解除合同时的权利、义务关系以及发生违约时合同双方应负的责任等。

1987 年 5 月 31 日，交通部根据《中华人民共和国经济合同法》和《水路货物运输合同实施细则》，修订颁布了《中华人民共和国水路货物运输规则》(简称《货规》)，当年自 7 月 1 日起施行，1979 年 6 月 25 日，交通部颁发的《水路货物运输规则》自同日起废止。新颁布的《水路货物运输规则》，主要是为了在水路货物运输中，明确承运人与托运人、收货人之间权利、义务和责任界限，是保护水路货物运输合同人合法权益的基本货运规章，是水上货运制度的一次重要改革。

1987 年 5 月 12 日，国务院发布了《中华人民共和国水路运输管理条例》。水路运输在国家计划指导下，保护正当竞争，制止非法经营。未经交通部准许，外资企业、中外合资经营企业、中外合作经营企业不得经营我国沿海、江河、湖泊及其他通航水域的水路运输等。这是我国国内航运管理的重要法规和基本依据。交通部于 1987 年 9 月 22 日发布了《中华人民共和国水路运输管理条例实施细则》，自当年 10 月 1 日起和条例同步实施。

1995 年 3 月 15 日，交通部修订发布了《水路货物运输规则》和《水路货物运输管理规则》，同时废止了 1987 年发布的《水路货物运输规则》和《水路货物运输管理规则》。新的两个规则主要在三个方面作了重大修改：理顺运输计划与运输合同的关系，明确计划运输和市场运输都必须签订合同；理顺港埠企业和航运企业关系，明确船公司是承运人，港埠企业是港口经营人；明确船代、货代的业务范围以及代理“自主选择、多家经营”的原则。新规则的颁布实施，对推进合同制运输、规范水运市场主体行为，加强水路运输法制建设，发挥了重要作用。

1995 年 12 月 12 日，交通部修订出台了《水路旅客运输规则》，自 1996 年 6 月 1 日起施行，同时废止 1980 年颁布的原《水路旅客运输规则》和《水路旅客运输管理规程》。新《水路旅客运输规则》明确了市场经济体制下旅客、承运人的经济关系和平等的民事法律关系，落实了企业自主权。明确了运输合同，港口作业服务合同，界定了船票，明确承运人和港口经营人在责任期间，由于过失或与旅客共同过失应对旅客负赔偿责任等。

1996年6月18日，交通部以3号令颁布了《中华人民共和国水路运输服务业管理规定》(1998年7月修订)，当年自10月1日施行。这是我国第一部关于国内水路运输服务业的规章，在运输管理方面的依据是《水路运输管理条例》；在经济管理方面的依据是《民法通则》和《经济合同法》，并与《水路货物运输规则》和《水路旅客运输规则》相衔接。

1996年12月1日，交通部以10号令颁布了《水路危险货物运输规则(第一部分—水路包装危险货物运输规则)》。新的《水路危规》是本着既符合我国国情，又与国际惯例接轨这一基本精神制定的，在立法依据、适用范围、危险货物的分类、编号、包装标志、积载、隔离、储存等方面都作了较大变动，对船舶运输、码头装卸、库场储存危险货物和人员安全等进行了规定。该规则对加强我国水路危险货物运输管理起了重要作用。

1997年6月16日，交通部发布了《渤海湾海上客运市场管理规定》。确定由交通部根据渤海湾地区经济发展及旅客、车辆运量变化情况，对客运运力的增减和航线调整进行统一规划和调控，以及从事渤海湾省际海上旅客运输的航运企业必须具备的条件、审批程序等，对改善渤海湾海上客运市场的竞争状况和服务水平产生了积极促进作用。

1997年12月3日，国务院发布了《关于修改〈中华人民共和国水路运输管理条例〉的决定》，主要对行政处罚部分进行了修改。

1998年，交通部发布了关于修改《水路运输管理条例实施细则》、《水路运输服务业管理规定》的决定，主要对违反水路运输经营活动要求的相关罚则内容进行了修订，进一步促进了水路运输（服务）企业规范经营和健康发展。

2000年8月28日，交通部发布了《国内水路货物运输规则》，自

2001年1月1日起施行。《国内水路货物运输规则》是对原有规则大幅度修改后，规范国内水路货物运输市场中承运人、托运人以及其他当事人从事水路货物运输业务的重要规章。规定为组织开展联合运输者提供了法律依据，理顺了法律关系。确定联运承运人可以是某一种运输方式或某一运输企业的经营人，也可以是无船、无车、无任何运输设备的运输组织者或货运代理人（按国际惯例通常称无船承运人）。这更有利于开展联合运输，符合市场经济规律，也与国际多式联运接轨。

2001年10月24日，交通部发布了《内河运输船舶标准化管理规定》，《规定》强调不得新建、改建水泥质船舶、总长5米以上的木质船舶从事内河运输；不得新建、改建总长20米以上的挂桨机船舶从事内河运输；新建、改建内河运输船舶，其总长、总宽和吃水应当符合交通部制定的内河货运船舶船型主尺度系列标准等。该规定的实施，促进了内河运输船舶标准化管理，提高了内河运输船舶技术水平，对防止船舶污染水域，优化内河运输船舶结构等产生了重要作用。

2001年2月14日，交通部发布了《国内船舶运输经营资质管理规定》，自2001年4月1日起施行，规定除内河普通货船运输外，经营船舶运输应取得企业法人资格；企业经营船舶运输应满足的相关资质条件；从事船舶运输从业人员应符合的条件等要求，以及经营资质许可的申请材料和程序等。该规定对于提高国内水路运输经营者的整体素质和行业竞争力发挥了积极的作用。2008年5月25日，交通运输部修订发布了《国内水路运输经营资质管理规定》，对具体的准入条件进行了适当的调整；强化了对国内水路运输经营者准入后的监管，完善了管理制度和监管体系，进一步明确了各级交通主管部门在国内水路运输经营资质监管方面的职责分工；对违反经营资质管理的行为设定了相应的处罚措施等。该规定对进一步规范国内水路运输市场准入管理，提高经营者的管理水平，保障水上运输安全，促进国内航运业健康有序发展具有重要意义。

2001年7月4日，交通部发布了《国内船舶管理业规定》，自2001年10月1日起施行，规定了国内船舶管理业的市场准入条件、船舶管理公司专职管理人员配备条件，并设立了相应的监管和处罚措施。该规定进一步规范了船舶管理业经营活动，维护了船舶管理市场秩序，保障了水路运输安全。

2006年7月5日，交通部发布了《老旧运输船舶管理规定》（1993年首次发布，2001年进行修订），自2006年8月1日起施行，《规定》建立了以船龄为标准的运输船舶强制退出市场和技术检验管理相结合的管理制度，提高了危险品船进口船龄和技术标准、加强了客船、危险品船改建管理、加强了对挂靠我国港口的外国籍老旧运输船舶管理、增强了宏观调控能力、应变能力和安全管理能力。对提高运输船舶总体技术水平，优化运力结构，推动航运业结构调整，保障船舶运输生产安全，保护人民生命和财产安全均具有重要意义。

第二节　航运发展成就

改革开放30年来，我国交通运输发展更加注重各种运输方式不同技术经济特点和比较优势的发挥。水路运输根据经济社会发展要求，逐步形成煤炭、石油、铁矿石、集装箱、粮食、商品汽车、陆岛滚装和旅客运输8大运输系统，为国民经济和对外贸易提供了便捷、通畅、高效、安全的运输服务，而我国航运业的快速、健康发展则是建设运输系统、满足运输需求的重要前提之一。

至2007年，我国运输船舶达19.18万艘，总运力达1.19亿载重吨，是1978年的7倍。拥有30万吨级VLCC、好望角超干散货船及超巴拿马型集装箱船为代表的大型专业化海运船队，船舶油耗下降到约5公斤/千吨·公里。内河运输船舶在大型化、专业化和标准化上取得显著进展，船舶平均吨位达到300吨以上。全社会完成水运货运量、货物周转量分别为28.12亿吨和64 285.85亿吨公里。水运承担的外贸进出口货物总价值和运输量分别占全国总量的63%和91%，从而保障了4.42亿吨金属矿石进口、1.8亿吨石油进口以及7 740万标准箱外贸进出口的运输，为我国经济社会的发展作出了突出贡献。

一、国际航运

国际航运是我国开放最早、开放程度和质量都比较高的行业领域。改革开放30年来，国际航运已经成为我国经济社会发展，尤其是对外贸易发展的重要支撑。目前，我国已与美国、欧盟等近170个主要国家或地区签订了海运协定，连续10届当选为国际海事组织A类理事国，在世界海运界的地位明显提升，已成为世界海运发展的主要推动力之一。

（一）航运企业不断发展壮大

改革开放30年来，我国航运企业在国际航运市场的竞争中实现了规模化、专业化发展，海运船队和企业规模不断壮大，国际竞争力不断提升。

海运船队形成了以干散货船、液体散货船、集装箱船、滚装船和特种船为代表的大型专业化船队。截至2007年底，船队规模达到7 000多万载重吨，位居世界第四。拥有以中国远洋运输（集团）总公司、中国海运（集团）总公司为代表的260多家国际海运企业。中远、中海、招商、长航、中外运集团等大型骨干航运企业规模化、专业化、集约化水平不断提高。目前，中远船队运力规模居世界前两位，中远、中海双双进入世界班轮公司排名前10位。中型航运企业、民营航运企业也迅速崛起。

同时，顺应大宗散货规模化运输发展趋势和现代集装箱运输发展趋势，我国航运企业已由单一的杂货船向多用途船、散货船、油船和集装箱船为代表的专业化方向发展，大大改善了运输船舶的种类结构。特别是集装箱船发展势头强劲，自1978年中国远洋运输总公司购置我国第一艘半集装箱船“平乡城”后，到2007年，我国集装箱船舶总箱位已经达到106万标箱，其中最大的现代化集装箱船箱位达到10062标箱。

改革开放30年来，我国国际航运企业通过经营机制、产权制度等改革，采用市场化的运营手段，主动参与国际航运市场竞争，实现了发展壮大（表4-1）。

2000年~2007年我国远洋运输运力发展情况 表4-1

年　份	2000	2001	2002	2003	2004	2005	2006	2007
艘数（艘）	2 762	2 654	2 337	2 040	2 071	2 082	2 278	2 284
净载重吨（万吨）	2 223	2 386	2 316	2 737	3 259	3 649	3 830	4 165
集装箱箱位（标箱）	324 018	479 375	450 890	511 243	579 777	669 705	762 683	1 069 848

中远集团由1978年拥有515艘船舶、857万载重吨的单一型航运企业，到2007年底，发展成为拥有和经营着872艘现代化船舶、5 482余万载重吨的综合型跨国企业集团。从1993年10月5日中远集团在新加坡成功收购第一家上市公司以来，中远集团通过成功的资本运作，在海内外先后拥有了中国远洋、中远太平洋、中远国际、中远投资、中远航运等7家上市公司，使中远的资本结构发生了深刻变化，有效地放大了国有资本，增强了国有经济控制力。在国内，中远集团分布在广州、上海、天津、青岛、大连、厦门、香港等地的全资船公司，经营管理着集装箱、散装、特种运输船和油船等各类型远洋运输船队。在海外，以日本、韩国、新加坡、北美、欧洲、澳大利亚、南非和西亚8大区域为辐射点，中远集团以船舶航线为纽带，形成了遍及世界各主要地区的跨国经营网络。

中海集团自1997年7月1日组建成立以来，已发展成为以航运为主业的综合性企业集团。截至2007年底，拥有各类船舶450余艘、1 860万载重吨、集装箱载箱位43万标准箱，完成年货物运输量超过3.9亿吨、1 000万标准箱。集团拥有中海发展、中海海盛两家上市公司；在境外设有北美、欧洲、香港、东南亚、韩国、西亚6个控股公司，以及日本株式会社和澳大利亚代理有限公司；在全球85个国家和地区设有90多家公司、代理和代表处，营销网点总计超过300个。

长航集团经营范围包括：远洋、沿海、长江、运河运输服务。拥有全资子公司18家、控股子公司1家、境外子公司1家，在美国、德国、新加坡等国家和香港地区设有子公司、合资公司和驻外机构。长航集团水上运输主业拥有和控制各类运输及辅助船舶2 800余艘、600余万载重吨。目前，该集团海上运输周转量已占集团总量的70%以上，初步形成了以长江为基础，以江海直达、江海联运为特色，沟通沿海、远洋，跨地区、跨国经营的外向型发展格局。

中外运集团已发展成为以综合物流和航运为主的国际化大型现代企业集团。航运板块业务包括：船舶管理、国际干散货运输、国际及国内集装箱班轮运输、国际原油运输、国际及沿海汽车船运输等，拥有和控制各类船舶运力达1 200万载重吨。设有97家二级子公司，一家在上海证券交易所上市的公司、两家在香港联合交易所上市的公司，下属境内企业1 161家，境外企业134家，网络范围覆盖了全国29个省、自治区、直辖市、香港，以及韩国、日本、加拿大、美国、德国等国家，与400多家知名的境外运输与物流服务商建立了业务代理和战略合作伙伴关系。

招商集团是我国驻香港的大型企业集团，航运业务拥有上市公司招商轮船，主营业务为远洋油船及散货船运输，拥有油船15艘、约270万载重吨，散货船14艘、约70万载重吨，是目前国内运力规模较大的国际油轮船队之一。

（二）国际航运对外开放有序推进

1. 充分的市场开放程度

2001年12月11日，中国正式成为世界贸易组织成员国。当天，国务院颁布了《中华人民共和国国际海运条例》，将我国加入 WTO 的所有有关海运服务的对外承诺，都在该条例中以法律条文的形式予以载明。

入世以来，我国遵循 WTO 规则，严格履行入世承诺，全面实施了《国际海运条例》，为中外航商提供了公平的市场经营环境。我国的国际海运业成为与国际接轨、充分竞争的行业，开放水平高于发展中国家，与发达国家基本相当。在认真履行入世承诺的同时，不断拓展国际航运对外开放的领域和程度。2007 年，交通部取消了外国航商在我国设立常驻代表机构的审批，国际海运市场进一步开放。

目前，境外航运公司在我国远洋班轮、干散货、原油运输市场拥有很大的市场份额。截至 2007 年底，已有 146 家境内外国际集装箱班轮公司在我国取得国际集装箱班轮运输经营资格，从事进出中国港口的班轮运输业务。其中，境内公司 39 家，境外公司 107 家。据统计，境内、外国际集装箱班轮公司在上海开辟有 600 多条国际集装箱班轮航线，宁波有 300 多条，青岛、盐田分别有 200 多条，航线运营船舶箱位总计 800 多万标准箱，其中马士基、达飞、地中海航运、赫伯罗特、现代商船、川崎汽船、东方海外、长荣、中远、中海等大型国际集装箱班轮公司投入挂靠中国航线舱位总计 600 多万标准箱。外商在我国设立独资船务公司 36 家、分公司 149 家；外商在我国设立外商独资集装箱运输有限公司 7 家、分公司 71 家；外商在我国注册登记具有无船承运人资格的公司 325 家。

2. 逐步健全的法律法规保障

目前，由《海商法》、《中华人民共和国国际海运条例》、《中华人民共和国国际海运条例实施细则》、《外商投资国际海运业管理规定》、《外商独资船务公司审批管理暂行办法》等法律法规和规章共同构成我国国际海运管理较为完整的法规体系。

这些法规在许多方面借鉴了国外有效的管理实践经验，符合国际惯例和国际通行规则；明确规定了各级交通主管部门对国际海运市场的监管职责，是政府部门依法行政的重要法律依据；明确规范了市场准入程序，大幅度减少行政审批事项，取消或降低了不必要的市场准入限制；明确规定了外商投资经营国际海运业的准入政策，对规范外国航商的市场准入和投资经营行为具有重要意义。

3. 不断拓展的国际海运合作

中美两国于2003年12月8日签署了新的《中美海运协定》，自2004年4月21日起正式生效。美商独资船务公司在原有四项业务的基础上，经营范围进一步扩大，其中，包括“自船自代”（即为母公司的船舶提供船舶代理服务）、集装箱多式联运和物流服务等，而且在华设立分支机构没有数量和地域的限制。同时，美方承诺给予中国国有航运企业“受控承运人”豁免，享有在美国所有外贸航线上，在制定和实施运价方面与其他承运人相同的待遇。此后，中国与欧盟、新加坡达成新的协议，给予同等的市场开放待遇。

（三）国际航运市场管理逐步规范

《海商法》、《国际海运条例》等重要法规的颁布实施，为建立全国统一、公平竞争、规范有序的国际航运市场体系提供了法律保障，对我国国际航运市场管理走向规范化、法制化打下基础。同时，加强国际航运市场监管，维护公平竞争秩序，对不正当竞争行为和可能损害国际航运市场竞争秩序的行为进行调查处理，维护了国际海运市场秩序，保障了国际海上运输各方当事人的合法权益。

1. 整顿和规范中日航线班轮运输市场秩序

中日集装箱班轮运输市场曾反复出现不规范的价格竞争行为，甚至出现“零运价”、“负运价”，严重扰乱了海运市场秩序，引起了社会广泛关注。2006年9月29日，交通部发布了《关于整顿和规范中日航线班轮运输市场秩序的公告》，以中日班轮航线为重点，全面整顿和规范国际海运市场秩序，严肃查处违规经营行为，有效地保护了国际航运市场健康发展。

2. 加强对班轮公会和运价协议组织监管

2007年3月27日，交通部发布《关于加强对班轮公会和运价协议组织监管的公告》。经过深入调查，对一些班轮公会和运价协议组织的违规行为进行了严厉处罚，维护了国际航运市场公平竞争秩序，保护了承运人和托运人的合法权益，促进了我国国际集装箱班轮运输市场健康发展。

3. 制定出台扶持国轮船队发展的政策

受境外速效造船、经营特殊航线、降低经营成本等因素影响，中资船舶在境外注册、悬挂方便旗经营的比例不断上升，已占国际海运船队总吨位的50%左右。这不利于对船舶实施安全监管，容易出现低标准船舶和安全事故隐患，也不利于维护中国船员的合法权益。为此，经国务院批准，在现有船舶登记等制度的基础上，采取特案免税政策，鼓励中资外籍国际航运船舶回国登记。交通部于2007年6月发布了《中资国际航运船舶特案免税登记政策的公告》，对2005年底以前已经在境外办理船舶登记手续、船龄达到一定年限且符合规定技术条件的中资船舶，在2007年7月1日起两年内报关进口的，免征关税和进口环节增值税，并按现有船舶登记等制度回国登记。截至2008年11月，共有3批船舶、共计200万载重吨回国登记，壮大了国轮船队规模。

二、国内航运

截至2007年底，我国经营沿海运输的航运企业约1 600家，经营内河运输的航运企业约2 800家。近年来，每年新获准进入沿海和内河航运市场的企业数量都在200家左右。全国共有沿海运输船舶9 322艘、净载重量2 450.6万吨（表4-2），内河运输船舶18.02万艘、净载重量5 266.25万吨（表4-3）。

2000 年～2007 年沿海运输运力发展情况 表 4-2

年 份	2000	2001	2002	2003	2004	2005	2006	2007
艘数（艘）	7 616	8 073	7 987	7 878	8 700	9 409	9 213	9 322
净载重吨（万吨）	853	918	978	1 290	1 544	2 048	2 253	2 451
集装箱箱位（TEU）	20 124	17 853	24 939	31 877	47 211	84 628	101 703	121 066

2000 年～2007 年内河航运运力发展情况 表 4-3

年 份	2000	2001	2002	2003	2004	2005	2006	2007
艘数（艘）	219 298	200 068	192 653	194 352	199 929	195 803	182 869	180 165
净载重吨（万吨）	2 052	2 146	2 411	3 035	3 814	4 481	4 942	5 266
集装箱箱位（TEU）	9 068	8 815	10 113	27 877	32 667	52 888	63 471	68 665

近年来，国内航运规模化、集约化经营趋势明显，公司化经营和改造步伐加快。沿海航运企业基本实现公司化运营。内河个体普通货船运输的企业化经营步伐也在加快，以个体方式经营的内河船舶已从 2000 年的 12.5 万艘下降到目前的不足 8 万艘。

（一）沿海运输有力支撑国民经济运行

1. 重点物资南北运输大通道

20 世纪 90 年代以来，我国沿海运量持续稳定发展，沿海运输成为我国南北物资交流的主通道，支撑了东部沿海地区的经济发展。

沿海运输货物构成由北向南以煤炭、石油运量最大，其次为钢铁、木材、粮食等。南方则以工业产品、建筑材料等的输出为主。由于我国煤炭、石油等矿产资源主要分布在北部和中西部地区，这些地区资源开发利用程度低，经济在国内也处于欠发达水平。东南部沿海地区是我国经济发达、对外开放程度较高的地区，而这一地区却是资源贫乏地区。这种资源、经济和能源消费分布的不均衡性，决定了能源运输在我国沿海运输的主导地位。仅广东省，80%以上的电煤运输就靠海运完成。

我国沿海运输有力地保障了煤炭、石油等重点物资的运输。近年来，交通部统一组织各级交通主管部门、大中型港航企业，加强沟通和协调，采取有效措施，圆满完成了电煤迎峰度夏和冬储煤等运输任务，有力地缓解了煤电油运紧张状况。秦皇岛港等北方 7 个主要港口的煤炭发运量，占到内贸煤炭发运量的 90%。中海集团、中远集团、长航集团和一些地方航运企业充分发挥了在保障国民经济运行中的骨干作用。特别是 2008 年初，我国南方部分省市出现持续低温和雨雪冰冻天气，导致电力供应紧张，全国有 19 个省市先后出现拉闸限电。在这一背景下，交通部组织船舶运力超过 1 000 万载重吨，开辟了电煤运输绿色通道，21 天抢运电煤 3 300 万吨，实现了“电煤来多少，就卸多少、运多少”的郑重承诺，保障了沿江、沿海电厂电力的正常供应。

2. 不断满足人民生活和出行新需求

客滚运输具有水陆接驳、可载车客、便捷快速等优点。1993 年开放水运市场以来，在多家企业的竞争参与下，渤海湾客滚运输市场呈现出欣欣向荣的发展势头，逐步确立了其在渤海湾运输市场中的地位。由于地区经济的差异性互补以及环渤海经济区物流的日益活跃，凭借良好的区位优势以及强大的腹地支持，渤海湾特别是大连和烟台两地之间的滚装运输迅速发展起来。滚装运输的发展促进了东北与华北、华东地区，特别是山东半岛与辽东半岛间货物的流通。对于蔬菜、海鲜、瓜果等时效性强、对运达时间要求严格且与人民生活息息相关的货物，滚装运输已成为渤海湾不可替代的运输方式。随着市场需求的变化，各船公司配备的客滚船吨位更大，运输能力也迅速提高。从2005年开始，大型豪华客滚船开始投入运营，并很快成为渤海湾滚装运输的主力。这些新建的客滚船总长都在160米至180米，可抗9级大风，船上高档服务娱乐设施一应俱全，客运服务品质得到明显提升。舟山水域、琼州海峡也是我国客滚运输的主要航区，运输安全和服务水平不断提升。沿海高速客运、旅游客运得到了较快发展，满足了人民群众不断提高的出行需求。

3. 内贸集装箱运输呈现快速发展

随着我国经济结构日趋合理和产业结构的调整，地区间的合理分工和协作得到加强，产品技术含量和高附加值产品比重不断提高，机械、电器和大量制成品沿海运量迅速增长，适箱货所占沿海运量比重呈明显上升趋势，内贸集装箱运输得到了快速发展。

上世纪90年代末，我国水路内贸集装箱运输进入一个新的发展阶段和持续高速增长的时期。随着运量不断增加，集装箱运输货损货差少、便捷、成本低等优势逐渐显现，原先采用公路运输或由散货船、杂货船运输的散货和件杂货，逐步向水路集装箱运输方式转移。1997年，全国港口内贸集装箱吞吐量为20万标准箱，2000年上升到289万标准箱，4年间增长了近14倍；2007年达到2 500万标准箱，当年增加516万标准箱，增量相当于2000年的1.8倍。2001年到2007年，港口内贸集装箱吞吐量年增长率为36%，是同期外贸集装箱年增长率的1.6倍。目前，我国环渤海湾、长江三角洲、珠江三角洲等地区已基本形成沿海内贸集装箱运输网络。同时，内贸运输需求的不断增长及货源结构的不断优化，内贸集装箱船的大型化趋势越来越明显，规模效益越来越显著，极大地降低了社会生产生活物流成本。

（二）内河航运进一步发挥主通道作用

1. 内河航运支撑区域经济发展

内河航运是我国综合运输体系中的重要组成部分，是长江、珠江、淮河等流域和长江三角洲、珠江三角洲地区的主要运输方式之一。内河航运的发展对缓解交通运输紧张状况、促进江河流域生产力合理布局、推动国民经济和社会发展发挥了重要的作用。长江干线水富至宜昌可通航500~3 000吨级的内河船舶，宜昌至武汉可通航3 000吨级内河船舶，武汉以下可通航5 000吨级海船，其中，南京以下通航5万吨级海船。目前，沿江大型企业生产所需80%的铁矿石、72%的原油、83%的电煤是依靠长江水运来保障的。长江水系完成的水运货运量占沿江全社会运量的20%以上，货物周转量占60%。珠江是华南地区的水运大动脉，通航价值仅次于长江。西江是珠江水系主要内河航运干线。京杭运河是世界上开凿最早、路线最长的一条人工运河，对沟通我国南北物资交流发挥了重要作用。

2007年，长江沿线10省2市拥有货运船舶12.42万艘，船舶净载重量7 313.8万吨。运力规模稳步增长，运力结构不断优化，船舶向大型化、现代化、标准化方向发展。2007年，长江干线完成货运量达到11.32亿吨，是世界上运量最大、最为繁忙的通航河流。长江航运在煤炭、原油、矿石和矿建材料等传统大宗散货运输市场上，继续保持较高市场份额的同时，以其通江达海的优势在外贸运输和集装箱运输方面的地位不断提高，有利地促进了沿江产业带的形成，对沿江地区的经济社会发展的贡献日益增强。

2007年，珠江水系完成货运量3亿吨、客运量2 257万人次、集装箱运量700万TEU，船舶大型化和水运结构的优化调整加快。珠江三角洲航道网有力地缓解了陆路交通运输压力，2007年，仅转到珠江三角洲的煤炭，内河水运就分流承运了3 000万吨。西江航运干线先后开通了贵港至香港、深圳和贵港、梧州至广州的集装箱定期班轮，结束了广西内河没有集装箱班轮航线的历史。珠江航运实现了港口与临港工业良性互动发展推进了港澳地区、东部发达地区与西部老少边穷地区的经济对接，带动了欠发达地区的脱贫致富，促进了地方经济发展和投资环境的改善，航运服务地方经济作用更加明显。

2. 内河航运发展优势明显

2007 年 7 月 9 日，全国水运工作会议提出了“大力发展内河航运，建设以高等级航道为主体的干支直达、通江达海、结构合理”的航道体系，到 2020 年，建成 1.9 万公里的高等级航道。会议要求建设布局合理、功能完善、专业化和高效率的港口体系，发展与航道能力相匹配的大型化、标准化船舶和专业化内河运输船队。完善内河航运法规体系和规划体系，提高内河航运信息化水平，建设技术装备先进、反应快速的安全监管和救助系统。会议强调要充分发挥内河航运在水资源综合利用中的重要作用，促进航运资源的合理开发、高效利用、有效保护和优化配置。

目前，随着科学发展观的进一步贯彻落实，内河航运发展更加注重资源节约和环境保护，以长江黄金水道为重点的内河航运建设加快，内河航运的比较优势更加突出，内河航运已进入了一个新的发展阶段。

3. 内河航运对外开放不断拓展

改革开放 30 年来，交通主管部门积极致力于国际间多边和双边的内河航运交流与合作，内河航运的对外开放和合作领域不断拓展。我国多次参加联合国亚太经社会召开的内河航运会议，与荷兰、德国、法国、美国等国家，开展了各种形式的内河航运经济、技术合作与交流。中国同俄罗斯、朝鲜、老挝、缅甸等 4 个周边国家签订了内河运输双边协定，中俄、中朝界河贸易运输稳步发展；中、老、缅、泰签署了《澜沧江、湄公河商船通航协定》，实现了四国间国际河流的商船通航。中国对外国籍船舶开放的内河口岸达到 55 个。随着经济发展，中国的内河航运以更积极的姿态，参与国际间内河航运交流与合作，不断扩大合作的领域和层次，并认真借鉴荷兰等发达国家在河流综合开发、建设高等级航道网、改善运力结构等方面的成功经验，积极引进和吸收国外的先进技术和管理经验，促进我国内河航运事业的发展。

（三）国内航运管理规范有序

1. 国内航运市场宏观调控不断加强

2001年2月22日，根据国务院对交通部、财政部《关于加快航运业结构调整的请示》的批复精神，交通部下发了《关于航运业结构调整的意见》，目标是实现船舶大型化、船队专业化、企业经营集约化、内河船舶标准化，使航运企业科技创新能力、市场竞争能力、抵御风险能力明显增强，走向良性发展的轨道，建立起现代企业制度；调整船队结构，建成与我国贸易结构相适应的国际、国内大型集装箱、原油、液化气、散货船队，船舶平均吨位、船舶技术水平普遍提高，初步实现内河船舶标准化；集装箱运输和集装箱化程度要达到国际先进水平；建成具有较强国际竞争力的海运商船队，建立与其他运输方式发展相协调和衔接的国内航运体系以及较完善的国际、国内多式联运和物流系统，把航运大国建成航运强国，以满足国民经济、对外贸易和国家安全的需要。

在内河航运发展过程中，船型标准化工作取得了新的突破。2001年，交通部发布施行了《内河货运船舶船型主尺度系列（普通货船）》、《内河货运船舶船型主尺度系列（集装箱船）》、《内河货运船舶船型主尺度系列（驳船）》。自2004年1月1日起，正式实施京杭运河船型标准化示范工程，至2007年底全面完成京杭运河船型标准化示范工程挂桨机船拆解补贴工作。2003年8月，交通部发布了《关于川江和三峡库区船舶运输准入管理的公告》。《公告》对川江和三峡库区航行的非标准船舶做出禁止进入、新建等明确规定。同时，按照“安全、环保、经济、美观”的原则，研究并发布了川江及三峡库区载货汽车滚装船、集装箱船、区间运输客船、客渡船、油船、化学品船、干散货船及长江江海联运集装箱船等8类船舶，共29个标准船型的方案设计。船型标准化的推进，大大缩短了三峡船闸每闸次的运行时间，缓解了三峡通航的紧张局面。客渡船标准化改造工程的研发和推广应用了客渡船标准船型。这些安全、舒适、环保的客渡船受到了当地百姓的好评，水上安全事故得到了有效遏制，保护了人民群众生命财产安全。

为指导全国内河船型标准化工作，建立推进全国内河船型标准化的长效机制，交通部于 2006 年 2 月发布了《全国内河船型标准化发展纲要》，积极推进内河船型标准化。《纲要》对内河运输船舶技术进步，提高内河运输船舶技术水平，优化内河运输船舶结构，提高航道和船闸等通航设施利用率，减少船舶污染，保障水上交通运输安全，降低内河船舶运输成本，提高内河航运竞争力，促进内河航运可持续发展，具有十分重要的意义。

2. 国内航运市场监管水平不断提升

由于运输市场发展较快，水路运输出现了一些新情况和新问题，如一些企业管理水平低、安全意识薄弱、船队构成和航线分布不合理、船舶利用率低、老龄船和超龄船多、技术装备差等。这必然需要采用经济的、法律的和必要的行政手段治理整顿水路运输市场秩序，逐步建立统一、开放、竞争、有序的水路运输市场。

交通部于 1996 年 6 月下发了《关于进一步加强我国水运市场管理的通知》，暂停审批筹建从事国内沿海、内河及国际海上运输的船公司（包括扩大经营范围的公司）、港澳运输的船公司及新增运力的申请；考虑到国内运输的大吨位船舶运力过剩，液化气船、散装化学品船等危险品船有盲目发展趋势，且大多数为老龄船、超龄船，船舶安全存在着重大隐患，《通知》明确规定经营国内 1 万吨级（含）以上的船舶以及液化气船、散装化学品船、客船、客滚船，均由交通部进行审批和发证。通过整顿，国内航运市场运营环境明显改善，对航运业的健康发展起到了非常重要的作用。

为了实施航运业结构调整，保障水上运输安全，交通部在 2001 至 2002 年开展了全国航运市场清理整顿。这次市场整顿以法律、法规为依据，以经营人是否取得合法经营资格、经营行为是否规范为重点，集中治理业内反映强烈、严重侵害承、托运人利益，扰乱市场秩序，严重影响运输安全的行为，创造统一、开放、竞争、有序的市场环境，使我国水路运输市场秩序和安全改善明显好转。整顿的重点区域是：长江川江航段、渤海湾和琼州海峡。重点船舶是：客滚船、液化气船和散装化学品船。重点单位是：境外航商代表处、国际集装箱货运部和国际船舶代理公司。重点内容是：川江载货汽车滚装运输市场、长江涉外旅游船运输市场、渤海湾客滚船运输市场、琼州海峡客滚船运输市场；水路客运和液货危险品运输市场的规范和整顿；规范和整顿国际海运船舶运输市场、无船承运业务经营秩序、国际旅游船运输和高速客船运输市场以及国内集装箱内支线运输市场。通过这次规范和整顿，改善了航运市场供求关系，规范了市场秩序，为运输生产安全提供了保障。

2002年4月24日，交通部发出了《关于调整国内水路运输管理职责改革管理方式的通知》，解决国内水路运输管理中存在的管理职责交叉、责任不明晰以及重前期审批、轻后期监管等问题，《通知》要求进一步发挥国内水路运输市场机制对水路运输资源的配置作用，转变政府职能，减少审批环节。该《通知》明确了职责调整原则及各交通主管部门为主管理的事项，分清部、部派出机构与地方交通主管部门的管理职责，同时废止了根据航运市场供求关系制定运力额度计划的管理方式，根据航运经营人资质、管理制度、人员条件、船舶技术状况等技术标准进行准入管理。

自2004年以来，按照《行政许可法》的要求，交通部对行政许可的相关内容进行了集中梳理，规范了审批的条件、流程和申报材料等，使行政许可更加规范、透明。通过颁布《国内水路运输经营资质管理规定》、《老旧运输船舶管理规定》等规章，不断提高市场准入标准，从根本上解决了原有的市场准入门槛较低，导致水上交通事故时有发生，国内水路运输经营的主体数量过多、规模较小、竞争力不强的问题，通过提高国内航运业的整体发展水平和竞争力，有力地保障了运输安全。

第五章　海事监管

我国海事管理机构依据法律法规的授权，负责维护国家海洋主权、实施水上交通安全监督管理、防治船舶污染，按照“船舶适航、船员适任、安全畅通、有效监管、优质服务”的总体要求，践行航行更安全、水域更清洁、航运更便捷的宗旨。1978 年改革开放以来，伴随着国民经济社会的快速发展，作为我国水路运输支持保障系统的海事管理机构，也在不断地改革、调整、吸收、完善和发展，通过逐步建立安全、便捷、可靠、高效、可持续的水路运输支持保障系统，为实现我国经济发展战略目标提供了重要保证。

第一节　海事监管改革开放历程

一、我国海事管理机构的沿革

我国水上交通安全管理，始于战国时代的漕政，至今已近 3000 年的历史。在悠远历史长河中，大致可以分成三个时期：古代中国海事（鸦片战争以前）、近代中国海事（鸦片战争后至新中国成立）和现代海事（新中国成立以后）。1949 年建国以后，中央人民政府在交通部海运总局设立航政室，负责海上交通安全监督管理。随着航运经济的繁荣，海事管理也得到了不断发展。1953 年，经政务院批准，在交通部下设中华人民共和国港务监督局，同时，在沿海港口设立港务监督机构，以“中华人民共和国港务监督”的名称，对外统一行使海上交通安全监督管理职能。1956年，交通部设立船舶登记局，作为国家对运输船舶实施技术监督和办理船舶入级的机构。1958年，更名为船舶检验局，并在沿海、长江主要港口和香港分别设立船舶检验分局、船舶检验处和远东船舶检验社，主要负责国际航行船舶、外籍船舶、海上设施、船用产品以及国内沿海和内河主要干线船舶的检验。改革开放以后，海事发展大体经历了三个阶段：

（一）港务监督管理模式阶段（1978～1985年）

港务监督作为港口管理当局的组成部分，在沿海主要港口的港务局设有处（科）室或专门岗位实施管理，是政府的监管工具，又是航运生产的组成环节。

改革开放后，全国文革期间受到冲击瘫痪的各港务管理部门逐步恢复了安全监察室，相关管理人员陆续被调回，各种管理规章制度又重新建立起来。1980年，经国务院、中央军委批准，对海区航标管理体制进行了改革，主要是将海军管理的海上干线公共航标移交交通部管理（沿海短程航线的航标于1958年移交交通部管理）。20世纪80年代初，在交通部内设水上安全监督局，沿海各主要港口设港务监督，在长江、黑龙江分别设长江航政管理局、黑龙江港航监督局，各省、自治区、直辖市在交通厅或交通厅航运局设置港航监督处（室）或车船监理处，在主要港口设置港航监督或车船监理，县市交通局一般也设有统一管理运输业务和航政管理的航管站。

（二）“海监局”管理模式阶段（1985～1998年）

这一阶段是以推动政企分开为核心的港监管理体制的改革，主要是中央直属和地方港监机构从港务局中独立出来，使其管理体制和模式有了较大的突破。

1985年，为适应水上安全监督工作的需要，国务院作出了改革水上交通安全监督管理体制的决定。按照政企分开的原则，建立了中央和地方分工负责的水上安全监督管理体制。沿海大港由中央管理，小港由地方管理，海区内水域秩序由中央统一管理。部属港监按海区分管，辖区内地方已设有机构的小港和小港湾，仍由地方在划定的水域范围内实施监督管理。这次改革将隶属于沿海各港务局的17个港务监督、15个海上无线电通信机构和3个隶属航道局的航标测量处划出，组建了14个海上安全监督局，实行交通部与所在城市政府双重领导，以交通部为主的领导体制。长江、珠江和黑龙江的水上安全监督，由交通部设置的港航监督机构统一负责；其他内河水域，由各省、自治区、直辖市交通厅（局）设置的港航监督机构负责。据统计，除北京、西藏外，全国有28个省、自治区、直辖市建立了水上安全监督机构，基本覆盖了全国水域的水上交通安全管理。

1986年，为适应我国对外开放和远洋运输迅速发展的需要，经国务院批准，成立中国船级社，与中国船舶检验局实行两块牌子、一套机构。1988年，成立了中国交通通信中心，由其统一管理交通系统通信和导航工作。1989年，交通部推动了以政企分开为核心的港监管理体制改革，中央直属和地方港监机构从港务局中独立出来，管理体制和模式有了较大的突破，在交通部成立了安监局、船检局，沿海港口成立海上安全监督局，独立行使职能，地方交通主管部门也相应设立了港航监督、船检机构。

（三）“海事局”管理模式阶段（1998年至今）

这一阶段，逐步建立起了与社会主义市场经济体制相适应的、分工负责、运转协调、行为规范、办事高效、执法统一的水上安全监督管理新的管理体制。

1998年，按照党的十五大提出的“深化行政体制改革、加强执法监督部门”的要求，根据国务院批准的《交通部职能配置、内设机构和人员编制规定》（国办发〔1998〕67号）的规定，中华人民共和国船舶检验局

（交通部船舶检验局）与中华人民共和国港务监督局（交通部安全监督局）合并，组建了中华人民共和国海事局（交通部海事局），为交通部直属机构，实行“一水一监，一港一监”的管理体制，即将我国沿海（包括岛屿）和港口、对外开放水域和主要跨省通航内河干线和港口，划为中央管理水域，由交通部设置直属海事管理机构实施垂直管理；在中央管理水域以外的内河、湖泊和水库等水域，划为地方管理水域，由省、自治区、直辖市人民政府设立地方海事管理机构实施管理。

至2005年6月，以江西省地方机构的划转及人员交接完成和西藏地方海事局的组建为标志，全国水上安全监督管理体制改革工作全面完成。在全国沿海地区和主要跨省内河（长江、珠江、黑龙江）干线及重要港口设置了20个直属海事机构，管辖了黑龙江、广东、广西、海南4省（自治区）全部水域和辽宁、河北、天津、山东、江苏、上海、浙江、福建、安徽、江西、湖北、湖南、重庆等13省（自治区、直辖市）的沿海水域和长江干线水域。同时，根据工作需要，经中央机构编制委员会办公室批准，全国共设立了112个海事分支机构。在组建新机构的同时，交通部对各级海事机构的职责、权限以及业务分工等也作了规范，新的直属海事机构体制已全部建立并已正常运转。按照《水上监督管理体制改革实施方案》的要求，在设置组建直属海事机构的同时，交通部还对地方管理水域管理机构的名称作了规范，目前，全国31个省（自治区、直辖市，不含港澳台地区），有4个省（自治区）全部水域由直属海事机构管理，27个省（自治区、直辖市）和新疆建设兵团全部建立了地方海事机构，并在市（地、州、盟）设有地方海事分支机构192个。

二、我国海上搜救体制的沿革

1973年，国务院、中央军委发出国发了［1973］187号文《关于成立海上安全指挥部的通知》，要求在国务院、中央军委领导下，由交通部、总参、海军、空军、原外贸部、农林部、国家海洋局、气象局成立了“全国海上安全指挥部”（简称“海安指”），作为国务院、中央军委的非常设机构，由交通部领导任指挥，总参、海军领导任副指挥，外贸部、农林部等单位领导任成员。其职责为：负责全国海域的海难救助和船舶防台、防止船舶污染海域、防冻破冰工作（简称“三防一救”），办公室设在交通部。根据《通知》的要求，我国沿海省、自治区、直辖市成立了相应的海上安全指挥机构。从而，初步形成了符合我国当时国情的海上搜救格局，基本满足了当时我国海上搜寻救助的需要。

1978 年，我国实施改革开放战略后，特别是在 1985 年，为更好地保证海上人命、财产安全，履行国际义务，我国加入了《1979 年国际海上搜寻救助公约》。该公约明确了各沿岸国要“开展国家搜救服务”、“建立救助协调中心和救助分中心”。为切实做好履约工作，尽快与国际接轨，1989 年，国务院、中央军委以国函 1989（50）号文《国务院、中央军委关于在交通部建立中国海上搜救中心的批复》，将原全国海上安全指挥部改名为中国海上搜救中心，作为交通部的非常设机构，负责全国海上搜救工作的统一组织和协调，日常工作由交通部原安全监督局（现海事局）承担，不另增加编制。沿海各省、自治区、直辖市的海上安全指挥部亦相应更名为海上搜救中心，“三防一救”的职责除防冻破冰工作由海军和国家海洋局负责外，其他职责不变，业务上受中国海上搜救中心指导。自国务院、中央军委指示将各省、自治区、直辖市“海上安全指挥部”改名为“海上搜救中心”以后，沿海的辽宁、河北、天津、山东、江苏、上海、福建、广东、海南等省、市，先后按国务院、中央军委指示成立了“海上搜救中心”。与此同时，有关省市的搜救中心还成立了若干个分中心。各级“海上搜救中心”的成立使我国初步形成了较完善的海上搜救机构和网络。

1998 年水监体制改革后，随着改革开放的不断深入，特别是我国实施海洋战略以来，海上搜救体制与日益增长的海洋活动已显得不相适应。为加强对全国海上搜救和船舶污染事故应急反应工作的组织领导，2005年，国务院批复同意建立由交通部牵头的国家海上搜救部际联席会议制度（《国务院关于同意建立国家海上搜救部际联席会议制度的批复》（国函［2005］42号）。联席会议由13个部门和单位组成，中国海上搜救中心是联席会议的办事机构，负责联席会议的日常工作。中国海上搜救中心作为交通部的内设机构，其日常行政工作由交通部管理，业务委托交通部海事局负责，撤销中国海上搜救中心办公室，成立中国海上搜救中心总值班室，承担中国海上搜救中心的各项工作。此后，根据国务院、中央军委的要求，我国沿海及长江干线先后成立了由省、自治区、直辖市人民政府领导牵头的海上搜救中心，形成了沿海11个省、自治区、直辖市以及长江、黑龙江干线水域完整覆盖的搜救网络。此外，沿海和水网一些地区还根据当地实际，成立了地市级、县级搜救中心，部分非水网地区也成立了水上搜救指挥机构。以上机构在业务上接受中国海上搜救中心指导，日常工作由相应的海事机构承担，保持24小时值守，随时处置海上突发险情，至此，我国海上搜救体系基本建成。

2007年12月14日，国务院组织召开了“全国海上搜救电视电话会议暨国家海上搜救部际联席会议第三次会议”，公安部、总参等15个国家海上搜救部际联席会议成员单位、国务院相关部委以及各省、自治区、直辖市和计划单列市、新疆生产建设兵团等单位的负责同志出席了会议。会议为各成员单位加强联系、沟通以及海上搜救工作提供了平台，为做好今后的海上搜救工作指明了方向。

第二节　海事监管发展成就

海事是交通运输的重要组成部分，是涉水管理的必然产物，其发展水平是我国现阶段国情的客观反映。从立法、执法、监督、管理以及履行国际公约，到专业执法队伍和基础设施建设，海事管理机构在水上安全工作中已形成相对完整的体系。经过改革开放30年来的大力建设，中国海事发展成了国家法律法规赋予的对非军用船舶监督管理的主要机构，代表中国政府履行国际公约，致力于建设海事队伍和综合保障设施、建立健全监管机制和内部制度，具备了较强的水上综合执法和监督管理能力。

一、30年间，中国海事随着交通部海事局的组建，以及全国水上安全监督管理体制改革的完成，实现了国务院要求的“进一步理顺关系，明确职责，统一政令、统一布局、统一监督管理”的新格局。

交通部海事局对全国水上安全监督工作实行业务领导。中央直属和地方海事机构分别在所辖水域内实施水上交通安全监督管理工作，理顺了关系，明确了职责。随着海事管理机构的设置和职责范围的明确，使海事部门能更有效地履行国家水上安全监督管理和防治船舶污染、船舶及海上设施检验、航海保障管理职能，进一步适应了社会主义市场经济发展的需要。交通部海事局的设立明确了各级机构按专业设置内设部门的基本原则，顺应了建立和完善社会主义市场经济体制对水上交通安全监督管理的要求，为交通行政执法工作提供了一个崭新的模式，有效促进了水上交通安全监督管理，保障和促进了国民经济的发展。

“三个统一”即“统一政令、统一布局、统一监督管理”的水上安全监督管理体制，是水监体制改革的重要成果，主要体现在4个方面：一是克服机构重叠、政出多门的弊端，为理顺体制消除了障碍，确保了政令的畅通。二是打破了资源分割、各自为政的局面，为合理配置资源创造了有利条件，提高了资源利用率。三是消除了体制不顺、力量分散的劣势，统一了水上监管力量，得以协调各方力量，形成合力，水上安全监督管理力度明显增强。四是对全国海事执法队伍素质提出了更高的要求，促进了队伍建设，提高了海事执法和监督管理的水平。

中国海事逐步形成了“全国海事一家人，水上监管一盘棋，行政执法一面旗”的管理理念。发展理念体现了“以人为本”和“人与自然和谐”；发展目标从职能型政府部门向公共服务型政府部门转变；发展方式从国内为主转向国内国际一体化，沿海、内河水网和非水网地区协调发展；发展内容从偏重业务建设转向三个文明建设一起抓和谐发展；发展动力由注重劳动者数量转向依靠深化改革和科技进步。发展阶段由初步实现“监管立体化、反应快速化、执法规范化、管理信息化”迈向“交通海事、阳光海事、数字海事”的新阶段。

二、30 年间，中国海事确立了符合我国水路航运状况和特点的法律体系框架，实施执法责任和过错责任追究，行政相对人权益得到有效保护，海事机构权责逐步统一。

以我国法律法规和缔结与加入的国际条约作为海事行政管理和执法的法律依据和工作平台，不断制定完善体现海事履约和行业管理职能的专业法律。自 1983 年《海上交通安全法》和 1986 年《内河交通安全管理条例》颁布以来，不断加强对立法项目的研究，统筹兼顾地制定立法计划，完善海事法规体系，并保持与国际接轨。1999 年以来，中国海事参与了《海洋环境保护法》的制定，颁布了《船员条例》，修订了《内河交通安全管理条例》、《防止船舶污染海域管理条例》等法律法规的修订，并突出重点地做好《海上海事行政处罚规定》、《内河海事行政处罚规定》、《船舶最低安全配员规则》、《海事行政许可条件规定》、《船舶签证管理规则》和《水上水下施工作业通航安全管理规定》等部门规章的起草工作。期间，中国海事先后颁布了营口、秦皇岛等 8 个地区水上安全监督管理规则，各直属海事局也积极参与地方立法，制定了《上海港防止船舶污染水域管理办法》、《海南旅游船艇安全管理规定》、《深圳市防止船舶污染海域管理条例》、《广西海上搜救条例》、《天津市海上搜寻救助规定》等地方性法规和地方政府规章。同时，积极开展船舶检验技术规范的编制、修改和解释工作。目前，800多件法律、法规、规章、规范性文件构成了海事法律框架。各省、市、自治区也分别制定了一批具有地方海事工作特色的法规和规范性文件。

全国部分海事机构按照《行政许可法》的要求，根据动态监管与静态监管分开、行政执法与执法监督分开、违法案件的调查与处理分开、行政许可的受理与审批分开、船员考试与发证分开的“五分开”原则，实施了海事行政执法模式改革。2001年起，交通部海事局下发了《海事行政执法政务公开实施意见》，并根据相关法律法规制定了《海事行政执法政务公开指南》，各直属海事局也在部海事局《海事行政执法政务公开指南》基础上，公布了符合本局实际的《海事行政执法政务公开指南》，并因地制宜地运用互联网、政务公开栏、办事卡片、电子显示屏、触摸屏等形式，开展政务公开工作。2004年，交通部海事局推出了“八项便民措施”，为实践“三个服务”迈出重要一步。自上个世纪末起，全国海事系统认真贯彻实施《交通行政执法监督规定》、《交通行政执法检查制度》等7项制度。2001年，交通部海事局全面推行行政执法责任制，公布了《海事行政执法监督实施办法》。2003年，海事系统开始启动业务综合评价管理工作。2004年，交通部海事局制定了《海事行政执法过错和错案责任追究暂行规定》，进一步强化执法监督。目前，全国海事系统已形成了由执法监督检查制、执法考核评议制、执法案卷评查制、执法监督制组成的执法监督体系。1986年开始至今，海事普法教育已进入“五五”普法阶段，随着国家法律的出台，全国海事系统组织了形式、层次各异的专项知识更新培训和宣贯、学习，提高了执法人员的法律素质和执法水平。

三、30年间，中国海事在执法队伍、执法装备和信息化等方面有了质的变化，基本适应了水路交通快速发展的要求，基本满足了全国水上交通安全监管的实际需要。

1986年开始，全国海事系统队伍建设可大致分为组建起步、基础建设和全面规范职业行为三个阶段。1998年以后，基于内外形势变化及海事事业发展的客观需要，海事围绕全面规范职业行为进行队伍建设。直属海事机构严把人员准入关，实行“凡进必考”制度；大力加强人才建设，执法人员3年上台阶目标顺利实现；以执法人员考任制为核心，建立了双向选择、竞争上岗的用人机制；对航测、通信、后勤等非执法类机构，进行了以聘任制为主要内容的改革，实行人员分类管理。地方海事机构在引进人才、加强职工教育培训等方面成效显著，队伍素质进一步提高。创建文明单位和执法示范窗口活动取得新进展；海事文化建设、宣传思想工作和党风廉政建设得到加强，全国海事系统在社会的影响力显著提高。

通过GMDSS（全球海上遇险和安全系统）工程，全国海事系统初步建成了水上遇险安全通信系统。在全国沿海建设了VHF安全通信系统，基本实现了沿海25海里内VHF全程覆盖。中国海事在基本建设方面，建成了2艘千吨级巡视船和一批60米、45米、30米级及以下级巡逻船艇（截至2007年10月29日，海事系统共有巡逻船艇927艘）及航标、测绘船艇。建成了一批新的海事业务用房和工作船码头；广泛应用了卫星定位、无线电遥测遥控、低能耗光源、太阳能电池和多波束等现代科技手段到航海保障建设中去；建成了水监信息系统一期、二期工程，三期工程已经启动；建成了海事信息主干网络，开发应用了一批海事业务应用软件和辅助决策系统，整合了信息资源；各地方海事机构积极争取地方政府财政的支持，业务用房、监督船艇、车辆等海事监管设施设备有所改善。中国海事还建设了北方海区溢油应急示范工程（烟台）和河北秦皇岛溢油应急中心。正在购置航空监视设备和卫星遥感监视及实验室化验设备。在上海、珠海、宁波建设了3个大型设备库，在大连、青岛、南京、泉州建设了4个中型设备库，在钦州、太仓建设了2个小型设备库。

四、30 年间，中国海事为水上交通运输构建了一个全面可靠的航运保障平台，营造了安全畅通、值得信赖的航行环境，提供了高效的助航服务，水域适应性和安全性明显提高。

改革开放以来，中国海事测遍了我国 400 余万平方公里海域，编绘了全国沿海开放港口和重要水道海图，绘就了 1 000 余万份航海图书资料，牵头联合东亚 8 国制作了南中国海电子海图并向全世界发行。中国沿海及主要港口以 7 981 座航标形成了灯光交叉覆盖的航标链，沿海航标正常率、维护正常率和信号可用率均高于部颁标准。中国海事为科学规划锚地、作业区等功能水域，促进水域综合利用，制定了适合我国各通航水域的航行规则，在成山头、珠江口、长江口、琼州海峡、长江江苏段、三峡库区等 12 个重点水域，实施了船舶定线制。保障了京杭运河、长江水系和珠江水系3 个主通道以及长江三角洲江南航道网和珠江三角洲航道网的安全畅通，为实现内河长距离运输并向江海联运发展奠定了基础。其间，中国海事开展了大规模联合执法和“水上运输安全年”等专项行动，清除沉船沉物等碍航物，整治非法采砂、捕捞、水上养殖等碍航行为，净化了水上通航环境。实施了工程施工水域安全维护，对重大水上活动、重点通航水道、重要通航时段进行交通组织，保持了良好的动态通航环境。以 20 座差分全球定位系统（DGPS），31 个船舶雷达交通管理系统（VTS）和 92 个岸基船舶自动识别系统（AIS），形成了覆盖我国沿海主要水域的船舶动态监控网络。建立了直升机、VTS、海巡艇多位一体的立体巡航模式，实现了对重点时段、重点船舶、重点水域的全天候全方位有效监管，海事监管范围扩大到了我国专属经济区。在长江干线设置了 164 个水上巡航执法与应急动态待命站点，覆盖长江干线 2 473 公里、支叉河段 810 公里，实行动态巡航和静态值守相结合，基本实现了巡航救助一体化。使用了能自动接收、选择和保存信息的航行安全信息接收系统（NAVTEX），为航海提供了高效便捷的播发手段。构建了沿海航行警告和航行通告发布新模式，设立1个总台、3个区台、12个发布台，实现了信息相互交换与共享，通过卫星、VHF、AIS、VTS、无线电话、电视、广播、报刊、网站等多种发布手段，为不同类型、不同航区的船舶和水上从业人员提供了全面、丰富、及时的安全信息。

五、30年间，中国海事促进了中国籍船舶安全运输水平的提升，为外籍船舶把好了海上安全的最后一道防线，为我国航运公司建设本质安全型企业提供了有效途径，船舶适航性明显提高。

改革开放以来，中国海事不断加强船舶建造、运营、报废全部环节的安全与防污染监督管理。将船舶检验作为海上安全链的重要一环，纳入海事职责范畴，建立了中央直属船检、地方船检两种类型检验机构和法定、入级、公证3种检验性质为一体的统一的船检体系，造就了一支相对稳定、高水平的验船师队伍，实现了“技术权威性、服务公正性、业务国际性”的目标，同时参照国际航行船舶技术标准，提高了中国水域船舶的安全技术标准。中国海事逐步规范船舶登记，参照国际管理，确立了船舶所有权、抵押权、光船租赁权等登记原则，加强了国家对船舶的监督管理，保障了船舶登记有关各方的合法权益，体现了国家对我国航运的保护政策。突出以船公司安全管理为龙头，真正落实安全管理主体责任，同时将航运公司的安全和防污染管理纳入海事机构的日常监管范围。根据《国际船舶安全营运与防止污染管理规则》，全国180多家国际航运公司和1 200多艘国际航行船舶全部实施了《国际船舶安全营运与防止污染管理规则》（简称〈国际安全管理规则〉或ISM规则）；1 000多家国内航运公司和6 000多艘国内航行船舶分批次实施了《中华人民共和国船舶安全营运和防止污染管理规则》（简称〈国内安全管理规则〉或NSM规则），从根本上提高了国内航运公司的安全管理水平。加强中国籍船舶安全检查工作，我国国际航行船舶连续多年被列在世界范围内各主要地区性港口国监督组织的白名单前列，并连续多年保持了较低滞留率。中国海事作为东京备忘录成员，在我国48个港口开展了港口国检查工作，监督检查船舶数已居亚太地区第二。中国海事深化“安全诚信”管理理念，推行了安全诚信公司、安全诚信船舶、安全诚信船长和重点船舶跟踪等管理制度，为诚信公司、船舶、船长优先办理进出港签证、查验、船舶载运危险品申报等业务，对“失信”单位实施更为严格的行政管理措施，鼓励并方便守法经营、打击违法经营，促进了航运市场诚信体系建设。中国海事加强了对“四客一危”重点船舶（客渡船、客滚船、高速客船、旅游船和危险品运输船）监管力度，严厉打击了“三无”船舶（无船名船号、无船舶证书、无船籍港）、非客运船舶非法载客和船舶超载等现象，在全国范围内开展了低质量船专项治理工作，引导了船舶结构调整。此外，还督促县乡政府落实乡镇船舶安全管理责任制，建立乡镇船舶安全责任机制，增强了行政管理相对人的法制观念，提高全社会安全意识。

六、30年间，中国海事努力拓展船员准入渠道，注重高质量船员培养，积极开展船员的国际合作与交流，中国船员适任性明显提高。

我国的船员人数从改革开放前的25万人（其中海船船员约5万，内河船员20万），发展到如今155万人（其中海船船员51万，内河船员104万），船员总量居世界第一位，成为世界公认的船员大国。船员管理形成了以《海上交通安全法》和《船员条例》等多部法律法规和STCW公约（海员培训，发证和值班标准国际公约）等国际公约为主体，以《船员注册管理办法》、《海船船员考试、评估和发证规则》、《船员培训管理规则》、《引航员注册和任职资格管理办法》等部门规章为支撑，以《船员教育和培训质量管理规则》等200余件规范性文件为补充的船员法规体系。船员教育得到长足的发展。充分发挥航海院校在船员发展中的基础性作用，继续向主要航海院校提供资金和政策支持。新建了世界上最先进的专业实习船舶“育鲲”轮，全国用于航海专业学生的实习船已达12艘。目前，全国共有12所本科院校、13所高职高专院校和12所中专学校开设有航海专业。我国航海类学生培养能力逐年增加，2007年，培养规模达17 000余人，与2005年相比增加了30%。我国航海院校数量和培训规模均居世界首位。全国建立了较为完善的船员培训体系，船员培训机构分布在沿海和长江干线主要港口城市，以及部分中西部省市，基本满足了我国船员发展的需要。截至2007年底，除航海院校中设立的船员培训机构外，全国还有50余家从事船员培训的机构，培训内容覆盖专业培训、特殊培训和适任培训等20多个船员培训项目，每年开展培训7000余期次，培训船员20多万人次，培训对象涵盖了我国船员的各个等级，培训质量体系贯穿整个船员培训环节。中国海事积极拓展船员准入渠道。大力开展针对转产农民、转行渔民和转业军人的培训，转移富余劳动力，解决局部民生问题。中国海事高度重视船员的国际合作与交流。我国是第一个向国际海事组织提交履行STCW公约报告的国家，被国际海事组织确认为“完全和充分实施STCW公约”国，是第一批列入国际海事组织公布的履行STCW公约“白名单”国家，在国际海事组织每5年一次的独立评估中，均获得良好评价，并一直保持在“白名单”之中。我国履行STCW公约的良好形象，对增强我国航运企业在国际航运市场上的竞争力和我国海员在国际海员劳务市场的竞争力，起到了十分积极的推动作用。近年来，我国政府加大了国际间船员工作交流力度，组织代表团参加国际海事组织和国际劳工组织举办的以海员为主题的国际会议，参与国际公约的起草和修订。先后举办了3届国际海事论坛，共同探讨海员短缺、海员体面劳动等全球航运业关注的热点问题。先后与英国、挪威、新加坡、希腊等20个国家和地区签订了相互承认海船船员适任证书的协定。

七、30年间，中国海事坚持“安全第一、预防为主、综合治理”方针，加强船舶载运危险品运输和防止船舶污染水域监督管理工作，降低船舶污染风险和处置船舶污染事故的能力明显提高。

改革开放前，我国船舶载运危险品运输和防止船舶污染水域监管能力薄弱，思想意识淡薄，船舶污染事故应急反应能力较差。伴随着我国改革开放的不断深化，我国的水上交通运输事业迅猛发展，船舶载运危险货物监督管理和防止船舶污染监督管理工作的重要性日益凸现。全国海事系统危管防污工作经历了跨越式发展，逐步建立起了以“政府为主导、社会投入、一体化”的应急协调联动机制，为水路交通事业健康、稳定的发展，为建设“资源节约型，环境友好型”社会提供了有力保障。船舶载运危险品管理得到全面加强。按照“安全第一、预防为主、综合治理”的方针，树立关口前移的管理理念，防患于未然。狠抓源头管理，强化现场监管，实施船载危险货物申报审批制度，严格申报程序，规范了申报人员的管理。建立部门协调制度，严厉打击危险货物瞒报、谎报、漏报行为。进入21世纪后，海事监管提出适应形势、探索和建立信誉管理机制的思路，并在危险品申报、集装箱装箱、危防从业单位管理等领域，率先建立了诚信管理制度，根据信誉等级不同，分配不同的监管力量。建立了立体监视网络，提高污染监控能力。按照“以防为主，防治结合”的原则，海事部门加大力度建设防范船舶及有关作业活动污染的监控体系。通过加强跟踪监视手段的建设，有效防止了污染事故的发生。按照有关法规和国际公约，海事部门针对船舶油类物质、有毒液体物质、压载水、生活污水、垃圾污染物等，采取了一系列的严格控制措施。沿海主要港口和京杭运河重点航段完成了船舶油污水、垃圾、生活污水等接收处理设施的建设，基本上满足了到港船舶的排放需求，并在渤海海域等部分区域实施了油类物质零排放。海事部门积极做好了事故应急处置工作，防止污染损害的扩大。改革开放

30年来，我国沿海累计发生溢油事故2635起，其中一次性泄漏50吨以上重大溢油事故达79起，均由海事部门成功组织实施，有效避免了污染损害的扩大，确保污染损失降至最低。加强了重点水域船舶污染专项治理。按照国家的统一部署，和相关部门积极配合，海事部门有效开展了对重点水域的污染治理工作，并重点开展了渤海、三峡库区、太湖流域的船舶污染防治工作。建立并不断完善了船舶污染事故应急反应体系。我国会同日、俄、韩等国共同建立了西北太平洋区域溢油应急反应体系，颁布实施了国家级溢油应急计划，以及北方海区、东海海区、南海海区和台湾海峡水域溢油应急计划，沿海省、市、港口级溢油应急计划也基本制定完成，从而形成了国家级、海区、省（自治区、直辖市）、地市、港口（码头）和船舶6级溢油应急反应体系。海事部门组织和实施溢油应急的交流、培训和演习，培养了一批溢油应急指挥人才和清污作业人员。在深圳、上海、青岛、海南、秦皇岛等海域，组织了6次较大规模的海上溢油应急演习。

八、30年间，中国海事不断推动国家水上应急反应机制建设，完善水上应急预案体系，打造通信应急平台，水上突发事件处置能力与事故调查水平明显提高。

全国海事应急管理工作坚持“以人为本、科学发展和为经济建设服务”的宗旨，按照全国基层应急管理工作会议、全国交通工作会议和国家海上搜救部际联席会议的部署和“三精两关键”（人员精干、装备精良、技术精湛、在关键时刻起关键作用）、“八个最”的工作要求（以最快捷的速度获取最准确的信息情报，以最科学的决策制定最完善的计划部署，以最有效的手段配备最精干的搜救力量，以最满意的效果回馈最热切的社会期待），发扬“险情就是命令，效率就是生命，团结就是力量”的搜救精神，认真履行海上人命救助和船舶污染事故应急反应职责，团结协作、求真务实、科学决策，最大限度地为海上人命和财产安全提供了救助保障，为构建和谐社会做出了应有的贡献。近年来中国海上搜救中心和各省、自治区、直辖市海上搜救中心年组织、协调、指挥各类搜救行动达1 500多次，救助遇险人员16 000余人，救助成功率保持在90%以上。编制完成国家级海上搜救专项应急预案1个、交通运输部门和专用应急预案7个，省级搜救应急预案20个，初步形成了比较完善的海上搜救应急预案体系。2003年，交通部分别在烟台、上海、广州成立了3个救助局、3个打捞局、多个救助基地，在大连、烟台、上海、厦门、湛江等地，建立了交通部海上救助飞行队，初步完成了我国专业立体救助网。为提升长江干线水上搜救能力，2004年，交通部决定在长江实行“海事巡航与救助一体化”的管理格局，建立了长江专业救助网络。为提高海难救助效率，迅速协调遇险现场附近船舶参与海难救助工作，交通部海事局建立了“中国船舶报告系统”，要求在北纬9度以北，东经130度以西航行的中国籍船舶向中国船舶报告中心报告船舶相关信息，以便中国船舶报告中心推算在航船舶位置，协调参与救助。交通部建设了海事卫星系统（INMARSAT），海上安全信息播发系统（NAVTEX）、数字选择性呼叫系统（DSC）和搜救卫星系统（COSPAS-SARSAT）等海上遇险与安全信息系统，形成了我国海上遇险与安全信息接收与播发网络，使各海上搜救中心具备自动接收海上遇险信息的能力。同时，交通部海事局在全国沿海主要港口和长江江苏段，建设了船舶交通管理系统（VTS）和海事电视监控系统（CCTV），在渤海湾、长江口、珠江口、琼州海峡及沿海重要港口等海域建立了船舶自动识别系统（AIS），以便及时获取各类信息，监控船舶安全航行。此外，在电信部门的大力支持下，交通部海事局已在中国沿海各主要城市开通了“12395”公众海上险情报警电话，以方便公众及时报告船舶遇险信息。以上系统中，交通部海事局装备的INMARSAT-F和CCTV系统可实时接收遇险现场视频图像信号，使海上搜救的跨区域直接指挥成为可能。交通部、中国海上搜救中心高度重视应急演练工作，2000年以来，交通部、中国海上搜救中心共组织主办或联合举办了8次较大规模的海上搜救综合演习和1次模拟搜救演习。水上事故调查处理工作不断规范，事故调查处理水平显著提高，海事机构全面履行海事调查处理行政执法职能趋于完善。为此，研究、制定并实施了《中华人民共和国海上交通事故调查处理条例》、《中华人民共和国内河交通事故调查处理规定》、《水上交通事故调查处理程序指南》等多项规范和指南；统一了事故调查处理工作中的文书标准、结案标准和程序；明确了事故调查报告公开的范围、时限、内容和方法等；规范了事故信息发布和确定了对外发言人；对海事系统近5 000人进行了海事调查知识培训，目前共有高级海事调查官123名、中级海事调查官331名、助理海事调查官1 679名；积极参与国际海事调查活动，我国已成为国际海事调查官论坛和亚洲地区海事调查官会议的主要成员。改革开放30年来，水上交通事故4项指标中，除直接经济损失随国民经济发展的影响而有所上升外，其他3项指标都有大幅度下降。

九、30年间，中国海事代表国家执行法律法规，在维护国家主权、保护国家海洋权益方面发挥了不可替代的作用，履行国际公约，维护了我国航运事业的根本利益，海事国际地位明显提高。

目前，我国对外开放港口有140个。海事管理机构通过依法对进入我国领水、内水、港口的外国籍船舶实施监督，对在我国领水、内水、港口航行的外国籍船舶实施强制引航，对在港船舶实施港口国监督检查，以及对在我国领水、内水、领海、毗连区以及专属经济区从事水上水下活动（包括海洋科研、考察、勘探、铺设管道、架设桥梁、填海作业、沉船沉物打捞）实施监管和检查，审批外国验船组织在华设立代表机构并进行监督管理，港口对外开放有关审批工作以及中国便利运输委员会日常工作等，以维护国家主权和保护国家海洋权益。海事执法机构代表国家和政府交通部门，在国际交往中有着重大影响，其参与的有关国际海事活动有利于维护我国航运事业的根本利益。我国自1973年加入国际海事组织以来，先后接受了《1974年国际海上人命安全公约》、《1972年国际海上避碰规则公约》、《1973年国际防止船舶造成污染公约》、《1978年海员培训、发证和值班标准国际公约》、《1978年国际海上搜寻救助公约》等数10个有关海上安全和防污染并覆盖了全球90%以上的船舶吨位的国际公约和议定书，这些国际公约促进了国家之间海事管理的相互协调。海事管理机构负有代表国家履行有关国际公约规定的船旗国、港口国和沿海国职责和义务的职责。此外，交通部海事局还代表国家及政府交通主管部门参与国际海事组织、国际海道测量组织、亚太地区海事机关首脑论坛等国际组织的活动，负有维护我国航运利益的重要使命。改革开放前，我国海事监管国际交流少、影响力小、在国际大会上基本无发言权。通过30年来的不懈努力，中国海事的国际交流日益频繁、国际地位日益提高。派员参加IMO（国际海事组织）大会及分委会并参加其工作组，直接参与国际公约的起草与修订。定期与港澳举行海事会谈。我国进入了首批实施STCW公约的“白名单”。积极与各个国家和地区开展双边交流与合作，每年举办上海国际海事论坛和深圳国际海事论坛。积极参与国际海事调查活动，成为国际海事调查官论坛和亚洲地区海事调查官会议的主要成员。从1989年起，我国连续10次当选为国际海事组织的A类理事国，在国际航标协会第十六届大会上，刘功臣常务副局长全票当选为IALA理事会主席。我国海事执法运作模式已被航行我国开放水域的国际船舶及船员普遍认同。

第六章　救 助 打 捞

交通部救助打捞系统是我国唯一一支国家专业救助打捞力量，承担着对中国水域发生的海上事故的应急反应、人命救助、船舶和财产救助、沉船沉物打捞、海上消防、清除溢油污染及其他对海上运输和海上资源开发，提供安全保障等多项使命。同时，代表中国政府履行有关国际公约和海运双边协定的义务。

交通部救助打捞系统创建于1951年，走过了近60年的光辉历程，从小到大、从弱到强逐步发展壮大，成为了国家海上应急救援的主力军。改革开放前，我国海上救助力量严重不足。作为国家应急反应体系中的重要组成部分，改革开放以来，随着我国海上航运业的发展，中国救捞事业得到了全面发展和长足进步。2003年的救捞体制改革是救捞事业发展的关键点，改革后的救捞事业进入了快速发展的新阶段，为保障我国水域人命财产安全及履行有关国际义务作出了巨大贡献，成为服务国家经济和国防建设的一支重要保障力量。

结构完整、功能齐全、优势互补、自成体系的特色，使中国救捞在国家海难救助和应急抢险中立下了赫赫战功。1978～2008年，救捞系统共救助人员44 194人，其中，外籍人员8 020人；救助船舶2 485艘，其中，外轮548艘；打捞沉船782艘，其中外轮57艘。

第一节　救助打捞改革开放历程

一、交通部专业救助打捞管理机构的建立与沿革

1951年8月24日，新中国第一家国营打捞机构——中国人民打捞公司在上海挂牌成立，打捞公司先后更名为上海打捞工程局、上海海难救助打捞局等。20世纪50、60年代，中国救捞在艰苦的初创时期得到了较快发展，特别是在完成清航任务和"跃进"轮勘测工程中，我救捞队伍和救捞装备建设得到了一定的加强。但是，1973年8月，"波罗的海克列夫"轮在台湾海峡遇台风袭击呼救，救捞系统却缺乏在特大风浪中抢险救难的能力，最后导致遇险船沉没。这一事件暴露了我国海上救助力量、尤其是救助装备方面长期存在严重不足的问题。同年，国家成立了全国海上安全指挥部，各沿海省市成立了相应的机构。1974年下半年，在原有上海海难救助打捞局的基础上，广州海难救助打捞局和烟台海难救助打捞局又先后组建。

改革开放的春风给救捞事业的快速发展带来新的生机和活力，救捞体制也得到了相应的调整和加强。为加强海上救助打捞业务的统一领导，1978年4月，交通部按照国务院、中央军委批准的《关于加强和统一使用海上专业救助力量的请示》，在交通部内设立职能部门——海难救助打捞局，全国沿海救助网建设也列入了议事日程。至1980年，烟台、上海、广州三个救捞局先后建立了秦皇岛、荣成、福州、厦门、汕头、北海、湛江和三亚8个救助站，加上原有的天津、烟台、上海、温州救助站和海军救助点，数年间，救助打捞机构得到健全，基本形成了从南至北的沿海救助网。至20世纪80年代，全国救助站点达到了17个。

随着国内外航运事业的迅猛发展，救捞事业又得到了长足进步，救捞中心工作逐渐从清障打捞转到救捞并举、以救为主。中国救捞由此而进入了全面加强队伍和装备建设、努力提高救助水平的新阶段。80年代开始，交通部救捞单位管理体制改革的深化，是根据国家关于“对外开放，对内搞活”的经济改革总方针而积极稳妥地进行的。从开始划小内部核算单位，进行责任承包，发展到全面实行任期目标制，使以指令性任务为主的救捞管理体制发生了深刻的变化。1982年交通部提出了“保证救助，广开门路，多种经营”的12字工作方针。主要目的是为弥补事业经费的不足，利用自身优势和特有的技术力量开展拖航运输、水工工程、海洋工程服务等业务，走以经营养救助的发展之路。各救捞单位贯彻执行12字工作方针，采取了一系列措施，保证救助和多种经营取得了明显成效。在1992年公开的救捞工作会议上提出了“深化改革、加强管理、保证救助、搞好经营，为保证海上交通运输等活动和对外开放创造良好条件”的指导方针。

二、救助打捞体制改革

（一）体制改革的起因

改革前，我国救捞系统一直实行救助打捞合一的管理体制，交通部对三个救捞局实行统一管理。救捞虽然根据自身的条件和特点，不懈努力，走出了一条“保证救助、广开门路、多种经营”的发展道路，但随着我国国民经济的快速增长和水运业的蓬勃发展，救助任务不断增加，救捞单位经费不足、设备老旧、技术落后、应急反应能力不足的问题越来越突出，救捞合一、以经营养救助的体制已不能满足水运事业发展的需要，弊端日益显现。特别是“11.24”海难的发生，为救捞工作敲响了警钟，中国救捞迫切需要通过体制改革，加大国家投入来改变现状。

（二）体制改革的过程

2003年3月，交通部、国家发展计划委员会、国家经济贸易委员会、财政部、劳动和社会保障部、中央机构编制委员会办公室6部委联合发布了《关于印发<救助打捞体制改革实施方案>的通知》（交人劳发［2003］60号），对救捞合一管理体制进行改革，实行救助与打捞分开管理的我国救捞系统体制改革正式启幕。

救捞体制改革的目标是：建立一支政令畅通、行动迅速、装备精良、人员精干、技术过硬、作风顽强的国家专业海上救助队伍，实行全天候海上救助值班待命制度，建立快速应急反应和紧急救助机制，切实履行好国际义务和国家职责；建设一支装备先进、技术精湛、吃苦耐劳、不畏艰险的国家专业打捞队伍，承担海上财产救助、沉船沉物打捞、港口及航道清障等抢险救灾职责。体制改革后的救助打捞单位实行垂直领导管理体制，新组建的救助局和打捞局由交通部救助打捞局实行统一垂直领导和管理。

2003年6月，交通部组织实施了救捞系统体制改革，组建了交通部救助打捞局，统一垂直领导管理救助、打捞两支专业队伍。6月28日，交通部所属的北海、东海、南海救助局和烟台、上海、广州打捞局正式挂牌成立，标志着救捞系统体制改革工作基本完成。与此同时，国家加大了对救助飞机购置的投入力度，加快了立体救助体系的建设，使之尽快与我海运大国的地位相称。从2003年7月15日开始，交通部东海第一救助飞行队在长江口及舟山水域，率先建立了海空立体救助体系。随后，又组建了交通部北海第一救助飞行队并部署在大连、蓬莱，担负渤海湾海域救助任务；交通部东海第二救助飞行队部署在厦门，担负台湾海峡救助任务；交通部南海第一救助飞行队部署在湛江、珠海，担负琼州海峡、粤西及北部湾海域等救助任务。

（三）改革后的情况

交通部救捞系统由北海救助局、东海救助局、南海救助局、烟台打捞局、上海打捞局、广州打捞局、北海第一飞行队、东海第一飞行队、东海第二飞行队、南海第一飞行队组成，由部救助打捞局实行垂直领导和管理。北海救助局下辖渤海海峡、大连、秦皇岛、天津、烟台、南皇城、荣成、青岛8个基地；东海救助局下辖连云港、上海、舟山、宁波、温州、福州、厦门7个基地；南海救助局下辖汕头、广州、湛江、海口、北海、三亚、阳江、西沙8个基地。

救助单位的海上救助以海上人命救助为对象，以海上灾难性、应急性人命救助为目的的社会公益抢险救助行为，是属于政府行为和国家履行国际义务、维护我国声誉的重要国家职能；打捞单位的海上打捞是以清除在我国沿海水域、港口航道的沉船沉物、船舶溢油和遇险航空器等为对象，以海上突发性、灾难性应急抢险为目的，具有一定的社会公益性和商业性的打捞行为，是国家履行国际义务、保障海上安全形势稳定和改善海上投资环境的重要手段。

（四）打捞、潜水行业管理

1978年，经国务院批准，交通部发布修改后的《中华人民共和国打捞沉船管理办法》。80年代起，交通部开始对潜水工作加强管理。1981年11月，同时颁布《中华人民共和国交通部潜水员考核发证暂行办法》和《中华人民共和国交通部民用空气潜水员暂行标准》。1987年，中国第一部国家标准《产业潜水员作业条例》在上海通过专家技术审查。救捞体制改革也对交通部救捞局在相关方面的职责进行了规定：交通部救捞局负责打捞、潜水机构资质审核，管理从事产业潜水作业的潜水员及与救助打捞相关的其他特殊工种考核发证工作。2008年5月5日，我国潜水、打捞史上第一个全国性行业组织——中国潜水打捞行业协会在北京成立，作为全国涉及潜水、打捞、海洋工程服务等产业的自律性行业组织，主要职能为：行业中介、自律管理、行业服务、行业咨询和承接政府转移的相关事项等。

它的成立，标志着我国潜水、打捞、海洋工程服务及水下施工队伍的管理和建设进入了新的阶段。同年，《潜水条例》（建议稿）通过部务会议审定并已上报国务院。

三、与国际组织和各国、地区救助打捞单位的交流合作

我国救捞系统体制改革以来，国际交流与合作日益增多，国际合作能力显著增强，扩大了中国救捞在国际上的影响力。我国先后参加了国际救捞联合会（ISU）、国际海上人命救助联盟（IMRF）等国际组织和会议，救捞系统领导连续多届当选为ISU执行委员会委员、IMRF董事会成员。与此同时，中国救捞还与香港特区政府飞行服务队、英国皇家救生艇协会、欧洲直升机公司等签订了技术合作协议，与台湾搜救协会、美国海岸警卫队、世界海事大学等相继建立了良好的合作机制。

（一）跻身国际海上人命救助联盟（IMRF）领导核心

国际海上人命救助联盟（IMRF），是国际人命救助领域最重要的非政府国际组织之一。中国救捞于1978年加入了联盟，成为正式会员。30年来，中国救捞在联盟的地位和影响力不断上升，有关工作取得了突破性成绩。2004年，中国救捞当选为联盟全球16位理事之一。2007年联盟成功改组之后，中国救捞再次以高票当选为改组后联盟全球的7位董事之一。中国救捞成为联盟唯一的亚洲理事和董事单位，改变了联盟成立83年来欧洲救助机构一统天下的格局，对于中国救捞的未来发展、国际交流与合作工作以及中国救捞在亚洲地区的地位和影响力，都有着深远的意义和影响。

（二）在国际救捞联合会（ISU）的影响力日益增强

国际救捞联合会（ISU）是国际救捞领域最大最重要的非政府国际组

织。我国救捞系统1994年正式加入该组织，并自1994年至2006年，连续参加了13届ISU年会。2001年中国救捞在上海成功承办了ISU2001年年会；2004年9月起，中国救捞当选为ISU全球11位执行委员会委员之一，并在2007年10月再次当选。中国救捞连续几年当选执委单位，表明了我在国际救捞领域不可替代的重要性和影响力。

（三）在国际海上人命救助大会上赢得充分尊重

一年一度的国际海上人命救助大会（SAR）是国际海上人命救助领域最富盛名的会议之一。从2005年，中国救捞开始组团参会；2006年3月，中国救捞作为亚洲唯一发言者作了主题发言，引起大会极大反响。2007年4月，中国救捞作为正式参会代表中第一位发言者，作了题为《发展中的中国救助：现状与未来》的发言。并在大会安排播放了介绍中国救捞的英文版专题片《大寒潮》，再次引起轰动。

（四）参加国际拖轮与救捞大会

第8届国际拖轮会议及展览会于1984年11月6日~9日在新加坡举行，我救捞系统派出4名代表出席会议，并在会上介绍了开展拖航业务的情况，促进了我国与世界拖航组织之间的交往和进一步合作。2008年，我救捞系统组团赴新加坡参加了第20届国际拖轮与救捞大会，作为救捞体制改革以来救助船舶第一次出访，14 000千瓦大型远洋救助拖轮“南海救101”轮出访新加坡，航经西沙、南沙，历时15天，航程3 100多海里，参加了此次会议，并接待了近百名国际友人上船参观访问，并与各国同行进行了广泛的交流，得到了国际同行的高度关注和普遍赞誉。

（五）与香港特区政府飞行服务队的合作

自2001年11月，交通部救捞局局长访问香港飞行服务队，2002年10月，香港飞行服务队总监首次率团访问交通部东海第一救助飞行队，随之，内地与香港飞行服务队之间的技术交流合作蓬勃开展。在交流合作领域，交通部救捞局与香港飞行服务队每年召开一次技术交流合作会谈，2004 年 9 月，双方签署技术合作五年规划意向书；在人命救助领域，香港飞行服务队于 2003～2004 冬季和 2004～2005 冬季，分别派出机组人员，协助执行渤海湾海上人命救助任务，取得了 2004 年 1 月 16 日“利达洲 18”轮救助、2004 年 11 月 26 日“海鹭 15”轮等救助的成功；在人员培训领域，交通部救助飞行队派出多批飞行、空勤、地勤及管理人员，赴香港接受培训，香港飞行服务队也多次派出高级教练机长、高级空勤主任等常驻内地飞行队，帮助培训专业技术人员；在其他领域，两地救助飞行队还通过搜救演习、航海博览会、中国国际救捞论坛等平台，进行了全方位的交流合作。

（六）举办中国国际救捞论坛

从 2004 年开始，我救捞系统连续五年成功举办了中国国际救捞论坛，论坛本着“交流经验、互通信息、加强了解、促进合作、共同发展”的宗旨，重点开展了学术交流、咨询服务、论文编发、新产品展示推介等工作，为促进我国救捞事业的发展和救捞科技进步，发挥了“纽带”、“桥梁”作用，在国际救捞行业引起了积极反响。2004 年第一届论坛召开时，有 140 多位国内代表、20 多位国外及港台代表参会，2 篇来自国外及港台的论文参会交流。到 2007 年第四届论坛，已有 260 多位国内代表、60 多位国外及港台代表参会，10 多篇国外及港台的论文在会上进行交流，多位国际救助领域的著名学者、专家发言，同时，举办了救助演习和救捞器材展览。无论是在规模、层次、内容和质量方面，还是在组织水平和国际影响方面，中国国际救捞论坛都得到了较大提升。2008 年 9 月，第五届论坛在大连召开，300 多名国内外代表参加了会议。该论坛已在国际航运界具有一定知名度和影响力，成为促进国际救捞学术交流，让世界更多了解中国救捞事业发展的重要平台。

四、救捞装备

（一）1978～2003年救捞装备的建设与发展

改革开放之初，救捞系统相继建造和从国外、香港引进了一批大功率救助拖轮和大吨位、大起吊能力的工程作业船舶和辅助船舶，初步改变了救捞船舶和设备极其陈旧的面貌，海上救助船队由此形成得到迅速发展。此外，还建造了救助码头，进一步加强了救捞系统电台和通讯建设。

1980年，救捞系统共拥有各类船舶121艘，总吨位110 731吨，总功率166 081千瓦，打捞浮筒107个，总抬浮力43 140吨。1988年，已拥有各类救捞船舶140余艘，并着手建设海上救捞专用通信网，形成了初具规模的海上搜救体系。1993年，随着上海救捞局专用通信网的竣工并通过交通部验收，标志着全国海上救助通信网建成联网。

为了发展潜水装备工业，交通部分别于1971年和1973年批准扩建上海潜水装备厂和筹建芜湖潜水装备厂。两厂竣工投产后，潜水装备生产形成了完整的工业体系。在饱和潜水设备的研制方面，海科院与中船总701研究所联合设计的300米饱和潜水压力舱群，历时5年于1985年全套实验装置总联调成功。1990年，250～300米水下模拟训练舱群在上海救捞局竣工。同年，国内首创的300米饱和潜水作业系统研制成功，它可以直接用于海上作业，使用于最大深度为300米的饱和潜水，它的研制成功，填补了国内海上作业饱和潜水系统的空白，标志着我国潜水设备进入世界先进行列。

（二）2003年救捞体制改革后救捞装备的建设与发展

体制改革后，国家加大了对救助单位的基本建设投资力度，救助基础设施、救助装备都由国家财政出资。同时，3 个打捞局的首要任务是承担海上财产救助、沉船沉物打捞、港口及航道清障等公益性抢险救灾职责，国家也投资为打捞局建造或购置了打捞所需要的部分装备。

2007 年 5 月，经国务院批复，国家发展改革委印发了《国家水上交通安全监管和救助系统布局规划》。这是建国以来第一个国家级水上安全监管与救助系统基础设施和装备建设的中长期规划，对提高我国水上交通安全监管和救助能力、保障人民群众生命财产安全，具有重大现实意义和深远的历史意义。救捞体制改革后，救捞系统完成新造救助船舶 13 艘，其中，2007 年 11 月 18 日，我国救助功能最强、性能最优的 14 000 千瓦多功能大型海洋救助船“南海救 101”轮交付使用；引进救助直升机 4 架，其中，包括当今国际上性能最先进的 EC225 大型救助直升机 2 架；引进英国救助艇 20 艘，改造老旧船舶 15 艘。同时，打捞单位自筹资金，新造 4 000 吨起重船 1 艘，购置 1 700 吨浮吊 1 艘、拖轮 12 艘，并修复了 200 米饱和潜水设备，开展了 124 米饱和潜水作业。

1. 救助单位装备建设

到 2008 年 3 月，3 个救助局共拥有船舶 58 艘，其中，拖轮 35 艘，救生船 23 艘。这些船舶中，新造救助船舶 13 艘，引进英国救助艇 20 艘，包括：新建造的 3 艘 6 000 千瓦、6 艘 8 000 千瓦远洋救助拖轮、3 艘航速为 30 节的近海快速救助船；改造老旧船舶 15 艘，为船舶配置了电脑、摄像机、卫星电视接收天线等现代化设备，加装、改装了部分船舶的通信设备，确保了通信畅通、设备完好。通过新建和改造船舶，救捞系统的救助船舶数量、船龄结构以及抗风浪能力、操纵性、快速性等技术水平得到了显著改善。大功率远洋救助拖轮和快速救助船的建造使用，大大提高了救助单位的全方位覆盖性和快速反应能力。2007 年末，救助单位船舶与改革初相比，数量增加了 70. 6%，平均船龄下降了 10. 1%，平均航速提高了 16%，平均功率增加了 79. 2%。

2. 打捞单位装备建设

至2007年底，3个打捞局共拥有各类船舶120艘，其中，拖轮、起重船、驳船等主力船舶95艘，主力船舶的平均船龄18.3年，比三年前下降了1.5年，其中，上海打捞局的主力船舶平均船龄仅为14.4年。广州打捞局自筹资金建造的目前我国最大起重能力4000吨的“华天龙”起重船，购置了“德冠”、“德信”2艘拖轮。上海打捞局建造了“德洲号”远洋拖轮、2艘多用途拖轮和1艘港作拖轮。烟台打捞局自筹资金6亿多元，购置了5艘拖轮和1艘起重工程船和2艘半潜驳。目前，救捞系统的300米深潜水工作母船已开工建造，30 000吨自航半潜驳和5 000吨救捞起重工程船正在开展建造前期工作。

3. 救助飞行队装备建设

目前，救捞系统的4个救助飞行队共配备了12架救助飞机，其中，拥有S-76C+型和EC225型海上救助直升机分别为4架和2架，租用救助直升机4架，租用固定翼飞机2架。2007年底，交付使用的2架EC225大型救助直升机速度快、航程远、功率大、抗风能力强，该型机及所配机载设备属国际一流水平，大大提高了我国海上交通运输的安全保障能力。

尤其是救捞系统体制改革5年来，我国救助打捞体系基本建成，体制机制不断完善，中国特色的救捞事业取得了前所未有的发展，逐步成为世界上功能越来越全、实力越来越强、影响越来越大的专业救捞力量之一。

第二节　水上救助与特殊救援

一、水上救助发展历程

（一）救捞并举，以救为主（1981年以前）

到1980年，交通部相继建立3个救捞局和12个救助站，各救助站点都部署了救助船舶，并实行24小时值班待命制度。此后，由于逐步健全了机构，添置了大功率救助拖轮，建起了沿海救助网和通信技术设施，我国的综合救助打捞能力不断提升。1973年至1980年，3个救捞局共打捞沉船501艘，救助遇难船舶351艘，其中外轮71艘，遇难船员旅客622人，其中外籍船员、旅客155人。救捞系统为维护我国海上交通安全，保护国家和人民生命财产、履行国际海上安全义务作出了重大贡献。

（二）保证救助，多种经营（1981～2002年）

20世纪80年代后，针对难船吨位大、远海和远洋海事多等特点，海难救助工作向大型化、远海发展。在国家投入不足的情况下，救捞系统积极发展经营业务，走出了一条以经营养救助的发展道路。经过20世纪80年代的建设和发展，救捞行业已成为我国海上救助、履行国际义务的一支重要力量。为强化救助职能，加强救捞行业管理，1981年，交通部部署三个救捞局执行港外值班待命制度，1988年，下达了《深化改革，强化救助职能的十项措施》。1981年至1990年，交通部救捞单位和海军防险救生部队共救助各类难船598艘，其中外轮120艘，救生125人（不含难船船员）。至2002年，交通部救捞系统共出动救捞力量168次，执行救助行动153起，救援遇险人员1 603名，其中，救助遇险外籍人员401名，救援遇险船舶80艘，其中，救助遇险外籍船舶29艘，打捞沉船14艘，获救财产价值约32.1亿元。

（三）加强救助，发展打捞（2003年至今）

救捞体制改革后，救捞系统形成了救助、打捞和飞行三支队伍同步发展的格局，建成了比较完善的沿海应急救助打捞网络。新建了6 000千瓦、8 000千瓦、14 000千瓦远洋救助拖轮和快速救生艇，救助装备得到了很大改善；建设创立了动态待命救助值班制度，加快了应急反应速度，提高了抢险救捞效率；强化了救助基地功能，创建了快速反应应急救助队，加强了水下抢险救助能力；组建了4支救助飞行队，配备了12架救助飞机，救助覆盖渤海湾海域、长江口及舟山水域、台湾海峡、琼州海峡、粤西及北部湾和海南附近水域；加强了船员在恶劣海况下和夜间的搜寻，加强了飞行员、救生员和绞车手的海上救助训练，救助队伍技术得到普遍提高，总体救助能力得到较大提升。

二、创建动态待命救助值班制度

改革前，专业救助资源和力量有限，救助站点靠后，除在台风、春运期间部分事故多发海域和重点航道港口有救助拖轮值班外，其他拖轮主要在港内值班，大多位于港内码头，救助力量的待命位置与事故多发地点距离远，应急反应能力差。

救捞体制改革后，实施了“关口前移、站点加密、动态待命、随时出击”的动态待命救助值班制度，救助船舶全部开赴到港外锚地、航道附近和事故高发海域值班待命，彻底改变了以往在港内码头待命值班的方法。并以基地为依托，以待命点为前哨，将救助基地、救助直升机和救助船舶有机结合，有效发挥了三者之间的联动效应，变远距离待命为近距离待命，变静态待命为动态待命，大大缩短了救助半径，加快了反应速度，提高了救助有效率。同时，在沿海各救助基地组建了18支应急反应救助队，对海上和内陆发生的紧急事件进行救援。

3个救助局共设23个救助基地（站），75个待命点，其中，北海救助局设有8个基地，25个待命点；东海救助局设有7个基地（站），26个待命点；南海救助局设有8个基地（站），24个待命点。与改革前相比，救助基地（站）增加了12个，值班待命点密度加大。2006年7月15日，交通部做出重要决策，在西沙建立救助基地，并派遣我国最先进的救助船舶和救助直升机进驻西沙。

动态待命制度的特点主要有：一是落实交通部“四区一线”和“四客

一危”的要求，重点海域重点部署，载客滚装船密度大的渤海湾、舟山水域、琼州海峡安排了新建造的大马力船值班待命；二是在事故多发海域安排大马力船舶值班待命，如成山头、长江口、台湾海峡、珠江口海域；三是改变在港内码头待命方式，所有船舶前移到港外锚地、航道附近、事故多发海域；四是体现动态待命，每条救助船舶限制在几个待命点，在一定范围内调整待命位置。

动态待命制度实施以后，专业救助力量对于发生在离岸50海里内重要干线航道和港口的事故的救助到达时间比改革前平均缩短了73分钟，显著提高了近岸和沿海重点水域的救助效率。

改革5年来（2003～2008年底），我救捞系统共救助出动4 970次，执行救助抢险任务3 502次，共救助海上遇险人员18 759名，救助遇险船舶864艘，打捞沉船67艘，获救财产价值386.6亿元。救助出动次数是改革前5年的6.1倍，执行救助任务是改革前5年的4.7倍，救助海上遇险人员总数是改革前五年的2.2倍，救助海上遇险船舶总数是改革前5年的10倍，获救财产价值是改革前5年的9.8倍。（表6-1）。

改革开放30年前后救助打捞成果统计表 表6-1

年代/时间段	救助人员		救助船舶		打捞沉船	
	人数	其中外籍	艘	其中外轮	艘	其中外轮
1951～1977年	3 081		908	129	901	35
1978～2008年	44 194	8 020	2 485	548	782	57
1951～2008年	47 806	8 020	3 393	677	1 683	92

三、立体救助体系建设

2001年3月，交通部东海第一救助飞行队在上海成立，并于2003年

7月15日起，正式执行昼间80海里范围内海上搜救待命值班。2003年12月，交通部北海第一救助飞行队在山东蓬莱成立，2004年8月，交通部南海第一救助飞行队在广东湛江成立、交通部东海第二救助飞行队在厦门成立。当时，救助飞行队共拥有6架飞机、1个机场，租用5架飞机，飞行救助力量基本覆盖渤海湾、长江口、台湾海峡、珠江口和琼州海峡6大重点水域。

救助飞行队成立后，我国沿海的海空立体救助体系基本建成，在海上人命救助中，充分发挥了快速救助的优势，飞机救助在海上人命救助中的地位越来越重要。在香港特区政府飞行服务队和人民解放军、民航等单位的支持帮助下，救助飞行队发展建设的步伐明显加快，立体救助覆盖范围逐渐扩大，救助遇险人员逐年增多。各救助飞行队按照上级领导的部署和地方政府的要求，积极参与陆上应急救援工作，不断提高了救助飞行队的综合应急救援能力，特别是为了加强对海岛周边作业人员的救助，提高救助飞行队的综合应急救援能力，救捞系统着手建设沿海陆岛空中救援网，其中，渤海湾陆岛空中救援网于2007年春运前建成，收效显著，形成了陆岛结合、船机协同的联动机制，最大程度地发挥救助直升机的作用，为渤海湾地区海上运输和海洋资源开发提供了有力的安全保障。

救捞体制改革后，飞机出动的架次和时间大幅提高，人命的救助效率大大提高。2003~2008年，共出动飞机1 164架次，执行救助任务761起，救助遇险人员1 062人，2008年，飞行队执行的救助任务起数和人数分别占救捞系统执行救助任务总起数和总人数的30%和10%，创下了新的历史记录。

救助飞行队在关键时刻起到关键作用，如救助淄博180米高失火烟囱上2名受困工人，获得了山东省委、省政府领导的高度评价；热带风暴“帕布”袭击粤西地区期间，重大洪水灾害袭击湛江，在当地军民各种救助方式均未成功的危急时刻，南海第一救助飞行救助直升机从天而降，一举成功救起4名孤儿和养育这4名孤儿的一位残疾老人，获得灾区民众的高度赞扬。

四、重大水上和陆地人命救助行动

（一）“辽海”轮救助

2004年11月16日，从烟台开往大连的客滚船“辽海轮”在大连港外黄白咀水道突发大火，救捞系统立即派遣值班待命船15分钟赶到现场靠上难船实施救助，同时，派出救助直升机紧急吊送两名专业消防专家前往现场勘察指导灭火，两名专业救助船员冒着大火登上难船，找到了最后两名被困人员并将其救离难船，340名遇险旅客和船员全部获救，无一人伤亡。

（二）2006年南海大救援

2006年5月19日，“珍珠”台风袭击我国南海，众多越南渔船在东沙海域遇险，数百名越南渔民情况危急，越南外交部紧急请求我国政府搜寻救援。南海救助局“南海救111”轮、“德进”轮、“南海救159”轮、“南海救199”轮等专业救助力量经过12个多小时、664海里的航行和1万多平方公里洋面的艰苦搜寻，成功救助了15艘越南渔船和330名越南渔民。这是迄今为止，我国国际海上大救援中救助渔船最多、渔民人数最多的一次。这次救援行动不但引起了社会各界和各大媒体的强烈反响，还引起了中越两国领导人的高度关注。越南国家主席陈德良致电中国国家主席胡锦涛，就中方及时救助遭受台风“珍珠”袭击的越南渔民表示感谢。国际海事组织（IMO）秘书长米乔普勒斯也盛赞，这是一次非常成功的海上船舶和人命救助行动。

（三）2007年南海大救援

2007年11月22日，受第25号热带风暴“海贝思”影响，西沙、南沙几十艘中外渔船和上千名渔民被困，粮食、淡水、燃料都没有办法供给，情况十分危急。国务院领导高度重视这一事件，温家宝总理、曾培炎副总理、华建敏国务委员都分别作出了重要批示。救捞系统根据国务院和部领导的指示，派出了3艘救助船舶和一架救助直升机赶赴西沙、南沙救援，共救援中外籍渔民986名。

（四）四川抗震救灾

2008年5月12日，四川汶川8.0级地震发生后，救捞系统主动请缨，积极行动，按照交通运输部的统一安排和部署，紧急从厦门、珠海、三亚调遣包括大型救助直升机EC225在内的4架专业救助直升机，奔赴地震灾区执行抢险救灾任务，先后执行救助任务36起，运送救灾物资13.9吨，在高山峡谷中，先后救助和转运受伤被困和搜寻救助人员225人，多次在极其困难和复杂的环境下完成了救灾任务，为抗震救灾和灾区重建做出了应有的贡献。南海第一救助飞行队因在抗震救灾中的突出表现，获得人力资源和社会保障部、交通运输部联合授予的“交通运输系统抗震救灾英雄集体”和中华全国总工会授予的“抗震救灾重建家园工人先锋号”荣誉称号；机长高广获得中共中央、国务院、中央军委授予的“全国抗震救灾模范”荣誉称号。

五、重大水上环境救助行动

多年来，救捞系统利用自有的专业优势，在多次重大海洋污染事故应急中发挥出关键作用，为海洋环境保护做出了突出贡献。

（一）“东方大使”轮救助

“东方大使”号系巴拿马籍大型油船，长213.4米，宽29.3米，载重量43 600吨。1983年11月25日，该轮装载43 000吨原油由青岛港黄岛驶往菲律宾途中触礁遇险。烟台救捞局“沪救101”轮奉命前往抢救。通过布放围油栏和水下探摸堵漏等措施，防止了43 000吨原油泄漏引起的海洋污染。

（二）“大庆236”油船救助

1983年10月11日，长159.9米的“大庆236”油轮满载15 000多吨原油由秦皇岛驶往广州港途中，在驶到南海汕头附近海面时，被一艘货轮撞穿机舱左舷，导致倾覆沉没。为清除航行障碍，减少环境污染，船东广州海运局委托广州救捞局进行打捞。广州救捞局运用船底开孔抽油的技术，共抽出原油11 293吨，新技术的应用还获得了国家科技进步二等奖。

（三）珠江打捞落水砒霜

1989年10月1日，“港务货运6”号在装运砒霜时，1桶100公斤重的砒霜不慎掉入珠江中。出事地点下游就是自来水厂，为保住珠江河水不受污染，广州救捞局根据广州市领导的指示，派出抢险队伍组织打捞。经过连夜搜寻，次日成功将落水的砒霜找到并打捞出水。

（四）珠江口清污

2004年12月7日，德国籍集装箱船“MSC ILONA”在珠江口发生碰撞事故，约1 200吨重油泄漏，危及珠江口、香港水域的渔业、养殖、旅游和海洋生态环境安全，救捞系统调遣11艘船舶、2架救助直升机、12吨吸油毡、20余吨消油剂、数千米围油栏和进口的水面溢油回收装备紧急抢险，313名职工连续作战，回收污油、污水近千吨，并封堵难船破损部位，切断污染源，有效地控制了污染态势，减小了海洋和沿岸损失。

（五）打捞“辽旅渡7”轮

2005年4月28日～10月31日，烟台打捞局历时6个月，先后派遣7艘打捞船，100多名职工，克服水深流急、风大浪高等诸多困难，完成了打捞清除“辽旅渡7”沉船舱内危险货物苯酚的工作任务。

六、重大水上财产救助行动

财产救助是救助系统的又一项重要任务。专业救捞力量关键时刻发挥关键作用，救助了大量社会财产。救捞体制改革后，救捞系统在保障人命安全的同时，全力以赴地救助遇险船舶和打捞沉船，有效地避免和降低了国家和人民群众财产损失，2003～2007年，全系统挽回船舶和货物财产价值合计达284.31亿元。

（一）"美狮"号救助

1978年9月，在西沙抢救美国轮船公司遇台风破损搁浅的集装箱船"美狮"号。1978年9月24日，美国轮船公司"美狮"号集装箱船遭遇台风袭击，该船被大浪击穿两个破洞，在西沙群岛搁浅，我广州救捞局炸开航道，用方驳卸货，随后封补好船体破洞，绞拖出浅。"美狮"号的救助成功，在国际上获得良好声誉。为此，国际救捞专题讨论会特别邀请我方参加在美国召开的第二届会议。

（二）大型液化气船"GAZ POEM"救助

2002年，一艘装载了2万多吨液化气的外籍货轮在深圳盐田港机舱起火，难船随时可能发生惊天大爆炸，广州救捞局出动12艘船舶，租用一艘4万吨液化气船，共13艘船舶，奋战52天，顺利完成过驳、置换工作，解除了安全隐患，使液化气船化险为夷。

（三）保障煤电运输

2004年，救捞系统落实中央保障电煤运输等重点物资运输的重要指示，加强了救捞力量部署，针对电煤运输遇险船舶，组织了5起抢险救助，4艘船舶脱险、14.6万吨电煤获救。2004年8月23日，广州打捞局动用拖救船舶14艘，在香港妈湾水道对触礁沉没船舶"鹏洋"轮实施抢险，抢卸电煤

5 万吨。

（四）救助马绍尔群岛籍集装箱船

2005 年 3 月 8 日，交通部东海救助局和交通部上海打捞局先后派遣"东海救 169"、"华洋"、"德淞"、"华吉"、"沪救 14"、"沪救 16" 和 "沪救 17" 等 7 艘船舶与北海第一救助飞行队，共同救助在连云港以东 130 海里处发生的碰撞事故后失火的马绍尔群岛籍集装箱船和沉没的韩国货轮失踪船员。

七、国家特殊救援和保障任务

在认真履行应急抢险救助和公益性打捞职责的同时，救捞队伍还根据国家指令，全力以赴地完成了一系列重大政治、军事等特殊救援和保障任务。

（一）建设南海永署礁海洋观察站

这是中央军委和国务院下达的特殊性、指令性任务，又称"882"工程。1988 年，上海救捞局船队在我国南沙群岛永署礁海洋观察站建设工程中，参与了运输、炸礁、沉箱吊放就位和结构吊装等项目的施工。在历时 123 天的施工中，上海救捞局先后出动"大力号"、"德平"轮、"重任一号"、"救 10"等船舶，组织 180 多名船员及施工人员，前后运送物资 2 万余吨，航行 18 520 海里，安装重大件设备 350 件次（总吨位 3 万多吨），得到了军队领导机关和交通部的嘉奖。

（二）"神舟"系列载人航天工程海上应急保障

1992 年 1 月，中国开始载人航天工程试验，着手发射"神舟"号宇宙飞船。应解放军总装备部邀请，自 2000 年起，救捞系统参与了"神舟"系列载人航天飞行试验，开始对返回舱海上应急打捞以及救援航天员工作给予倾力支持。救捞系统原上海海上救助打捞局、上海打捞局、北海救助局、南海救助局和东海救助局等单位先后参加试验，完成了方案制定、设备研制、船舶改装、技术训练、海上布防等一系列任务，为航天员构建了一条海上生命保障线，为确保试验任务圆满完成做出了贡献。连续5年，救捞系统圆满完成了我国载人航天飞船海上应急救援保障任务，参战的“德意”轮、“德翔”轮和“德进”轮3艘大马力救助船受到了中国人民解放军总装备部的表彰；1名同志荣获曾宪梓载人航天基金突出贡献奖，多位同志荣获中国载人航天工程突出贡献者奖。2008年，“神舟七号”成功发射，在此次载人航天工程中，根据中国载人航天工程指挥部的统一部署，救捞系统独立承担并圆满完成了飞船发射上升段的海上应急救援保障任务。

（三）救捞系统青年志愿者赴泰国南部海啸灾区参加救援行动

2005年2月25日，我救捞系统组成18名救捞专家和潜水青年志愿者出征泰国海啸灾区救援打捞，这是我救捞系统创建以来，第一次以中国青年志愿者名义参加的国际救援行动。我志愿者冒着高温，连续作战，在受灾海域大面积地进行海底搜寻和打捞清理工作，取得了很大成果。在短短10天时间里，共执行潜水打捞151次，潜水打捞总时间8 130分钟，水下搜寻打捞总面积达18万平方米，打捞各类垃圾、杂物共29船约20吨，为帮助泰国南部海域珊瑚礁生态环境恢复、清除环境污染做出了很大贡献。这一青春壮举，充分展现了中国救捞青年的风采，更增进了中泰人民的友谊。

（四）军船舰艇等的应急打捞

2006年6月，某部一艘军船在珠江口被撞，船首沉没，13人失踪。应上级要求，南海救助局、广州打捞局迅速出动，对遇难船舶和遇险人员进行紧急救援，仅用3天时间就完成了舰艇首部的打捞工作。2006年8月，交通部救捞局组织东海救助局、上海打捞局、广州打捞局联合参加，遭受超强台风“桑美”袭击的沙埕港救援行动，对其中受台风影响而搁浅损坏的军船进行了紧急抢险救援。

（五）空难事故中的搜寻打捞

救捞单位在北海、东海和南海海域多次参加了对失事飞机及遇险飞行员的搜寻救助。其中包括：1996 年，广州救捞局对沉没在琼州海峡的“971”登陆舰实施打捞，2001 年，广州救捞局参与了历时 14 天的搜救空军飞行员王伟同志的军民联合搜救行动，2002 年，“五·七”空难失事飞机搜寻打捞，2002 年，协助台湾华航“5·25”空难搜寻打捞，2004 年，“11·21”包头空难失事飞机黑匣子搜寻打捞，2007 年 7 月，交通部南海第一救助飞行队在三亚海域成功救助两名军用飞机的飞行员等等。

救捞单位还承担了大型航母的拖航、落水军用坦克车等装备设施的抢险打捞等任务，并在各海域多次应邀参加了由军方组织的海上演习。

第三节 水上打捞与其他

一、水上打捞发展历程

1973 年至 1980 年，3 个救捞局共打捞沉船 501 艘。其中，打捞“阿波丸”工程锻炼和培养了一支在深海区进行攻坚作业的潜水与打捞队伍，一批打捞新技术、新工艺被推广应用。

进入 20 世纪 80 年代，打捞技术不断更新，新技术、新工艺、新方法得到不断应用。潜水队伍有了新的发展，交通系统潜水员已达 500 多名，并普遍进行了饱和潜水技术培训，具备了进行深海作业的能力。当时沉船打捞工程呈现出量多船小的特点，在 1980 至 1990 年 10 年间打捞的 300 余艘沉船中，700吨以上的12艘，仅占打捞总量的4%；万吨以上的5艘，占打捞总数的0.7%。1991年7月，上海救捞局“大力”号打捞沉没在新加坡东锚地63米水深处的1 200吨瑞典籍运输船“康特”轮获得成功。这是我国救捞队伍首次进入国际沉船打捞市场。

1992年7月12日，为加强对外商参与打捞中国沿海水域沉船沉物活动的管理，保障有关各方的合法权益，国务院以第102号令发布了《关于外商参与打捞中国沿海水域沉船沉物管理办法》，共23条。《办法》适用于外商参与打捞中国沿海水域具有商业价值的沉船沉物活动，其中，香港、澳门、台湾的企业、个人及其他经济组织的相关业务也参照本办法。

救捞体制改革以后，各打捞单位以国家利益为重、坚持公益优先，坚定不移地把应急抢险救助打捞作为首要任务，救助打捞装备数量和质量得到较大提升，打捞能力明显增强，在应对自然灾害和海难事故等突发事件中，发挥了重要作用，为挽救生命财产、保障通航安全、保护海洋环境、维护国家形象、构建和谐社会做出了突出贡献。

无论是黄河小浪底翻船事故的抢险打捞、沉没于香港水域航道上的5万吨煤船打捞，还是打捞清除“辽旅渡7”沉船舱内的有毒物质以及福建主航道上的多艘沉船；无论是包头空难事故现场破冰打捞黑匣子，还是执行军事打捞抢险任务；无论是参加泰国海啸灾区的救援行动、承担神州系列载人宇宙飞船海上应急救援保障任务，还是执行公安部门下达的水下安全保障任务等，均充分体现了救捞系统在关键时刻所起的关键作用，充分体现了打捞单位的抢险能力明显提高、抢险作用明显增强和社会影响明显扩大，中国打捞品牌的知名度正在逐步提高。

以2004～2008年五年间打捞为例，3个打捞局共完成应急抢险任务167起，完成重大抢险打捞沉船63艘，成功救助遇险人员1205人，成功救助遇险船舶107艘，救助财产54.42亿元，很好地完成了海上财产救助、沉船沉物打捞、港口及航道清障等抢险救灾任务。

二、重大水上打捞行动

（一）“阿波丸”打捞工程

1977年春～1980年秋，在福建省平潭岛牛山海区打捞“阿波丸”工程是我国第一次远海深水作业。“阿波丸”是日本籍万吨级邮轮。1945年4月1日，在福建省牛山岛以东海面被美国潜艇鱼雷击沉。乘员2004人中除1人生还外，其余全部葬身海底。多年来，一些国家多次向我国提出打捞要求。为维护国家主权，清理渔场，国务院、中央军委决定由交通部和海军组织力量进行打捞。我打捞作业船在海上施工965天，500多名潜水员在57～59米深的水下作业13064人次、6138小时，共打捞遇难者遗骨310具，捞货5418吨，遗骨由中国红十字会转交日本方面，对此，日方深表感谢。

（二）“渤海2号”钻井船打捞工程

1979年11月24日，“渤海2号”自升式海上石油钻井船沉没，在国内外引起巨大震动。受船东委托，烟台救捞局对该平台进行清航打捞。1982年7月，打捞工程圆满结束。工程使用爆破和水下切割的方法对平台进行解体打捞，采用了聚能爆破新工艺，积累了丰富的爆破打捞经验。

（三）“大舜”轮抢险打捞工程

1999年11月24日，“大舜”轮在渤海湾因受大风影响，发生车辆移位，船舶倾斜翻沉，造成了举国震惊的“11·24”特大海难事故。交通部救捞局组织上海救捞局和烟台救捞局共同承担了这起艰巨的遗体和沉船打捞任务。经过倒浮移位、沉船扳正两个阶段后，2000年6月1日“大舜”轮成功起浮。此次打捞工程自2000年4月10日进点，到6月3日结束，现场作业55天。共有11艘船舶投入打捞，现场作业人员最多时达540余人。遇难者遗体打捞阶段，共打捞遇难者遗体97具，加上海军官兵打捞的28

具，一共打捞出125具遗体。

（四）“五·七空难”打捞

2002年5月7日，我国一架MD-82型客机在飞往大连途中失事，机上乘客和机组人员共112人全部遇难。空难发生后，救捞系统立即组织了160名船员和潜水员历时19天，在大连大港以北海域展开了拉网式搜寻打捞，水下搜寻面积达50万平方米，先后打捞起失事飞机主体部分、部分遇难者遗体、遗物和绝大部分飞机残骸，并成功打捞起失事飞机的两只“黑匣子”，为事故的调查处理及做好善后工作，维护社会稳定做出了重要贡献。

（五）黄河小浪底沉船事故抢险打捞

2004年6月22日，“明珠岛2号”在小浪底发生事故后，造成60余人遇难，救捞系统遵照上级指令，紧急调遣29名工程技术人员，在60米的空气潜水极限水深，连续奋战13天，从库区的泥潭深处成功搜寻打捞出19具遇难者遗体，对事故的善后处理和社会稳定创造了有利条件，赢得了当地人民群众和地方政府的赞扬。

（六）包头空难打捞

2004年11月21日，一架东航客机在包头失事，坠入南湖。空难发生后，为了寻找黑匣子，当地救援指挥部门已做出抽干南湖水的决定。在此关键时刻，救捞系统主动请缨，从山东、上海和北京抽调精干力量，连夜组织专家和潜水救援人员，迅速携带专业搜寻定位和打捞设备赶赴现场，仅用4个小时就将黑匣子打捞出水。这是救捞系统继2002年“5·7”空难打捞后，完成的又一次针对失事航空器的打捞任务，为查找飞机失事的原因提供了重要帮助，受到民航部门以及地方政府的高度赞扬和遇难者家属的肯定。

（七）“银锄”轮打捞

2006年12月2日，“银锄”轮在黄浦江南浦大桥附近水域沉没，严重影响黄浦江航道的畅通和上海市容。上海打捞局组织数百名职工，克服沉船江底石块、钢板等障碍物多、冬季水温低和黄浦江水流湍急、水下能见度差以及船舶通航密度大等诸多困难，顽强拼搏，科学施工，历时49天，圆满完成了“银锄”轮清障打捞工作，恢复了黄浦江黄金水道的通航能力，为上海航运中心建设和水上交通运输安全作出了新贡献。

（八）“奋威”轮打捞

2007年3月8日，世界上最大的挖泥船“奋威”轮在天津新港航道发生碰撞事故，在主航道以北抢滩坐沉。交通部救捞局迅速组织300多名救捞职工和9艘救捞船赶赴现场实施紧急救助。参战职工克服沉船船体重、结构复杂、破损严重、深陷淤泥、风大流急等重重困难，团结协作、顽强拼搏，经过一个月的艰苦奋战，一举成功起浮，清除了庞大的水下障碍，有效避免了“一船沉没，全港瘫痪”的情况，防止了重大海洋污染事故的发生。

（九）“南海1号”打捞

2007年12月22日，经过250天的作业，“南海一号”被广州打捞局4 000吨起重船“华天龙”成功整体打捞出水。“南海一号”古沉船打捞工程是我国迄今最大的水上考古项目，其成功整体打捞，不仅为我国海洋考古项目做出重要贡献，同时，其整体打捞技术也开创了世界海洋考古和海洋打捞技术的先河。

（十）沙埕救灾

2006年8月10日，超强台风“桑美”在福建沙埕港登陆，造成近千艘各类船舶沉没和严重损坏，众多人员伤亡。救捞系统先后派遣了5艘救助

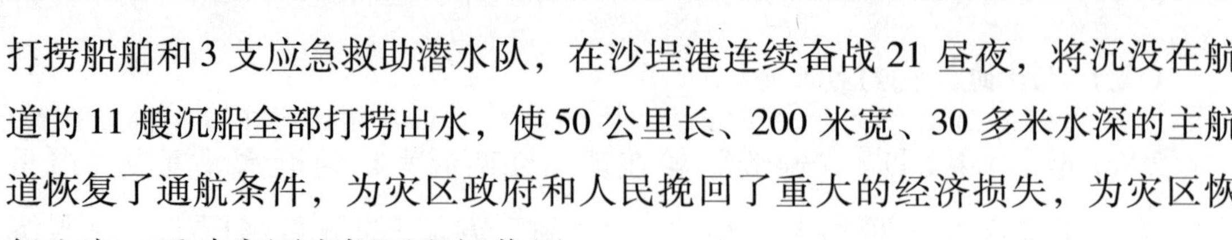

打捞船舶和3支应急救助潜水队，在沙埕港连续奋战21昼夜，将沉没在航道的11艘沉船全部打捞出水，使50公里长、200米宽、30多米水深的主航道恢复了通航条件，为灾区政府和人民挽回了重大的经济损失，为灾区恢复生产、重建家园发挥了积极作用。

三、远洋拖航运输、海洋工程服务和水上工程建设

改革开放30年以来，在坚决履行社会公益性抢险打捞任务的同时，救捞行业充分发挥技术优势，积极开拓海洋工程服务、拖航运输、水下工程和其他业务，显示出良好的社会效益和经济效益，也为增强打捞能力，履行好国家职责提供了重要的支撑。

救捞单位认真贯彻交通部党组确定的“保证救助，广开门路，多种经营”的方针开展工作。为弥补国家事业费不足，坚持以救为主，救、捞、拖、工并举，在完成海上搜救和紧急抢险任务的前提下，利用救捞间隙，先后开展了海上拖运、海洋工程等多种经营业务。

救捞体制改革后，打捞局事业经费实行自收自支，按企业化运作，以经营弥补打捞经费不足，实行以经营养打捞。3个打捞局在保证完成公益应急抢险打捞任务的前提下，充分发挥打捞单位人员技术和装备的特长和优势，积极开展拖航运输、海洋工程、水工工程服务、客滚运输、船舶修造等多种业务。

近年来，打捞单位抓住海洋油气开发日益兴盛的发展机遇，加快调整经营结构，努力集中优势资源，发挥救捞专业特长，围绕海洋石油开发拓展经营服务，使自身救助打捞、海洋石油服务（海洋石油工程和海洋石油工作船服务）和拖航运输发展成为专业优势明显、经济效益良好、发展前景广阔的特色经营产业。以2007年为例，各打捞单位总资产、净资产与2004年相比，分别增长了33.5%和42.8%。其中，海洋工程、拖航和水陆工程占业务总收入的70%，目前，成为打捞经营的3大经济支柱。目前，

各打捞单位正在按照实现以经营养打捞的路子前进。

（一）远洋拖航运输

海上拖航运输是救捞在多种经营中最早开拓的经营项目，也是最先走向国际市场的经营项目。

党的十一届三中全会以后，改革开放促成了拖航业的崛起和发展。20世纪70年代后期开始，救捞系统陆续建造和引进了1 940～15 288千瓦大功率近、远洋救助拖轮近40艘，不仅大大增强了我国的海上救助能力，同时也为在救助间隙开展拖航业务提供了有利条件。

1978年春，上海救捞局和广州打捞局的3艘拖轮组成拖航船队，拖带大型工程船驳赴柬埔寨磅逊港，揭开了远洋拖航的序幕。1979年5月1日，中国拖轮公司成立，下辖烟台、上海、广州3个分公司，拖航业务随即蓬勃发展，一跃成为救捞系统的主要收入来源之一。拖航规模从原来的中小型船舶发展到钻井平台等大型船舶。1981年后，随着业务范围的不断扩大，拖航的区域由日本、新加坡等近洋海区向远洋迈进，抵达欧美及南太平洋各国。拖航运输跻身于国际市场，也加强了同国际间的交往与合作。1985年3月19日，“沪救2号”轮携“重任1号”驳，从日本装载高43米、宽30米的大型集装箱门吊安全抵达天津，创下了中国拖轮史上海上整体拖运大件的体积之最新记录。1989年2月21日，“德大”轮历时4个月、航程26 000海里，从美国至新加坡拖15万吨级浮船坞“友联三号”获得成功，此次拖航创造了3个第一：第一次经过巴拿马运河、第一次绕过好望角、第一次完成环球拖航。

体制改革后，打捞单位积极发展远洋拖航业务，海上拖航运输目前已发展成为仅次于海洋石油服务的第二大经济支柱。2007年5月，上海打捞局与荷兰Svitzer协商，将国际远洋拖航的顶级品牌——全球拖航联盟改名为Svitzer—Coess联盟，成为Svitzer与上海打捞局的共同品牌。上海打捞局拖轮船队多次远洋合拖大型FPSO获得成功，Coess（中国海洋工程服务公司上海公司）成为国际拖航联盟更名的重要组成部分，充分体现了上海打捞局远洋拖航力量已迈入国际拖航的阵营。

（二）海洋工程服务

20世纪80年代，我国海洋石油开发出现高潮，与之配套的海洋工程服务成为重要业务。救捞业在保证海难救助和沉船打捞的同时，积极承接海洋工程服务业务。在海洋服务业务竞争中，救捞单位不断从国外引进装备和技术，改造原有设备，培训提高技术力量，拥有了一支在国内外有相当竞争能力的海洋工程服务技术队伍。

正是在1978年，经国务院批准，救捞局在香港设立了代理机构，1980年4月，香港华德海洋工程有限公司正式营业。同时，经国家计委等同意，交通部于11月成立了中国海洋工程服务有限公司，后在烟台、上海、广州设立了分公司。1981年起，中国海洋工程服务有限公司除通过国内潜校学习外，还组织部分潜水员赴美、英、法等国家参加饱和潜水培训。1980年起，中国海洋工程服务有限公司与外商共同组建多家合营公司。

进入新世纪，各打捞单位在为近海石油开发提供服务领域成果显著，服务区域覆盖了包括渤海、东海、南海在内的中国各大油气田，并逐渐进入国外市场。到2007年，各打捞单位海洋工程服务收入占总收入的43%，成为打捞各单位最主要的经济支柱。华德海洋工程（香港）有限公司成为救捞系统在香港的窗口，经过整合资源、重新组建，经营充满生机，效益十分明显。

（三）水陆工程建设

改革开放以来，救捞单位依托特有资源和专业能力，大力开展了筑港、桥梁、隧道、水利、市政建设等水陆工程经营项目。30年来，这些特色经营项目有效地支撑了救捞事业的发展。

1982年，广东省引进外资建设广珠公路4座大桥，广州救捞局承担吊装大梁的任务。通过把“南洋”号改装成500吨浮吊船，1983年至1987年，广州救捞局吊装了这4座大桥，又先后吊装了梁重在300吨至500吨间的广州大桥、紫坭大桥、新冲大桥和沙湾大桥。1991年4月，广州救捞局在甬江北岸成功安放了我国第一座沉管式隧道的第一个大型沉井，在软土地基上建造水下沉管隧道成为国内首创，技术达到了国际先进水平。此后，该局的沉管法隧道施工技术多次应用于广州、香港等城市的市政工程中，并在1993年国际交通成果展览会上，引起国内外专家的瞩目。1997年4月，在爱尔兰召开的第二届国际沉管隧道技术交流会上，广州救捞局应邀发表论文，这是我国工程技术人员第一次在国际会议上发表沉管法建造隧道施工技术的论文。

2007年，广州打捞局成功签订了越南西贡隧道工程合同，救捞系统水陆工程建设首次迈出了国门。

第七章　水运科技教育

第一节　水 运 科 技

改革开放30年，水运科技经历了恢复整顿、深化改革、科教兴交、创新发展的光辉历程，从五洲四海到祖国各地，从东部崛起到西部开发，从沿海港口建设到内河航运发展，无不留下科技进步的足迹。水运建设关键技术的突破有力支撑了基础设施建设的跨越式发展，新型运输技术的开发应用提高了水路运输服务质量和水平，信息技术的集成应用显著提高了水路运输整体效益和支持保障能力，决策支持研究成果促进了水运事业的科学决策。

30年来，水运科技走过了自主研发和引进、消化、吸收、再创新相结合的艰辛发展之路，在大型专业化码头建设技术、高效港口装卸技术、深水航道建设技术、山区河流航道整治技术、高坝通航技术、集装箱港口智能化生产管理系统、大型专业化散货码头装卸自动控制系统等领域达到世界先进水平。

回顾30年水运科技发展取得的成绩，我们体会到水运事业发展的需求是科技发展的直接动力，深化改革是科技发展的关键因素，科技投入是科技进步的有力保障，科技人才是科技创新的主导力量，能力建设是科技发展的重要支撑。

30年来，水运科技的发展离不开政府的主导作用、港航企业的主体作用以及科研院所、大专院校的主力军作用。目前，一个以市场为导向、资源优化配置、竞争有序的水运科技创新体系正在形成，必将对水运事业的又好又快发展起到支撑保障和引领作用。

一、水运科技改革开放历程

（一）拨乱反正，整顿恢复（1978～1985年）

1978年3月，中共中央、国务院在北京隆重召开了全国科学大会，这次大会是中国科技发展史上一次具有里程碑意义的盛会，也是中国改革开放的重要标志之一。邓小平同志在这次大会的讲话中明确指出“现代化的关键是科学技术现代化”，“科学技术是第一生产力，这是马克思主义历来的观点”。这一精辟论述理清了人们的思想认识，扭转了政策上的偏差，使科技工作从此走上正轨。

为贯彻落实全国科技大会精神，1978年3月，交通部召开全国交通系统科技大会，明确提出发展交通科技的16项任务。根据国家关于“全面规划，加强领导”指示精神，交通部编制了《1978～1985年交通科学技术发展规划》，提出了实现交通运输现代化，要三年大治，打好基础；八年跃进，改变面貌的总体目标。同年交通系统一批在“文革”中被撤销的科研机构得以重新恢复。交通系统广大科技人员正以极大热情投到科研工作中，取得了一大批科研成果，有力地促进了交通事业的发展。1981年4月，交通部作出了《关于调整交通部科学研究院体制机制的决定》，决定“将该院现有的水运、公路两所分开，予以充实加强，由部领导，作为我部水运和公路两方面的科研单位，名称定为交通部水运科学研究所和交通部公路科学研究所，均为局级单位。”为水运科技事业发展打下了良好的基础。

（二）机制改革，走向市场（1986～1992年）

1985年3月，中共中央出台《中共中央关于科学技术体制改革的决定》，标志着全国性的科技体制改革全面开展。1986年4月，交通部发布了《关于推进交通科技体制改革的若干意见》，由此拉开了交通科技体制改革的序幕。

交通科研机构紧紧围绕科技与经济结合这个核心问题，以运行机制和管理制度改革为重点，在推进技术成果商品化、发展技术市场和改革拨款制度等方面，进行了有益的探索和实践。逐步进行减拨科技事业费、实行院所长负责制、内部承包责任制、向企业化转制及建立科技基金等项改革，使市场机制在各科研院所工作运行中的逐步发挥作用，交通科技体制和运行机制发生了实质性的变化，促进了科技与交通建设和运输的结合。大多数科技开发类的交通科研机构主动面向经济发展，逐步走上了按照市场机制运行、自主发展壮大的道路，来自市场的课题和经费收入逐年以较大幅度增长。社会公益性的科研机构也积极拓展业务领域和功能，在形成自我积累、自我发展能力上迈出了有益的步伐。

20世纪90年代初期，我国经济体制改革取得了初步的成效，科技体制改革作为经济体制改革的配套工程，成为实现国家改革和发展目标的重要组成部分。对此，中央提出要深化科技体制改革，合理配置科技资源，优化科技运行机制，进一步解放和发展科技第一生产力，推动经济建设转到依靠科学技术进步和提高劳动者素质的轨道上来。1990年9月，交通部在济南召开了全国交通科技工作会议，总结科技改革的经验，部署下一阶段的科技发展任务。这一时期科技体制改革主要以结构调整为重点，推动科技与经济的密切结合。交通科技体制改革开始转入新的阶段。

（三）深化改革，科教兴交（1993～2000年）

1992年6月，交通部发布《交通部对加快深化直属科研单位科技体制改革的若干意见》，明确指出根据《中共中央关于传达学习邓小平同志重要谈话的通知》和1992年全国科技工作会议精神，加快深化科技体制改革步伐，继续建立和完善科技与经济有机结合的新体制。按照交通运输事业发展的客观需求，引导直属科研单位合理分流。该意见指出，在遵循《交通部直属科研单位实行院所长负责制的暂行规定》的同时，各上级主管部门要不断完善符合科技发展规律的管理体制，简政放权，充分运用市场机制和经济杠杆的调节作用推动科研单位进入科技市场。

1994 年 1 月，交通部在全国交通工作会议上指出交通科技体制改革要进一步深化，积极促进科技经济一体化，实行“稳住一头，放开一片”的方针。1995 年，在深化部直属科研单位体制改革工作中，重点抓了公路、水路和船舶运输 3 个行业科研中心建设的调研和论证工作，按照“分流七个所、组建三中心、放开一大片、稳住近千人”的基本思路，坚持“精心组织、慎重操作、分批实施、逐步到位”原则，积极开展“稳住一头、放开一片”工作，基本完成了运行机制转换和制度创新工作。同时，部分科研机构向企业转变的步伐也在不断加快，顺利完成了推进长江航运科研所进入中国长江航运（集团）总公司的工作。

为确保长江口深水航道治理工程顺利实施，交通部决定投资 1. 36 亿元，建设长江口深水航道科学试验中心，主要任务为优化和验证长江口深水航道治理工程设计，指导施工和施工期间的设计修改，并为今后进一步研究航道的治理和增深提供必要的基础研究设施。实践证明，这一结合国家重点工程建立的试验基地，为长江口深水航道建设和河口航道治理起到了重要作用，是经济建设依靠科学技术、科学技术面向经济建设的成功范例。

1995 年 5 月，党中央、国务院确立了实施“科教兴国”战略的基本国策。同年 11 月交通部召开了全国交通系统科技工作会议，提出并开始实施“科教兴交”战略。在组织实施“科教兴交”战略中，紧密结合水运基础设施建设和运输生产中的关键技术问题，加强领导，增加投入，采取重点攻关、重大技术装备开发、行业联合科技攻关等多种形式，在众多领域取得了重大突破。

随着国家政府机构改革步伐的加快，1998年底国务院决定对中央部委所属242个科研院所进行管理体制改革，通过转制使其成为科技型企业或科技中介服务机构。这一改革的目标是为了鼓励企业建立自己的应用类研究机构，使企业真正成为技术创新的主体。1999年政府出台了一系列相关政策，如原有的正常事业费继续拨付，享受国家支持科技型企业的待遇，5年内免征企业所得税，免征技术转让收入的营业税，免征其科研开发自用土地的城镇土地使用税等。

2000年，科技部根据国家科技教育领导小组第五次会议纪要精神和科研机构转制方案，决定原交通部直属的交通科研院所中，除交通部科学研究院（含信息研究所、标准计量研究所、河口海岸科学研究中心）、公路科学研究所、水运科学研究所、天津水运工程科学研究所等四个单位保留事业性质由交通部继续管理外，其他交通科研院所或转制为企业，或进入企业集团，进入大学。与此同时，各交通厅局直属的交通科研院所，也开展了多种形式的改革探索，有的已经改制为股份制企业。这些院所在市场经济的风浪中大都展现出了新的活力，无论是思想观念、运行机制，还是发展业绩，都有很大变化，为行业技术服务的能力明显提高。

1999年8月，党中央、国务院作出《关于加强技术创新，发展高科技，实现产业化的决定》后，交通部召开了交通行业技术创新电视电话会议，提出了具体的贯彻落实意见，并就加强技术创新，应用先进技术促进交通产业升级，制定公路水路交通科技发展“十五”计划和西部开发“十五”科技规划，对新时期交通科技发展的重大战略问题做出了安排。

（四）全面推进，创新发展（2001年至今）

2001年12月，交通部召开了全国交通科技创新工作会议，提出了通过推进科技创新，促进交通产业升级，努力实现交通运输生产力跨越式发展的新举措，并强调企业是技术进步和创新的主体，充分利用高等院校、科研单位的设备条件和人才优势，走“产学研”结合的创新之路，增强企业的技术创新能力。同年，配合国家西部大开发战略，启动了西部交通建设科技项目。

2005 年 9 月，交通部颁布了《公路水运交通科技发展战略》，提出交通科技发展的战略指导方针是：按照“以人为本，需求引导、综合集成、强化创新、重点突破”的基本方针，推进交通科技发展的战略性调整，提升公路水路交通的总体科技水平，为实现全面建设小康社会交通发展目标提供强有力的科技支撑。同年，交通部在《公路水路交通科技发展战略》的基础上编制完成《公路水路交通中长期科技发展规划纲要》（2006 ~ 2020 年），明确未来 15 年公路水路交通科技发展的指导方针、发展目标、重点任务、实施方案和保障措施。《纲要》确定的总体目标是：建立适应交通现代化要求和符合交通科技自身发展规律的创新体系，构筑布局合理、资源共享、配置优化的交通科研基地和科技信息共享平台，建设一支高水平的交通科技队伍，形成强大的自主创新能力；紧密结合交通建设和发展实际，突破一批重大关键技术，强化科技成果的转化和应用，全面提升公路水路交通的科技含量，为交通全面协调可持续发展提供有力保障。《纲要》确定交通科技发展重点任务：一是交通科技创新体系建设；二是交通科技重点领域研发。为确保重点任务的完成，按照整体推进、分步实施、分类指导原则，把交通科技创新体系建设任务分为重点科研实验基地平台、科技信息资源共享平台和优秀科技人才 3 项建设工程加以实施；将交通科技重点领域研发任务按照基础研究行动计划、重大技术突破计划和应用技术推进计划 3 类研发计划加以推进。《纲要》还提出深化交通科技体制改革、确保科技投入稳定增长、完善交通科技人才管理、提高交通科研管理水平、加强国际科技合作等方面的保障措施。

2006 年，党中央、国务院召开了全国科学技术大会，作出了走自主创新道路、建设创新型国家的战略决策。根据中央的战略部署，交通部党组认真总结了公路水路交通发展的历史经验，深刻分析了交通发展面临的形势，围绕交通发展目标，提出了建设创新型交通行业的重大战略任务，提出科技创新是推动交通生产力发展的主导力量，将加强交通科技创新体系建设作为实现创新型交通行业的重点任务之一。要建立以市场为导向、以企业为主体、产学研相结合，适应交通发展要求、符合交通科技自身发展规律的科技创新体系；要加强科研基地建设，构建科技信息资源共享平台，整合交通科技资源，显著提高交通行业的自主创新能力。

二、水运科技发展成就

（一）港口建设技术达到国际先进水平

改革开放以来，围绕煤炭、原油、集装箱、矿石码头等为代表的大型现代专业化码头的建设，在港口的规划选址、物理及数学模型实验、港口布置、地基处理、码头设计与施工、防波堤结构及疏浚技术等方面均取得了一系列重大技术突破，初步形成了大型专业化码头建设成套技术，为我国港口大发展注入了强劲动力，典型体现是：

1. 港口水流泥沙基础理论与模拟技术

针对我国特殊自然条件建港需求，围绕粉沙质海岸港口泥沙淤积问题、高含沙强水流岛群间建港工程泥沙问题、深水码头的结构型式等关键技术问题进行了深入系统的研究，在海岸水动力及泥沙运动规律方面取得了重大进展，基本认清了粉沙质海岸泥沙淤积机理，提出了岛群海域港址选择和减淤措施。

港口工程多动力因素综合模拟技术取得长足进步：实现模拟波浪水流共同作用下的泥沙问题；物理模型与数值模拟相结合的复合模型试验技术得到发展；水流流向、流速、含沙量、波浪要素以及地形变化等测试手段及数据处理逐步实现自动化。

2. 外海开敞式深水码头建设技术

改革开放以来，为了适应国际、国内航运事业的发展，特别是为了满足大宗货物运输和运输船舶大型化的要求，我国的港口建设从近岸走上了向外海深水、开敞无掩护发展的新阶段。外海开敞式码头多为墩式，不仅吨级大，由于水深浪高，自然条件复杂，难于维护。由于掩护的条件差，直接受风、浪、流的侵袭，施工作业条件恶劣，给勘察、设计、施工带来了许多新课题。

洋山深水港工程从 2002 年 6 月开工建设以来，相继建成投产了一期、二期工程 3 公里岸线的 9 个大型集装箱泊位。洋山深水港区工程开创了我国建港史乃至世界建港史上在高流速、高含沙量海域，离大陆 30 公里的外海孤岛建设大型集装箱港区的先例。工程建设自然条件之复杂、工程量之大、工期之短、施工经验之少、外海施工依托条件之差、技术难度之高，在我国乃至世界建港史上实属罕见。工程建设成功破解了依托外海岛礁地形的港口选址以及大顺岸的平面布置；在三类海区使用 DGPS 定位系统、ADCP 测流、多波束测深声纳系统和多普勒测流验潮技术；开发具有自主知识产权的多因素耦合的海洋动力模型试验体系；多手段综合研究泥沙问题；采用斜顶桩板桩墙承台结构、大直径砂桩地基加固、大直径嵌岩桩、深水倒滤层、深海造堤、粉细砂无填料振冲地基加固、深水航道等外海深水开敞水域港口工程设计、科研、施工、勘察多项难题，形成了外海深水、开敞水域孤岛建设大型港口工程勘察、设计、施工成套技术，全面提升了我国筑港技术水平。

3. 码头新结构的开发应用

改革开放 30 年来，对重力式、高桩和板式三大传统港口码头结构进行了创新发展，主要体现在：

重力式结构从有掩护水域走向开敞、深水、大型化，格型钢板桩结构、大直径钢筋混凝土薄壁圆筒结构、开孔消浪沉箱、钢筋混凝土半圆体、半圆沉箱、箱筒型基础等结构相继开发成功并应用；

高桩结构桩型向多样化、大截面、长桩发展，开发了新型高桩码头接岸结构和先张法预应力混凝土管桩；

开发了半遮帘式板桩码头结构和全遮帘式板桩码头结构，实现了板桩码头向大型化、深水化的发展。

同时开发应用了大圆筒结构、内河大水位差码头结构新型式，半圆防波堤结构、插入式箱筒基础防波堤结构等防波堤新结构，以及水下基床抛石整平机械化施工工艺、大型沉箱出运、海上远距离拖运和安装工艺、疏浚与吹填施工新工艺等，为复杂环境条件下的港口建设提供了技术支撑。

4. 港口地基处理技术

地基处理是水运工程建设的重要基础工程之一。其主要任务是针对各类软弱不良地基密度小、含水量大、压缩性高、强度低等特点，研究开发各种加固处理方法与工艺，满足各类建筑物对地基强度、变形等不同要求。改革开放后我国开发、研究并广泛应用的地基处理技术为水泥深层搅拌法、真空预压法、爆破挤淤法、土工织物垫层法等，其应用范围、处理效果、加固工程数量都居世界领先地位。

真空预压法处理技术开发应用开始于20世纪80年代，为解决天津新港大面积软基处理问题，科研人员研发了真空预压法加固软土地基，该法是打设竖向排水通道后，其上覆膜形成密闭状态，抽去水和空气而产生真空，将大气压力作为预压荷载的方法，获优秀专利发明奖。此后在全国范围内推广应用，并在应用中日渐成熟完善。近20年的室内外试验研究与工程实际应用，使我国的真空预压技术水平始终处于国际领先地位。

海上深层水泥搅拌法（CDM法）地基处理技术是在地基中注入水泥硬化材料，用特殊搅拌机械与原地基土就地拌和快速加固软弱地基的化学加固法。该方法的最大优点是快速、高强、无噪声、无弃土、无污染。我国首次应用水泥深层搅拌法的海上工程是1988 ~1990年间在天津新港东突堤南侧码头（用于高桩码头的接岸结构），接着应用于北侧码头（用于重力式码头的地基处理），共完成12个泊位的软基处理。

爆破挤淤法是爆破处理软基技术，这是根据我国实际情况开发的经济、实用的软基筑堤方法，是1984年为建造连云港西大堤而研究开发的新型软基处理技术，该法施工工艺简单、施工速度快、工程造价低，特别适用于淤泥与超软地基上填筑石堤。通过20余年的推广应用与研究改进，该法已逐步完善成熟。1998年交通部颁布了《爆破法处理水下地基和基础技术规程》，其技术水平与应用规模都具有世界先进水平，在天津港东突堤码头等工程中应用，取得了较好的工程效果。

软基处理技术的突破和创新，有效解决了我国淤泥质海岸港口建设中的关键技术，使我国海岸线资源得到了最大限度的应用。

（二）航道整治技术创世界一流工程

结合沿海深水航道和内河航道建设工程，在航道勘察测量新技术，航道整治工程设计及施工新技术，整治建筑物新结构、新材料、新工艺应用，大型河口航道治理成套技术，航电枢纽建设和山区河流整治理论及技术等方面取得了创新性成果，有力支撑了航道的开发和建设。主要体现是：

1. 巨型复杂河口航道整治技术

长江口属丰水多沙、多级分汊、滩槽交错、潮流径流交互作用的巨型复杂河口，存在工程方案论证艰难、工程规模巨大、结构选型困难、施工条件恶劣、工程管理复杂等诸多难题，国外尚无类似河口深水航道整治的成功经验。工程的首要关键技术是科学论证深水航道的航槽定线和治理工程的总体布置方案。通过长期的勘测资料分析和物理模型、数学模型等深入的试验研究，在基本掌握水沙运动特点和河床演变规律的基础上，提出了"在长江口总体河势基本稳定的条件下，可以选择北槽先期进行工程治理"的科学论断，制定了"中水位整治、稳定分流口、采用宽间距双导堤加长丁坝群，结合疏浚工程”的总体治理方案。一、二期工程的建设和运行实践表明，对于长江口这样的巨型复杂河口来说，上述总体治理方案是国内外河口治理和深水航道建设前所未有的成功范例和重大创新。

首次建立了径流、潮流、波浪和盐水等多种复杂因素共同作用下的长江口全沙（悬沙和底沙）数学模型，解决了长江河口航道回淤预报的技术难题；首次解决了室内动三轴试验中模拟波浪动载荷作用的试验方法；首创了利用固定测斜仪组监测全断面地表沉降的方法；对整治建筑物的结构型式及设计方法作了全面创新；开发了全套水上施工大型专用作业船和施工工艺，对大型挖泥船进行创造性的技术改造，提升了我国疏浚装备的能力。以上多项技术形成了我国独创、世界领先的一整套大型河口航道治理的先进技术。

2. 山区河流航道整治技术

针对内河急流险滩众多，西部山区航道河床水流条件复杂的特点，紧密结合西部地区通江达海水运通道建设重点工程中遇到的技术难题，先后开展了山区河流航道整治关键技术研究、长江宜宾至重庆段航道治理关键技术研究、长江中游典型浅滩演变规律与整治措施研究等，在山区河流航道整治技术上取得重大突破，为综合开发利用西部地区水资源提供了技术支撑。长江中游清淤，滩岸整治专项技术改变了以往在长江中游浅滩演变规律和碍航特性研究中过于依赖物理模型试验的状况；山区河流急、险、浅滩整治疏浚技术在山区河流水面线计算方法、沙卵石河床整治水位和整治浅宽度确定方法、卵石推移质运动规律及推移河床变形计算方法、石质河流滩整治技术、泡漩水形成机理、抛石稳定性计算方法、支流河口治理技术等方面取得创新性的研究成果。

3. 通航建筑物关键技术

通航是三峡工程三大效益之一，三峡船闸工程是许多先进技术的集成，三峡船闸规模大、设计水头高，给工程设计、施工和设备制造带来了挑战。

在工程的总体布置方面，在解决适应较大库水位变幅的分期建设技术方面，在超高水头船闸输水设计方面，在深切岩槽中采用大型薄衬砌船闸结构及高边坡设计与施工方面，在船闸大型人字闸门及启闭机设计、制造和安装方面，在船闸运行自动化监控方面以及大型水利工程建设管理方面，取得了一系列重大突破和创新。三峡船闸的建成，为世界船闸设计、建设技术创造和积累了丰富的实践经验，使我国船闸技术有了突破性发展，是水利航运工程的杰作，也是重大水利工程维护河流功能的典范。

通过西江水运主航道通航枢纽建设关键技术研究和季节性冰冻河流航电枢纽工程防冻防冰问题研究等项目的开展，使山区河流梯级渠化技术在枢纽通航建筑物平面布置及周边通航水流特性、船闸引航道防淤减淤措施、冰冻河流枢纽防冻防冰措施等方面取得重大进展；西部超高水头枢纽通航建筑物关键技术研究和乌江构皮滩通航关键技术研究等课题，则针对西部河流超高水头船闸输水技术和水力式升船机的关键技术，提出适合西部地区河流特点的船闸输水系统和升船机类型。

4. 河流渠化技术

嘉陵江是长江上游的重要支流，长江水系的主通道之一，围绕嘉陵江航运梯级渠化工程，针对枢纽总体布置、船闸引航道布置、船闸设计最高通航水位确定、重力式衬砌墙和输水系统等关键技术开展了“嘉陵江航运梯级开发关键技术研究”科技攻关，在全面总结分析渠化梯级枢纽平面布置型式的基础上，提出山区河流不同类型渠化梯级枢纽平面布置原则和适用条件；针对嘉陵江航运枢纽船闸引航道布置难以满足直线段长度要求的特定条件，首次提出船闸引航道导航段和停泊段呈折线布置的方式；针对山区河流洪水暴涨暴落的特点，提出了合理确定船闸设计最高通航水位的方法；对支流入汇河段首次采用水气两相三维流场数值模拟的方法，开发了适用于大尺度不规则边界的三维流场计算软件。这些研究成果都成功地应用于渠化建设工程中。

（三）港口装卸技术与装备走在世界前列

改革开放以来，为适应运输船舶大型化发展趋势，我国港口装备向大型化、专业化、高效化以及现代化发展，在专业化、高效化装卸工艺技术和港口重大技术装备研究和开发方面取得了重大进展，产品的技术水平已经达到国际先进水平，部分产品在满足国内需求的基础上已经进入国际市场，销往欧美各国，具备了很强的国际竞争力。主要体现在：

1. 集装箱装卸技术与装备

20 世纪 80 年代末期，为了提高我国沿海港口集装箱通过能力，通过国家科技攻关计划和国家企业技术开发计划支持国内大型集装箱港口机械的研发，先后开展了岸边集装箱起重机、轮胎式集装箱龙门起重机、集装箱跨运车、集装箱正面吊运机、集装箱挂车的研制。通过引进、消化、吸收、再创新，形成了具有自主知识产权和国际先进水平的集装箱港口机械产品，以自主设计开发并首创的可吊双 40 英尺箱、三 40 英尺箱和全自动化双小车岸边集装箱起重机以及具备 GPS 导航精确定位、双向防摇、节能环保、市电供电等特性的轮胎式集装箱龙门起重机为代表的振华港机公司的港机产品已进入世界 50 多个国家和地区，占有世界集装箱岸边起重机和轮胎式龙门起重机市场七成以上份额。

2. 散货装卸技术与装备

改革开放初期，为了尽快提高我国港口散货装卸效率，在交通部的主导下，在国家“六五”科技攻关计划中开展了“工艺流程自动控制及计算机管理系统研究”，项目依托湛江港粮食码头建设，采用工业控制计算机通过可编程控制技术对 150 多台装卸机械及设备按照 23 条工艺流程进行全自动控制，通过该系统使装卸工艺流程能按时序启动、自动换舱、自动处理系统故障、按照设置自动终止流程，大大提高了生产连续作业的能力，减少了船舶停靠时间，提高了码头生产效率。在随后的推广应用中，开始了我国散货码头普遍采用自动控制与管理系统的历程。

今天，以秦皇岛煤码头、大连北良粮食码头为代表的散货码头装卸工艺与自动控制系统，已将先进的信息技术、通信技术、网络技术应用于控制系统中，系统功能从最初的自动控制和数据采集，拓展到实时监控、故障诊断、自动识别、图像传输、远程调度等，已能够自动控制流程400余条，实现煤炭装船效率每小时8000吨。

同时开始研制散货装卸机械，至今已成功研制了连续式散货装船机、大型抓斗卸船机、链斗卸船机等散货装卸设备，单机煤炭装船效率已达8 000吨/小时，矿石卸船效率达到2 750吨/小时，国产翻车机可一次翻三节车厢，效率达到7 200吨/小时，不仅为我国大型港口散货卸船机械替代进口设备创造了条件，而且为其走向世界奠定了基础。

（四）先进的船舶运输组织技术提高了水路运输的服务能力和水平

为适应国家对外贸易迅猛发展和内河航运发展的需求，通过引进、消化、吸收和再创新，开发了一系列船舶运输新技术，不断提高我国船舶运输技术的国际水平和船舶标准化程度，促进了水路运输效能的提高。重点表现在：

1. 国际集装箱运输系统（多式联运）工业性试验规范了我国集装箱运输管理

《国际集装箱运输系统（多式联运）工业性试验》是国家重点工业性试验项目，汇集了全国水运、公路、铁路、经贸行业共50多家单位2 000余人参与科研工作。项目提出了以上海港为枢纽的国际集装箱运输系统建设方案，有效解决集疏运能力薄弱，缓解瓶颈问题；拟订并由行政部门颁发了一系列集装箱联运必需的业务规章，尤其是突破性地拟订了第一个国际集装箱综合管理业务规章：《海上国际集装箱运输管理办法（试行）》，奠定了我国国际集装箱运输的法律基础，规范了集装箱联运各个环节的业务行为、作业程序，对推动正规化管理起到了重要的保障作用。健全箱务管理制度，实行超期有偿使用办法。健全现场箱务管理机构，单证制作与处理由手工操作过渡到计算机管理，改变了箱务管理混乱的落后面貌；建立了我国集装箱运输专用单证；改革了集装箱多式联运的收费办法；实现并完善了三种不同形式的“门到门”运输经营模式，确立了多式联运经营人的地位和作用；开创性地组织口岸进出口业务联合办公，使口岸协作水平达到了新的高度；开发了一个覆盖“工试”网络范围、对集装箱进行动态跟踪的信息系统，第一次实现了分属交通、铁路、经贸三个部门、分布于12个城市共20多个单位组成的信息传递网络；成功地研制了适用于我国内陆港站的40英尺集装箱正面吊运机、36/16吨铁路龙门起重机及35吨内河港池大跨距桥式起重机。以上关键技术的突破，为我国从全局解决国际集装箱运输的正规化现代化奠定了基础。“工试”项目取得了非常显著的经济效益，是我国集装箱运输史上的一次突破。

2. 分节驳顶推船队运输成套技术

分节驳顶推船队运输方式具有载量大、投资省、互换性好等诸多优点，是现代内河货物运输的一种先进运输方式。围绕扩大船队载运量、提高推船单位功率推载量、降低燃油消耗、降低运输成本、提高劳动生产率五个方面，以系统研究和成套技术作为核心，以硬件开发作为工程依托，以大幅度地提高分节驳船队技术水平为目标，通过50个单位共计科研人员523人，历时近10年的科技攻关，获得7大类30项丰硕成果。重点解决了分节驳营运经济论证、减阻防浪分节驳船型、分节驳船队阻力计算方法、雪橇首纵流型推船等关键技术，并进行了实船开发；开展了尾部综合体的研究开发、襟翼舵及倒车舵的系列试验研究，提出了提高推进效率与改善操纵性的综合技术与措施；研制了安全可靠、通用性强、造价低的新型系结装置；设计开发便于货物装卸、提高运输质量及造价低的新型驳船结构；解决了主机操纵与主机遥控装置、主机减震装置等技术，提高推船推力、改善船队操纵性和自动化水平；通过单船和船队的快速性与操纵性试验、分节驳船结构试验、大型船队的系结力试验及营运试验，进一步验证了船队和推船的技术性能，使我国的分节驳顶推运输成套技术在总体上达到了国际上水运发达国家的技术水平。

3. 内河船舶标准化

自 2003～2005 年间，交通部先后启动了“京杭运河船型标准化示范工程”和“川江及三峡库区航运结构调整和船型标准化工程”，组织编制《全国内河船型标准化发展纲要》，开展珠江水系内河船型标准化调研和珠三角集装箱船标准船型的研发工作。为了保证上述工作的顺利开展，交通部立项开展了一批与船型标准化有关的项目研究，编制了《京杭运河船型标准化示范工程行动方案》、《京杭运河船型标准化示范工程经济鼓励政策实施办法》、《川江及三峡库区船舶运力结构调整和船型标准化工程行动方案》以及《珠江干线及主要支流推进船型标准化工作行动方案》；开发了京杭运河 13 个系列 25 种标准船型的送审图纸、川江及三峡库区 8 类 29 型标准船型的技术方案以及川江上游四川省客渡船 7 型标准船型，颁布了《京杭运河运输船舶船型主尺度系列》、《川江及三峡库区运输船舶标准船型主尺度系列》和《珠江干线货运船舶船型主尺度系列》，修订了京杭运河、川江及三峡库区船舶技术相关法规和规范；编制了京杭运河、川江及三峡库区、川江上游干支直达现有船型比选工作指南和优秀船型指引；出台了指导全国内河船型标准化推进工作的《全国内河船型标准化发展纲要》，为我国未来船型标准化发展道路指明了方向。

（五）水运安全技术进步增强了运输保障能力

水路运输安全技术涉及尘毒危害、粉尘爆炸、港口建设劳动安全卫生评价、重大危险事故预防与控制、港口现代安全管理体系、船舶安全检验、救助打捞及重大事故应急预案研究，水路运输安全技术进步对防毒防爆、降低港口事故隐患、遏制重大事故发生、保障船舶运输和港口生产的安全做出了贡献。主要是：

1. 港口散粮粉尘防爆技术

改革开放前国内对粮食粉尘防爆技术研究还处于空白，1981年12月，广州黄埔散粮筒仓群发生粮食粉尘爆炸，引起各界关注。从1986年开始，交通部、劳动部启动了对港口粮食筒仓粉尘防爆技术的系列研究，先后开展了《港口散粮筒仓防爆技术综合评价》、《港口散粮筒仓系统装卸设备安全规程制定》、《散粮筒仓谷物粉尘特性研究》、《散粮装卸粉尘防爆技术研究》。

通过上述研究项目，揭示了粮食粉尘的化学组成和爆炸机理，研究了散粮筒仓装卸过程中起尘规律、提出了影响筒仓安全的标准、研制了国内首台适用于港口散粮筒仓系统的专用泄压装置和自动抑爆装置，这些研究成果对防范事故隐患、遏制我国港口散粮筒仓粉尘爆炸事故发生发挥了重要作用。

2. 重大危险事故预防与控制技术

重大危险事故指该事故一旦发生，将会造成重大人员伤亡或重大经济损失及环境严重破坏，给社会带来重大影响。“九五”期间，国家开始将重大危险事故预防与控制列入科技项目支持重点。针对交通行业有可能发生重大事故的状况，开展了《港口重大危险源控制研究》、《油品储罐火灾爆炸事故模型研究》、《石油化工码头及库区灾害事故应急救援系统研究》、《港口安全管理体系研究》以及《港口台风灾害风险评价模型研究》。

通过上述研究建立了港口危险货物数据库，确定了港口重大危险源辨识方法，开发了储罐火灾效应计算模型和储罐爆炸效应计算模型，首次针对石油化工码头区域建立了灾害事故应急救援系统。这些研究成果为我国开展港口建设项目安全评价、港口设施保安履行国际公约以及公共突发事件应急预案编制奠定了技术基础。

3. 内河航运安全保障技术

自2001年起，西部交通建设科技项目先后开展了《三峡库区航运安全监管系统建设关键技术研究》、《长江危险化学品运输安全监控与事故应急技术研究》、《湘江航运安全监管技术及应急对策研究》、《三峡船闸通航安全应急反应系统关键技术研究》、《内河港口工程安全生产重大危险源及事故隐患防治技术研究》、《西部内河水上船舶交通事故应急反应系统关键技术研究》，有效地提升了我国内河航运安全的理念和技术，改善了航运安全状况，提高了我国内河航运安全监管的水平。

4. 船舶安全检验技术

保障船舶安全和防止海洋污染是船舶检验工作的宗旨，30年来，通过引进借鉴到研发创新形成了我国船舶安全检验的规范体系，不断提升规范的科研和技术水平并积极参与国际共同规范的研究与制定发展道路，形成了由主题规范、辅助规范和支持文件（通函和计算程序）构成的船舶检验的规范体系，覆盖了船舶检验、海上设施检验、集装箱检验以及有关产品检验、管理体系认证和风电设施认可等业务技术领域，有力地提升了中国船舶检验的业务技术能力。

我国船舶检验规范技术坚持以安全、政策、市场为导向，按照满足需求、适当超前的原则，依据业务开发和规范发展的需要，向全方位、多领域和自主知识产权方向发展。其中，VCBP超大型船舶技术的研究和开发、积极参与和推动的优选散货船型的研究和开发（OBC）以及COMPASS和“海虹之彩”大型计算软件开发、在国际船级社协会中积极参与的散货船共同规范的研究和制定，对于完善中国船舶检验规范体系，推动规范高技术化，改善中国船级的船队结构，提升中国船舶检验的国际形象，增加船公司的竞争力，强化中国船级社在国际上的影响力，发挥了重要作用。

5. 深潜水技术

长期以来不断致力于潜水技术和潜水医学的研究，大大提高了救捞生产能力。在打捞“阿波丸”沉船工程中，有100多名潜水员用一般空气潜水的重装潜水装具，潜到水深50米至61米处作业，最深的到达69米处，超过空气潜水人体生理承受理论极限60米的深度。1981年5月，上海救捞局在东海进行76米水深的氦氧深潜水作业，将“勘探2号”的海水深井泵打捞起来；1988年，该局深潜水小分队在东海93米深的海底进行了打捞作业，显示了中国深潜水事业已由实验走向大工作量的生产领域。1990年夏，“沪救捞3”号轮在南海多次进行深度为116米的氦氧深潜水作业，创造了中国深潜水作业新纪录。同年，烟台救捞局首次采用ROV（水下遥控无人潜水器）对沉船进行水下探摸；上海救捞局成功进行250米密闭式氦氧潜水装具系统试验及300米巡回饱和潜水试验，这在国内属首次，标志着我国深潜作业能力达到了国际水平。

6. 打捞技术

“南海Ⅰ号”古沉船打捞采用了世界上首创的沉箱整体打捞工艺，广州打捞局创造性地把海洋工程、水工工程、水下液压、水下检测等多项技术进行综合运用，开创了我国多项水下工程技术应用于一个复杂打捞工程的先河。近几年开发的5 000吨沉箱一次性预制和气囊拉移上船技术、建造沉管隧道运用“移动干坞”技术、利用内浮力打捞大型沉船技术、水下应急抽油技术、大型桥梁安装技术、单点系泊安装技术等，均达到国内领先水平。

（六）水运环保技术提高了水域生态环境的保护能力

水运环保技术研究从港口污染治理和船舶溢油应急处理起步，在港口和船舶污染防治与应急处理技术、环境影响评价与生态环境保护技术方面取得了一些具有国内先进水平的研究成果，为本领域的开创和今后的发展奠定了基础，并着手建立相应的水运环境保护和应急反应系统，已逐步形成国家级应急反应体系。主要表现在：

1. 环境影响评价技术

1981年，遵照环保法规定的建设项目环境影响评价制度，开始了水运建设项目环境影响评价工作。通过秦皇岛港煤码头一、二、三期工程及丙丁码头工程环境影响评价，科技人员开展了大量调查监测、研究实验和科技创新，编制完成的环境影响报告书通过了国家环境保护局的审查，在此基础上通过中美合作项目——秦皇岛港煤码头三期工程环境影响评价实例研究，首次在国内引入了国际先进的环境影响评价技术和方法。为了进一步规范环境评价工作，交通部编制出台了《港口环境影响评价规范》和《港口环境保护设计规范》。1996年，通过中国和加拿大政府间合作项目"适宜的港口环境评价"，一批从事港口开发建设环评科技工作业务骨干前往加拿大学习先进的港口环境影响评价科学技术，并引进一批先进的软硬件环评装备，科研人员在引进消化吸收的基础上开展再创新，研制开发了具有自主知识产权的水运工程生态影响模型系统，并应用于"上海国际航运中心洋山深水港区一期工程环境影响评价"，为推动上海国际航运中心的发展和政府决策发挥了重要作用。2004年《环境影响评价法》开始实施后，营口港率先开展了营口港总体规划环境影响评价，随后上海、深圳、大连、南京、珠海、湛江、广州、天津、连云港、苏州港口相继开展了总体规划的环境影响评价工作，使我国水运规划和建设项目环境影响评价和环保管理工作上了新台阶。

2. 清洁生产与污染防治技术

20世纪80年代初，开展了油份浓度分析方法研究和应用工作，重点对油份浓度常用的定量方法如重量法、红外吸收法和紫外吸收法进行了试验研究，分别确定了该三种定量方法的准确度、精密度和灵敏度，尤其对红外吸收法进行了改进，并确定为交通行业水中含油量的标准分析方法。为了制定"2000年中国近海环境污染预测与对策研究"，1985年交通部组织开展了海港、船舶对近海环境污染的预测工作，基本摸清了我国近岸海域包括海港、船舶在内的污染现状和发展变化趋势，为制定沿海地区环境保护规划，确定重点保护海域，合理利用海洋自净能力，划分海洋功能区等提供了科学依据。随后开展的水运环保技术经济政策研究、“九五”及2020年交通环保规划研究、沿海水运“十五”及2010年环保规划、水运环保“十一五”及中长期科技发展规划等专题，全面总结了我国港口污水、有毒有害气体、粉尘、噪声污染物及固体废物的防治现状，提出了治理规划和目标，相关对策建议结论被纳入国家和交通部制订的技术政策条文和相关科技发展规划之中，相关专题被列为优先科技发展主题。

针对石油化工储运中有毒有害气体空气污染和煤炭矿石储运中粉尘污染问题，开展了湛江港油码头光化学反应现场实验和青岛港黄岛油库油雾气监测实验，根据实测资料确定污染源强度和二次污染水平，建立污染预测模型，完善污染防治对策，开展了喷洒水抑尘、化学抑尘剂抑尘、防风网、防护林带、全封闭装卸储运工艺等多项防尘技术的研究开发，成果在多个港口得到较好的应用，为港口油雾气和粉尘防治以及空气环境的改善提供了有力的环保科技支持。

近年，国内港口纷纷在集装箱码头开展“油改电”技术改造项目，对轮胎式集装箱龙门起重机进行技术改造，用清洁的电能取代传统的柴油发电机组，达到节能、降低噪音、减少温室气体排放的显著效果。

3. 风险防范与污染应急处置技术

改革开放初期，为了追查水上油污染源及造成油污染的肇事者，开展了溢油品种鉴别方法研究，研究开发了气相色谱法和萤光光谱法二种溢油品种鉴别方法，其中，气相色谱法主要依据不同油品正烷烃的气相色谱指纹特征进行鉴别，萤光光谱法根据不同油品中多环芳烃在一定条件下所具有的特征萤光光谱进行鉴别。该两种方法均是国内首次通过大量科学实验提出的较为实用的方法，为追查油污染源提供了强有力的科学依据和监测手段，对我国海洋和港口防油污染做出了贡献。1987年由交通部立项，开展了充气式橡胶围油栏的研制工作。研制完成了充气式围油栏样机、围油栏卷绕机及其液压驱动系统以及吸气机。该充气围油栏采用了聚酯纤维和氯丁橡胶为基材，具有高强度、耐油、耐老化、耐腐蚀和耐候性等特点，其性能达到80年代末国际同类产品的先进水平，获国内实用新型专利。

进入21世纪，针对我国沿海能源增加和海洋生态环境保护的迫切需要，在交通部的主导下，国家“十一五”科技支撑技术和重大产业技术研发专项资金立项，开展了远洋船舶压载水净化和水面溢油应急处理关键技术研究，结合海上船舶压载水外来生物处理以及溢油应急体系建设需要，重点研究溢油遥感识别与检测、溢油污染损害预测与预警、溢油控制和快速处理、船舶压载水处理等领域的关键技术，为我国的海上应急快速反应系统高质量建设和高效率运转提供先进可靠的技术支撑。

4. 生态环境保护与恢复技术

在加快港口建设的同时，交通部非常重视水运工程建设生态环境保护与恢复技术的研究与应用，长江口航道整治工程和洋山深水港区工程率先对海洋生态与渔业资源的现状进行了分季节、大范围的调查监测，对生态系统、食物链网、既往环境问题等进行了科学系统的分析，在此基础上对疏浚、围垦、打桩、爆破等工程内容进行了剖析，在揭示不同类型影响机理的同时，定量化地模拟计算生态环境影响源及其影响程度和范围，有针对性地提出预防、减缓、恢复、补偿不利影响的对策措施，在工程建设中全面贯彻落实各项环保对策，该项工作已通过国家组织的工程竣工环保验收。

为有效实施相关国际公约提供科技支撑，防止、减少和最终消除因有害水生物和病原体的传播而导致的环境、人类健康、财产及资源方面的风险，并避免此种控制的有害副作用，交通部正在进行的船舶压载水及沉积物管理体系研究，旨在建立符合国际标准、不产生二次污染的船上及岸上船舶压载水和沉积物管理体系，彻底切断有害微生物和病原体以及外来物种随航运传播的通道。

（七）信息化技术的广泛应用提高了水路运输系统效率

紧跟世界潮流，深入开展了现代信息技术的研究和应用，现代信息技术在水运规划、勘察设计、运输组织和运营管理等方面取得了显著成效。卫星定位、航测遥感和计算机辅助设计集成技术，极大地提高了规划、勘测设计的效率和质量；船舶交通管理系统、集装箱运输电子数据交换技术等的应用，有效地增强了运输组织能力，提高了运输管理水平。主要有：

1. 水运生产快速统计系统

1984 年，我国电子政务步入信息处理阶段，“水运生产快速统计系统”（原名“水运生产调度系统”）率先实现数据网络传输。该系统是交通部第一个实现动态监管的信息系统，经过四次功能扩充和升级改造，目前能实现每天汇集我国年吞吐量 500 万吨以上港口的货物吞吐量、重点物资吞吐量、重点物资港存及船舶在港动态等信息，以及包括中远、中海、长航三大航运集团货运量、重点物资运量等实时数据，可满足交通主管部门及时掌握全国最新水运生产数据的需求。

2. 水运工程建设勘察设计信息化技术

基于现代信息技术开发的差分全球定位系统（DGPS），定位精度达到米级，已成为水运工程测量的主要手段。利用 GIS 技术开发的三维航道水深信息管理系统，具有航道水深数据管理、三维水下场景漫游及浅点预警、三维港区陆上场景漫游演示等功能，初步实现了勘察数据的自动化处理、规范化管理和综合应用。

3. 国际集装箱运输电子信息传输和运作系统及示范工程

20 世纪 90 年代，发达国家将计算机应用、通讯网络和数据标准化三大要素为核心的电子数据交换（Electronic Data Interchange）技术应用于集装箱运输单证的传输和运作中，实现了集装箱运输信息流转过程的自动化和高效化。

组织实施的国家“九五”重点科技攻关项目《国际集装箱运输电子信息传输和运作系统及示范工程》正式启动，项目通过引进消化吸收国外先进技术，围绕电子报文传输和运作进行技术攻关，首次建立了既符合国情又与国际接轨的集装箱运输EDI标准体系；开发了一套生成国际标准报文的应用软件；建成了上海、天津、青岛、宁波口岸及中国远洋运输（集团）公司五个EDI中心，连通147个用户；实现中国远洋运输（集团）公司的EDI网络与国际公用数据网络互联；形成电子数据交换和电子数据处理有机结合的应用报文系统；建立了集装箱运输EDI报文运作的安全机制；制定了集装箱运输EDI法规体系；建立了完善的培训体系；完成了进出场站码头集装箱信息自动传输技术的研究。

国际集装箱运输电子信息传输和运作系统及示范工程的建成并投入使用，标志我国国际集装箱运输开始进入大规模采用EDI技术新的发展时期，项目研究成果推广应用到我国14个沿海开放港口及从事国际集装箱运输的中海集团等航运企业，使我国集装箱港口迅速向管理现代化目标迈进。

4. 外高桥集装箱码头实时生产指挥系统

外高桥集装箱码头建设的核心是提升港口集装箱的处理能力，数字化的生产管理系统创新技术基本涵盖了港口集装箱作业的全过程。实时生产指挥系统运用智能模糊控制理论，融合现场操作和管理人员的智慧和经验，自主开发了先进的集卡全场智能调控软件，根据作业线需求的优先级，兼顾路程就近原则，自动给集装箱卡车发布动态调配指令，在不同的时间段为不同的作业线服务，使系统的整体装卸作业能力有了较大提高；堆场系统根据场桥位置、集卡等候情况以及船名、航次、港口、箱型等分开堆放，有效提高了作业效率；闸口管理系统创新性地将计算机学科各领域最先进的技术整合，形成先进的、高度集成的、高度自动化的道口识别放行系统，并与码头生产管理系统实现无缝结合，推动了信息管理标准化的进程，极大地提高了作业效率。

5. 集装箱电子标签系统

集装箱物流的核心是以信息为载体，而电子标签系统的应用，能对运输过程中集装箱的货物状态和运输信息进行有效监控和实时管理，大大提高集装箱运输的管理水平和安全性。以我国内贸集装箱运输起步，研究开发了适用于港口集装箱运输的电子标签自动识别系统、港区无线传输通信系统以及集装箱信息实时交换系统，并在上海至烟台的集装箱航线上进行了示范应用。系统的试验成功，填补了国内外在集装箱物流中应用电子标签技术的空白，取得了13项国家发明专利和1项著作权登记，其中“集装箱电子标签装置”和“一种电子标签和电子封条的连接方法”分别获2004年第五届中国国际发明展金奖、2005年第十五届全国发明展金奖和2006年巴黎国际发明展金奖。

集装箱电子标签系统的应用，提高了集装箱的运输效率，减少和避免了集装箱运输过程中的差错，降低操作人员的工作强度，节约了运输成本，全面提升了集装箱运输的服务水平和管理水平。

6. 通信导航技术

卫星通信技术在水路交通行业应用开始于20世纪80年代中期，经过20余年的发展建设，已经建成全球海上遇险和安全通信系统、海事卫星通信系统和搜救卫星系统，借助先进的自动化手段，形成了对遇险船舶的定位识别、协调救助通信、播发海上安全信息等功能，为遇险通信与安全救助提供了更为可靠和有效的手段，实现了海上安全通信水平的跨越式提升，有效保障了海上航行安全和人命救助。

此外，经过多年的研发，交通运输业在北斗卫星导航系统的应用开发上，已经实现了多项技术突破，开发了北斗卫星导航系统民用用户管理与基础信息服务平台，正在开展的利用CAPS系统实现导航通信双功能的《导航与卫星通信融合关键技术及应用》项目将突破基于导航与卫星通信融合系统的高精度时间同；上行功率受限系统设计、大容量信息传输与分送等关键技术；研制同时具备高精度、快速定位与大容量卫星双向通信能力的导航通信一体化终端的原理性样机；研制具有一定增益的宽波瓣天线，实现动态条件下的导航通信功能；建立定位和数据传输应用示范系统，完成相应的软件系统。

积极利用卫星导航技术有效增强我国交通运输能力，发挥交通设施的最大通行功能，在降低运输成本、节约运输时间、避免运输事故、规划交通发展、减少能源消耗、促进环保交通等诸多方面发挥了重要作用。

（八）决策支持技术促进了水运科学决策

改革开放30年来，紧紧围绕事关交通事业发展的全局性、战略性和政策性等重大问题，相继开展了一系列重大交通决策支持技术研究，在交通发展战略规划、法律法规、体制机制、发展政策等方面取得了重要的研究成果，丰富了水路交通发展的理念、战略、规划和政策，促进了水路交通发展科学决策。主要表现在：

1. 发展战略

根据党中央制订的中国社会主义现代化建设大体分三步走的战略目标和经济发展的战略部署，从中国交通运输的现状出发，交通部在发展以综合运输体系为主轴的交通运输业总方针指导下，在深入研究的基础上，按照“统筹规划、条块结合、分层负责、联合建网”的方针，于1989年提出从“八五”开始，用几个五年计划的时间，建设中国的“公路主骨架，水运主通道，港站主枢纽和交通支持保障系统（简称：三主一支持）”。其中水运主通道为“两纵三横”的沿海南北主通道和京杭运河、淮河主通道，长江、西江以及其支流及黑龙江、松花江主航道；港站主枢纽为主通道、主骨架以及铁路、航空干线交汇处的43个港口、45个站场；支持保障系统包括安全监督、通信导航、救助打捞、公安消防、信息服务、交通教育、

科技进步等七个部分。

“八五”期间，《公路、水运交通在综合运输体系中的战略地位和作用研究》从交通运输在国民经济中的地位和作用入手，分析了运输结构的演进和变化动因，对各种运输方式的技术经济特性进行比较，明确公路、水运在综合运输体系中的地位和作用，并提出提高公路、水运地位和作用的主要措施。进行了《中国旅客运输发展战略研究》、《1996～2020年中国交通运输发展战略与政策研究》等研究。

1996年，根据《中共中央关于制定国民经济和社会发展“九五”计划和2010年远景目标的建议》，交通部在全国交通工作会议上明确了“九五”期间发展我国交通事业的指导思想和主要任务，指出要做好“九五”时期的交通工作，关键要做好两个根本性转变，一是经济体制从传统计划经济体制向社会主义市场经济体制转变，二是经济增长方式从粗放型向集约型转变。

1997年，党的十五大第一次提出了到21世纪中叶要实现新“三步走”战略，交通部经研究明确了社会主义初级阶段公路、水路交通发展实现现代化的三个阶段。第一个阶段，从“瓶颈”制约、全面紧张走向“两个明显”；第二个阶段，从“两个明显”到基本适应；第三个阶段，从基本适应到基本实现现代化。

这一期间，《面向二十一世纪水运交通发展战略研究》系统总结了我国水运行业发展的历程、现状及存在的主要问题，分析了水运业发展面临的国际、国内环境和形势，探讨了水运业在国民经济中的地位和作用，对未来水运发展需求做出了预测，提出了水运发展的战略目标、重点和具体目标体系，以及实现战略目标的措施和政策建议。

20世纪90年代是我国公路水路交通的大发展时期，为适应国民经济和社会发展的要求，交通部计划用30年左右的时间完成公路主骨架、水运主通道、港站主枢纽和支持保障系统的建设规划，进行了一系列的交通规划研究，并出台了相关规划以指导行业发展。

“十五”期间，根据党中央、国务院的战略部署，交通部先后开展了一系列战略研究。为贯彻落实中央关于到二十一世纪中叶我国基本实现现代化的第三步战略目标，交通部进行了《公路水路交通发展的“三阶段”战略目标》研究，评价了公路水路交通发展现状，分析了公路、水路交通发展三阶段及其主要标志，明确了公路、水路交通发展三阶段的主要目标，进而指导交通发展战略和长远规划的编制与实施。

为了加快沿海港口建设，交通部2001年在加强科学研究的基础上，印发了《全国沿海港口发展战略》，提出了沿海港口发展的总体目标，以及21世纪初叶的发展重点和保障措施，是未来一段时期沿海港口规划和建设的指导性文件。为了准确把握我国内河航运发展方向，将“三主一支持”形成的长远规划设想逐步付诸实践，交通部组织开展了内河航运发展战略研究工作，完成《全国内河航运发展战略》，用于指导未来一段时期各地区内河航运规划和建设工作。

在确定《公路水路交通发展的“三阶段”战略目标》的基础上，2002年交通部组织研究并制定了《公路水路交通发展战略》，构筑了我国水路交通的新格局，规划了我国“五纵七横”的国家公路网主骨架和全国水运主通道总体布局，并对主枢纽港口和公路枢纽站的建设也提出了明确目标。此外还明确了2020年以前的公路水路交通发展的战略重点和战略措施。

为认真贯彻落实十六大精神，2005年交通部党组及时部署开展了《全面建设小康社会公路水路交通发展目标》的研究工作，组织有关研究单位对全面建设小康社会进行解读，在深入分析我国公路水路交通现状的基础上，参考和借鉴国外发达国家对未来交通构想方面的成熟经验，制定了全面建设小康社会公路水路交通发展目标。

为依靠科技进步提高交通发展质量，把握交通科技发展方向，交通部组织专门力量编制了公路水路交通科技发展战略和中长期科技发展规划。

《公路水路交通科技发展战略》研究，围绕交通发展的目标和任务，明确交通科技发展的指导方针、战略目标和重点领域，提出加强和完善交通科技创新体系建设的政策措施，对交通科技发展作出战略性、全局性、前瞻性的部署，推动“科教兴交”战略的全面实施。《公路水路交通中长期科技发展规划纲要》研究，从国民经济、社会发展和国家安全的需求出发，结合交通科技自身发展的特点和规律，确定了中长期交通科技工作的发展目标和重点任务，制定了具体的规划实施方案。

“十一五”以来，交通部相继开展了几个指导行业发展的重要战略研究。为了进一步贯彻落实中央关于建设节约型社会的要求，建设节约型交通，实现对资源的少用、用好、循环用，2005 年，交通部组织专业力量进行了《节约型交通行业发展战略研究》，提出了建设节约型交通的总体思路、指导原则、战略目标和建设节约型交通的要求与措施。2006 年在此研究的基础上，交通部出台了《建设节约型交通指导意见》，指导行业节约型交通的建设。

在国家作出走自主创新道路、建设创新型国家的重要战略决策的前提下，开展了《建设创新型交通行业发展战略研究》，系统地提出了建设创新型交通行业的发展战略，通过分析交通行业发展现状及其面临的发展形势和要求，明确了建设创新型交通行业的指导方针、总体目标、重点任务和保障措施，为在交通行业贯彻落实党中央、国务院建设创新型国家的重大战略决策，推进行业理念创新、科技创新、体制机制创新和政策创新发挥了重要作用。

从深入贯彻落实科学发展观、构建社会主义和谐社会、建设创新型国家等一系列重大战略思想和部署，努力做好“三个服务”，实现交通又好又快地发展要求出发，交通部党组开展了《交通由传统产业向现代交通服务业转型战略研究》，并出台《关于加快发展现代交通业的若干意见》。

随后，为了贯彻落实科学发展观，落实十六届六中全会精神，推进创新型交通行业建设工作，交通部党组提出开展《资源节约型、环境友好型交通发展模式研究》，主要针对交通发展理念、发展战略、行业规划、政策法规、标准规范、科技支撑、政府管理等进行分析和评价，进而提出推动我国资源节约型、环境友好型交通行业新发展的产业政策及相关评价指标体系，并组织实施了 6 个专项行动计划等，为交通行业走资源节约、环境友好的发展道路以及制定相关行业政策提供了重要支撑。

2. 运输系统优化论证

“国际集装箱运输系统优化论证”作为交通软科学项目于 1987 年立项开展研究，该项目运用系统工程的理论和方法，以发展规模和港口布局为重点，采取整体设计，整体把握港、航、路、货各环节的相互衔接，拟定了多种技术方案，建立相应的系统模型，分层次进行局部优化和系统综合优化，从而论证确定了最佳的港口布局和国际集装箱运输系统建设方案，项目成果为国家调整“七五”计划、编制“八五”计划以及编制中长期发展规划提供了依据。

改革开放伊始，我国经济建设处于恢复上升期，能源需求导致煤炭运输量迅速增加，交通部及时开展了“煤炭海运、港口优化论证”研究，研究从我国能源运输的迫切需求出发，通过系统优化分析，提出了我国煤炭海运系统重大建设方案和重大技术装备研制方案，提出了煤炭卸船能力、卸船效率、船型、卸船机械的合理匹配范围，为不同通过能力的卸船港口建设提供了设计依据。研究成果提出的适合我国沿海卸船港口水域特点的浅吃水肥大型船系统、高效的港口装卸船系统、煤炭港口防治粉尘污染的方案，在国家“七五”建设计划中分步实现。

3. 标准规范工作

标准化是组织现代化生产的主要工具，是科学管理的重要组成部分，也是提高经济效益不可缺少的技术基础。

我国从 1976 年开始在发展集装箱运输的同时，就十分重视标准化工作。

1978年8月正式颁布了我国第一个集装箱国家标准GB1413—78《货物集装箱外部尺寸和重量系列》，我国开始有了集装箱的统一规格尺寸和重量，并为制定其他的集装箱相关标准和开发配套技术装备奠定了重要的基础。1980年3月，国家成立了“全国集装箱标准化技术委员会”，从此 我国集装箱标准化工作在该委员会的统一组织下，开展了一系列国内外技术交流、专题研讨、标准制修订等工作，自1978年以来，陆续制定了一批集装箱的基础标准、通用标准和行业专有标准。到目前为止，集装箱国家标准共计50个，涉及集装箱生产及运输的各个方面，这些标准大部分已与国际接轨，有力地推动了我国集装箱运输的快速发展。

在重视技术标准的同时，交通部重点加强标准规范体系的建设，2008年颁布了《水运工程建设标准体系表》，使水运工程建设标准规范走上了系统化制度化的发展之路。

4. 发展政策研究

改革开放初期，特别是1984年实行“以港养港、以收抵支”政策后，沿海港口建设得到了加强，但由于社会经济发展持续快速增长，港口吞吐能力仍无法满足需求，为解决供需矛盾，并保证“九五”期间沿海港口建设有足够投入，交通部开始实施沿海港口投资体制改革。《建立我国船舶油污损害赔偿机制实施办法的研究》是为贯彻实施《中华人民共和国海洋环境保护法》第六十六条，解决船舶油污染造成的巨额赔偿资金问题而开展的，该项目深入系统研究了建立我国船舶油污保险体系、建立我国船舶油污损害赔偿基金体系、建立我国船舶油污损害赔偿体系、我国加入《1992年基金公约》的对策和在深圳建立船舶油污损害赔偿机制试点五大方面的问题。研究拟定的船舶油污保险办法、建立油污基金实施办法、索赔指南三个建议稿，为国务院和交通部制订相关法律、法规提供了科学的依据。《建立我国船舶油污损害赔偿机制的对策》分析了建立我国船舶油污损害赔偿机制的必要性，研究了有关船舶油污损害赔偿的国际公约和世界主要国家的油污损害赔偿机制，提出了我国船舶油污损害赔偿机制的对策和论证。

从1983年开始了交通运输技术政策研究，其成果于1986年由国务院发布了交通运输技术政策要点，提出要提高运输能力、逐步调整运输结构、发挥各种运输方式的优势，建立经济合理、协调发展的现代化综合运输体系。并强调沿海、内河水运投资省、运能大、占地少、成本和能耗低，应成为大宗散装货物运输的主要方式之一。由于水资源没有很好的综合利用，内河航道极少整治，长江等内河水运的优势没有很好的发挥，因而要大力加强内河航道的建设，实现干支直达运输和江海联运；要加强沿海及内河港口的改造和建设，积极发展沿海和长江等主要内河干线的客货运输；要提高港口通过能力，充分发挥海运的优势，促进水路运输的发展。

20世纪90年代，根据国际国内航运市场以及我国经济对外贸易的变化，开展了系列研究。《中国国际航运政策研究》对中外航运政策的异同做了比较和分析，提出了新时期完善中国国际航运政策体系的政策目标及若干政策手段的具体建议。《社会主义水运市场发展和调控》研究，对未来若干年内如何培育和发展水运市场，政府交通主管部门如何对水运市场实施宏观调控等作了较为深刻的分析并提出了对策建议。"复关"后我国交通（水运）产业对策研究从我国海运业发展现状及存在的基本问题入手，分析了"复关"对我国海运业的影响，提出了我国"复关"后对海运业发展的对策和建议。《水上交通安全对策研究》分析研究了IMO在海上安全及安全管理上的基本态度和做法，采用定性和定量相结合的方法对我国水上交通安全主管机关的素质水平及适应水平、航行国内船公司实施ISM进行了评价，提出了2000~2005年及2005~2010年我国水上交通安全的总体思路及对策。《航道建设与水资源综合利用相关政策研究》揭示了航道建设与水资源综合利用的潜在问题，探讨产生问题的原因，研究解决问题的思路，提出政府应采取的政策措施建议。《中国港口对外开放政策研究》结合我国未来经济和交通运输发展的趋势和需求，提出了我国未来港口对外开放的指导思想、战略目标、政策和措施，采用定性分析和定量计算相结合的方法，对我国开放港口的开放潜力和前景进行了综合评价，对我国沿海和内河开放港口的功能定位、合理布局提出了建议。《建立上海国际航运中心的研究》通过对国际航运中心发展模式的深入分析，结合上海实际提出了发展目标、实施步骤等政策性建议和措施。《香港、澳门回归后与内地航运关系的有关政策问题研究》通过对港澳航运的基本情况及其与内地港口间的航线管理进行分析，研究回归后香港、澳门与内地航运法规的冲突和影响，进而提出相应的对策建议。

回顾水路交通科技30年发展历程，水路交通行业坚持科学技术是第一生产力，全面落实“科学技术面向经济建设”、“经济建设依靠科学技术”的方针，促进水路交通由外延式增长向内涵式发展转变，水路交通科技含量明显提高，港航基础设施和船舶运输技术水平显著提升。其主要经验是：以促进水路交通发展为主线，坚持自主创新，人才为本，全面增强水运科技持续创新能力；以水路交通改革与发展中的突出问题为重点，强化应用基础研究和技术攻关，实现关键技术领域的集成创新和突破；以科学的战略规划为指导，发挥市场配置水运科技资源的基础性作用，增强水运科技发展的科学性和前瞻性。

第二节　水 运 教 育

水运兴衰，系于教育；而水运教育之发展，端赖于改革。综观1978～2008年的30年社会发展历程，有三大决定因素推动着我国水运教育事业不断改革和发展：一是改革开放的伟大战略决策。1978年12月，党的十一届三中全会在“解放思想、实事求是”路线的指引下，做出了“将全党工作重点转到以经济建设为中心的轨道上来”和一系列重大的战略决策。全会指出“必须大力加强实现现代化所必需的科学和教育工作”，在全国初步开创了尊重知识、尊重人才、重视教育的有利条件；二是交通“三主一支持”长远规划设想、水路交通科技发展战略等有关水运行业发展战略的出台及“科教兴交”、“人才兴交”等理念的确立，为水运教育的跨越式发展提供了直接的有利的政策环境；三是经济体制、科技体制、政治体制、教育体制改革的不断演化。20世纪80年代中期，中共中央先后发布了《关于经济体制改革的决定》、《关于科技体制改革的决定》、《关于教育体制改革的决定》等，其实质是对长期计划经济体制的突破和社会主义市场经济新体制的建立，以及由此涉及的经济基础和上层建筑等一系列体制变革和政策调整，从而为教育事业的蓬勃发展提供了有利的现实环境。特别是国家对教育事业的改革，直接推动着水运教育事业的发展。如1985年中共中央发布的《关于教育体制改革的决定》，直接推动了水运学校在招生制度、毕业生就业制度、劳动人事制度、后勤管理制度等方面进行改革。而在邓小平同志南巡讲话和党的十四大召开后，国家制定了一系列重大的宏观教育决策，又为水运教育事业的改革与发展指明了努力方向和奋斗目标。如1993年，党中央和国务院印发了《中国教育改革和发展纲要》，确定了到20世纪末我国教育改革与发展的基本目标和任务；1994年6月召开的全国教育工作会议，进一步明确了在新形势下如何落实教育优先发展的战略地位问题；1995年5月，江泽民同志代表党中央在全国科学大会上正式提出了“科教兴国”发展战略；1996年，国家在制定国民经济和社会发展“九五”计划和2010年远景目标的过程中，又确定了我国中长期教育发展目标和改革的总体思路，等等。这三大决定性因素与水运教育自身发展规律相结合，并通过水运教育主管部门、水运教育机构的锐意进取，求是创新，使我国水运教育紧紧围绕规模、结构、质量、效益协调发展的目标，在改革水运教育体制和发展多层次、多规格水运教育等方面取得了又好又快的发展。

一、水运教育改革开放历程

（一）与时俱进，民主决策，科学规划水运教育事业发展

改革开放后，虽然水运教育机构的办学自主权不断得到扩大，但交通部对水运教育事业的宏观指导和政策支持一直没有改变，甚至愈显突出。应当说，也正是由于有了交通部的相对完善的宏观指导和政策支持，我国水运教育事业才得到强有力的发展和取得令人瞩目的成就。

1979年11月，交通部召开了部属院校党委书记、院校长会议。会议重点研究了调整、整顿工作，确定实行“三定”，即定专业、定规模、定机构编制；讨论修改三年调整期间的学校基本建设计划方案；讨论研究了教学工作、加强师资队伍建设、加强实验室建设和教材建设等问题。在国家有关部委、地方政府、交通部、各水运院校的努力下，水运院校的机构调整、基本建设和教学科研等各项工作得以有条不紊地顺利进行，逐渐走上了全面恢复整顿和迅速发展的轨道。

为适应交通运输事业对交通专门人才的需要，交通部于1983年1月开始，历时1年多时间，开展交通专门人才现状调查，并对包括水运人才在内的专门人才需求作出预测，提出要重点建设船舶驾驶、轮机管理、船舶通信导航、船舶电气管理、港口及航道工程、交通运输管理等水运发展所必须的基本骨干专业。

1984年1月，交通部组织召开了“航海教育改革研讨会”，就有关水运教育的培养方向、层次规格、教育结构等更为宏观的问题进行了研讨。1988年6月，交通部航海教育研究会成立大会暨第二次航海教育研讨会在大连海运学院召开，研讨的内容主要集中在水运企业对层次、规模、素质的要求以及相关方面的改革设想。这次会议的突出特点是政、企、校三位一体共同研究和探讨水运教育改革问题，因此更具有现实性和可操作性。

1990 年 6 月，交通部在大连海运学院召开全国交通教育工作会议，全面回顾与总结党的十一届三中全会以来交通教育发展成就、基本经验和不足之处，深入讨论交通教育发展的指导思想、目标。会议指出，必须贯彻“教育为社会主义建设服务、教育与生产劳动相结合、德智体全面发展”的方针，“坚持面向交通运输事业，按需办学”，促进教育事业持续稳定协调发展；要“办出水平，办出特色”。同年 9 月，交通部印发了“八五”期间《交通普通高等教育规划纲要》、《交通职业技术规划纲要》、《交通成人教育规划纲要》，从总体上确立了交通教育发展的指导思想、基本原则、发展目标和主要任务。1992 年 3 月交通部印发了《关于普通高等学校深化改革、扩大办学自主权的意见的通知》，交通高等学校通过改革，逐步形成自主发展、自我约束的办学之路。

1995 年 8 月，交通部在吉林召开了全国交通成人与职业技术教育工作会议。会议总结交流了 1990 年全国交通教育工作会议以来交通教育改革和发展的经验，黄镇东部长代表部党组提出，“要抓好两项工程，一项就是要抓好交通基础设施建设工程；一项就是要抓交通人才工程。”“这要成为我们交通各级领导上上下下的共识，扎扎实实地在教育、科技上下功夫，真正落实科教兴国的战略决策。”同年 12 月，交通部按照国家教委的要求，组织制定了《交通教育事业“九五”计划和 2010 年发展规划》。

1998 年 8 月，交通部在大连召开了交通高等教育工作会议。黄镇东部长作了题为《贯彻落实党的十五大精神，努力推进跨世纪交通高等教育的改革与发展》重要讲话。会议动员交通高教战线的广大教职员工和学生兴起学习邓小平理论新高潮，以党的十五大精神为指针，面向 21 世纪继续推进“交通人才工程”的组织实施。

交通部组织的相关研讨会、交通教育工作会议和制定的教育规划为我国水运教育事业的发展奠定了坚实的思想基础，指明了努力方向，鼓舞了广大教职员工的斗志，在水运教育事业的发展过程中发挥了重要的指导作用。

（二）锐意进取，勇于创新，不断推进水运教育改革

改革是水运教育事业发展的直接动力，水运教育事业发展过程所面临的问题必须通过改革来解决。在1978～2008年的30年里，交通部本着求是创新的精神，在水运教育管理体制、投融资体制、招生就业体制、科技体制等方面进行了改革，极大地推动了我国水运教育事业的发展。

1. 转变政府职能，通过划转、合并、共建等形式创新水运教育管理体制

改革开放前后，为适应交通事业恢复和发展需要，在国家有关部委和地方政府的支持下，经国务院批准，大连海运学院、武汉水运工程学院、上海海运学院、南通医学院等相继改为交通部和学校所在省市双重领导、以交通部为主的领导体制。1978年12月，经国务院批准，交通部恢复了重庆交通学院，并将南京航务工程学校改办为南京航务工程专科学校，武汉河运学校改办为武汉河运专科学校，集美航海学校改办为集美航海专科学校。1979年，交通部决定南京河运学校等技工学校改办中专学校。

为了主动适应水运事业发展需要，交通部还调整了水运教育机构的布局和创办了新的水运院校。1992年6月，武汉水运工程学院与武汉河运专科学校合并，并于1993年12月正式更名“武汉交通科技大学”，以适应我国交通运输特别是内河和海洋航运事业发展对人才的需要。1994年2月，大连海运学院更名为“大连海事大学”。这两所大学的建立和发展，为提升我国航海类和水运工程类主干学科的教育质量和学术水平创造了重要条件，为全面实现“211工程”建设总目标和实现交通部党组提出的“交通人才工程”战略目标打下了坚实基础。除此之外，1992年7月，广州海运学校和武汉水运工程学院广州航海分部合并成立“广州航海高等专科学校”。1998年7月6日，交通部和福建省正式签订“中华人民共和国交通部、福建省人民政府关于集美航海学院划转福建省管理协议书”，从协议书签字生

效之日起，集美航海学院建制撤销，并入集美大学，成为集美大学航海学院。1999 年3 月，上海港湾学校成建制地并入上海海运学院；9 月，武汉水运工业学校和武汉交通科技大学联合办学，成立武汉交通科技大学水运职业技术学院。

随着改革开放的深入和社会主义市场经济的发展与完善，为适应经济转型与政府职能转变，打破过去部门所有制院校只为主管部门或行业服务的办学格局，国家进行了院校教育管理体制改革，即通过“共建、调整、合作、合并”等方式，对院校管理体制进行调整。院校与政府的关系正在发生变化，由计划经济体制下“政府→院校”的“单向线性关系”向市场经济体制下院校、政府与市场的“多向三角关系”转变。根据《国务院关于进一步调整国务院部门（单位）所属学校管理体制和布局结构的决定》（国发〔1999〕26 号），水运院校管理体制进一步调整，至 2000 年，水运院校管理体制调整工作基本完成。大连海事大学继续由交通部管理，其他分别划转教育部或中央与地方共建、以地方管理为主。武汉交通科技大学与武汉工业大学、武汉汽车工业大学合并，改名武汉理工大学，由教育部管理。上海海运学院、南通医学院、重庆交通学院分别由上海市、江苏省、重庆市管理。2005 年 7 月经山东省人民政府批准，原山东省水运学校并入山东交通学院，成立山东交通学院海运学院；2005 年 5 月，上海海运学院更名为上海海事大学；2006 年 2 月，重庆交通学院更名为重庆交通大学。总体而言，水运院校管理体制与结构调整突破了原来仅仅面向水运行业的办学格局，合并后的院校综合化程度普遍提高，在坚持服务于水运行业和办学特色的同时，普遍增强了服务地方经济社会发展的功能。

2. 多渠道筹措资金，改善办学条件，创新水运教育投融资体制

改革开放后，水运教育事业费虽仍主要由学校主管单位拨款，但筹措资金渠道实现了多元化。首先，交通部对部属院校予以大量的财政支持，如交通部为了解决航海院校学生海上实习问题，于 1981 年出资为大连海运学院和上海海运学院各购一艘万吨级远洋船，改装为教学生产实习船，分别命名为“育英”“育青”，另外还投资1.42亿元，自行设计建造“育龙”、“育锋”两条万吨级具有先进水平的远洋实习船。又如为解决水上专业学生专业技能训练，国家投资建立了水上训练基地。1995年8月，交通部拨款3 000万元，将大连海运总公司凌水修船厂移交大连海事大学改建“航海训练与研究中心”，从而使32 000平方米的陆域、27 000平方米的海域及9 000平方米的建筑复归大连海事大学。从“七五”开始，交通部每年都安排1亿元投资用于部直属院校的基础设施建设，加大基本建设投资力度。从1994年开始，交通部每年拨款专项经费5 000万元，用于大连海事大学“211”工程建设。中国远洋运输总公司及广州、天津远洋公司对所属院校在“六五”至“八五”期间，共投入2.27亿元，并为学校配备实习船4艘。1985年用410万元为青岛远洋船员学院引进航海模拟器等先进教学设备，1990年又投入70万美元为该院购置现代化“全球海上遇险和安全系统（GMDSS）”设备。其次，各院校通过创收、企业资助和社会集资等多种渠道筹措资金来改善办学条件，如广东航运学校率先走出依靠企业资助和社会集资改善办学条件的新路。大连海运学院于1992年用创收资金900万元购置一艘万吨级远洋货船。在继续教育方面，各企事业单位通过挖潜、自筹资金等渠道建设培训场所。为了解决职业教育经费短缺情况，1990年在大连召开的“全国交通教育工作会议”上提出了要多渠道筹集教育经费，提高办学效益，并确定从公路养路费中提取0.5%～1%用于职业技术教育，从运管费中提取适当比例用于职业技术培训。

3. 扩大高校招生权限，逐步实现双向选择、自主择业，创新水运专业招生和毕业生就业体制

《中国教育改革和发展纲要》确定了改革学校招生计划制度和毕业生分配制度，招生由单一国家指令性计划改为国家指令性计划、用人单位委托培养计划和自费生三种方式，改革学生接受高中阶段后教育由国家包下来的作法，逐步实行收费制度；毕业生分配制度逐步改为国家计划指导下，上下结合、供需见面的办法。1994 年国家教育部下发了《关于进一步改革普通高等学校招生和毕业生就业制度的试点意见》，建立非义务教育的大学教育收费制度，所有大学生都要自己缴纳部分培养费。从 20 世纪 80 年代中后期开始，正式开始对水上专业的毕业生实行预分配制度，使毕业实习的教学阶段能与生产实际更紧密地结合。为了提高航海类专业生源的质量，经国家教委批准，航海类专业招生与军事院校等同批提前单独录取，批准大连海运学院可以按招生计划的一定比例招收中学保送生，以保证优先录取有志于航海事业的优秀青年入学。

1992 年 9 月，交通部教育司在南京召开了江海直达运输专业人才培养研讨会，确定在南京航运学校进行培养江海直达运输专门人才的试点，并加强实践教学，在学生中实行双证书制度，即学生毕业时，在取得毕业证书的同时，取得一项或多项相应岗位的专业训练证书或上岗证书。

4. 完善人才培养模式，注重素质教育，创新水运教学体制

在教育改革中，教学工作是核心。在这一阶段，国家教委多次提出，必须根据人才培养目标，进行人才培养模式的改革，改革专业的课程体系、教学内容、教学方法与教学手段。根据国家教育主管部门的要求，交通部、地方水运管理部门、各水运院校以教学改革为突破口，在人才培养模式、师资队伍建设、教学质量保证等方面作了许多工作。

各高校结合自身情况，积极实施新的人才培养模式，用模块式教学、第二专业、多证书制、主辅修制、学分制等多种途径培养基础厚、口径宽、能力强的复合型德智体全面发展的跨世纪新型人才。航海专业根据国际海事组织 STCW78/95 公约的要求，全面修订教学计划，突出英语教学、实践动手能力及必要的管理、经济知识的培养，实施了“驾通合一”、“机电合一”复合型人才和“江海直达船舶驾驶”专门人才培养方案。1993 年 3 月，根据国际航运业发展现状及趋势，为主动适应航运业对人才培养的要求，交通部高等航海教育教学工作会议在上海召开，重点讨论海洋船舶驾驶专业（驾通合一）、轮机专业（机电合一）教学计划和培养方案。大连海运学院率先在1993～1994学年第一学期开始从海洋船舶驾驶专业和轮机管理92级分别执行“驾通合一”和“机电合一”的教学计划，使水运教育的专业与课程建设以及人才培养模式实现了历史性突破。同时为适应我国由航运大国向航运强国转变、高级船员需要由航海技能型人才向“航海技能+管理+经营”人才转变、由单一专业型人才向国际开放式复合型人才转变，大力引进世界知名大学的先进教育理念和教育教学管理模式，通过联合办学、联办课程等多种方式，积极开展国际教育交流与合作，在国际化人才培养上形成自己鲜明的特色。上海海事大学大力拓展国际合作办学，在专业设置、教学改革、引入ISO9000质量标准、建立质量保证体系等方面进行了有益探索和实践。集美航海专科学校试办了招收初中毕业生五年制专科班，探索加快航海高级人才培养的新模式，加强航海类专门人才英语教学、职业训练和素质培养。

另外，由于水运专业具有艰苦性、分散性、流动性等特点，因此，在水上专业实施半军事管理，有利于培养学生在恶劣环境下坚毅勇敢、坚守岗位、临危不惧、不怕牺牲的品质和果断的应变能力。1982年4月，交通部、财政部、教育部联合签发《关于恢复大连海运学院四个海上专业的学生实行半军事化管理的指示》上报国务院。经国务院批准，同年5月大连海运学院恢复对航海类专业学生实行半军事化管理。1983年，大连海运学校也率先在水上专业中专学校实施半军事化管理。在此之后，1988年5月，交通部又决定上海海运学院、集美航海专科学校、武汉河运专科学校在水上专业学生中试行半军事化管理，并由交通部拨专款支付半军事化管理部分费用。1990年9月，交通部印发《交通职业技术教育规划纲要（1991～1995)》中明确提出：“航海和涉外专业要实行半军事管理，其他学校也要根据实际情况，创造条件，有计划、有步骤地实行半军事管理，把半军事管理的要求和学校的教育结合起来。”1992 年 11 月，交通部教育司印发《交通部中等专业学校半军事化管理办法（试行）》。1992 年 11 月和 1995 年 5 月，交通部先后两次组织召开了“全国交通中专学校半军事管理研讨会”。1998 年 7 月，交通部教育司对原“试行办法”修改后正式印发了《交通系统普通中等专业学校半军事管理办法》。根据交通行业的特点，经过不断探索，在学生思想教育管理工作的改革中，有效地把养成教育、校园精神文明建设、校园文化融于半军事管理之中，形成了具有交通特色的思想教育管理体系，在全国教育领域产生了很大影响。在 1995 年 5 月召开的“全国交通中专第二次半军事化管理研讨会”上，国家教委学校国防教育办公室派代表在会议上讲话。中国人民解放军海军政委李耀文上将也曾于 1989 年视察了山东威海水运学校半军事化管理。

为了更好地培养适用性人才，交通部还同时组织开展了主干专业教育教学调查研究工作，组成大连、青岛、上海、福建、武汉、宁波和内河等 7 个调查组，对航海类专门人才的现状进行全面调查并预测其未来需求。这一具有开创性的工作历时两年半，最终完成了 2000 年航海教育发展战略研究报告和相关的子课题，对我国航海教育的改革与发展产生了重大影响。为保证人才培养规格与质量，交通部相关职能部门还加强了对交通专业的评估检查。如 20 世纪 80 年代末期，对大连海运学院海洋船舶驾驶专业和实验室工作进行评检，从而有力地保障了人才培养规格与质量。

5. 促进科研发展，推动科技成果转化工作，创新水运教育科技体制

随着国家经济体制改革的深入进行，水运院校开始面向市场，在正确处理教学与科研及科技服务的关系基础上，搞好科研、科技开发与服务，探索新的科技工作运行机制，不仅使科技开发成为“有源之水”，而且也使科研向高水平发展；不仅提高了科技人员待遇，而且也改善了实验条件，更新了教学与实验设备。如 1990 年初大连海运学院成立“大连海运学院科技开发总公司”，对全院科技开发、服务实行统一管理，发挥全院科技整体优势。1992年，针对国家专利“无刻蚀镀铁”技术应用在市场上所具有的广阔前景，决定在校内集资200万元，发展董氏镀铁公司。1993年，根据市场的发展，又适时成立了大连海运学院董氏镀铁（集团）公司，统一指导、协调分布于上海、深圳等地的子公司，以集团经营优势在市场中竞争，使“无刻蚀镀铁”这项高新技术迅速在国内推广和应用，创造出重大的社会经济效益。该校以朱绍庐教授为带头人的自动化专业博士点，研究出“工业窖炉微机控制系统”后，成立了微电脑公司，专门开发这项高科技成果。该成果被确定为国家“七五”“八五”重点推广项目，取得了显著经济效益。武汉交通科技大学研制的国产首台“WMS—I型远洋船舶轮机仿真训练器”于1995年12月通过技术鉴定，填补了我国自行设计、制造远洋船舶轮机仿真训练器的空白，第二台和第三台轮机仿真训练器先后在深圳明华公司培训中心和舟山航海学校安装。该校南华高速船有限责任公司建造了“兴顺”等消波型高速客船，占领了国内高速船的部分市场。上海海运学院利用自己在航运经济管理方面的学科优势，积极参与建设上海国际航运中心的有关研究论证工作。

二、水运教育发展成就

追求卓越是教育发展的内部动力，突出特色是教育发展的外部动力，两者是相辅相成的。改革开放30年来，我国水运教育不仅形成了全日制教育系列和继续教育系列的“两个系列”和高等教育和职业教育的“两个层次”，而且始终注重特色、追求卓越，使“两个系列”、“两个层次”的水运教育取得了显著成绩。

（一）水运高等教育特色突出，硕博士学科点和博士后流动站发展迅速，“211”工程建设成绩显著

学科建设作为学校总体水平和综合实力的重要标志，始终是学校改革

和发展的重点。交通部及部属高校锐意进取，不断创新，突出交通特色，加大了水运主干学科专业与实验室建设，获得硕博士学位授予权的学科专业迅速发展，使办学水平得到了进一步提高，同时也基本奠定了水运高校各学科专业发展的格局。

1992年9月，交通部审定部属院校首批重点学科专业现场办公会在大连海运学院举行。大连海运学院海洋船舶驾驶、轮机管理等专业参审。同年11月，交通部正式批准这两个专业（学科）列为交通部“八五”首批建设和部级重点水运学科。至此，争创部级重点水运学科建设工作在各水运院校迅速展开，且成绩显著。如从1992年开始至1994年，交通部就先后完成了大连海事大学（大连海运学院）交通信息工程及控制（原航海技术）、轮机工程、载运工具运用工程等3个部级重点水运学科的立项和审定工作。在“九五”期间，交通部对水运重点学科的扶持力度进一步加大，不仅设立专项经费资助（每年不少于900万元），还将水运重点学科建设与学科学术梯队建设、学科学术带头人、优秀科技人才引进等紧密结合起来，极大地推动了水运重点学科建设，并使之达到国际先进、国内一流或国内优势水平。“九五”期间交通部相继完成了大连海事大学通信与信息系统，上海海运学院交通运输规划与管理，武汉交通科技大学船舶与海洋结构物设计制造、轮机工程等部级水运重点学科的审定工作。各水运高校除了参审部级重点学科外，还根据自己办学特长、学科基础以及行业和地方交通建设的需要，积极申报地方政府审定的省级水运重点学科，如1994年武汉交通科技大学经湖北省政府审定的省级水运重点学科有载运工具运用工程。长沙交通学院的港口航道及治河工程、载运工具运用工程等2个专业先后于1996年、1997年被湖南省教委批准为省级重点建设专业。

水运重点实验室的建设也是水运高等教育一直关注的重要工作。从“七五”末开始，交通系统开始改善所属水运高校实验室和实习条件，实验室数量和实验实习设备投资所占的比例逐年增长。“八五”期间，交通部重点投资基本完成了部属普通水运高校主干专业实验室建设项目，平均每个重点实验室的投资在150～300万元，提高了实验课开出率，保证了教学需要。“九五”期间有的实验室和自行研制的专业教学训练设施已达到或接近国内或国际先进水平，如武汉交通科技大学1995年研制成功的国内首台“WMS—I型远洋船舶轮机仿真训练器”，1997年上海海运学院研制的“SMU—IV型综合船舶操纵模拟器”和大连海事大学研制的“多功能航行案例仿真系统”。为了加强重点实验室建设，交通部出台了《交通部重点实验室认定办法》，并于1999年正式批准首批部级重点实验室17个，其中包括大连海事大学航海动态仿真与控制实验室、船机修造工程实验室，上海海运学院航运仿真中心，武汉交通科技大学港口装卸技术实验室，南通医学院分子神经生物学实验室等。重点实验室的建设，为进一步提高人才培养质量创造了条件。

水运重点学科和重点实验室的建设，也为开展硕博士学位点和博士后流动站建设奠定了坚实基础。1993年，大连海运学院交通信息工程及控制和武汉水运工程学院机械设计及理论获得博士学位授予权；1996年，武汉交通科技大学载运工具运用工程获得博士学位授予权；1998年，上海海运学院交通运输规划与管理、大连海事大学国际法学获得博士学位授予权。在博士点获得新进展的同时，部属高校开始申请设立博士后流动站，1995年3月武汉交通科技大学获批首个博士后流动站——“船舶与海洋工程”学科博士后流动站，此后又有一些部属水运高校获批博士后流动站，包括新设的大连海事大学“交通运输工程（一级学科）”博士后科研流动站，增设的武汉交通科技大学“力学（一级学科）”博士后流动站，确认和审定的武汉交通科技大学“船舶与海洋工程（一级学科）”博士后流动站。

20世纪末，交通部把部属水运高校的“211工程”建设作为一项重要工作来抓。1993年4月交通部党组决定大连海运学院争取进入“211工程”行列。经致函国家教委开展主管部门预审申请后，1994年12月，国家教委正式同意交通部对大连海运学院开展“211 工程”部门预审工作。1995 年 3 月，交通部成立“211 工程”领导小组指导建设工作，黄镇东部长任领导小组组长。为支持“211 工程”建设，交通部从 1994 年开始，每年拨款 5000 万元用于大连海事大学“211 工程”建设，大连海事大学每年另有 150 万元作为配套资金，主要用于学科建设、师资培养、重点课程建设以及资助科研项目等。1998 年 5 月，国家发展计划委员会对大连海事大学“211 工程”正式立项予以批复。“211 工程”建设主要包括重点学科建设和重点建设项目。总体建设目标是：大连海事大学总体办学水平应居于国内航海院校先进行列，部分学科接近或达到国际同类学科先进水平，成为国内高等教育领域特别是航海运输领域培养高层次人才、解决航运事业重大科技问题的基地之一，为到 21 世纪初叶建成具有一定国际影响和有中国特色的社会主义大学奠定坚实的基础。到 21 世纪初，大连海事大学“211 工程”建设已取得了明显成效，完成了一些项目标志性成果。大连海事大学重点学科建设项目航海科学与技术、轮机科学与运用工程实验室通过部专家组评审，被批准为首批部级重点实验室。这些实验室均承担着重点科研项目，取得了重要的科研成果，在学科建设、科研人员培养和教学方面发挥着重要作用。大连海事大学部级重点实验室航海动态仿真和控制实验室、船机修造工程实验室、水上交通工程实验中心、船舶动力装置实验室等 4 个实验室，在 1996 ~ 1999 年间，共承担科研项目 62 项，科研总经费 806.3 万元，获省部级奖 18 项，市级奖 7 项；出版专著 5 部，发表论文 360 篇，其中三大检索论文 29 篇；培养博士生 45 人，硕士生 79 人。同时还完成了校园网互联、电子图书馆、科技查新二级站的建设，建成具有先进水平的 CAI、电化教学等多功能的教育基础装备设施。先后资助 25 名骨干教师攻读博士研究生，资助 26 人次骨干教师出国参加学术会议；资助出版 8 本专著、11 种教材和建设一类课程 12 门。通过“211 工程”建设，不仅促进了水运高等教育水平、科研水平、管理水平、办学效益和高层次人才培养水平的提高，而且加快了学校教育改革进程，有效地推进教学、科研的现代化和学科建设的现代化，培养和造就了一支高水平的教师队伍及一大批高素质的水运专业人才，并对提高水运高校的办学水平起到了积极的示范和促进作用。

（二）水运职业教育规范运作，校企对接，有力推动交通人才工程的实施

改革开放以来，交通部针对水运职业教育存在的二无（无固定校址、无章程法规）、三缺（缺师资、缺教材、缺试验实习设施）现象，加强了包括水运教育在内的交通职业教育制度方面的建设。交通部教育局1980年10月印发了《交通系统中等专业学校后勤管理工作暂行办法（征求意见稿）》，1981年10月印发了《交通系统中等专业学校教学管理办法（草案）》（简称“三十条”）、《交通系统中等专业学校工科专业生产实习管理办法（草案）》，并于1982年10月至11月，对6所水运学校执行“三十条”情况进行了检查。这项工作不仅对水运中专学校的教学管理工作起到了促进作用，而且对加强水运学校领导班子建设、改善办学条件、充实提高师资队伍、加强思想政治工作等方面也起到了积极作用。为适应水运事业发展对人才的需求，除对水运中专学校进行扶持外，交通部还审批和成立了上海海运职工大学、青岛远洋船员学院等10所高职性质的水运学校，开始了水运高等职业教育的探索。同时还相继开办了职工中等专业学校和电视中等专业学校。一个多层次、多渠道、多形式、布局合理的适应水运发展的职业教育网络基本形成。

在关注水运教育制度建设的同时，交通部还从水运教育管理体制、投融资体制、教学模式等方面进行了创新性改革。为了解决计划经济体制沿袭下来的包得过多、统得过死的管理体制，交通部教育司先后于1989年11月、1994年12月和1995年8月召开了“全国交通职业技术教育工作会议”，多次提出深化教育改革、活化办学机制问题，如扩大招生和分配权，委培生和自费生的招生数由学校自行决定报交通部列入指导性招生计划；

扩大专业设置权；扩大办学经费筹措权；扩大学校机构设置权等。为扭转水运中专学校普遍存在的重理论轻实践的倾向，交通部教育司以加强实践教学为教学改革的突破口，于1990年6月印发了《关于加强实践教学的几点意见》，从明确实践教学地位与作用；优化教学计划、改革教学内容；建立实践教学考核制度；强化实践师资队伍；加强实践基地建设等五个方面提出要求，并在转变办学思想、明确实践教学内容、改革实践考核制度、统一专业技术考核标准等方面做了大量工作。在修订水运教学计划时，将水运专业的教学内容与技术岗位的证书要求相结合，如水上专业必须取得船员适任证书。在加强实践教学的推动下，各水运中专学校在教学上创造了不少新的方法，如“三主”（学生为主体、教师为主导、自学自练为主线）教学法等；在教学内容方面，注意与技术岗位考证内容相结合，要求学生在获得毕业证书的同时能获得专业相关的证书；在教学过程的组织中，创造了“工学交替”、“订单式”、“模块式”教学模式和“三段式”高技能培养教学模式，注重学生综合实践能力的培养。以加强实践教学为切入口，推动了整个教学过程、教学内容和教学方法的全面改革，逐步形成了体现水运专业“理论与实践一体化”特色的专业教学体系。

在教育管理体制改革的大背景下，交通部对水运教育的关注和支持更多的是通过指导方式进行。如在交通高职刚兴起时，为适应中专教育向高职教育转换，召开了“交通高职教育发展策略研讨会”。在高职快速发展时，为使高职健康发展，召开了“交通高职教育定位研讨会”。为落实中央“大力推进中等职业教育快速健康发展”精神，召开了“交通中专教育专题研讨会”。为适应21世纪知识经济时代对人力资源的要求，实施课程运行机制和管理机制更加灵活的学分制，召开了“交通职业院校学分制改革经验交流会”。为更好地培养交通创新型人才，召开了“交通职业院校产学研研讨会”。为适应交通行业发展需求，举办了“交通教育创新与精品课程建设”论坛。这种宏观指导更有利于水运教育事业的发展。

经过30年的发展，水运教育事业取得了长足的发展。在2004年召开的“全国中等职业教育产教结合经验交流会”上，教育部副部长吴启迪说：“交通部1999年以来积极推进产教结合、校企结合的模式，实行理论与实践一体化教学改革，组织开展了专业教学改革整体方案的开发与实施，并根据国际海事公约提出的新要求对航海专业领域教学计划、教学大纲进行修改，取得了很好成效。”

（三）水运继续教育按需培训，各方联动，多层次多规格的教育模式齐头并进

水运继续教育既是水运行业发展的需要，也是终身教育的必然要求，更是以人为本的体现。水运继续教育实行按需培训，根据岗位生产需要而进行适应性培训，并把岗位培训作为上岗的前提。1991年1月，中国远洋运输总公司发出了《关于实施工作船员持证上岗的通知》、《实行工人船员岗位技术等级证书制度的暂行规定》，要求先经培训考核，合格后再核发证书。中国外轮理货总公司制定了现场理货人员全部实行先培训、后上岗的制度。同时，继续教育层次不断健全，不仅开设各种类型的岗位培训，还办学历教育。1988年，开始举办成人高等教育专业证书班。1990年交通部印发了《关于对海上运输干部船员实行专业证书教育的方案》，试办在船函授（与自学考试结合）学习形式，对在职船员开展《专业证书》教育。1985年，交通部教育局批复同意南京河运学校、内河运输杂志社和中国交通报社分别举办“中国河运刊授学校”和“中国交通运输函授学院”。这类学校属于社会力量办学，举办大专和中专层次的非学历教育，以函授方式进行教学。学员完成学业后，核发结业证书。

为加强水上专业培训、考试和发证的管理工作，提高我国水上专业人才的素质，交通部和中华人民共和国港务监督局颁布了一系列船员管理法规。1998年1月，中华人民共和国港务监督局下发《关于推进船员管理质量工作的通知》，要求自1998年8月1日起，从事海船船员教育、培训、考试、评估和发证的机构均应按《中华人民共和国船员教育和培训质量管理规则》及《中华人民共和国船员考试、评估和发证质量管理规则》的规定，通过主管机关的质量认证。凡船员教育和培训机构，均应按规定建立质量管理体系，经主管机关审核通过，取得“质量体系证书”，并取得港务监督局同意开展相应项目培训许可证后，方可开展培训。青岛远洋船员学院率先建立质量体系并保持有效的运行，为全国航海院校和船员培训机构起到了示范性作用。青岛远洋船员学院、大连海事大学、原上海海运学院、原集美航海学院、原舟山航海学校等先后通过挪威船级社（DNV）质量认证。同时，通过国家港务监督局组织的审核，1998 年 8 月，中华人民共和国港务监督局依据《中华人民共和国船员培训管理规则》，向上述几所学校颁发首批《中华人民共和国船员教育和培训质量体系证书》。至 21 世纪初，共有 59 处船员培训机构取得培训许可证，其中 39 处通过了由港务监督部门组织的质量体系审核，取得质量体系证书的有 34 处。1997 年，青岛远洋船员学院被国家教委评为“全国成人高校教育评估优秀学校”，并被山东省评为成人高等教育先进单位、省级文明单位。交通部非常重视继续教育质量与评估，并采取了有效措施。1995 年 12 月 ~1996 年 9 月，交通部教育司组织函授、夜大教育评估组对部属高校函授、夜大教育进行了评估。1997 年 4 ~ 6 月，又对成人高等教育进行评估。通过评估，进一步端正了办学方向，改善了办学条件，提高了教育质量。

历经改革开放 30 年的发展，水运教育事业成就显著，同时也积累了丰富宝贵的经验。1. 水运教育的发展离不开国家和交通主管部门的政策支持和行业指导。交通主管部门从水运发展的战略高度确立水运教育的地位。从“发展经济，交通先行；发展交通，教育先行”观念的深入人心，到“科教兴交”、“人才强交”战略实施，交通主管部门不断深化科技体制改革，逐步建立适应社会主义市场经济要求、机制灵活、运转高效的交通科技创新体系；建立了科技投入稳定增长机制，确立了交通主管部门在科技投入中的主导地位，并多渠道增加交通科技投入；紧抓人才培养、吸引、使用三个关键环节，营造水运人才成长的良好环境，造就了一批科技拔尖人才和脱颖而出的青年人才，建设了一支数量充足、结构合理、素质优良的交通科技人才队伍；以水运科研基础设施建设为重点，建成一批水运科技重点实验室和跨区域研发中心，形成了开放竞争、技术先进的交通科技实验平台。在水运教育改革与发展的30年历程中，在水运主干专业的建设和发展中、在科技开发和重点实验室的建设中、在水运高层次的人才培养中、在师资队伍的建设中、在交通高等教育发展的成就中，都留下了交通主管部门对于水运教育政策支持和宏观指导的深深印记。2. 水运教育的发展离不开改革和创新。水运教育从小到大、从弱到强的超常规跳跃式发展，离不开水运教育的改革与创新。通过对水运教育管理体制的改革和创新，进一步扩大了水运院校的办学自主权，使水运院校获得了永葆生机所需要的前提条件；通过对水运教育投融资体制改革和创新，多渠道地弥补了水运教育经费短缺情况，使水运教育获得了永葆生机所需要的物质条件；通过对水运教育教学体制的改革和创新，确立了多样化、有效化的教学模式、教学手段、教学方法，使水运教育获得了永葆生机所需要的支撑条件；通过对水运教育科技体制改革和创新，激发了水运教育科技人才的创造力，使水运教育获得了永葆生机所需要的智力条件。因此，可以说，水运教育改革是增强水运教育生机和活力的根本手段。3. 水运教育与水运行业发展需求的有效对接是其获得发展的内驱力。事实证明，水运教育必须服务于水运行业发展才能获得持久发展。以水运主通道建设为例，“三主一支持”对水运主通道建设的目标定为贯通东南沿海经济发达地区的海上南北大通道和以长江、珠江、黑龙江、淮河、京杭运河为主的约3万公里的内河航道，形成干支直达、江海畅通、水陆联运的航运大动脉。这一目标的实现，需要大量的高素质水运人才，而这无疑成为水运教育事业发展的强大内驱力。因此，水运教育事业的发展，必须实现与水运行业发展需求的有效对接。4. 水运教育的发展必须体现水运特色。我国水运教育在长期的办学过程中带着鲜明的行业办学色彩，根据自己的传统、特色、优势以及水运发展的需求，紧密结合市场、产业、行业和岗位群的特点，在水运学科领域和人才培养领域，逐步形成了特色，如在课程设置上，强调专业类、应用类的课程设置；在学科专业建设上，形成了与水运行业有关的较为集中的学科专业体系和学科优势，即水运主干专业；在人才培养上，学术、技术和职业密切结合，更加重视学生公共和专业基础知识的培养，更加重视专业方向设置的灵活性和针对性，注重学生动手实践能力的培养；在服务方向上，主要是以为水运行业发展服务为宗旨，发展行业所需的共性技术和技术创新，从某种程度上说，水运教育甚至就是水运行业的一个重要组成部分，是水运行业发展的中坚力量。水运院校在其发展的主要历程中，以水运行业为依托，围绕水运行业需求，针对水运行业、岗位与技能需要设置专业，培养水运行业所需的专业性高级人才，带着水运行业固有的特征，形成了中国院校群中的一个别具特色的群体和独特存在的形态，为我国水运业的发展与建设培养了大批优秀创新人才、大批生产一线急需的从事技术开发、技术应用和生产管理工作的高级专门人才，为我国经济社会建设与发展做出了重要的贡献，承载着不可替代的作用。

第八章　对外交流合作及与港澳台地区的航运往来

1978年，我们党召开了具有重大历史意义的党的十一届三中全会，作出了改革开放的重大决策。对内实行改革，对外实行开放，建设有中国特色的社会主义。党的这一重大决策，是要把中国的外交政策扭转到尽可能与世界上主要国家和周边国家的政府关系正常化的轨道上来，转向与最发达国家政府正常往来，与周边国家政府和平相处。这是邓小平同志基于对现代国际经济运转规律深刻认识的基础上，并结合中国实际提出来的，这是一条回归国际社会主流的理性之路。邓小平同志还说："改革是中国的第二次革命。""我们要赶上时代，这是改革要达到的目的。"这两句话，把改革开放的性质和目的说得很透彻、很深刻。从此，一个闭关锁国的大门才真正打开，并开启了改革开放的历史新时期。

改革开放为我国水路交通行业的发展奏响了冲锋号角。在党的十一届三中全会提出的"改革开放"方针政策的指引下，我国水路交通这一与外向型经济关系紧密的行业立即行动起来，按照党中央的重大决策和外交政策，以超前的意识，敏锐地捕捉世界经济动向，在全球经济一体化的互动中，积极地融入世界经济发展的大潮中，以一往无前的进取精神和波澜壮阔的创新实践，谱写了水路交通史上自强不息、顽强奋进新的壮丽史诗，取得了历史性的巨大成就，为中国市场经济的快速发展和加快融入全球经济一体化的步伐作出了巨大贡献。

经过上世纪70年代的"起步期"、80年代的"奠定基础期"、90年代的“快速发展期”，我国水运行业进入了21世纪的“繁荣期”。特别是经过“十五”的洗礼，我国水运业开始准备由大到强的跨越。从90年代开始，我国港口、水运行业开始实施“请进来”“走出去”战略，利用外资，建设港口、码头等水运基础设施，努力扩大港口运输能力；鼓励外商来华投资建设及合作经营港口、码头。中国远洋集团、中国海运集团等许多航运企业纷纷进军国际市场，发展海外网点，开拓海外航运市场，运用“贷款造船、经营还贷、滚动发展”的模式，迅速提升自身的实力。

早在20世纪50年代，周恩来总理就提出要“安定四邻”，这一方针始终贯穿新中国的外交历程。从1989年中国首次确定“立足亚太、稳定周边”的外交原则，到党的十六大更为明确地提出“与邻为善、以邻为伴”的指导思想，中国的睦邻友好政策一直在继续。中国水路交通部门坚决执行党的外交政策，积极参与并全面推进区域交通合作，努力发展与东南亚国家的睦邻互信伙伴关系。

改革开放以来，特别是近几年来，交通对外交流合作在国家外交大政方针和交通部确定的国际合作战略指引下，把握大局，服务战略，突出重点，不断加强与重要国际组织的合作，不断加强与周边国家和重要发达国家的交通多双边合作，不断推进区域交通合作，积极开展实质性的国际间多双边合作，促进交通发展，坚持互利共赢，取得了举世瞩目的巨大成绩，在交通领域的多双边国际合作的舞台上发挥着越来越重要的作用。

第一节　政府间的多边和双边国际合作

改革开放30年来，我们坚定不移地按照党的十一届三中全会提出的大政方针，坚持互利共赢的对外开放战略，全力贯彻落实全国交通工作会议提出的各项任务目标，积极开展政府间的多双边合作，为我国的经济发展服务。积极开展的主要工作有：1. 积极促进交通部门高层领导人互访，提升合作的力度和影响力；2. 坚持“与邻为善、以邻为伴”的方针，在和平共处五项原则基础上加强与周边国家和重要发达国家的交通多双边合作；3. 全力推进区域交通合作，落实《中国—东盟交通合作谅解备忘录》有关内容，重点推动签订《中国—东盟海运协定》，与东盟协商建立海上安全方面的磋商机制，加强海事领域的合作，促进中国—东盟自由贸易区建设；4. 积极参与大湄公河次区域交通合作，落实《大湄公河次区域便利货物及人员跨境运输协定》，加强跨国境河流的管理工作；5. 加大参与国际海事组织等国际组织的相关工作力度，增强我国在修改有关国际公约方面的影响，努力在国际事务中发挥建设性作用，维护国家的利益。加强有关海上安全、保安和环保公约及规则的履约工作；6. 加强重要海上运输通道的多边合作，保障我国海上运输安全畅通；7. 积极参与世贸组织谈判，为交通企业创造公正、公平的海外经营环境；8. 利用我国在交通基础设施建设技术、人才、资源方面的优势，推动有条件的企业“走出去”，为企业加快拓展国际市场搭建平台。

一、中外交通高层领导人互访

改革开放以来，政府间交通部门领导人频繁互访与交流，密切了多双边的合作关系。改革开放30年来，几乎世界上所有海运国家和地区交通部门的领导人都访问过我国。同时，我国交通部门领导人也访问了世界上主要的海运国家和地区。在访问过程中，与外国交通部门的领导人交流水运方面的管理经验、就有关合作问题进行磋商、考察了国外先进的港口设施、与60多个国家谈判并签订双边海运协定或协议等。我国交通部领导出席有关国际组织会议，如国际海事组织大会、亚太经合组织交通部长会议、中国—东盟（10+1）交通部长会议、中日韩海上运输与物流部长会议、中日副部级定期会晤、中韩副部级定期会晤以及各种大型国际会议、论坛等，为我国水运事业的发展、为中国水路交通行业走向世界作出了巨大贡献。

二、多双边国际交流与合作

改革开放、特别是进入新世纪以来，众多国家从发展本国经济出发，纷纷表示了与我国发展交通领域合作的迫切愿望，这为我们开展交通对外交流与合作提供了良好机遇。我国的经济发展、对外贸易的快速增长也为我们开展国际间的交通合作提供了强大的需求空间。

在多边合作中，2001 年，中国终于结束了长达 15 年的谈判，成为世贸组织（WTO）的成员。我国加入 WTO 为海运业开创了广阔的国际竞争空间。我国在认真履行入世承诺的同时，还积极参与国际组织多项国际条约的起草、制定和修定工作，按时完成了《国际船舶和港口设施保安规则》的履约工作等，关注国际海运界的热点问题，加强了中国对多边国际组织关于海运重大问题决策的影响力，对维护国家权益、为中国航运业创造长期稳定的发展环境起到了重要作用。我国已连续 13 届当选为国际海事组织 A 类理事国。

在双边交流与合作中，我国与发达国家的交流与合作进一步扩大，与相关发达国家建立了更加紧密的合作关系和长期稳定的、高层次的合作机制；与周边国家和地区的多双边合作不断深化；与发展中国家建立了更加广泛的合作关系，扩大了与拉美、非洲、东欧等地区发展中国家的合作。我国已与 60 多个国家签订了海运协定，特别是经历了 3 年多时间谈判的中美海运协定正式签订和生效，以及中美交通合作谅解备忘录的正式启动，确立了我国与世界最大经济体美国在海运业合作互惠的框架，解决了多年来强加于中国航运企业的“受控制承运人”的不公正待遇，为我国海运企业在美国开拓市场创造了公平的竞争环境。中国与欧盟海运协定的签订，建立了定期会晤机制，为我国国际航运业的发展、为更多的中国航运企业走出国门，参与国际市场的竞争，拓展海外市场创造了良好的条件，为交通重点领域的国际交流与合作搭建了便捷的通道与平台。

在科技教育方面，改革开放以来，我国水路交通部门与世界各国政府间多双边水运科技交流与合作领域不断拓宽，与许多国家签订了政府间水运科技合作交流协议和技术培训协议。我国交通部门和水运科研单位组团出国考察、进修、参加技术交流、参加国际会议等交流活动的科技人员数量不断增加。近几年来，还积极开展了与国外研究机构的共同课题研究，大大提高了我国科技人员的技术水平。另外，水路交通教育部门与国外联系也日益密切。交通部陆续选派了许多年轻教师和管理干部到国外研修学习，聘请外国专家来华讲学，组织中外校际之间的交流等，开阔了学校的视野，提高了办学水平和教育质量。

“十五”期间，我国与周边国家的区域交通合作取得了显著进展，积极开展与周边国家多边交流与合作活动，积极参与地区性国际组织的活动，积极活跃在地区性国际组织中。建立了中国—东盟（10+1）交通部长会议机制和上海合作组织交通部长会议机制，签订了《中国—东盟交通合作谅解备忘录》、《大湄公河次区域便利货物及人员跨境运输协定》，完成了中老缅泰四国上湄公河航道改造工程，中吉乌运输通道建设合作也顺利进行。同时，积极鼓励和支持交通企业“走出去”开拓海外市场。特别是进入新世纪以来，多双边合作取得新进展，我国水路交通行业的发展取得了举世瞩目的成就，长期稳定全方位的交通对外交流与合作的格局已基本形成。

三、积极参与有关国际组织的活动

自1971年联合国第26届大会通过决议，恢复我国在联合国的合法席位以来，联合国各专门机构及其他一些政府间和非政府性的国际组织相继通过决议，承认中华人民共和国政府是代表中国的唯一合法政府，我国与国际组织间的多边合作逐步拓宽和加强。

经国务院批准，交通运输部代表我国参加的与水运有关的国际组织有：国际海事组织、联合国亚太经社理事会（ESCAP）、亚太经合组织

(APEC)、国际海道测量组织（IHO)、国际劳工组织、国际海事卫星组织、国际航标协会、国际航运会议常设协会、国际船级社协会等。交通部还参与了联合国开发计划署、联合国贸易与发展会议航运专业委员会、国际贸易法委会、国际电信联盟水上无线电委员会、世界粮食计划署和世界银行等国际组织机构的活动。

交通运输部积极参与有关国际组织的活动，参与多项国际条约的起草、制定或修订工作，按时完成了《国际船舶和港口设施保安规则》的履约工作，加强了中国在国际组织中关于海运重大问题决策的影响力，维护了国家权益，为中国的航运业创造了相对稳定、宽松的发展环境。

（一）国际海事组织（IMO)

国际海事组织是联合国在解决国际贸易中与航运技术问题有关的政府规章和惯例方面为各国政府提供合作的一个专门机构，负责海事技术咨询和立法。在海上安全、航行效率及防止并控制船舶造成海洋污染方面，鼓励各国采用最高可行的统一标准，并处理与上述事项有关的问题。其主要活动是制定和修改有关海运安全、防止船舶污染海洋、便利海上运输、提高航行效率、以及与之有关的海事责任国际公约，交流上述有关方面的实际经验和海事报告。

我国于1973年3月1日正式加入国际海事组织。为加强我国与国际海事组织的经常联系，交通部共派出5名工作人员在秘书处任职，还在我国驻英国大使馆设立海事小组，并派1名参赞级外交官常驻使馆主持海事小组的工作。

自加入国际海事组织以来，中国政府高度重视参与国际海事组织的工作，批准或加入了该组织绝大部分的重要公约和议定书，忠实地履行自己的义务，同时，中国政府每年派代表团参加国际海事组织的近20个重要法律、政策和技术会议。通过国际海事组织这一机构，加强与各海运国家互利合作，不断寻求海运安全、保安、环保和高效的平衡，实现各国海运业的共同发展。

根据交通部批准下发的《关于进一步加大参与国际海事组织事务力度的若干意见》，我国在参与国际组织的多边合作中，不断加大我国参与力度，增强我国的作用和影响力，维护我国利益。将进一步完善IMO工作机制，协商拟定《国际海事组织事务工作机制》和《参加国际海事组织会议的工作程序和相关要求》。进一步完善内部协调、管理机制，发挥交通部系统的整体优势，整合资源、形成合力，提高整体的参与水平。组织专家加强对重点和热点问题的基础研究工作，为我国提出更多的提案提供技术支撑，切实增强我国在国际规则制定和修改中的话语权和影响力，切实维护我国主权和发展利益。为我国交通行业的可持续发展创造良好的外部环境，为我国从海运大国向海运强国发展创造条件。

（二）联合国亚太经社理事会（ESCAP）

亚太经社会是本地区建立最早、代表性最为广泛、也是联合国在亚太地区唯一的政府间综合性经济社会发展组织。多年来为开展区域与次区域合作、促进亚太地区的经济发展做出了积极贡献。亚太地区加强区域合作，迅速融入世界，已成为世界经济的主要推动力。

交通部于1979年起参加亚太经社会的活动，并于1981年派出1名技术干部到该组织航运司工作。通过举办亚太航运管理培训班等活动，以促进中国与亚太地区各国航运经济管理方面的学术交流，为该地区国家培养现代化航运经济管理人才。

2004年4月26日，亚太经社会第60届年会在上海举行，亚太经社会62个成员和准成员、有关国际组织和非政府组织的代表参加了会议，这是它首次回到其诞生地举行会议，具有特殊意义。张春贤部长出席了会议。

目前，亚太地区正面临着巨大的发展机遇，也面临着需要共同应对的严峻挑战。该区域各国充分认识到必须通过建立政治互信，以维护和平稳定；通过加强相互协调，以实现共同发展；通过深化区域合作，面向世界开放；倡导和睦相处，维护世界多样性的重要性。中国政府重视亚太经社会的作用，交通运输部将继续积极参与本地区及跨地区的水路交通合作，扩大与各国的交流，发展平等互利的伙伴关系，促进共同发展与繁荣。

（三）亚太经合组织（APEC）

亚太经合组织（APEC）成立于1989年，中国于1991年加入该组织。现在，APEC已发展成为亚太地区最重要、最具活力、最有影响力、成员最多、参与层次最高的区域经济合作组织。APEC成立近19年来，为推动亚太地区经济合作与交流、促进成员间贸易投资发展，发挥了重要作用。中国十分重视APEC的作用，一直积极参与有关问题的磋商，并积极推动APEC进程的“两个轮子”，即贸易投资自由化与便利化和经济技术合作的不断深化。该组织于1994年的各经济体领导人会议上通过了发达经济体于2010年、发展中经济体于2020年实现贸易投资自由化目标的时间框架。为促进目标的实施，各成员均必须制定实现APEC贸易投资自由化单边行动计划，该计划共计15个领域，交通运输被列入其中的“服务”领域。各经济体的单边行动计划在各领域分现状、近期目标、中长期目标等，还要定期修订。我国的单边行动计划在“服务领域”的“交通运输”部分，也说明了现状，并提出了与加入WTO的承诺相一致的近期和中远期目标。

中国高度重视参与亚太经合组织合作，并发挥着越来越重要的作用。为落实胡锦涛总书记在2006年11月第四届亚太经合组织（APEC）领导人非正式会议上提出的成立APEC港口服务网络的倡议，交通部于2007年6月7日至9日，在宁波召开了APEC港口服务网络研讨会，就APEC港口服务网络的指导原则、主要功能、运行机制、运行模式等4个专题进行了交流研讨并达成共识。会议讨论通过了“关于APEC港口服务网络研讨会的报告和建议”。

通过建立APEC港口服务网络，协助区域港口和航运业提升能力，所有成员都可以在网络内共享利益，加强信息和人员交流，有利于推动APEC地区港口产业发展，促进港口物流体系建设，促进本地区的贸易和运输便利化、自由化，推动APEC地区的经济贸易发展，进一步提高供应链保安水平，促进地区经济发展和APEC全体成员的共同繁荣，有利于共同建设一个“开放的亚太”、“和谐的亚太”的目标的实现。2008年1月28日，由交通部主办、交通部水运科学研究院承办的亚太经合组织（APEC）港口服务网络办公室在京正式挂牌。

（四）国际海道测量组织（IHO）

国际海道测量组织是为统一国际海图及其他航海方面的文件而建立的政府间咨询性国际机构。它是根据1970年9月22日《国际海道测量组织公约》成立的。我国自1979年加入该组织以来，积极参与其活动，接待该组织总干事等人员来访，积极承办有关国际会议。我国的航道测量部门采用了该组织统一的航道测量方法，统一了海图和航海文件，促进了我国航道测量技术的发展。

四、海上搜寻救助加大对外交流与合作的步伐

中国救捞积极参与国际搜救合作，正大步走向国际舞台。中国救捞的快速发展和在海上救助中发挥的作用，在国际上引起强烈反响。中国救捞积极参加各种国际搜救会议和展览会，已连续3年参加国际海上人命救助大会并发表讲演。

中国救捞还组织中国青年志愿者参与了2004年12月26日发生在印度洋海域的巨大地震和海啸的国际救援任务，在7天的潜水作业中，救捞潜水员共潜水151次，作业时间超过8 000分钟，打捞海底垃圾近20吨，圆

满完成了任务，得到了当地政府和人民的热情赞扬和高度评价。与此同时，中国救捞还与香港特区政府飞行服务队、英国皇家救生艇协会、欧洲直升机公司等签订了技术合作协议，与台湾搜救协会、美国海岸警卫队、世界海事大学等相继建立了良好的合作机制。连续四年成功举办了中国国际救捞论坛。这些崭新的业绩和有力的作为得到了国际救捞界的敬佩和赞扬，在国际救捞业界引起了积极反响。

中国救捞拯救人命的行动震撼国际同行。2003 年体制改革后的中国救捞，对外合作交流的步伐不断加大、力度不断增大、影响不断扩大。先后参加了国际救捞联合会（ISU）、国际海上人命救助联盟（IMRF）、国际拖航大会等国际组织和会议，并首次当选 ISU 执行委员、IMRF 理事会理事。2007 年 6 月 8 日，根据国际海上人命救助联盟（IMRF）章程，在刚刚改组的首届国际海上人命救助联盟（IMRF）大会上，交通部救捞局局长宋家慧当选为新联盟（IMRF）的董事。中国进入新联盟领导机构，必将对世界海上人命救助格局和行业发展产生积极影响。

五、国境、国界河流的交流与合作

（一）中朝国境河流的交流与合作

中朝两国政府早在 1960 年就签订了《关于国境河流航运合作协定》。根据协定规定，双方每年轮流在两国召开一次例会，就鸭绿江、图们江国境河流段的航道测量和整治维护、航标设置和管理、船舶航行安全、航行规则的修改、航运秩序监督管理及其他航运合作事宜等进行协商。此外，双方在每年航行期内还要进行一次航道联合调查。到 2008 年，中朝国境河流航运合作委员会已举行了 47 次例会。每次会议都签订国境河流航运合作委员会协议书。例会对加强两国界河的航运合作、减少和防止各类事故的发生起到了重要作用。

（二）中俄国境河流的交流与合作

黑龙江、乌苏里江、额尔古纳河、松阿察河、兴凯湖等共有3 000余公里河段为中俄两国的国境河流。两国船舶共同航行在这些水域的航道上。20世纪60～70年代两国航运界也曾发生过许多冲突。进入80年代后中苏关系开始缓和，两国航运界不但可以和平地利用界河进行航运，而且互相开放了许多水运口岸，两国的船舶可以进入对方开放港口开展国际运输，中国船舶也可以通过俄罗斯境内黑龙江下游出海。

为维持中国和俄罗斯双方船舶在黑龙江、乌苏里江等国境河流中安全而又有秩序航行，中俄（前苏联）两国政府早在1950年就签订《关于黑龙江、乌苏里江、额尔古纳河、松阿察河及兴凯湖之国境河流航行及建设协定》。根据该协定，由中俄双方政府各派三名委员组成中俄国境河流航行联合委员会，每年召开一次例会，由两国轮流举办，研究和管理界河的航标设置、航道建设和船舶航行秩序，共同维护界河的航行安全。改革开放后，黑龙江航运管理局与俄罗斯阿穆尔航运局之间还设立了通讯联络用的直通无线电台。

1. 中俄界河航行例会

中俄界河航运已成为两国开展经贸合作的重要国际运输通道。从1951年至1985年，共召开航行例会27次，其中除中苏两国关系紧张的年代中断过几次外，基本坚持了每年一次。从1986年到2005年，中俄航行例会和每年夏航期的联合检查一直没有间断。截至2007年，中俄国境河流航行联合委员会共举行过49次航行例会。中俄国境河流航行联合委员会通过这个合作机制，每年召开一次例会，进行定期交流，加强合作，对黑龙江界河的航行进行安全管理，有效地促进了中俄两国的交流合作及边贸的发展。

1992年2月22日至3月3日在中国哈尔滨召开第34次例会时，由于前苏联已解体，双方商定将原“中苏国境河流航行联合委员会”名称改为

“中俄国境河流航行联合委员会”；将《中苏国境河流航行规则》更改为《中俄国境河流航行规则》。并就中俄国境河流航标分管问题达成协议，收回了多年来中国丧失的在自己领土、领水上设置和管理航标的主权。

2. 中俄总理定期会晤机制和运输合作分委会及工作组会议

1996 年 12 月，首次中俄总理会晤在莫斯科举行，双方决定成立中俄总理定期会晤委员会，并下设经贸、能源、运输等合作分委会，由两国副总理分别担任委员会的中、俄方主席。中俄总理定期会晤每年举行一次。运输分委会由铁道部牵头，刘志军部长任主席。同时举行了首次中俄总理定期会晤委员会会议暨运输合作分委会及海运、河运、汽车运输和公路工作组会议（以下简称“运输分委会及工作组会议”）。

截至 2007 年 5 月 11 日，中俄运输分委会及工作组会议已举行过 11 次会议。双方就涉及海运、河运等 10 多项议题进行了充分协商，并达成广泛共识，取得了丰硕成果。双方同意开展两个新领域的合作：①建立海运、河运安全合作机制；②加强在交通基础设施建设领域的合作。同意积极推进编制中俄界河航运发展规划，不断深化中俄在运输领域的合作工作。

随着改革开放的深入，中俄海运、河运方面的合作不断扩大，中国沿海集装箱运输通道可以直接与俄罗斯连接，目前从大连经过满洲里，正在开拓集装箱运输的水陆联运航线。两国间客货运量持续增长，为促进两国间的经贸发展、扩大人员交往，作出了重要贡献。在码头建设方面，有多个意向性的项目在进行合作和洽谈，特别是沿海码头的建设，正在工作层面进行交流和商谈。目前又开辟了黑龙江—日本、黑龙江—韩国、黑龙江—朝鲜的江海联运航线。中俄边境贸易和江海联运的开通与发展，对振兴黑龙江的经济发挥了重要的作用。现在，中俄双方正在就共同开通黑瞎子岛至俄罗斯哈巴罗夫斯克的客货航运计划问题进行商讨，不断探讨如何充分发挥界河的作用，以实现双方通航。中俄两国界河航运有着非常广阔的合作前景。

第二节　区域交通国际合作

当前，随着经济全球化的不断深化，区域经济合作已进入一个加速发展的新时期。区域经济合作在国际经济格局和对外经济战略中的地位明显上升，已成为国际经济领域一个引人注目的现象。越来越多的国家把区域经济合作提升到与多边贸易目标同等重要甚至更加优先的地位。目前，区域经济合作涵盖的范围和程度不断深化，正在突破地缘限制。非毗邻国家（或地区）的跨区域合作势头很猛，合作模式丰富多彩。不同区域经济合作组织及其成员之间交叉重叠，呈现网络状发展的态势。

区域交通合作是经济合作的重要支撑。进入新世纪以来，我国主动顺应区域经济合作大潮，积极推进区域交通合作，并在亚洲经济一体化进程中扮演着重要而关键的角色。交通部参与的区域交通合作有上海合作组织、中国—东盟交通合作、中日韩海上运输与物流部长会议机制、东北亚港湾局长会议等多边和区域合作组织框架下有关航运和港口方面的合作活动。简单地说，就是‘一南一北’，工作都有实质性进展。东南：完成了中老缅泰四国上湄公河航道改造工程；中国—东盟（10+1）交通部长会议机制日臻完善，签订了《中国—东盟交通合作谅解备忘录》和大湄公河次区域《便利货物及人员跨境运输协定》，为中国与东盟各国建立长期稳定的交通合作关系提供了制度上的保障。西北：上海合作组织交通部长会议机制也在日趋完善，上海合作组织交通合作取得了实质性进展，第三届国际丝绸之路大会成功召开，与会的12国交通部长共同签订了部长联合声明。东北：东北亚港湾局长会议及东北亚港口论坛、中日韩海上运输与物流部长会议机制等，都有力地推动了区域交通合作的发展。

放眼未来，世界范围内的区域经济合作方兴未艾。我国是亚洲面积最大、人口最多、经济增长最具活力的国家，必将是区域经济合作中的重点对象。东亚和东南亚地区是当今世界经济发展最迅速的地区，中国与该区域内各经济体之间的贸易联系十分紧密。日本、韩国和东盟都位列中国十大贸易伙伴。'亚洲寻求共赢'已成为博鳌亚洲论坛永恒的主题。

一、中国—东盟（10+1）区域交通合作

东盟是中国的好邻居、好朋友、好伙伴。双方在政治、经济、社会文化等多个领域合作不断深化和拓展，在国际事务中一直相互支持、密切配合。我国已同东盟所有成员建立了外交关系。1991 年，中国与东盟开始正式对话，1996 年 7 月中国正式成为东盟的全面对话伙伴国，首次出席了当月举行的中国—东盟对话伙伴国会议。自 1997 年中国和东盟领导人发表联合声明、确立睦邻互信伙伴关系以来，双方关系已形成政治互信与经济合作良性互动、各领域合作全面发展的好局面，并确立了"面向和平与繁荣的战略伙伴关系"。2002 年 11 月，在中国政府的积极推动下，中国与东盟签订了《中国—东盟全面经济合作框架协议》，双方一致同意在 2010 年建成中国—东盟自由贸易区，形成一个拥有 17 亿人口、区域内生产总值超过 2 万亿美元、贸易额达 1.2 万亿美元的巨大市场。东盟各国充分认识到，"崛起的中国不是威胁，而是一个巨大的市场。"框架协议签订 6 年来，自由贸易区建设已经走上正轨，双边贸易额实现了快速增长。2003 年 10 月 1 日起，中泰两国提前实现水果和蔬菜贸易的零关税。中国—东盟自由贸易区的加速建设也刺激了日韩等国参与东亚自由贸易区建设的迫切愿望。

（一）中国—东盟交通部长会议机制

首次中国—东盟交通部长会议于 2002 年 9 月 20 日在印度尼西亚雅加达召开，黄镇东部长出席了会议，会议发表了《中国—东盟交通部长会议联合声明》，决定正式建立中国—东盟交通部长会议机制。从此，中国—东盟 11 国交通部长每年举行一次会议，就有关双边交通领域的具体合作事宜进

行深入探讨，评估已有合作情况并对下一年度的总体合作提出指导性意见和建议。此次会议开创了中国与东盟交通领域合作的新局面。

中国—东盟交通部长会议的特点是务实效，求实绩，以项目为主，突出重点，全力推进区域内交通运输协调发展及东盟共同体一体化进程。截至2007年11月中国—东盟交通部长会议已举行过6次会议，共同签订了《中国—东盟交通合作谅解备忘录》、《中华人民共和国政府与东南亚国家联盟政府海运协定》（简称《中国—东盟海运协定》），并通过了《中国—东盟交通合作战略规划》，建立了中国—东盟海事定期磋商机制和中国—东盟港口发展与合作论坛机制等。

交通是中国与东盟领导人确定的十大重点合作领域之一。中国—东盟水运、港口、航道基础设施建设等区域交通合作已迈出坚实的步伐，并已取得了实质性进展，在本地区经济合作中发挥着日益重要的作用，向世界展示了中国和东盟各国人民寻求合作共赢的热切愿望。中国与东盟在区域交通方面的合作，将成为加强中国与东盟各国睦邻互信和务实合作不可或缺的重要领域，并正在为推进本区域经济一体化进程发挥着重要的作用。中国将寻求务实的合作道路，继续推进双方在交通领域的合作，谋求共同繁荣。中国—东盟交通合作之路必将越走越宽广。

（二）中国—东盟海事磋商机制

中国—东盟海事磋商机制会议，是在中国—东盟交通部长会议机制的框架下，中国和东盟各国海事主管机构在海上安全、海上保安和海洋环境保护领域进行合作和信息交换的平台，得到了东盟各国和东盟秘书处的积极响应和支持。2005年12月，中国海事局在广州举办了中国—东盟海事磋商机制第一届会议。截至2007年9月已召开过3次会议。中国海事局与东盟各国海事主管当局就国际海事组织（IMO）成员国审核机制、航行安全、港口国监督、海上应急反应、搜寻与救助、IMO目标型船舶建造标准合作等问题进行协商与交流，海事磋商机制为中国—东盟各国海事部门提供了一个难得的互换意见、互换信息、互相学习的好机会和相互交流的平台。

近年来，中国与东盟国家在海事方面进行了多种合作，譬如中国与东盟一些国家共同开展海上救助、专业人员培训等等。另外，中国与东盟也在加强海上执法合作。2006 年 8 月底，中国与东盟海上执法合作研讨会在大连召开，中国与柬埔寨、印尼、老挝、马来西亚、缅甸、菲律宾、新加坡、泰国、越南等国海上执法机构交流了各国海上执法机构的组织和执法情况，并就加强海上执法合作基础、建立沟通联系机制等问题进行了探讨与磋商。

中国与东盟海陆相连，与东盟中多个国家隔南海相望，近年来，中国与东盟各国间的经济合作日益活跃，往来商船不断增多，随着中国—东盟自贸区的建成，双方经济往来的频繁，中国—东盟航运业将日趋壮大，加强中国与东盟各国在海事领域的合作与交流，保证航运安全、船舶保安和防止污染海洋是各国经济发展的迫切需要，具有十分重要的意义。为了海上安全和海洋环境保护这一共同的目标，中国海事局表示将加强与东盟各成员国在海上搜救方面的紧密协作，共保海上安全。

（三）中国—东盟港口发展与合作论坛

在中国—东盟交通部长会议机制的框架下，2007 年 10 月 28 日上午，在广西南宁举办第四届中国—东盟博览会期间，举办了首次“中国—东盟港口发展与合作论坛”。国务院副总理曾培炎和中国交通部部长李盛霖、中国交通部副部长翁孟勇及东盟 10 国交通部部长出席了论坛和博览会。举办中国—东盟港口发展与合作论坛旨在为构建中国与东盟各国港口发展与合作平台。双方在海运、海事、内河航运等方面的合作已取得了实质性进展。借中国—东盟港口发展与合作论坛这一合作机制，就中国和东盟地区的港口事业发展共商大计，促进港口群“差异发展、协同共赢”。首次论坛的举办，标志着泛北部湾国家港口合作启动，产业合作也将借此破题。

环北部湾地区区位条件优越，介于东亚与东南亚之间，是重要的海上交通枢纽，是大西南便捷出海通道，是中国对接东盟自由贸易区的前沿，有着独特的战略优势。它本身又是地理经济学上所说的“一日区”，相隔最远的沿海港口直航一日可达。近年来，中国—东盟双边贸易额呈增长态势，2007 年双边贸易额达 2 000 亿美元，国际贸易 90% 以上是通过海上运输实现的。自 2002 年中国与东盟启动自由贸易区建设以来，双边贸易额以年均近 30% 的速度快速增长。环北部湾经济圈分布着防城港、北海港、钦州港、湛江港等重要港口，中国与东盟 10 国都有沿海或内河港口，港口合作前景十分广阔，潜力巨大。

中国与东盟交通合作是“全方位的”。泛北部湾国家濒临同一片海，港口物流合作无疑是各方最有合作潜力的项目，泛北部湾国家不仅看好港口合作，他们对别的产业合作亦表现出极大的兴趣，均表示要把泛北部湾经济合作区共同建设成为世界级海洋经济区。

二、大湄公河次区域交通合作（GMS）

澜沧江—湄公河是亚洲唯一的一条一江连六国（中国、老挝、缅甸、泰国、柬埔寨、越南）的国际河流，该河流发源于我国青海唐古拉山脉的西南测，全长 4880 公里，其中，我国境内 2130 公里，流经青海、西藏、云南三省。该流域具有丰富的航运、灌溉、发电、矿产资源和生物资源，堪称东南亚国家的母亲河。虽然湄公河流域未及马来半岛和新加坡，但它却是可以构成整个东盟自由贸易区与中国区经济交互的一条快速通道，即“10 + 1”的新型经济动脉。她对扩大我国与东南亚地区国家之间的经济贸易往来，促进旅游业的发展等均具有重要的战略意义，为我国西南地区乃至全国打开又一条通向东南亚乃至南亚方向的出海通道。

进入 20 世纪 90 年代，随着全球冷战的结束和地区局势的缓和，湄公河流域的区域经济合作重新活跃起来。湄公河沿岸国希望通过发展国际化的次区域经济合作来推动本国经济发展，许多国家和国际组织也纷纷参与该区域经济合作项目，1992 年，由亚洲开发银行发起建立了大湄公河次区域经济合作（GMS）机制。同年 10 月，中、老、泰、缅、柬、越六国在马尼拉召开了首次大湄公河次区域经济合作部长级会议，会议通过了《关于次区域经济合作的总体框架报告》。此后，大湄公河次区域经济合作部长级会议每年召开一次年会。

2002 年 11 月 3 日，在柬埔寨首相洪森的倡议下，GMS 首次领导人会议在柬埔寨金边举行，GMS 六国总理和亚行行长出席了会议，张春贤部长陪同朱镕基总理出席了会议。会议的主题是“通过区域一体化实现大湄公河次区域的增长、公平和繁荣”。会议批准了 GMS 合作方案，确定了合作原则和未来合作重点，通过了《领导人宣言》和《发展规划表》。并决定其后每 3 年在成员国轮流举行一次 GMS 领导人会议。从此，GMS 合作开始上升到领导人层级，次区域合作由此进入了一个新阶段。

大湄公河次区域经济合作机制（GMS）是一个发展中国家互利合作、联合自强的机制，也是一个通过加强经济联系，促进次区域经济社会发展务实的多边合作机制。与其他区域合作的形式相比，湄公河次区域经济合作独具特色。它是相邻国家间的一个非正式多边经济合作机制，具有多样性，开放式和松散型的特点。

交通是湄公河次区域合作开发的重中之重项目。上世纪 90 年代期间，亚行提出的 100 个建设项目中，交通领域的建设项目就有 34 个。为了实现大湄公河次区域各国间人员和货物的便捷流动，发挥该地区运输网络的最大效益，推动湄公河流域各国经贸和旅游业的发展，在亚行的倡导下，老挝、泰国、越南三国于 1999 年 11 月率先签订了《大湄公河次区域便利货物及人员跨境运输协定》（简称“便运协定”），随后，柬埔寨、中国和缅甸先后分别于 2001 年、2002 年和 2003 年加入该协定。2003 年 12 月 31 日，正式生效。

截至2007年，已召开16届GMS部长级会议。6国部长签订了《便运协定》等多项合作文件，通过了《次区域发展未来十年战略框架》。作为大湄公河次区域经济合作框架下和中国—东盟交通合作机制下的重点合作领域，中、老、缅、泰四国联合进行了澜沧江—湄公河枯水期航道考察，对上湄公河航道进行了整治，正式签订了《澜沧江—湄公河商船通航协议》，实现了中、老、缅、泰四国澜沧江—湄公河正式通航。

10年来，中国与次区域国家交通合作进展较快，已形成了1条内河运输通道（澜沧江—湄公河）和多条海运线路，并签订了一系列双边、多边运输协定。为进一步加强次区域国际航运合作，达成了4项共识：一是双方将本着“平等互信、合作共赢”、“互惠互利、共同发展”的原则，在航运领域开展多层面、全方位的合作；二是双方应研讨并制定次区域交通合作发展战略规划，就未来一段时期交通合作的方向、重点、具体内容及方案达成共识；三是进一步促进湄公河航道的继续改善，大力推进运输便利化，为国际商船查验及收费制定统一标准；四是继续开展人员培训、信息交流方面的合作。

大湄公河次区域合作组织成立10多年以来，已成为本地区内国家间合作的一个重要机制。现实表明，在次区域水运合作、基础设施建设、贸易、投资以及市场开放等方面的合作取得了阶段性成果，为湄公河流域国家的经济发展发挥了重要的作用。GMS正在加速地区团结发展的进程，力图在东南亚中心区域创造一个更为有力、更活跃的经济区。大湄公河次区域合作在过去的10年取得了较快进展，而未来10年发展潜力将更加巨大。

中国政府遵循“与邻为善、以邻为伴”的外交方针，将进一步积极推动区域合作取得具体、务实的成果，在水路交通领域继续不断深化和进一步拓宽与GMS各国的合作，积极推动GMS次区域运输通道及相关基础设施建设，积极开展包括澜沧江—湄公河在内的国际航运合作。推动全面有效实施《便运协定》及其附件和议定书，早日实现 GMS 六国之间人员和货物的便捷流动，以促进次区域人员往来、经贸和旅游业的发展。加强交通领域人力资源开发和能力建设方面的合作，共同营造和平稳定、平等互信、合作共赢的次区域交通环境，为次区域各国实现共同繁荣作出贡献。

三、上海合作组织交通部长会议

上海合作组织的前身是由中国、俄罗斯、哈萨克斯坦、吉尔吉斯斯坦和塔吉克斯坦组成的“上海五国”会晤机制。1996 年 4 月 26 日，中国、俄罗斯联邦、哈萨克斯坦、吉尔吉斯斯坦、塔吉克斯坦五国元首在上海举行首次会晤，从此，“上海五国”会晤机制正式建立。“上海五国”会晤机制为推动各成员国之间的合作，维护地区和世界的和平、安全与稳定作出了重要贡献。

2001 年 6 月 14 日，“上海五国”元首在上海举行第 6 次会晤，乌兹别克斯坦以完全平等的身份加入“上海五国”会晤机制，签订了《上海合作组织成立宣言》，宣告上海合作组织正式成立。《宣言》确定上海合作组织成员国之间以“互信、互利、平等、协商、尊重多样文明、谋求共同发展”为基本内容的“上海精神”作为相互关系的准则。“上海合作组织”奉行不结盟、不针对其他国家和地区及对外开放的原则。中国积极开展与周边国家的睦邻友好关系，以建设和平的周边环境。该组织成为连接中国与中亚国家的紧密纽带。

上海合作组织首次交通部长会议于 2002 年 11 月 20 日在吉尔吉斯斯坦比什凯克举行。各方讨论了在上合组织框架内开展交通运输合作问题，确定了交通运输合作的主要方向为消除交通运输壁垒、建立和完善国际交通运输走廊、大力发展过境运输。会议正式启动上合组织交通部长会议机制。会议签订了《上海合作组织成员国交通部长第一次会议纪要》和《上海合作组织成员国交通部长第一次会议联合声明》。交通运输合作是中国与中亚国家贸易合作的一项重要内容，中亚各国都是内陆国家，缺少出海口，它们希望发展与亚太国家的经济往来，取道中国是最理想的通道，而建设通往欧洲的陆上交通线对中国与欧洲的贸易也具有重要意义。

截至2007年，已召开了6次上海合作组织交通部长会议。会议明确了中亚区域经济合作的优先领域、现阶段的主要任务和长远战略目标。《上海合作组织成员国多边经贸合作纲要》中明确交通运输合作是上海合作组织的优先领域之一。广泛开展区域交通运输合作，构建区域与世界主要资源消费地和产品生产基地的运输通道，消除跨境运输中的非物理障碍，促进便利化的经贸合作，是区域合作的重要内容和关键环节。各成员国一致同意努力建立和完善上海合作组织区域内交通运输走廊的计划。

开展上海合作组织区域经济合作，对区域内各国之间实现经济优势互补、合理配置资源、扩大区域内的经贸发展和人员往来、增强区域整体竞争力、促进区域内各国经济发展均有重要意义。而发展交通运输是开拓经贸合作潜力、促进区域经济合作发展的先决条件。目前，俄罗斯、中亚、南亚等相关国家已就建立连接俄罗斯、中亚至南亚阿巴斯、卡拉奇等港口的南北运输通道达成共识，这将为中国与中东、波斯湾和印度洋地区的国家开通了陆路联系，也为中亚地区开辟了出海通道，为通过海上运输连通中亚和中国西部地区提供了可能。

四、中日韩海上运输及物流部长会议

近年来，中日韩三国之间的贸易呈持续增长态势，三国经贸关系日益深化，这对三国间的海上运输与物流服务会提出更高的要求。然而，三国之间社会经济体系以及物流行业发展程度的差异造成了制度和程序的不同，成为了三国间物流经济交流的障碍。

中日韩三国是一衣带水的近邻，三国政府都希望加强在物流领域的合作。建立中日韩海上运输及物流部长会议机制的目的是交换国际海上运输及物流信息，通过相互合作与交流探讨海上运输及物流领域中亟待解决的问题，共同建设东北亚无缝物流系统。

首届中日韩三国海上运输及物流部长会议于2006年9月7日在韩国首尔举行，中国交通部长李盛霖出席了会议。会议发表了联合声明，声明确定以后约每年举办一次部长级会议。此次会议开辟了中日韩三国物流领域合作的新局面。2008年5月17日，在日本冈山召开了第二届中日韩海上运输及物流部长级会议。两次会议审议了12项行动计划落实的进展情况，通过了未来工作计划，其中包括成立联合工作组共同研究允许底盘挂车相互驶入、分享运输与物流信息、召开绿色物流专家会议等三课题；会议确定了中日韩三国运输与物流合作的三大目标：即建立无缝物流系统、发展环境友好型物流业（绿色物流）、兼顾物流的安全性与高效性。会议还决定合作范围扩大到航空物流领域。会后，三国代表共同签订了《中日韩海上运输及物流部长级会议联合声明》和《行动计划》。

中日韩三国同处东北亚地区，互为重要贸易伙伴，海运是三国实现贸易往来的主要运输方式。随着全球商品生产与流通方式的不断变化、运输技术与信息科技的日益进步，物流对促进各国之间的贸易往来起着非常重要的作用。中日韩海上运输与物流部长级会议机制的建立，将有利于三国之间发展高效的海上运输与物流体系，促进三国之间的贸易发展。

五、东北亚港湾局长会议和东北亚港口论坛

改革开放以来，我国港口从沿海向内河逐步加快了开放的步伐。1978年，全国仅有18个港口对外开放。现在，全国开放港口（站、点）已增加到130多个。港口的对外开放，直接促进了港口自身的发展，提高了我国远洋运输在国际航运市场的竞争力，同时还为城市的对外开放创造了基本条件，带动了港口城市在更广阔领域内进行合作和交流，促进了内陆地区经济的发展，为引进外资、搞活经济创造了条件。近年来，东北亚已成为

全球经济中最具活力和发展潜力的地区之一，在东北亚经济快速发展和国际合作进一步加强的大背景下，搭建一个港口行业的高层次、权威性的交流平台十分必要。通过这一机制，推动东北亚港口间的交流与合作，研究东北亚港口应对经济增长环境变化的适应能力，为东北亚港口的全面健康可持续发展作出贡献，为东北亚地区的经济发展开拓广阔的空间。

中日韩三国为了推动东北亚地区的港口发展，促进东北亚地区港口间的合作，建立了港口间的合作机制—东北亚港湾局长会议和东北亚港口论坛。首届东北亚港湾局长会议和东北亚港口论坛于2000年在韩国召开。截至2007年，已召开了8届东北亚港湾局长会议和东北亚港口论坛。

港湾局长会议鼓励三国港口专家开展联合研究。8年来，已完成了5个联合研究的课题：即《东北亚海运走廊的未来发展》、《港口建设技术标准的国际化》、《推进东北亚地区港口投资和港口自由贸易区》、《推进东北亚区域邮轮运输》和《基于可靠度的港工结构设计》，都取得了重要研究成果。

中日韩三国代表充分认识到，港口在地区经济发展中具有重要的作用，将共同致力于改善东北亚港口结构，提高港口建设水平，为区域经济发展作出贡献。近年来，俄罗斯也派代表以观察员的身份列席了会议。

六、亚太地区海事机构首脑论坛（AHMSAF）

为加强亚太地区海上安全监督机构之间的信息交流、技术合作和协调，增进相互间的信任和理解，促进亚太地区海上船舶航行安全和环境保护，1996年由澳大利亚海事局发起并召开了第一次会议，此后分别在日本、加拿大、新加坡举行了该论坛。截至2008年，已举办了11届亚太地区海事机构首脑论坛。

亚太地区各国海事机构就海上搜寻救助、油污应急反应、船舶航行安全等专题进行了深入的交流，密切了区域各国友好合作关系，有效地促进了亚太地区海上船舶航行安全。

第三节　积极发展友好港及利用外资

改革开放以来，港口间的国际合作不断扩大，建立友好港的数量不断增加，水运行业在吸收外商直接投资、兴办合资和合作企业方面发展加快，并取得了显著的成绩。

一、通过建立友好港关系，密切港口间的国际合作

自1979年9月以来，中国部分对外开放港口主动走出去、请进来，与国外港口缔结友好港，为中国港口走向世界、扩大与外国港口的国际交流与合作、促进友好往来、引进国外的先进技术和港口管理经验作出了积极的贡献。经政府批准，我国港口已先后与70多个外国港口建立了“友好港”关系。

1979年9月25日，我国最大的港口—上海港与美国西雅图港结为第一对友好港，开创了我国与国外港口建立友好港关系的先河。随后，中国港口与外国港口建立友好港关系的范围不断扩大和发展。据不完全统计，到目前为止，已有上海、天津、广州、大连、青岛、连云港、秦皇岛、烟台、厦门等10多个港口先后与亚洲、欧洲、北美洲和大洋州的日本、韩国、越南、俄罗斯、意大利、法国、德国、荷兰、比利时、瑞典、美国、加拿大、澳大利亚等10多个国家的70多个港口缔结了友好港关系（表8-1）。从1990年开始，上海、天津、大连、青岛、秦皇岛五大港口自发地组织起来，开展友好港的研究工作，每年举办友好港国际研讨会，交流经验，沟通信息，开拓视野，推动友好港关系的健康发展。通过友好港渠道，在人员培训、技术交流、港口经营、设备引进、信息咨询等多方面进行了内容广泛、形式多样的交流与合作，促进了中国港口事业的发展，提高了中国港口的

管理水平及在世界上的知名度和影响力。

我国友好港口一览表 表8-1

中国港口名称	友好港名称	国　家	建立时间
大连港	奥克兰港	美国	1985年4月22日
	伏木富山港	日本	1985年5月8日
	北九洲港	日本	1985年5月8日
	休斯顿港	美国	1985年9月24日
	温哥华港	加拿大	1985年10月31日
	横滨港	日本	1990年9月2日
	符拉迪沃斯托克（海参崴）	俄罗斯	1993年6月29日
	安特卫普港	比利时	1999年10月21日
	热那亚港	意大利	2002年10月25日
	洛杉矶港	美国	2004年5月27日
秦皇岛港	占小牧港	日本	1985年5月18日
	纽斯卡尔港	澳大利亚	1988年11月9日
	根特港	比利时	1994年2月25日
	波士顿港	美国	2000年9月1日
	敦克尔刻港	法国	2000年9月25日
	热那亚港	意大利	2001年11月22日
	怀纳密港	美国	2002年4月23日
	彼雷艾夫斯港	希腊	2007年6月28日

续上表

中国港口名称	友好港名称	国　家	建立时间
天津港	神户港	日本	1980年8月26日
	墨尔本港	澳大利亚	1980年12月19日
	东京港	日本	1981年6月25日
	费城港	美国	1982年11月11日
	德里亚斯特港	意大利	1988年6月9日
	塔克玛港	美国	1993年4月12日
	阿姆斯特丹港	荷兰	1994年10月28日
	马赛港	法国	1997年6月23日
	布鲁日港	比利时	1997年11月1日
	仁川港	韩国	1997年11月12日
	巴塞罗那港	西班牙	
	蒙特利尔港	加拿大	
青岛港	清水港	日本	1984年4月11日
	和歌山下津港	日本	1984年12月1日
	威廉港	德国	1992年3月7日
	西雅图港	美国	1995年5月12日
	高知港	日本	1998年4月4日
上海港	西雅图港	美国	1979年9月25日
	大阪港	日本	1981年10月30日

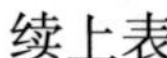

续上表

中国港口名称	友好港名称	国　　家	建立时间
上海港	横滨港	日本	1983年10月13日
	新奥尔良港	美国	1984年6月19日
	安特卫普港	比利时	1985年10月17日
	马赛港	法国	1992年10月8日
	纽约新泽西港	美国	1993年11月9日
	釜山港	韩国	1994年4月11日
	温哥华港	加拿大	1994年11月9日
	奥克兰港	新西兰	1995年2月23日
	哥德堡港	美国	1997年7月2日
	汉堡港	德国	
	博多港	日本	
	鹿特丹港	荷兰	
	洛杉矶港	美国	
	墨尔本港	澳大利亚	
广州港	巴尔的摩港	美国	1982年4月21日
	洛杉矶港	美国	1984年10月8日
	悉尼港	澳大利亚	1993年4月16日
	温哥华港	加拿大	1996年4月11日
	圣地亚哥港	美国	1997年7月2日

续上表

中国港口名称	友好港名称	国　家	建 立 时 间
广州港	德班港	南非	
	博多港	日本	
	奥克兰港	新西兰	
	那不勒斯港	意大利	
	仁川港	韩国	2007 年 7 月 20 日
连云港港	大阪府界泉北港	日本	1983 年 6 月 25 日
	木浦港	韩国	1995 年 11 月 14 日
营口港	留萌港	日本	1990 年 4 月 17 日
湛江港	西贡港	越南	1995 年 12 月 4 日
烟台港	陶朗加港	新西兰	1992 年 8 月 1 日
	坦帕港	美国	1993 年 5 月 4 日
	圣地亚哥港	美国	1993 年 10 月 31 日
	奥林匹亚港	美国	1994 年 11 月 1 日
	仁川港	韩国	2005 年 10 月 28 日
	布雷默顿	美国	2006 年 4 月 24 日
厦门港	巴尔的摩港	美国	2002 年 3 月 1 日
	杜伊斯堡港	德国	2004 年 4 月 29 日
	伊利乔夫斯克港	乌克兰	2005 年 1 月 26 日
	拉斯帕尔马斯港	西班牙	2005 年 3 月 25 日

续上表

中国港口名称	友好港名称	国　　家	建立时间
厦门港	槟城港	马来西亚	2005年5月30日
	阿姆斯特丹港	荷兰	2005年5月31日
	泽布吕赫港	比利时	2005年6月1日
	木浦新港	韩国	2006年9月6日
	布宜诺斯艾利斯港	阿根廷	2006年9月22日
	惠灵顿中心港	新西兰	2006年11月10日

二、积极利用外资，建设港口、码头等水运基础设施

（一）利用国际组织的援助进行水运等基础设施建设

从1978年11月1日起，我国开始正式接受联合国开发计划署的援助，交通部于1979年开始接受援助。第1个受援项目是修建秦皇岛港防污设备厂项目。该项目的执行机构是国际海事组织，项目文件于1979年8月签订，为期两年半，于1982年初圆满结束。第2个受援项目是成立海岸工程研究中心，受援单位是天津水运工程科学研究所，项目的执行机构是联合国技术合作发展部，该项目文件于1980年12月6日签署，为期1年零5个月，援建该项目的目的是帮助我国了解国际海岸工程科学技术研究和发展动态、理论水平和先进经验及现代化测试技术，如对波浪及波浪影响下现场泥沙流动规律自动观测，模拟试验中数据处理技术及含沙高浓度下测试技术等。第3个受援项目是成立航运数据处理中心，受援单位是上海船舶运输科学研究所，项目的执行机构是联合国贸易与发展会议，于1981年3月开始执

行，为期1年零4个月。援款用于对船舶数据处理提供服务，培训航运数据处理系统分析技术人员，以提高计算机应用于航运方面的水平。第4个受援项目是加强青岛远洋学院基础设施建设，该项目的执行机构是国际海事组织，为期2年，援款用于加强该院的师资培训和实验室建设，改善教学条件。

（二）利用外国政府和国际金融组织贷款进行港口、码头等基础设施建设。

我国积极利用外资，加快港口、码头等交通运输领域基础设施建设的步伐。交通部从1979年起开始利用外国政府和国际金融组织的贷款进行水运和港口基础设施建设，建设了一批能源运输紧张的煤炭码头和集装箱码头及部分散杂货码头。截至2003年7月，全国共有港口贷款项目25个，贷款总额为23.4亿美元，其中世界银行贷款项目8个，贷款金额7.454亿美元；亚洲开发银行贷款项目4个，贷款金额2.65亿美元；日本政府贷款项目13个，贷款金额13.3亿美元。增加港口吞吐能力1亿多吨。外商直接投资建设经营港口项目30个，项目总投资约为32.7亿美元，其中外商投资20亿美元，新增集装箱处理能力900多万标准箱/年。

1. 利用日本海外协力基金贷款（简称“日元贷款”）

我国从1979年开始利用日元贷款建设港口、码头等水运基础设施。在上世纪80年代~90年代，交通水运行业共利用两批日元贷款，在大连、秦皇岛、天津、青岛、石臼所、连云港、上海、黄埔、湛江等15个港口，建设了132个深水泊位。主要项目有：秦皇岛煤码头二期工程和丙、丁码头工程、石臼港煤码头工程、大连港大窑湾集装箱码头、连云港庙岭二期工程、青岛前湾港区一期工程、深圳大鹏湾盐田港、海南岛海口港扩建工程等。这些项目的建成投产，大大提高了港口的运输能力，特别是煤炭的运输能力。

2. 利用世界银行贷款

1983年，我国政府首次利用世界银行贷款6 900万美元，在上海、天津、黄浦三港建成6个集装箱专用泊位。第一批贷款有4个项目，天津港4港池集装箱码头3个泊位、上海港改建和扩建集装箱泊位各1个、广州港黄埔港区集装箱码头2个泊位、广州黄埔西基煤码头。这些项目都是“六五”期间的国家重点工程项目。第二批贷款项目有6个，天津港东突堤码头新建11个深水泊位、广州港黄埔新沙港区一期工程5个深水泊位、大连港大窑湾一期起步工程（集装箱和多用途泊位各2个）、宁波港北仑港区二期工程（集装箱和多用途泊位各3个）、厦门港东渡港区二期工程（集装箱、煤炭、杂货等泊位4个）。

从实践来看，这两项外资的利用，对加快我国水运、港口交通运输基础设施建设，培训我方技术人员、提高我国港口的管理水平和发展我国交通运输事业都是有利的。第一，贷款条件优惠。第一批日元贷款的年利率为3%，第二批日元贷款的年利率为2.5%，还款期限为30年（包括宽限期10年）。世界银行贷款由我国财政部统借，转贷给港务局，年利率分别是3%、4%、4.2%、5%，另加0.75%的承诺费，还款期限20年（包括宽限期5年）。第二，引进了国外先进的工艺设备。如秦皇岛港和石臼港煤码头的装卸设备，分别引进了日本、英国和美国的取料机、翻斗机和制取样机，自动化程度和效率都比较高。石臼港还引进了日本制造的3 000吨级浮吊运载大型沉箱，加快了港口建设速度及施工技术的改进。第三，促进了我国机械制造工业的发展。因为外国贷款项目都是采取国际招标方式，因此，国内机械制造部门有机会参加投标，参与竞争。国外厂商为了提高其竞争力，也争相与我国厂家合作，联合投标。这样，促进了中外厂家之间的技术交流，为我国的机械制造工业产品打入国际市场提供了条件。第四，通过国际招标，可择优采购质量好、价格适宜的材料和设备，不仅交货期有保证，而且降低了造价。第五，通过技术考察、技术培训和技术交流，提高了我方人员的技术水平和管理能力。

三、成立中外合资经营企业，鼓励外商直接来华投资

在利用外国政府和国际金融组织贷款的同时，1986年，我国政府制定并颁布了《关于中外合资建设港口码头优惠待遇的暂行规定》，提出了中外合作期可超过30年，所得税在建成后第一个5年免交，第二个5年减半，以后有困难的经批准还可以延长；允许合资企业经营投资少、利润高的项目，互相补偿。这一优惠政策有利于鼓励外商、侨商来华投资和合作经营。

1987年，南京港务局与美国英塞诺码头公司以合资经营的方式建立了"南京国际集装箱码头有限公司"，拉开了中外合资经营港口的序幕。从此，中国的土地上增加了由世界主要发达国家和世界前20位国际集装箱班轮公司设立的独资、合资公司或办事机构。

从20世纪90年代中期到现在，我国港口经济伴随着国民经济的发展飞速前进，港口投资合作正掀起新的热潮。我国港口的投资合作模式多种多样，从投资主体看，有双方合作和多方合作；从投资比例看，有控股合作和持股合作；从合作空间范围看，有国际合作（中外合资）和国内合作（内资合作）；从合作程度看，有全面合作和部分合作。

（一）股份合作

股份合作是我国港口投资合作的主流。从对持有股权的多少看，股份合作包括控股合作和持股合作；从资本合作的形态看，有资产合作、资金合作和经营权合作。加入WTO后5年内，我国港口企业在部分码头设施、临港工业项目上保持控股。在《港口法》正式实施之前，绝对控股是控股合作的主要方式。后来，相对控股也日渐成为控股合作的新亮点。如青岛港前湾三期集装箱码头为4家企业合资建设经营，中远太平洋占20%，马士基占20%，英国铁行渣华占29%，青岛港占31%。当然，我国港口

企业不控股的情况也存在，如特区深圳盐田港一、二期总投资70亿元的集装箱码头在合作中，盐田国际集装箱码头有限公司仅持股27%，而和记黄埔持股73%。

资产合作、资金合作和经营权合作也是我国港口投资合作的重要组成部分。资产合作是指港口将土地岸线、码头基础设施等化作资金投入的合作。资金合作则一般都伴有资金和资本合作的混合成分，港口方一般以土地岸线设施等作股，不足部分以资金等形式投入。我国沿海和长江主要港口在部分码头合资建设和合作经营中一般如此。

（二）港际合作

港际合作主要包括跨国港口的港际合作和港企合作。跨国港际合作已成大势。全球最大的跨国港口企业——香港和记黄埔港口有限公司以及新加坡港务集团、英国铁行、丹麦马士基、美国英塞纳码头公司等都已经登陆我国港口，并与我国主要港口实现了广泛的合作。其中和记黄埔和新加坡港务集团已在我国多家港口投资合作建造码头。

（三）部分合作

目前，国内港口的对外合作，即港际和港企的合作，仅限于局部或部分合作，是部分设施、部分港区、部分运输物流业务、部分经营权、临海工业项目和资金的合作，没有整体的出让与整体的合作。例如，香港招商国际通过收购其他股权，拥有深圳蛇口港区100%股权，但蛇口港区只是深圳港口的一小部分；部分商家在港口独资建码头、买断部分码头的经营权，也只是部分而已。

外资除了直接参与港口集装箱码头的建设外，许多外商还投资于港口企业，作为进出货物的中转站，经营许多与集装箱运输相关的业务，这对集装箱业的发展和港口的兴旺有很大的促进作用。表8-2显示几个外商投资企业比较多的港口的融资方式与外资股比。可以看出，外资企业一般采用直接投资的方式在我国开办企业，持有部分或大部分股份，与我国港口合作经营集装箱码头业务，个别外商采取了独资的形式。目前，我国已有50多个港口有外资参与直接投资，包括中外合资、合作经营等。

部分外商投资企业融资方式与股比一览表　　表8-2

外商投资企业名称 主要经营业务	外商国籍和地区	所在港口名称	注册资金（万元）	融资方式	外资比重（%）
蛇口集装箱码头有限公司 公共集装箱码头	香港、荷兰	深圳	61,820 （美元）	直接，控股	82.50
广州全通秀丽码头有限公司 公共集装箱码头	香港	广州	5200 （港元）	直接，独资	100
珠海燃料阿吉普石油有限公司 企业专用油品码头	意大利	珠海	850 （美元）	直接，持股	34.1
汕头经济特区龙华企业有限公司 公共集装箱码头	香港、美国	汕头	1 400 （人民币）	直接，控股	55
天津国际石油储运有限公司 石油及其制成品的存储、销售	英国、荷兰	天津	969 （美元）	直接，持股	40
东方海陆集装箱码头有限公司 集装箱装箱、堆存、修洗箱等	美国、香港	天津	2 920 （美元）	直接，持股	49
浙江中基世乍浦港口有限公司 港口生产经营	英国	乍浦	10 000 （人民币）	直接，持股	33
宁波泛澳文伦液化仓储有限公司 液化产品储存、中转、装卸灌桶	荷兰、德国、挪威	宁波	6 900 （人民币）	直接，控股	84.62
宁波北仑泛洋装卸有限公司 货物装卸中转、港口服务、租赁	美国	宁波	10 823 （人民币）	直接，持股	34.97

资料来源：中国港口年鉴。

目前中国主要港口的集装箱码头基本上都有外资的存在。世界上最大的四家码头运营商——香港和黄、新加坡港务、丹麦马士基、英国铁行均已涉足中国。迄今为止，沿海主要港口中，大连、秦皇岛、天津、青岛、上海、宁波、福州、厦门、汕头、深圳、珠海等港，以及长江的南京港、张家港港等均有中外合资集装箱码头。此外，广东地方港口中，也已有较多的中外合资集装箱码头企业和几家外商独资企业。从总体上看，中外合资集装箱码头企业已超过了40家，香港企业投资最多，其中最多的是和记黄埔。新家坡港务在中国的投资包括大连集装箱码头、福建青州集装箱码头、福州江阴集装箱码头和广州集装箱码头等，投资总额高达30多亿元人民币。外资建设经营我国集装箱港口的投资方构成见表8-3。

合资集装箱码头投资方构成 表8-3

港口	码头	投资方
大连	大连集装箱码头	新加坡港务集团、马士基
天津	天津东方海陆集装箱码头	环球货柜码头新世界
青岛	青岛港前湾集装箱码头二期	铁行
青岛	青岛港前湾集装箱码头三期	铁行渣华、马士基、中远太平洋
青岛	远港集装箱码头	中远太平洋
上海	上海港集装箱码头 SCT	和记黄埔
上海	外高桥四期	AP穆勒集团
上海	浦东国际集装箱码头（外高桥一期）	和记黄埔、中远太平洋、上实基建
宁波	宁波北仑港二期	和记黄埔
福州	福州江阴集装箱码头	新加坡港务集团
厦门	厦门国际货柜码头	和记黄埔

续上表

港　　口	码　　头	投　资　方
厦门	象屿保税区惠建码头	香港新创建集团
汕头	汕头国际货柜码头	和记黄埔
深圳	盐田国际集装箱码头	和记黄埔等
蛇口	集装箱码头	招商国际、中远太平洋、铁行渣华、太古洋行
蛇口	赤湾集装箱码头	招商国际、嘉里
广州	广州集装箱码头	新加坡港务集团
南京	国际集装箱装卸有限公司	美国英雪纳码头
南海	国际货柜码头	和记黄埔
江门	国际货柜码头	和记黄埔
珠海	国际货柜码头	和记黄埔
张家港	永嘉集装箱码头	中远太平洋

资料来源：中国港口年鉴。

改革开放以来，中国众多开放港口不断吸引更多的外资参与港口码头的建设，同时各种优惠措施使外商建立更多的港口外资企业，经营港口码头业务，使外资投资增强。这是水路交通行业探索利用外资、引进先进技术、促进我国港口及装卸技术现代化和老港改造、加速我国水运现代化进程的新尝试。通过这种合作，不仅引进了国外先进技术和管理经验，而且，也缓解了我国水运建设资金不足的矛盾，为我国港口业的发展带来活力。在这一良性循环下，我国港口业水运业的发展将呈现勃勃生机。

截止到2007年底，已有丹麦马士基、法国达飞、瑞士地中海航运、德国赫伯罗特、韩国现代商船、日本川崎汽船、香港东方海外、台湾长荣等100多家大型国外、境外国际集装箱班轮公司在我国取得国际集装箱班轮运输经营资格，从事进出中国港口的班轮运输业务。中国航运市场的开放为境内外航商提供了更大的市场空间和商业机遇，也为国际贸易提供了便利的运输服务。

2007年，我国取消了外国航商在我国设立常驻代表机构的审批，国际海运市场进一步开放。截至2007年底，外商在我国设立独资船务公司30多家、分公司149家；外商在我国设立外商独资集装箱运输有限公司7家、分公司71家；外商在我国注册登记具有无船承运人资格的公司325家。

中国入世以来，严格履行入世承诺，完善相关的法规和规章，依法清理行政审批项目，简化市场准入手续，加强国际海运市场监管，规范市场行为。在认真履行入世承诺的同时，还拓展了对外开放的领域和程度。我国颁布的《国际海运条例》及其配套行政规章的实施，为中国国际海运业的发展提供了“竞争、开放、透明”的法律环境，越来越多的境外航运公司进入中国航运市场。

第四节　与港澳台地区的航运往来

一、与港澳地区的航运往来与合作

香港是世界航运中心。1997年7月1日，香港顺利回归祖国，香港与内地之间的航运成为国内航线。按照《中华人民共和国香港特别行政区基本法》，为了维护香港的繁荣稳定，维护国际航运中心的地位，香港与内地航运的基本政策是：香港与内地航运是特殊管理的国内航线，视同外贸运输进行管理。交通运输部积极参与《内地与香港关于建立更紧密贸易关系安排》和《内地与澳门关于建立更紧密贸易关系安排》的磋商和落实工作，在原有的基础上与港澳签订CEPA补充协议二，在水路和海事方面又作出4项承诺，于2006年1月1日生效。

（一）内地与香港航运业共赢共荣

香港回归10年来，随着内地经济的快速增长和航运市场进一步开放，港澳与内地在航运方面的合作越来越密切，港澳航运企业进入内地市场机遇越来越多。2004年1月1日，《内地与香港关于建立更紧密经贸关系的安排》（CEPA）正式实施为内地与香港航运业发展带来了新的机遇。CEPA是内地与港澳签订的自由贸易协议，也是内地与港澳全方位加强经贸合作的机制。互惠互利的双赢是CEPA实施要达到的目标。

根据CEPA的规定，港澳企业在内地办事处的母公司只要符合条件，便可转变为独资公司。港澳船东通过在内地设立的独资船舶管理公司，可为本公司经营的船舶配备内地船员。这既有利于内地船员外派，又可为香港澳门船东降低成本。为了支持香港发展船队，河北远洋几乎将其管理的所有船舶都转挂香港旗，总吨位在香港列第一位，有力地支持了香港船旗注册的国际地位。截至2007年底，内地航运主管部门已依据CEPA办理了120多项申请，使海运服务的各项承诺得以顺利落实，多数企业已进入实质性经营阶段，并取得可观的经济效益。

CEPA实施五年来，减少了内地与港澳在经贸交流中的体制性障碍，加快了相互间资本、货物、人员等要素的更便利流动，对港澳经济的复苏和两地的经贸交流起到了积极的促进作用，同时也推动了内地的经济建设和改革开放。

（二）两地港口优势互补，共同发展

随着近年来中国内地港口特别是珠三角港口的快速发展，作为世界上最大集装箱运输中转枢纽港之一的香港，具有高效集装箱装卸、分拨和物流配送技术和管理经验，内地集装箱货源的稳定增长既可以保障香港作为枢纽港的充足箱源，又为香港的运输服务提供者拓展了在内地的发展空间。

香港港口经过多年的发展，集装箱班轮航线密集，在港口服务、金融

结算、通关服务等制度建设方面具有明显优势，这也是香港港口能够保持其竞争力的重要因素。交通部将根据《全国沿海港口布局规划》，在港口布局及具体建设项目安排上统筹考虑维护香港港口的发展；将继续支持香港码头经营企业到内地投资建设港口，形成内地港口与香港港口的资产有机联系；同时也支持内地航运企业充分利用香港港口的资源优势，开辟内地港口到香港的集装箱支线运输和喂给运输。香港作为国际航运中心的地位将得到加强。

香港回归10年来，香港企业纷纷看好内地港口的发展前景。香港招商局集团早已将业务中心向内地转移和拓展，并制定了主力投资中国沿海枢纽港项目的战略性布局，在中国1.8万公里的海岸线上支起了一个大三角——珠三角、长三角和环渤海经济区。早在2001年，香港和黄集团深圳盐田国际集装箱码头三期计划就已获批，并将巨资投向宁波北仑集装箱码头。在香港企业投资内地港口的同时，内地不少港口企业陆续在香港上市。天津发展、厦门国际港务以及大连港分别于1997年12月、2005年12月和2006年4月登陆香港联交所。

（三）两地海事频繁交流、密切合作

近年来，两地海事在沿海船舶检验和管理、建立海上事故调查合作机制和海上搜救机制等方面频繁交流、密切合作。1996年开始，交通部海事局与香港海事处每年举行两次定期会议。截至目前，定期会议已举办了19届。会议主要就履行国际公约、海上安全管理、船舶防污、海上搜救、船员考试发证以及在国际海事组织、国际海道测量组织等相关国际及区域性组织中合作等事宜进行交流、磋商与协调。双方还多次参加、观摩对方搜救演习，遇到海上紧急情况，两地海事搜救力量密切配合，多次成功救起遇险人员。两地海事共保海上平安。

（四）难忘的海上搜救合作——“紫荆之鹰”翱翔渤海湾

在喜庆香港回归10周年之际，也将迎来交通部救捞局与香港特别行政

区政府飞行服务队交流合作6周年。6年来，内地和香港飞行服务队之间的技术交流合作蓬勃开展，硕果累累。在交流合作方面，交通部救捞局与香港飞行服务队每年举行一次技术交流合作会议，并于2004年9月首次签订了双方技术合作五年规划意向书。在人命救助领域，香港飞行服务队分别于2003至2005年冬季，先后两次派出机组人员，协助执行渤海湾海上人命救助任务，出色完成了“利达洲18”、“海鹭15”救助任务。在人员培训领域，交通部救助飞行队派出多批飞行、空勤、地勤及管理人员，赴香港接受培训，香港飞行服务队也多次派出高级教练机长、高级空勤主任等常驻内地飞行队，帮助培训专业技术人员。此外两地救助飞行队还通过搜救演习、航海博览会、中国国际救捞论坛等平台，进行了全方位的交流与合作。

这10年是两地在交通领域全面加强合作、航运业共赢共荣、实现共同发展的10年。

二、与台湾的航运往来与合作

1949年新中国成立以后的30多年间，台湾海峡两岸处于军事对峙状态，两岸人员和经贸往来全部中断，两岸同胞处于隔绝状态。

1979年元旦，全国人大常委会发表《告台湾同胞书》，提出和平解决台湾问题的大政方针，呼吁海峡两岸“相互之间完全应当发展贸易，互通有无，进行经济交流”，首倡“双方尽快实现通邮、通航”。

1979年8月，时任交通部部长曾生发表谈话，表示“为了便于大陆和台湾之间的人员往来（包括探亲、访友、参观等）和经济贸易交流，我交通部门愿就迅速恢复和发展大陆与台湾之间的海上客货运输业务问题同台湾航运界进行协商，希望台湾航运界对此予以合作。我们热烈欢迎台湾交通部门能约定时间，派出代表到北京或其他地方同我们协商。大陆沿海各港口随时准备欢迎台湾商船到来。同时台湾商船如果需要燃料、船用物资和船员生活所用物品，我们将予以协助解决。”并提出了在两岸实现和平统一之前，可以先进行直接“三通”，以促进两岸经济发展的倡议。

1981年10月，交通部对两岸海上通航做出五项决定：(1)准备从上海、厦门、广州开往台湾基隆、高雄港的客运班轮，为大陆与台湾之间的学术、文化、体育交流和旅游、探亲、访友等交往活动提供便利条件。(2)准备货运班轮从沿海港口开往台湾港口，发展海峡两岸的商业往来和物资交流。(3)台湾船舶在海峡航运或渔船作业，如遇海难需要救援时，我海上救助单位和船舶将随时前往救援，同时将为台湾船舶到大陆设海港口避险提供方便。(4)欢迎台湾交通部门和航运界人士来大陆港口参观和度假。(5)随时准备同台湾交通部门和航运界协商大陆与台湾的通航事宜，具体时间、地点愿意商量。

1985年，为方便台湾民众到妈祖庙进香，交通部拨专款在湄洲岛修建了客运码头。

自1985年开始，交通部先后颁发了《关于从事对台贸易运输的外国籍船舶管理问题的通知》、《关于“三通”船的暂行管理办法》、《关于开办台湾——大陆海上客运航线的暂行规定》、《关于在台湾登记的船舶安全监督管理规定》等推动两岸“三通”多项法规、规章和政策性文件，在法律保障方面为两岸海上直航做好了准备。交通部、财政部和海关总署对来大陆的台湾船舶，还先后实行了优先靠泊作业、免征船舶吨税、免征工商统一税和境外企业所得税等优惠政策。

从20世纪90年代初期开始，两岸发展贸易的步伐明显加快，形成了两岸贸易和两岸航运相互推动的可喜局面。

1995年，祖国大陆成立了“海峡两岸航运交流协会”，协会与台湾民间组织合作，成功举办了5次海峡两岸海上通航学术研讨会，为两岸实现海上全面直航在技术、业务层面奠定了基础。

1996年祖国大陆海岸电台对台湾船舶全面开放，并为台湾船舶提供通信导航服务。同年，两岸建立并开通了海上搜救热线。

经多方努力，海峡两岸航运合作在曲折中逐步发展。在两岸民众强烈要求直接“三通”的呼声下，1995 年 5 月，台湾通过了《境外航运中心设置作业办法》，开放中转直航，将高雄港的全部集装箱码头列为“境外”，允许大陆贸易货物经高雄港转运。台湾当局被迫采用变通和渐进的方式解决两岸通航问题。

随着世界经济向区域化和集团化方向的发展，海峡两岸经贸往来在经历了较长时间的徘徊之后，从 1996 年起，又出现了明显的回升趋势，祖国大陆成为台湾地区贸易出口的第二大市场。与此同时，台湾在大陆的投资也逐步增加，投资额仅次于香港而占第二位，投资区域也从福建、广东两省向华北、华东地区扩展，特别是在上海、江苏两地投资增长幅度较快。两岸经贸的发展为“双向直航”奠定了基础。相互之间开始通过联合经营或扩大合作范围等多种形式为共同构筑两岸航运市场而努力。这种联营与合作，进一步增强了两岸航运界参与世界航运市场服务和竞争的能力。

随着在海峡两岸开放直航条件的日趋成熟，1996 年 8 月，交通部颁布了《台湾海峡两岸航运管理办法》及其他有关规定，确定了“一个中国，双向直航，互利互惠”的原则，并规定了航线的性质：两岸海上直达客货运输属于特殊管理的国内航线，按外贸运输进行管理；允许两岸间的船公司拥有或经营的方便旗船舶有条件地从事两岸间双向直达客货运输业务；非经中国交通部批准，外国船公司不得经营台湾海峡两岸间航运业务。这为规范两岸间航运市场准入与经营管理提供了法律依据和制度保障，对促进两岸航运健康发展具有重要作用。

1997 年 1 月，我海峡两岸航运交流协会与台湾海峡航运协会在香港举行了第一次正式会晤，双方在“一个中国，双向直航，互利互惠”原则的基础上，协商并达成了共识，开通了福州、厦门和高雄间海上直航，即“试点直航”集装箱航线，由两岸船公司使用自有或经营的方便旗船，运输两岸的外贸中转货物，货物不通关不入境。4 月 19 日，厦门轮船总公司所属“盛达”轮首航高雄，4月24日，台湾立荣公司的“立顺”轮从高雄港直航福建厦门港，两岸各六家船公司，各六艘船舶参与的“试点直航”正式启动，两岸间近50年来无商船直接往来的历史宣告结束。

1998年2月，我海峡两岸航运交流协会与台湾海峡两岸航运协会在泰国曼谷举行了第二次正式会晤，达成了经由香港或日本石垣岛两岸三地间接运输的方式，实现了两岸贸易货物经第三地换单不换船的间接集装箱班轮运输和两岸散装货物不定期运输，两岸开通了运送两岸间的货物绕行第三地而不需换船的集装箱班轮航线。

1998年3月8日，上海锦江航运公司第一艘定期航行两岸的祖国大陆权宜轮“通顺”轮经石垣岛航抵基隆港，标志着两岸三地航线正式开通。两岸三地集装箱航线涉及大陆15个港口和台湾5个港口，部分解决了两岸贸易货物的运输问题。

当时，由于台湾民进党当局的阻挠，两岸海上客货运输截止到2008年底一直是“船通货不通”或是“货通船不通”的间接局部通航的局面。这种舍近求远、劳民伤财、掩耳盗铃的做法，无论从时间还是效益上来看，都造成了极大的浪费，严重限制了两岸经贸的发展。

此间，虽然台湾当局不允许大陆的航运公司在台湾设立办事机构或经营机构，祖国大陆还是从以民为本、为民谋利的角度出发，批准台湾航商在大陆设立了两家独资公司、12家合资公司和46家代表机构。

2001年初，福建民间组织与金门、马祖方面进行商谈，就福建沿海与金门、马祖海上直接往来（简称“小三通”）达成共识。由两岸船公司使用在两岸登记的船舶，采取航行时挂公司旗，进出对方港口不升挂对方旗的方式运营。福建沿海与金门、马祖海上直接往来成为台湾同胞往返两岸最省时、省钱的便捷通道。

2007年4月29日，为扩大两岸在交通运输领域的合作与交流，继续推进两岸“三通”，交通部在第三届两岸经贸文化论坛上宣布了五项促进台湾海峡两岸海上直航的政策和惠台措施，具体规定如下：

（1）鼓励台湾相关企业直接投资参与大陆码头、公路建设和经营。

（2）台湾相关航运和道路运输企业可以直接在大陆设立独资船务、集装箱运输服务、货物仓储、集装箱场站、国际船舶管理、无船承运、道路货运和汽车维修企业，以及合资国际船舶代理、道路客运公司。其中，独资船务公司的业务范围为母公司拥有或经营的船舶提供揽货、签发提单、结算运费、船舶代理服务和签订服务合同等日常业务服务。独资集装箱运输服务公司的业务范围为从事订舱、拆装箱、仓储、签发货物收据、收取运费和其他获准服务的费用、维修和保养集装箱及其设备、联系及与卡车公司签订运输服务合同等业务。

（3）从事福建沿海与金门、马祖、澎湖海上直接通航的台湾客运公司可以在福建相关口岸设立办事机构，从事相关票务业务。对海峡两岸船公司从事福建沿海与金门、马祖、澎湖海上直接通航业务在大陆取得的运输收入免收营业税和企业所得税。

（4）为台湾船员和潜水员培训、发证提供方便，免收考试、发证费。

（5）支持、鼓励两岸民间专业组织在两岸海上搜救、打捞方面开展技术交流与合作，大陆海上救助力量将全力以赴对发生在台湾海峡的自然灾害和海难事故提供紧急救援，共同维持台湾海峡人命和环境安全。

祖国大陆对两岸海上直航的基本政策与主张是：(1)两岸直接通航是两岸同胞往来和经济交流的需要，是两岸同胞的共同愿望。(2)两岸实现直接通航应该遵守“一个中国，直接双向，互惠互利”的原则。(3)海峡两岸海上直航属于一个国家的内部事务，应由双方协商解决，两岸之间的航线应是实行特殊管理的国内航线，而非国际航线。(4)“只要将两岸通航看作一个国家内部的事务，就可以通过民间对民间、行业对行业、公司对公司的方式先通起来。”

2008 年 11 月 3 ~7 日，大陆海协会会长陈云林应海基会董事长江丙坤邀请访问台湾，并举行第二次陈江会谈。11月4日两会签署了《海峡两岸空运协议》、《海峡两岸海运协议》、《海峡两岸邮政协议》与《海峡两岸食品安全协议》等四项重要经济协议。《海峡两岸海运协议》对两岸海运直航事宜，达成十四条协议和三项具体安排，这标志着海峡两岸"三通"已基本实现。

2008年12月，为顺利实施两岸海上直航，交通部又发布了《海峡两岸间海上直航相关管理办法》。

双方现阶段相互开放港口，大陆方面有63个，包括丹东、大连、营口、唐山、锦州、秦皇岛、天津、黄骅、威海、烟台、龙口、岚山、日照、青岛、连云港、大丰、上海、宁波、舟山、台州、嘉兴、温州、福州、松下、宁德、泉州、肖厝 、秀屿、漳州、厦门、汕头、潮州、惠州、蛇口、盐田、赤湾、妈湾、虎门、广州、珠海、茂名、湛江、北海、防城、钦州、海口、三亚、洋浦等48个海港以及太仓、南通、张家港、江阴、扬州、常熟、常州、泰州、镇江、南京、芜湖、马鞍山、九江、武汉、城陵矶等15个河港。台湾方面为11个港口，包括基隆（含台北）、高雄（含安平）、台中、花莲、麦寮、布袋等6个港口以及金门料罗、水头、马祖福澳、白沙、澎湖马公等5个"小三通"港口。

2008年12月15日，大陆方面共有15艘船舶参加两岸海上直航的首航，上海、天津、福州、厦门、太仓、泉州等地同时举行两岸直航首航仪式，共同见证海峡两岸实现海上全面通航的正式启航。这标志着两岸在《九二共识》的基础上"两会"恢复制度性协商，这是两岸关系发展史上划时代的里程碑，两岸"三通"从此翻开了新的一页。

第九章　水路交通通信

改革开放极大地促进了我国水路交通行业的快速发展，也为水路交通通信提供了良好的发展机遇和广阔的发展空间。30 年来，公路、水路交通通信及卫星导航为保障交通水上运输生产安全、推进公路水路交通全面协调可持续发展，发挥了重要的支持保障作用，开创了交通通信事业发展的新局面。

第一节　水路交通通信改革开放历程

一、交通通信导航行政管理发展历程

20 世纪 50 年代，中央人民政府交通部、邮电部联合通令中即明确全国“江海岸电台统一由交通部管理”。从那时起交通部就担负起我国江、海岸电台的建设和管理工作，负责水上公众通信和遇险安全通信。

1951 年交通部在机构调整中，根据交通事业发展需要，增设电信管理处，负责交通行业的电信管理工作。

1976 年 3 月，为加强部在京地区通信设施的建设与管理，交通部成立了交通部直属通信站，其业务由部水运局归口管理。

1976 年 5 月，为适应交通事业发展需要，加强通信导航工作的管理，交通部成立通信导航局，下设业务组、技术组和国际报话资费结算组。其主要职责是：负责通信导航的规划、建设和业务技术管理工作。部直属通

信站的业务改由通信导航局归口管理。

1979年，经国务院批准，交通部在通信导航局设立北京船舶通信导航公司，作为代表中国政府参加国际海事卫星组织的经济实体，负责有关国际海事卫星组织的技术业务；负责国内外有关财务结算以及我国岸站建设管理等事宜。

1982年交通部成立海洋运输管理局通信处，主要负责沿海和远洋运输通信导航规划、建设和业务技术管理工作。

1983年交通部在对部直属单位机构设置进行调整中，保留通信站为部属处级事业单位。

1986年根据国家的有关要求，为加强交通行业无线电管理工作，部成立“交通部无线电管理委员会”，作为部统一领导交通系统无线电管理工作的议事协调机构。1997年更名为“交通部无线电管理领导小组”。

1988年交通部进行体制改革，为体现对水路、公路通信导航进行宏观控制和精简、统一、效能的原则，把海洋运输管理局通信处划出，与北京船舶通信导航公司、直属通信站合并，组成中国交通通信中心，作为部属事业单位，代部行使通信导航行政管理职权，统一管理交通系统的通信导航工作，负责归口拟定交通通信导航的发展规划，直接管理部机关通信设施和通信服务，并负责交通部无线电管理委员会的日常工作。对外仍保留北京船舶通信导航公司名义。

2004年交通部根据中华人民共和国国务院令第412号《国务院对确需保留的行政审批项目设定行政许可的决定》等文件精神，发布《关于公布交通部经国务院批准取消和调整以及依法继续实施的行政许可项目的通知》，明确交通部继续实施行政审批项目中的第32、33项“水上无线电台频率和呼号的指配及船舶电台执照核发”、“交通系统设置固定无线电台（站）及设置、使用特别业务无线电台（站）审批”两项行政审批职能。交通系统无线电管理行政许可的确立和实施，将建国以来的交通系统无线电管理工作法制化，从此交通行业的无线电管理工作走上了依法行政的轨道。

2005 年，为适应社会和交通行业信息化发展的需求，加强交通信息化技术研究发展工作，实现交通通信事业持续发展的目标，交通部批复中国交通通信中心成立“交通信息通信技术研究发展中心”负责承担国内外交通信息通信技术和卫星定位导航技术发展动态和发展趋势的跟踪研究，交通信息通信技术及其应用系统的研究开发，交通卫星定位导航技术的研究开发，海事通信增值业务的技术研究开发，国家、行业和社会委托的相关研究开发工作。交通信息通信技术研究发展中心的成立标志着交通通信服务行业的能力和水平迈上了一个新的台阶。

2006 年，为加强交通部信息网络的运行管理与维护，顺应信息技术高度发展的趋势，交通部对科技教育司部分职责进行调整，将原有的信息网络的运行和维护划归给中国交通通信中心，并同意中国交通通信中心成立“交通信息网络运行管理中心”，负责承担交通部机关信息网络的运行管理、维护工作，负责部信息网络和网上信息资源的安全管理；负责部交通信息专网、交通视频会议系统的运行和维护管理；承担交通行业信息化技术咨询、支持、服务等项工作。交通信息网络运行管理职能的划转体现了通信与信息技术相互融合的发展趋势，为交通通信与信息技术更好地服务现代交通业提供了良好的发展空间。

二、水路通信导航业务发展历程

水路交通通信是为交通水运事业服务的专用通信，是交通运输的基础设施资源和交通运输管理的重要手段，也是交通运输发展的必要条件。

水路交通通信作为水上运输管理部门随时掌握航行和运输动态，进行船舶运输调度指挥、保证水上运输安全，提高水运经济效益的重要手段，经过几十年的发展建设，至上世纪 80 年代末，已基本形成了为水上运输服务的水运专用通信网。建成遍布我国沿海和长江沿线的江、海岸电台83座，其中33座开放国内、外公众船舶通信业务；甚高频江海岸电台近400座，船舶电报电台2 400座；并建立了交通部至主要港航单位的水运长途通信网，基本建成了大连、天津、烟台等14个港口的有线通信枢纽，实现了港区内的有、无线转接通信，基本上解决了船岸之间、岸岸之间、港口至交通部的通信问题。

水路交通通信不仅承担着船舶调度指挥、港口作业、水上交通管理、水运企业管理、港航工程建设、救助打捞等多种信息的传递任务；同时在承担国际、国内船舶遇险和安全通信义务，保证船舶航行安全、组织救助遇险船舶、保证人们生命和财产安全中发挥了重要作用。

1985年邮电部、交通部联合发文将交通系统国际公众船舶电信业务的对外账务结算工作移交给交通部管理，自1986年1月1日零时起发生的电信业务，其对外账务结算工作由交通部负责处理。这项工作的移交，标志着交通水路通信从建设、运行、管理到账务结算工作逐步走向了成熟，交通水路通信发展进入了一个新的阶段。

随着现代通信信息技术的飞速发展和不断进步，水路交通通信从上世纪50、60年代以莫尔斯（MORSE）人工电报为主，逐步增加了甚高频（VHF）、单边带无线电话（SSB）、数字选择性呼叫系统（DSC）、窄带直接印字电报（NBDP）、海事卫星通信（INMARSAT）等通信方式和手段，进入新世纪后船舶自动识别系统（AIS）、船舶交通管理系统（VTS）、船舶远程跟踪与识别系统（LRIT）等新的通信技术和手段逐步得到广泛的推广和应用。

交通水路通信技术和通信手段的发展与进步，见证了现代通信信息技术飞速发展的进步历程，也见证了交通水运事业随着改革开放不断深入快速发展的历史进程。

三、海事卫星通信业务发展历程

1979 年经国务院批准，交通部通信导航局所属北京船舶通信导航公司（Beijing Marine Communication & Navigation Co. 简称 MCN）作为中国唯一全权代表和经济实体，加入国际海事卫星组织（Inmarsat），负责涉及该组织的一切事务。

1989 年中国交通通信中心成立，为适应国际海事卫星组织需要，对外继续保留北京船舶通信导航公司的名义，负责组织建设和管理、经营北京海事卫星地面站；参加国际海事卫星组织的经营活动；办理海事卫星通信船站申请和启用手续；推广海事卫星通信技术的应用。

1991 年我国建设的海事卫星 A 系统地面站投入运营，提供模拟话音、数据/电传、传真、高速数据业务。随着海事卫星新业务的不断推出，2007 年 A 系统关闭。

1993 年我国建设的海事卫星 C 系统地面站投入运营，以存储转发方式提供电传和低速数据通信，适用移动目标的数据采集、位置报告和安全网管理等通信需要。

1997 年我国建设的海事卫星 B/M 系统地面站投入运营，提供数字电话、传真和电传服务，支持增强数据通信业务（16kbps）和高速数据通信服务（64kbps）。

2003 年我国建设的海事卫星 F77 系统地面站投入运营，提供了移动多媒体、高速信息交换与永久在线的能力。F77 系统是 Inmarsat 成功地将信息、电子商务等技术应用扩展到移动领域的典范。

2004 年我国建设的海事卫星 Mini－M/M4 系统地面站投入运营，提供高质量的电话、传真和数据通信服务，其便携式终端有陆用、车载、海事、航空等类型。同年陆续开通的海事卫星 F33、F55 业务，支持中小船舶信息化应用；全新标准的海事卫星 C 系统，支持 Mini－C 安保业务；海事卫星 F

系统移动包交换数据业务（MPDS），支持24小时在线和网络服务。

2007年4月，我国建设的国际海事卫星第四代星新业务——移动宽带业务地面接续系统（BGAN）投入运营。BGAN系统作为新一代移动宽带多媒体业务，可为用户提供图像传输、Internet和Intranet登录及文件数据下载、视频电话、电视电话会议、远程医疗、视频监控等多种业务。

2007年7月，开通海事卫星手机业务（SPS），通过运行在国际海事卫星第四代星系统下的手持式终端为用户提供话音服务；11月开通海上宽带业务（Fleet Broadband），为海上用户提供高速数据传输、收发图像和语音通话等业务。

1979年海事卫星通信开始进入中国，30年来伴随着改革开放的进程，海事卫星系统不断完善、业务种类不断丰富、服务范围不断扩大，从初期以提供海上和遇险安全通信业务为主，逐步扩展到陆地和航空等，为用户提供了更加便捷、高效、安全、覆盖全球的高质量卫星通信服务。

四、全球海上遇险和安全系统发展历程

1980年1月7日，我国加入《1974年国际海上人命安全公约》（SOLAS）（简称《SOLAS公约》），并自1980年5月25日起开始实施该公约。此后对该公约的修正案我国都采取了默认接受的程序予以承认。

1980年9月11日，我国签署《1979年国际海上搜寻救助公约》（简称《海上搜救公约》），自1985年7月24日起对我国生效。

中国是国际海事卫星组织1979年成立时的创始成员国之一，由交通部北京船舶通信导航公司代表中国签约。1990年1月，按照新规则和修订后的《SOLAS公约》要求，开始规划建设全球海上遇险和安全系统（GMDSS）工程。

GMDSS系统自1994年开始进行建设，从1997年开始相继投入运行。1997年Inmarsat B/M标准岸站投入太平洋和印度洋区商业试运行；1998年

COSPAS－SARSAT 系统进入全功能运行状态；自 1999 年始，经交通部批准，18 个数选值班台（含福州 NAVTEX 播发台）陆续投入试运行；2001 年中国船舶报告系统投入试运行。

我国的海上遇险和安全系统历经十几年的建设，总投资近 3 亿元人民币，全部工程项目已完成了国家验收。

五、卫星导航系统发展历程

卫星导航系统是直接关系到国防安全和经济发展的关键性技术支撑系统，在国民经济建设中占有重要的位置，2005 国家立项后，将研发及建设北斗卫星导航系统民用用户管理与基础信息服务平台项目指配给交通部负责。2006 年，完成项目整体设计。2007 年，实验系统建设成功。目前，已经进入整体北斗系统的联调和设备转产阶段。北斗民用导航系统的建成使用，将进一步推动交通运输领域卫星导航的技术发展，为促进交通、环保等诸多方面发挥重要作用。

六、长江通信发展历程

1953 年，政务院财经委员会将原邮电部所属江、海岸电台交由交通部统一管理，明确江、海岸电台为我国陆地对水上唯一通信机构，承担水上安全通信保障和船岸通信服务，交通部长江航务管理局将电信科改为电信处；1972 年，交通部长江航务管理局将电信处变更为长航通信总站，专门从事长江通信业务及管理；1984 年，在原长航通信总站的基础上，组建长江航务通信导航管理处；1992 年更名为长江通信导航局；2002 年更名为交通部长江通信管理局；2006 年，中央机构编制委员会行文明确了交通部长江通信管理局是具有 12 项行政管理职能的公益性事业单位，是交通部所属的长江干线水上安全通信管理主管部门，由长江航务管理局管理。

20 世纪 50 年代，长江通信的通信手段主要依赖于航务电台；60 年代，长江通信以“租杆挂线”方式开通了3路载波电路；60年代后，长江通信自建了重庆至武汉12路载波电路，即“664”工程；70～80年代，长江通信建设了长江船岸甚高频通信网和船岸单边带无线电话；90年代，长江通信建设了重庆—汉口240路/汉口—上海120路数字微波通信系统；从20世纪末到如今，长江通信建设了汉口—宜昌—重庆2.5G/汉口—南京—上海10G长途干线光传输系统，为长江航运信息化提供基础传输平台。经过30年的建设，形成了以长途（光）传输网、甚高频船岸通信网、数据通信网、电话交换网和视频会议系统为基础的全业务体系，具有安全、遇险、紧急、特殊通信保障和通信信息服务功能。主要服务对象为：交通部长江航务管理局及各支持保障系统、长江沿线各港航企业。长江航运信息化网络资源不断丰富，从莫尔斯无线电报到无线电话，从短波通信到微波通信，从载波通信到光纤通信，从模拟通信到数字通信，从纵横制电话到数字程控电话，从电话会议到视频会议，长江通信已成为我国最大的内河航运通信网。

第二节　水路交通通信发展成就

改革开放30年促进了交通通信事业的快速发展。经过几十年的建设，我国交通通信行业管理工作得到进一步加强，交通系统已形成了集空中、陆地、水上的现代化通信为一体的赋有中国特色的交通通信体系，有效地提高了交通建设、运输和管理的效率和能力，为交通行业运输安全保障发挥了突出作用。

一、交通通信各系统建设成就

30年来，无论是在水上运输、公路交通还是卫星通信导航方面，交通通信事业都取得了一系列喜人的成就。从传统的电话、传真服务到数据、图像传输和IP解决方案，从载波通信到光纤通信，从单一的通信模式到海陆空全方位的通信模式，通信手段不断创新，通信网络不断完善，通信能力不断增强，形成了以多网络互联互通为主要特点的天地一体、便捷通畅、四通八达的网络平台和通信系统。

（一）全球海上遇险和安全通信系统（GMDSS）

全球海上遇险与安全通信系统是国际海事组织（IMO）利用现代化的通信技术改善海上遇险与安全通信，建立新的海上搜救通信程序，并用来进一步完善常规海上通信的一套庞大、综合、全球性的通信搜救网络。

经过十几年努力，GMDSS 系统已经完成建设并投入应用。目前 GMDSS 包括北京海事卫星地面站、低极轨道搜救卫星北京终端站和任务控制中心、18 个地区的地面无线电数选值班台、5 个地区的 NAVTEX 播发台、船舶报告计算中心和端站以及陆上搜救协调通信网等多个组成部分，通过卫星、无线电等通信系统，借助先进的自动化手段，形成了对遇险船舶的定位识别、协调救助通信、播发海上安全信息等功能。

GMDSS 系统的建成首次实现了我国在交通通信技术上的国际接轨，实现了对 IMO、ITU 有关规则、标准和建议的研究消化、合理选择和运用，实现了我国 GMDSS 的国际通用性，使其成为全球 GMDSS 系统的有机组成部分，标志着我国海上遇险安全通信的技术水平与国际先进水平保持同步发展。

GMDSS 系统的应用为遇险通信与安全救助提供了更为可靠和有效的手段，实现了海上安全通信水平的跨越式提升，有效保障了海上航行安全和人命救助。据统计，“十五”期间中国海上搜救中心和省、地市级搜救中心接收处理水上遇险报警 14 727 次，组织、协调搜救行动 8 788 次，出动船舶飞机 12 284 艘（架）次（不含社会力量），救助人员 71 168 人，救助船舶 6 877 艘，救助财产价值约 137 亿（不含商业救助），救助成功率达 94%，发布航行通告警告 50 608 次。在水运经济快速发展的背景下，“十五”期间的水上交通事故件数下降了32.7%，死亡人数下降了41.3%，群死群伤事故得到全面遏制，水上安全形势基本稳定。同时，还及时化解了多起水上重大突发险情，有效处置了多起重大污染事故，达到了为国家的经济发展、海上运输保驾护航的目的。

（二）卫星通信导航系统

发展卫星通信导航事业是交通部早在20年前的长远规划。为发展交通通信事业，改善我国航运业的通信状况，进一步保障海上航行安全，交通部于1987年开始在北京建设海事卫星地面站（岸站），并先后承担了交通卫星长途专用通信网、全球低极轨道卫星搜救系统以及中国北斗卫星民用导航系统等国家重点工程建设任务，为国内外用户提供海、陆、空全天候、全方位、高质量、高可靠性的卫星通信、导航定位、监控报警、遇险搜救等多种服务，为交通信息通信和交通行业的发展作出了突出贡献。

1. 海事卫星通信系统（Inmarsat）

海事卫星通信系统是在极端环境条件下，通过海事卫星网络向全球陆地、海上、空中任何地区的用户提供可靠、安全、全球化的语音和数据链接的系统。国际海事卫星北京地面站（简称北京地面站）于1987年开始建设，以满足海事、航空以及陆地边远地区的应急、灾害救助、水利和森林监控等领域的机动通信需求。经历了改革开放的洗礼，到目前为止，北京地面站已拥有国际上最先进的通信和数据处理系统，包括海事卫星体系内所有的Inmarst - A/B/C/M/Mini - M/M4/F及移动宽带地面接续系统（BGAN）和手持机（SPS）系统，形成了高度保障的地面和空中互连体系。成功实现了交通移动卫星通信技术从模拟向数字、从话音向数据、从传统电路交换向互联网IP业务、从窄带低速数据向宽带高速数据的转化，有效保障了船舶安全，是全球海上遇险与安全系统的有机组成部分，为国家减灾救灾发挥了重要的不可替代的作用。

2. 交通卫星长途专用通信网

交通卫星长途专用通信网由北京主站和各省、市、自治区交通厅（局），各港航单位共69个端站组成。

交通专用长途通信网北京卫星通信主站作为交通专用长途通信网的重要组成部分，承担全网网络控制、功能处理设备监测等重要职责。1990年底完成《交通专用长途通信网工程可行性研究报告》；1991年和1992年交通部计划司和工程管理司分别批复项目的计划任务书和初步设计；1993年工程开始建设，1995年完工；1996年进行了工程初步验收；1999年1月进行了工程竣工验收。

交通卫星长途专用通信网端站工程于1992年经交通部批准建设。1994年12月正式开工；1996年11月完成初验后进入试运行；1999年8月通过工程竣工验收。

北京卫星主站和69个卫星端站均具备传输话音、数据、传真、电话会议和可视电话会议功能。

2004年，因交通专用长途通信网租用的亚太一号卫星转发器到期，考虑到专网设备逐步老化，各种技术指标已难满足现代通信信息的需求，经交通部批准，交通专用长途卫星通信网暂时关闭。

3. 全球低极轨道卫星搜救系统

全球低极轨道卫星搜救系统是由美国、前苏联、法国和加拿大四国在1981年联合开发的，在全球范围内利用卫星进行搜索救援信息服务的系统。1985年经国务院批准，由交通部代表中国以“用户”身份加入了国际搜救卫星组织（COSPAS—SARSAT）。1991年经国家计划委员会批准，全球低极轨道卫星搜救系统作为我国“全球海上遇险与安全系统工程（GMDSS）”的一个子系统在北京建立并使用，从而使我国在国际组织中的身份上升到“地面设备提供国”。

在北京系统投入运行之前，我国的搜救指挥协调部门主要是接收来自香港和日本系统传来的报警信息。北京系统投入运行之后，我国全部的陆地和海洋都被纳入到了全球搜救卫星系统的业务范围中。十几年来，该系统成功的担负起了我国搜救责任区内的遇险报警任务。

全球搜救卫星系统的运行是利用低高度的极低轨道卫星或同步静止轨道卫星，以及相应的地面处理设备，为全球海上、空中和陆地，包括两个极区在内的用户（船舶、飞机和个人）提供遇险定位报警和用户身份登记信息查询服务。我国全球低极轨道卫星搜救系统中国任务控制中心（MCC）自1994年建成并投入使用后，运行质量始终保持在国际的先进水平。截至到2007年底，搜救卫星系统在我国搜救责任区范围内已准确的捕捉到97次真实的遇险报警，经国家海事局和有关部门组织实施救助，使1 516名遇险人员安全脱险。实践证明，中国搜救卫星系统的使用，极大的提高了我国海上和陆地的预先报警能力，为我国遇险搜救手段的现代化奠定了可靠的基础。

此外，在近年我国多次重大科技项目以及航天等行业应用中，全球低极轨道卫星搜救系统也发挥了重要的作用。在我国历次“神舟”飞船飞行试验中，特别是在“神舟”六号载人飞船返回搜索定位任务中，搜救卫星系统发挥了不可或缺的作用。

4. 北斗卫星民用导航系统

卫星导航系统是直接关系到国防安全和经济发展的关键性技术支撑系统，在国民经济建设中占有重要的位置。卫星导航系统技术的基本作用是向各类用户和运动平台实时提供准确、连续的位置、速度和时间信息，具有精度高、实时性强、全天候等特点，目前它已成为全球普遍采用的导航定位技术。拥有卫星导航先进技术和能力，不仅是一个国家综合实力的重要标志，而且会在军事、外交和经济上占据主动地位，获取巨大的利益。因此，世界上各主要大国均不惜花费巨资发展卫星导航系统，美国的GPS和俄罗斯GLONASS在这方面已先行一步，我国的北斗卫星导航系统和欧洲的 GALILEO 系统正在进行建设。

目前，我国投资建设的区域性的卫星导航系统“北斗卫星导航实验系统”已基本建设成功。此系统的主要功能是：①定位，②通信，③授时。该系统将提供定位精度为 10 米级的导航定位服务，可为交通运输等国民经济建设的众多领域所应用，使我国逐步摆脱对国外卫星导航系统的依赖。“北斗卫星导航实验系统”的建设可促进我国自主卫星导航产业的发展，带动航天、电子、通信、航空等领域的技术突破，提高相关原材料、元器件的技术水平，推动交通运输、测绘、地质、水文、天文等领域的技术发展，大大提升我国的综合国力。

作为卫星导航的主要民用用户，交通运输行业已利用卫星导航的优势，在远洋运输、内河及沿海运输等方面发挥了积极作用。

（三）沿海甚高频（VHF）安全通信系统

2005 年，为解决海上近岸水域事故多发问题，交通部制定了《全国沿海甚高频（VHF）安全通信系统总体规划》，拟在全国沿海布设 110 座 VHF 基地台，初步形成覆盖 A1 海区的 VHF 遇险安全通信网络，该项规划正在实施之中。同时，在电信部门大力支持下，中国沿海和长江干线主要城市开通了 12395 全国海（水）上搜救专用报警电话，作为接报警的绿色通道。

二、交通通信行业管理发展成就

1. 加强行业管理，完善交通通信管理规章

为交通运输安全提供服务和保障，确保交通通信快速、准确、畅通，必须有健全的管理规章在制度上予以保障。近年来，中国交通通信中心按照国际无线电和通信管理的有关规则，以适应交通运输行业发展对通信需求为目标，组织交通系统相关单位开展管理规章的制、修订工作，不断完善、健全各项交通通信管理制度。

1984年交通部颁发《水上无线电通信规则》，规定交通系统各港航单位从事水上无线电通信导航工作，必须遵守国际、国内通信规则。1993年、2004年，对《水上无线电通信规则》进行了两次修订，并纳入交通部行政法规，规范并指导我国水上无线电通信业务的实施和健康发展。

1990年交通部发布《交通通信导航设备管理规则》，规则对交通系统企、事业单位构成固定资产的通信导航设备及其辅助性设备的管理进行规范，在一定时期内，对交通系统通信导航的发展和设备管理起到了积极作用。

1993年交通部发布第4号部令《外国籍船舶在中国领海、内水和港口使用国际海事卫星船舶地球站规定》，对进入中国领海、内水和港口的外国籍船舶使用国际海事卫星船舶地球站进行规范和管理。同年，交通部发布第7号部令《海上移动通信业务标识管理办法》，授权交通部无线电管理委员会负责全国海上移动通信业务标识的统一管理工作；由交通部无委会办公室负责为安装有紧急无线电示位标（EPIRB）、数字选择性呼叫设备（DSC）、窄带直接印字电报设备（NBDP）、海事卫星通信设备的船舶、海岸电台等，指配由国际电联划分给我国的海上识别数字（MID）标识码，该识别码可为遇难船舶在海上遇险救助时提供身份识别，在海上船舶遇险救助工作中发挥了关键作用。

1997年交通部发布第5号令《水上移动卫星通信管理规则》。该规则明确了公民、法人或其他组织，在中华人民共和国境内从事水上移动卫星通信业务以及水上移动卫星通信设备生产、销售和租赁应遵守的规则，对促进水上移动卫星业务的发展，加强水上移动卫星业务的建设和管理，保证水上移动卫星业务的正常进行起到了积极作用。

1999年交通部发布第1号令《交通通信管理规则》，该规则是加强交通通信行业管理工作的指导性文件，明确了交通部对交通通信管理实行统一领导、统筹规划、分工管理、分组负责、综合利用的原则，对加强和规范交通通信行业管理、保证交通通信网络的统一畅通和通信业务的正常运行，充分发挥交通通信基础设施和资源的作用，适应交通行业快速发展的需要起到了很好的推动作用。

交通通信管理规章的不断建立和完善，为交通通信行业管理提供了制度上保障，促进了无线电管理和水上通信秩序的规范，保障了交通通信的安全畅通。

2. 制定发展规划，加快交通通信基础设施建设

1987 年，交通部在《2000 年水运公路交通科技、经济和社会发展规划大纲》中提出“建设适应运输发展需要的现代化通信信息系统，提高科学管理水平。交通专用通信是现代化水运、公路交通的主要标志，必须从国情出发，依靠电子技术和电子工业的发展，建设为运输调度指挥，交通安全管理，遇险救助，传输、交换和处理信息等多种业务服务的交通专用通信系统”。“海运专用通信要建设符合国际海上通信技术要求的，与沿海港口和海洋运输管理水平，海上遇险救助和安全相适应的通信系统”。“内河航运专用通信要逐步建成以干流通信系统为主，干支相通，能传递电报、电话、传真和低速数据的通信网络”。

1989 年中国交通通信中心成立后，按照部赋予的职责负责归口拟定交通通信导航的发展规划。依照交通部“十五”发展总体规划，从交通运输行业特点出发，经过两年的调研、论证和征求意见，以为公路主骨架、水运主通道、港站主枢纽建设和发展服务为宗旨，完成了《交通专用通信网总体规划》方案的编制工作。规划从适应交通运输涉及面广、点多线长、分散流动的特点和满足交通运输生产、调度指挥、安全管理、搜救打捞需求出发，按照统筹规划、统一技术体制、有计划分步骤实施的原则，制定了交通专用通信网的规划目标和长远发展设想。1991 年，《交通专用通信网总体规划》通过了交通部的审查，标志着交通通信事业进入了一个新的发展时期。

交通专用通信网的长远发展设想是建立以沿公路主骨架、水运主通道的交通专用长途通信电路为主干线、以交通部为一级交换中心，以省级交通主管机关或港站主枢纽为二级交换中心，采用多种通信手段相结合，并与交通建设长远设想相适应的全国交通综合业务数字通信网。

交通专用一级长途通信网的规划目标，是建成以交通部为中心，沟通沿海和内河主要港口、港站主枢纽、部属主要企事业单位及各省、市、自治区、计划单列市交通厅（局）的交通专用一级长途通信网。

水运通信网的规划目标，是建成符合国际海上通信和“全球海上遇险和安全系统（GMDSS）”要求，为沿海和远洋运输船舶服务，与港口和船舶发展相适应的海上通信网。

公路通信网的规划目标，是建成适应公路交通运输发展需要，以公路主枢纽为交换中心，以公路主骨架长途通信线路为干线，用各种移动通信手段对公路主骨架进行链状覆盖、用其他手段连接基层交通公路各单位，构成点线结合、全方位、多功能的公路通信网。

全国交通专用通信网总体规划的制定对改善交通系统行业管理和宏观调控技术手段，全面提高交通行业现代化管理水平，有效促进交通行业改革开放的深入发展，提高车船生产效率和综合运输能力，加强交通运输安全保障起到了重要的指导和推动作用。

经过十几年不断地努力和建设，1991 年制定的《全国交通专用通信网总体规划》所确定的目标已基本实现。随着我国改革开放的不断深入、交通运输事业的快速发展、通信信息技术的不断更新，交通通信的发展规划和目标，也将紧跟社会前进的步伐和通信信息技术不断发展的趋势进行调整和完善，使之更加适应现代交通运输业发展的需要。

3. 推进科技创新，满足交通运输行业发展需要

实现交通通信事业又好又快发展，满足现代交通业发展需要，离不开科技创新的推动力。随着改革开放进程的加快，交通通信把科技创新摆在更加突出、更加关键的位置。30 年来，交通通信以行业需求引导技术发展，积极学习借鉴国外先进的管理理念，加快交通信息通信发展关键技术的科技创新步伐，通过引进、消化、吸收先进的交通通信和导航技术，并将这些技术集成、创新和再创新后运用在我国交通水（航）运、公路发展中，形成了具有行业特色和国际化水平的系列科技成果，为交通运输安全生产、推进水路交通的全面协调可持续发展，奠定了必要的技术基础，发挥了重要的支持保障作用。

近年来，根据海事卫星通信系统的特点，结合交通水、陆遇险安全和运输发展的需要，在海事卫星平台上开发出了一系列国内、国际具有领先水平和自主知识产权的技术系统。包括：基于 Inmarsat-C 系统的邮件服务平台；结合电子地图、GPS9（全球卫星定位系统）、GIS（地理信息系统）功能，开发的 CTrack 移动目标监控系统；开发 C-SCADA 数据采集系统，直接把野外无人监测点的传感器数据自动回传到控制中心，全面替代了水位的人工测量，为长江、黄河等国家重点项目的良好发展作出了卓越的贡献，成为数字水利的一线产品；自主开发建设了海事卫星 BGAN 系统地面数据业务接入站（POP 站）一期工程，实现了全球化的移动宽带服务。

在北斗卫星导航系统的应用开发方面，针对交通运输行业的特殊需要，目前已经实现了多项技术突破，形成了大量的开发科研成果，并广泛利用在船舶通信及调度、港口调度控制等方面：

（1）北斗卫星导航系统民用用户管理与基础信息服务平台

“北斗卫星导航系统民用用户管理与基础信息服务平台”是交通部组织实施的北斗卫星导航系统研制建设中的重要项目，是把以北斗卫星导航系统为主并结合其他卫星导航系统的应用落到实处迈出的重要一步。

“北斗卫星导航系统民用用户管理与基础信息服务平台”整合和接入目前国家建设的已有导航系统的观测网络，获取更多类型的观测数据，并通过多模数据分析和信息发布，优化用户服务。由此构建的平台直接服务于各行各业的用户，满足各行业多领域、多用途、多机型的十米级、米级、分米级、乃至厘米级、毫米级的实时、准实时、快速、事后、动态或静态的需要。用户范围将不断扩大，除了交通运输、空中交通管理，还有智能化交通、地球动力学、城市测绘、情报监测管理、精确授时等。

（2）北斗卫星定位导航系统在船舶调度和港口高精度实时调度管理的应用

改革开放以来，我国水路运输快速发展，国际集装箱船舶的增加使得水上运输量迅猛增加，对船舶航行安全和运输效率提出了更高的要求。北斗卫星导航系统充分利用移动通信和计算机网络技术，解决了航运船只的自动导航、监控、管理、信息传递以及遇险搜救协调等需求，增进了航船及船员的安全，同时还为在航用户提供广播式信息服务，具有先进性、可靠性和实用性。

船舶调度系统：可实现船舶动态跟踪、遇险报警信息发播、信息发播、搜救协调、船舶调度管理等功能。系统采用两级分布式船舶监控调度管理中心设计，一级船舶监控平台是指设置在交通部的船舶监控指挥中心，该中心可实现对所有参与示范工程中的海事执法船和公司航运船舶的动态船位监控，并在船只遇险或紧急情况下需要进行救助协调指挥时，通过以北斗卫星系统为主要通信手段实现对救援船只的指挥控制功能；二级船舶监控平台是指分别设置于直属海事部门、航运公司的船舶监控调度管理中心，各级船舶监控调度管理中心主要由指挥调度平台，GIS服务平台和数据交换链路平台组成。

港口高精度实时调度管理系统：可为用户建立符合行业特点的移动目标跟踪系统、调度监控系统和高精度实时/事后定位数据处理系统，并通过综合运用计算机、无线通信、自动控制、GIS地理信息系统、差分卫星定位系统、DLP大屏幕等技术，实现了对堆场集装箱24小时全天候精确定位；装卸桥、场桥、叉车实时定位跟踪；与原有调度系统进行数据交换；进行无线通信、数据查询等功能。主要在提高港口现代化作业的效率、最大限度减少由于人为原因导致的不必要经济损失、加强港口的现代化管理水平建设方面起到促进作用。

（3）全球卫星船舶位报告暨监控指挥图形化技术系统（CTrack）

随着海洋运输业的不断扩展，近些年来，在海洋捕捞自然条件恶劣的海域，渔业船舶重特大事故时有发生，给渔民生命财产造成重大损失，全球卫星船舶定位报告暨图形化技术系统从此应运而生。

CTrack 系统是集成了国际海事卫星（INMARSAT）C/MiniC 通信系统、全球卫星定位系统（GPS）、地理信息系统（GIS）、管理信息系统（MIS）的综合应用系统。将 Inmarsat 卫星通信技术、GPS 导航定位技术、地理信息系统技术、图形图像技术、管理信息系统技术以及数据库技术等多方面的技术结合在一起，提供一个直观的图形化控制平台，在全球范围内实现高效船舶监控和指挥管理。

CTrack 系统具有全球覆盖、全天候、高可靠性、实时迅捷、图形化操作直观简便、经济性、组网灵活、容量大、保密性好等特点。可为用户提供位置和短消息服务、为政府管理部门提供综合指挥管理和搜救平台、为大中型企业提供移动目标管理系统，为小型企业和个人提供 Web 位置和数据服务。该系统已在政府海上执法和作业等部门和航运企业得到广泛的应用，有效的解决了作业船舶管理的各方面需求。

4. 加强标准研究，完善交通通信信息技术标准体系

1984 年交通部通信导航标准化技术委员会成立，该委员会是交通部十三个专业化技术委员会之一，由交通部科教司直接管理；为适应交通行业信息化发展和信息标准化管理的需要，2005 年更名为交通部信息通信及导航标准化技术委员会。其成员单位来自交通行业有关技术管理单位、研究机构、大专院校和企业，业务范围涵盖公路、水运，专业领域包括信息、通信和导航。

近年来，根据《国家标准管理办法》，按照部科教司的统一部署，交通部信息通信及导航标准化技术委员会对1991～1993年22个项目、1994～1999年5个项目的交通行业标准进行了清理整顿和重新修订。为加强交通通信信息技术标准工作，委员会开展了《交通通信导航标准体系表》的编制工作，并紧密结合交通行业通信信息技术的发展趋势，开展了《交通信息基础数据元 第6部分 船员信息基础数据元》、《交通信息基础数据元 第8部分 水路运输信息基础数据元》、《船舶卫星定位应用系统技术要求》、《北斗卫星船舶导航监测终端设备技术要求》等多项标准的制定和评审工作。这些标准的制定，对加快交通行业信息化建设和实现资源优化、共享，加强水上作业安全生产发挥了积极的促进作用。

20多年来，交通部信息通信及导航标准化技术委员会在加强交通行业信息通信专业技术领域内标准化技术归口管理，促进交通信息及通信导航制/修订标准工作，组织开展基础性、通用性、公共数据等信息化标准制修订工作，充分发挥生产、使用、科研、教育、监督、检验、经销等方面专家的作用方面发挥了积极的作用。

5. 开展创建活动，推进交通通信系统精神文明建设

伴随着交通行业精神文明建设不断前进的步伐，交通通信紧密结合自身工作特点，加强通信部门职工的思想政治和职业道德教育，广泛持续地开展学习交通行业先进典型和“三学一创”及“文明窗口”等创建活动，有力地促进了交通通信事业的发展和通信服务质量的提高。

交通通信既是服务行业、也是窗口行业，多年来交通系统各通信单位和部门结合实际工作持续开展各项精神文明创建活动，努力树立窗口行业形象，推进精神文明创建活动。自1991年开始，交通部精神文明建设办公室与中国交通通信中心每两年组织开展一次全国交通系统通信服务先进单位、先进集体和先进个人评选表彰活动，十几年来共有307个单位和集体、460名个人获得表彰。

为实现交通部提出的全国交通系统创建文明行业奋斗目标，1998 年交通部精神文明建设办公室和中国交通通信中心制定了《全国交通通信系统创建文明行业规划和标准》，提出了创建文明行业的指导思想、奋斗目标和工作任务；1999 年，又联合发布了《全国交通通信系统创建文明行业标准考核办法》。自 2000 年开始，在交通通信系统开展全国交通通信系统"文明示范窗口"和"文明达标单位"评选表彰工作。

2005 年，经交通部审批，长江南通通信管理处、中海电信有限公司被评为"创建全国交通文明行业先进单位"，辽宁海事局通信信息中心值班室被评为"创建全国交通行业文明示范窗口"，河北省交通厅通信信息中心被评为"创建全国交通行业文明十佳先进单位"。评选表彰精神文明创建活动的开展，在交通通信行业树立起一批热爱交通通信事业，勤奋工作、锐意创新、甘于奉献、肯于钻研、服务交通的先进典型，对交通通信行业内弘扬爱岗敬业、无私奉献的崇高精神，推动文明创建活动的开展起到了积极的促进作用。

为加强交通通信行业精神建设和思想政治工作，1990 年经交通部思想政治工作研究会批准，交通职工政研会通信分会成立（分会秘书处现设在中国交通通信中心）。十几年来，政研会通信分会作为联系交通通信系统各单位的纽带，在开展交通通信文明行业创建活动、研究思想政治工作新方法、宣传推广交通通信服务先进经验等方面作了大量工作。

交通政研会通信分会秘书处编辑出版的内部会刊《交通通信》，至今已编辑出版 60 多期。《交通通信》作为交通通信系统思想政治工作研究的论坛，交通通信文明创建活动经验的交流平台，为交通通信系统各单位探索加强和改进思想政治工作新途径，相互学习借鉴和交流工作经验和研究成果提供了良好的机会，对促进交通通信各单位工作创新起到了积极的指导作用。

三、长江通信发展成就

改革开放以来，长江通信的发展取得长足的进步。特别是“九五”、“十五”期间，交通部对长江通信建设投资不断加大，从最初的莫尔斯无线电报到无线电话，从模拟通信到数字通信，从载波通信到光纤通信，建成了长江干线船岸通信网、长途传输网、电话交换网、数据通信网和电视电话会议网，覆盖面积从长江干线重庆至上海2600多公里，实现全程全网的统一管理。

（一）长江通信建设成就

长江通信网是我国最大的内河船运通信网，已成为我国交通水系通信网的重要组成部分，成为长江船运安全的重要保障系统，成为长江船运信息化的主要网络资源。长江安全通信网目前包括船岸通信网、长途传输网、电话交换网、数据通信网和电视电话会议网等，与中国电信公网互联、互通、互补，为长江航运安全发挥着重要的支持保障作用。改革开放以来，国家对黄金水道投资建设力度的加大，长江航运步入信息化建设发展的快车道，新时期的长江通信发展以船岸通信为重点，干线传输为基础，信息化建设为方向。船岸通信方式以数据通信为主体，实现船舶识别自动化；干线传输通道以光纤通信为主体，实现干线传输宽带化；信息化建设以语音、数据、图像并重，从电子政务、动态监控、综合物流三个领域为长江航运提供一个高效的综合信息服务网络平台。

早在20世纪60年代，长江通信就自架有线长途电路并开通了12路载波通信，到80～90年代，长江通信建成了上海—宜昌120路、宜昌—重庆240路数字微波通信系统，干线载波通信逐步被微波电路系统所替代。20世纪末，长江通信又开始建设长江干线长途光传输系统，一是汉口—宜昌—重庆2.5G光传输系统，二是汉口—南京—上海10G光传输系统。随着光传输系统的逐步建成，长江微波通信电路系统也逐步退役。汉口—南京—上海光传输系统在2007年9月开通，实现了干线重庆—上海长途光传输的全线贯通，为长江航运信息化提供了基础传输平台，为信息化广域网以及即将建设的船舶自动识别系统（AIS）、内河信息服务系统（RIS）提供了传输通道，为长江电话交换网提供了中继电路支持，标志着长江航运安全通信和信息传输迈入大容量的数字传输时代。

长江干线电话会议网由音频电话会议系统和视频电话会议系统组成。上世纪80年代建成音频电话会议系统，2003年5月建成视频电话会议系统。电话会议系统连接长江全线11个视频电话会场和30个音频电话会场，便于互动交流，节约经费，提高效率。

为提高长江通信机动能力，2007年8月配置了一台长江应急指挥通信车。应急指挥通信车配置了包括卫星通信在内的多种先进通信信息设备，具备完善的视频、数据和话音通信等功能，可在长江干线及周边地区保障通信畅通，是长江通信机动化和现代化的重要标志，大大提高长江通信机动能力和保障能力。

为适应长江航运系统对船岸移动数据和视频通信的需求，在常规无线电通信无法满足的情况下，长江通信与艾维公司合作，利用全球近年兴起的微波存取全球互通（WiMAX）无线宽带技术，进行长江船岸移动通信试验，以实现船岸通信无线宽带。WiMAX适用于无线视频监控，可将摄像头安装在移动船舶上，也可以安装在固定监测点，方式灵活，接入自由，只要在基站覆盖范围之内都可以获得高清晰度的视频监控图像；适用视频会议，实现视频、音频、图片、文档等信息在每个会议终端的共享，用户可以灵活的在网络覆盖范围内随时随地召集视频会议，适合一些突发性事件处理。WiMAX还适用于语音通信，支持新一代IP电话业务，依托互联网与电话交互网络的互联，具有语音信箱、多方通话、呼叫转移等功能，以及数据接入需求，为用户随时随地组建无线宽带局域网、城域网，实现无线移动办公，而不局限在固定的地点使用，提高工作效率。目前已建设了三个试验站，使用效果良好。

（二）长江通信管理成就

为加强长江水系的通信管理、维护长江无线电通信秩序，长江无线电管理委员会在交通部无线电管理机构和长江航务管理局的领导下，受部委托承担长江无线电管理工作职责。为加强长江无线电和水上通信管理工作，先后制定出台了《长江机动船舶安全通信管理规定》、《长江机动船舶安全通信进网登记管理办法》等管理制度，有效地改变了长江无线电管理中存在的船舶无通信设备、无电台执照及遇险通信、船舶收听航行通告信息等方面存在的问题，为规范长江无线电和水上通信秩序起到了积极的促进作用。

第十章 船舶检验

船舶检验是指依托船检机构自身的技术研发能力，遵守国际海事公约，不断向海事和工业界提供服务的业务活动。船舶检验行业经过历史的发展，大体可分为技术服务、入级服务、法定服务和工业服务四大类。

今天，中国船舶检验行业主要由“三支队伍”组成，即：中国船级社、地方船舶检验机构和农业部渔业船舶检验局。“三支队伍”同出一源，即源自1956年成立的中华人民共和国船舶检验局。在波澜壮阔的中国水运事业发展过程中，“三支队伍”各司其职，密切配合，承担了历史使命，发挥了积极作用。

由于中国船舶检验队伍的特殊性质，本章主要以中国船舶检验的主力军——中国船级社，作为中国船舶检验行业的代表，集中展示改革开放30年来中国船舶检验行业发生的巨大变化。

中国船级社（CCS）是中国唯一从事船舶入级检验业务的专业机构，前身为中华人民共和国船舶检验局，主要承担国内外船舶、海上设施、集装箱及相关工业产品的入级检验、公证检验、鉴证检验和经中国政府、外国（地区）政府主管机关授权，执行法定检验以及经有关主管机构核准的其他业务。

1988年，CCS加入国际船级社协会（IACS），并先后于1996~1997年、2006~2007年两度担任IACS理事会主席。1994年CCS最高船级符号被伦敦保险商协会纳入其船级条款，享受保费优惠待遇。截至2008年底，中国船级社接受28个国家或地区的政府授权，为悬挂这些国家或地区旗帜的船舶代行法定检验。中国船级社在国内外主要港口设有逾60家检验网点，形成了覆盖全球的服务网络。

改革开放30年来，中国船级社肩负神圣使命，坚持改革创新，视风险管理为其业务的基本属性，围绕入级船舶检验、国内船舶检验和工业服务三条主线开展业务，大力发展规范科研和信息技术两个支持保障系统，坚持“技术立社、诚信为本、与众不同、国际一流”的建社方针，在国内外航运、造船、保险和工业界享有良好的声誉，开创了中国船舶检验事业的新局面。

第一节　船舶检验历史沿革

中国船级社的地位作用始终与国家航运、造船和相关工业的发展紧密相连。经过从无到有的艰苦创业，中国船级社沐浴改革开放的春风，经历了独立发展、融入国际、建立质量体系和“由局到社”的体制改革阶段，一个具有中国特色的国际型船级社焕发出勃勃生机。

一、中国船舶检验的初创阶段

1956年，在中央人民政府的批准下，中华人民共和国船舶登记局成立。为适应造船、航运事业的需要，1957年6月，交通部发出《关于建立船舶检验机构加强船舶技术监督的指示》，第一次明确了船舶检验的性质、任务：“船舶登记局和各地船检部门是国家对船舶执行技术监督和检验的机构，船舶登记局目前为部内职能局，负责处理有关对船舶技术监督的日常事务，同时起着船级社的作用，办理船舶入级有关业务。”

1958年6月，船舶登记局更名为“中国人民共和国船舶检验局”（简称船检局）。同年10月，第一次全国验船工作会议在上海召开。之后，船检局和各地船检机构按照会议要求，采取有力措施，整顿和加强了各级机构。1959 年 1 月，交通部发出通知，陆续将上海、广州、大连、天津、青岛等沿海验船部门改为船舶检验局办事处，1960 年 7 月又决定设立船舶检验局长江区办事处，业务归船检局领导，行政仍属当地港务或航运部门领导。与此同时，各省、市船检部门也得到充实和加强，业务上受船检局指导。从此，中国船检初步形成了由船舶检验局对直属船检机构业务领导、对地方船检部门业务指导的管理体制。

1963 年 10 月 7 日，国务院国经字 671 号文批准公布《中华人民共和国船舶检验局章程》。该章程具体规定了船舶检验局的性质、隶属关系，设置办事机构，检验船舶的范围、职权，与省、直辖市地方验船机构的关系，局徽、载重线、船级和检验钢印标志等，首次为开展船舶检验工作建立了法规依据，使中国船检的地位在法律上得到了确认。

20 世纪 50 ~ 70 年代，船检局为新中国恢复航运发挥了重要作用。从制定我国首部船舶检验规范、检验中国第一艘远洋船“光华轮”，到检验 70 年代末的“长城”号系列船舶，中国船检事业开始了真正意义上的独立发展。

二、中国船级社的诞生

20 世纪 60 ~ 70 年代，为了适应中国外贸运输发展需要，中国远洋船舶逐渐发展起来，外国船舶来我国港口也日益增多。在这种形势下，中国船检业务开始走向国际。为了对中国远洋船队在国外港口与外国船舶在中国港口进行检验发证工作，船检局开始与外国船检机构进行友好交往和技术业务合作。

1971 年 10 月 25 日，联合国大会 26 届会议通过了《关于恢复中国在联合国的一切合法权利决议》，联合国所属政府间海事协商组织（IMCO）［1982 年改称为国际海事组织（IMO）］于 1972 年 5 月 23 日召开的第 28 届理事会上，遵照联合国的决议通过了《承认中华人民共和国政府是代表中国唯一合法政府决议》。1973年3月1日，中国政府正式接受《1948年政府间海事协商组织公约》，参加该组织活动，并当选为理事国。交通部领导在1972年指示船检局负责筹备参加IMCO的工作，为此，在当时的航政组内又组成海协组负责翻译IMCO的有关资料，并多次派出代表、顾问，随中国政府代表团出席该组织的大会、理事会、海安会、环保会等会议，这为国际间海事友好协商、平等互利、保障安全发挥了促进作用。1973年，中国政府批准接受了《1960年国际海上人命安全公约》和《1966年国际船舶载重线公约》，中华人民共和国船舶检验局正式代表中国政府检验并签发上述两公约规定的证书，维护了国家尊严。

改革开放的春风吹遍神州大地，中国船检事业迎来了蓬勃发展的大好时机。随着我国远洋运输船队的激增，船舶入级检验业务日益繁重，而船舶入级检验业务原为船检局的一个职能部门管理，同时缺乏驻外检验机构，已不能适应远洋运输船队迅速发展的需要，因此，急需在机构设置和管理体制上加以必要调整。

1985年12月4日，经国务院批准，交通部发出《关于成立中国船级社的通知》。《通知》称："中国船级社是一个非官方的公众团体，其主要任务是承办国内外船舶和海上设施入级检验、公证检验、接受有关单位委托或按协议规定进行各种代理检验等。凡是悬挂中华人民共和国国旗的各种国际航行的船舶及海上设施的入级检验，均由中国船级社办理；中国船级社总部设在北京，根据工作需要，可在国内外主要港口设立分支机构；并拟定《中国船级社章程》，自1986年6月起，开展对外业务。"

1986年8月1日，中国船级社正式挂牌，同时兼有船检局的职能，"局、社"并称开展业务。由此，中国船级社成为以船舶入级与安全监督为己任的船舶入级检验机构，承担起我国船舶检验主力军的责任和使命，按照国际规则和要求开展各项业务，有力地支持和推动了我国航运、造船事业的健康发展。

三、加入国际船级社协会

进入20世纪80年代，中国船级社前进的脚步已叩响了全球船舶检验业的权威组织——国际船级社协会的大门。

国际船级社协会（IACS）成立于1968年，由世界10家顶级船级社联合组成，是IMO的咨询机构，世界商船队90%以上的吨位加入了其会员的船级，而被拒之门外的全球40多家船级社，掌握的船舶吨位还不及这10家船级社的1/9。可见，加入国际船级社协会，就等于拿到了一张驰骋于国际海事界的通行证，可以享受国际保险商货物保险优惠待遇。因此，中国船级社必须加入IACS！

然而，中国船级社加入IACS却困难重重。按要求，加入该会必须是专业的船检机构，且具有相当吨位的入级船舶，有完整的船舶建造与入级规范，在世界各地设有必须的分支机构和相当数量的验船师。早在1982年，船检局就开始了筹备参加IACS的有关工作，1984年初步具备了规定条件，向IACS正式提交了申请。1984年7月，其时该协会主席Bates先生致函船检局：IACS的一些会员认为中国船检局尚不满足要求，如果愿意，可作为副会员参加协会。得知这个消息，船检局深感遗憾，同时也激发了斗志和信心，当即严辞拒绝了这种不公平待遇——中国作为联合国常任理事国，中国船检局绝不能做IACS的副会员。

为加强自身建设，中国船级社在全国沿江、沿海各大港口陆续建立分支机构，组建海船、河船规范研究所，引进计算机技术，筹备设立海外办事机构，加强国际交流与合作。这期间，中国的造船、航运界也为中国船级社加入IACS做了努力，向国际海事界发出了自己的声音：中国正在进行改革开放，中国经济要发展，航运、造船要发展，中国船检也要发展，IACS应接纳中国船级社，使之成为真正服务于全球海事界的权威国际组织。在这种情况下，IACS开始重视正在崛起的中国船级社。经过艰苦的努力和多方协商，1988年5月31日~6月2日，中国船级社在正式挂牌两年后，在德国汉堡召开的IACS第21届理事会批准同意中国船级社为IACS正式会员。艰苦奋斗30年，中国船级社终于融入国际海事大家庭，为打造一个具有中国特色的船级社奠定了坚实基础。

四、建立质量体系

1991年6月，IACS第24次理事会通过了一项议案：为提高船舶技术质量，以保障海上人命、财产安全和防污染，恢复船级社声誉，要求各会员社必须参照国际标准化组织发布的ISO9000系列标准建立起整套严格有效的质量管理体系，并在1993年12月31日以前通过IACS的审核认证，以此作为保留IACS正式会员资格的强制性条件。

ISO9000标准系列是国际标准化组织于1987年3月发布的一套质量管理和质量保证标准，将它引入船级社的管理，在西方可谓顺理成章，但对于资历最浅、基础薄弱且处于质量意识不强的国度的中国船级社，确是一次挑战。中国船级社要建设一个监督自身质量管理的体系并接受国际权威机构认证审核，在我国尚无先例。倘若在这次危机中被淘汰出局，那么中国远洋船队还会重蹈历史，沦为世界航运界二等公民。保险商也会对悬挂中国旗的船舶更为苛刻，甚至拒绝投保。货主也可能大翻白眼，将先前答应给中国船队的大宗货物转给别人。世界众多港口、运河也会对中国旗船舶拒而不纳……。

为破解危局，中国船级社以只争朝夕的精神开展工作。1992年10月，中国船级社初步建立了崭新的质量管理体系，开始在全系统试运行。1993年8月，IACS称已经对中国船级社提交的《质量手册》予以认可，于9月27日~10月12日对中国船级社进行审核，完全符合IACS的要求。

1994年3月9日，国际船级社协会为中国船级社颁发了《质量体系合格证书》，中国船级社成为国内首家通过国际质量认证的检验机构。中国船级社质量体系的建立和有效运行，标志着中国船级社的质量体系已同国际通行标准接轨。

五、形成国际品牌

1999～2008年，中国船级社与船检局实行局社、政事分开后，经过两个五年计划的快速发展，取得了建社以来多方面的历史性突破和跨越，一个国际船检品牌已然形成。

机构设置。截至2008年底，中国船级社已经发展成为在国内外拥有多家分支机构的网络化机构，包括北京总部、国内沿海沿江11个二级分社和27个三级分社、办事处、检验站，在海外14个国家和地区设19个分社、办事处和检验站。下设上海规范研究所、武汉规范研究所、北京技术研发中心三个科研机构和中国船级社审图中心，以及中国船级社质量认证公司、中国船级社实业公司、《中国船检》杂志社、北京数码易知科技公司等直属机构。

人员状况。截至2008年底，全系统（不含所属公司）现有员工1955人，具有高级职称860人，中级职称351人；具有研究生及以上学历405人，大学本科1 157人；享受政府特贴总人数54人，其中在职7人，其他47人。

业务收入。2008年，CCS业务总收入为15.07亿元，比上年增长37.99%。其中入级船舶检验收入3.60亿元，比上年增长31.75%；非入级船舶检验收入1.30亿元，比上年增长8.33%；船用产品检验收入3.66亿元，比上年增长84.25%；工业产品检验收入0.29亿元，比上年增长17.49%；海工检验收入0.73亿元，比上年增长14.31%；工业服务收入2.87亿元，比上年增长20.43%；海外机构收入2.47亿元，比上年增长69.24%。

今天的中国船级社，已经成为在国际海事界具有技术、业务服务竞争能力和政治、品牌影响力的国际型船级社，得到海内外客户的广泛认可；通过研发创新和科研试验，积极参与国际标准领域的竞争，为我国航运、造船、海工提供与国际接轨的规范技术标准，中国船级社已成为中国航运、造船、能源开发、金融保险等相关行业发展不可或缺的重要支持保障力量；通过履行国际海事公约、国内法规和船舶入级规范要求，中国船级社已成为我国实施海事安全质量管理、环保监控的主力军。

第二节　船舶检验改革开放历程

1978年12月，党的十一届三中全会胜利召开，中国进入了改革开放的新时期。交通部船检局在总结新中国船检事业29年艰苦创业和曲折发展的经验和教训的基础上，提出了“加强基础、健全体系、适应发展、面向全国、走向世界”的20字方针。在这一方针的指导下，中国船检行业开始加速发展。改革开放使中国船检迅速全方位地与国际海事界、国际船级社协会以及世界各发达国家船级社的接触与交流，开始全面地学习引进、吸收借鉴世界船检的先进经验，从而促进了中国船检行业的管理、规范科研和人才培训等水平的提高，在较短的时间内缩小了与发达国家船级社之间的差距，中国船级社步入改革发展的新阶段。

一、由“局”到“社”，推进船检体制改革

改革开放后，船检局针对员工和业内人士在船检体制、机构设置、规范科研工作、有计划地充实与培训船检人员、加强后勤保障等方面提出的意见，经过反复讨论，提出了建立独立船检体制的初步设想。

船检局根据中央提出的“政企分开”的原则要求，提交了改革船检体制的报告。经交通部批准，于1981年11月30日发出《关于改革船舶检验管理体制的通知》，决定“从1982年1月1日起部直属船检系统实行由船

舶检验局直接领导的管理体制”。船检局沿海和长江沿线的直属船检部门分别于1982年和1984年从当地港、航单位划分出来，由船检局实行行政、业务统一的领导。

1979年6月，由交通部和国家水产总局联合下达“通知”，决定国家水产总局的船检机构对外用“中华人民共和国船舶检验局渔船分局”名称，下属各省、自治区、直辖市水产部门的检验机构，对外称渔船分局某某检验处，在船只集中的主要港口设检验站，对渔业船舶实行监督检验和发证。

1982年和1986年经两次全国地方船检工作会议讨论通过，并经交通部同意，在全国各省、自治区、直辖市设立船舶检验处领导地方船检业务。各省、自治区、直辖市船舶检验处的业务由船舶检验局领导，行政工作由当地交通厅（局）领导。1986年12月，交通部致函国际海事组织秘书长称：“经中华人民共和国国务院批准，中国船级社已获得中华人民共和国政府授权，可代表对中国籍船舶、船用集装箱和设置在中国水域内的海上设施施行国际公约规定的法定检验并签发相应证书”。

由此，中国船检事业形成了国家船舶检验局主管的直属船检、国家水产总局主管的渔检和地方政府主管的地方船检三支队伍，同时也形成了具有中国特色的船检管理体制。船检体制机制的改革，中国特色船检管理体制的建立，为中国船检事业提供了体制保障。

为适应新时期发展需要，从1998年始，船检体制改革进一步深化，实行“局社、政事”分开。经中央机构编制办公室《关于中国船级社机构的批复》（中编办字［1999］80号）、交通部《关于中国船级社主要职责、机构设置和人员编制的通知》（交人劳发［1999］400号）文和交通部《关于印发中华人民共和国船舶检验局与中国船级社实行局社政事分开的实施意见的通知》（交人劳发［1999］471号）批准，中国船级社是交通部直属事业单位，实行企业化管理。中国船级社作为国家的船舶技术检验机构，是唯一从事船舶入级检验业务的专业机构，主要承担国内外船舶、海上设施、集装箱及相关工业产品的入级检验、公证检验、鉴证检验和经中国政府、外国（地区）政府主管机关授权，执行法定检验等具体检验业务，以及经有关主管机构核准的其他业务。从此，中国船级社进入深化改革的新阶段。

二、完善制度，依法治社

在改革开放的进程中，中国船检规章制度得到了进一步的充实和完善，船检规范基本形成体系，科研有了进一步发展。在此基础上，中国船检制度逐步与国际接轨。

为了与改革开放的新形势相适应，中国船级社在船检规章制度建设方面，大胆改革，不断加强船检基础法规制度建设。1993 年 2 月 14 日，国务院发布了《中华人民共和国船舶和海上设施检验条例》，明确规定船检局是依照本条例规定实施各项检验工作的主管机构，中国船级社是社会团体性质的船舶检验机构，承办国内外船舶、海上设施和集装箱的入级检验、鉴证检验和公证检验业务；经船检局授权，可以代行法定检验。《中华人民共和国船舶和海上设施检验条例》第十三条规定，下列中国籍船舶，必须向中国船级社申请入级检验：（一）从事国际航行的船舶；（二）在海上航行的乘客定额 100 人以上的客船；（三）载重量 1 000 吨以上的油船；（四）滚装船、液化气体运输船和散装化学品运输船；（五）船舶所有人或者经营人要求入级的其他船舶。

《中华人民共和国船舶和海上设施检验条例》是中国一部重要的船检法律依据，它确立了各船检机构和中国船级社的法律地位。这部法规有三个特点：一是符合国际惯例；二是符合中国有关法律和法规的基本原则；三是符合中国国情。这是中国水上交通法制建设的一件大事，也是有关航运和造船安全质量的一件大事，标志着中国船舶与海上设施检验工作迈上了一个新台阶。

为适应改革开放和船检事业的发展，进一步理顺船舶法定检验和入级检验的关系，经交通部批准，1985 年 12 月 4 日公布《中国船级社章程》，自 1986 年 1 月 1 日起施行。该章程明确规定中国船级社的性质、宗旨、任务，规范的沿用、修订和补充，与外国船级社协议，董事会、技术委员会、社长及业务部门的设置，入级符号和检验标志及施行日期等。《中国船级社章程》的首次制订公布，是中国船检事业发展的一项重大举措。

为适应市场竞争和企业化管理的需要，中国船级社不断探索既符合国情又与国际接轨的内部管理制度，按照国际船级社协会的要求，定期对质量体系（QSCS）进行优化和升级，使中国船级社发展始终在正确的轨道上运行。

改革开放以来，中国船级社一直强调法律意识和风险意识，要求检验人员增强法制观念，坚持依法检验，组织培训和贯彻落实《安全生产法》、《劳动合同法》、《行政许可法》、《船检条例》、《船舶检验机构及验船人员工作过错追究办法》等。同时，狠抓法定检验授权工作，认真履行与交通部海事局以及其他船旗政府主管机关签署的代行法定检验协议，建立船旗政府法定要求跟踪和转化数据库。此外，关注其他国家有关船级社的立法和案例，加入了 IACS 的法律专家小组，积极研究船级社的国际法律环境问题。

三、强化安全质量，巩固品牌形象

改革开放后，中国航运事业加速发展，船舶数量不断增加，到达中国沿海和长江开放港口的外籍船舶也日益频繁。此外，从国外购进的“二手船”也为数不少，保障航运安全成为这一时期船检的一项重要任务。对此，中国船级社在认真执行监督检验和签发证书、促使船舶具有良好的适航状况、确保航运安全等方面作了大量的工作。

加强对客船的检验。在中国，客船和轮渡担负着大量旅客的运输任务，这关系人民的生命财产安全，必须确保航行安全，这是船检部门实施监督检验的重点。中国船级社一方面结合每年春节或有关客运高峰期，对营运中的客船进行全面的安全检查；另一方面，加强对老龄船舶的检验，杜绝安全事故发生。在20世纪80年代末到90年代，船龄在15年及以上的老旧船舶多次发生海损事故。对此，1986年2月船检局发出通知，要求各地船检部门加强对船龄在15年左右船舶的现场检验工作。1989年1月，交通部发出《关于加强对老龄船舶监督检验的通知》，1993年交通部发出2号令《关于老旧船舶管理规定》。船检局及各船检部门，特别是中国船级社严格执行2号令精神，认真做好相关工作，取得了明显成效。中国船级社为清理整顿老旧船工作，为保障航运安全和水域环保做出了重要贡献。

保证船舶航行安全。一是严格执法监管，把安全生产工作真正纳入法制化轨道；二是严格安全生产责任制和责任追究制，把责任落实到每一条船舶、每一个岗位、每一个人；三是加大科技投入，加强安全科研开发和技术改造，用现代科技手段提高船舶事故的防范和处置能力；四是排查事故隐患，做到经常化、制度化，不留死角，对典型事故要深入剖析，举一反三，防止同类事故重复发生；五是全面完善应急预案，各种预案都要一目了然，具体管用，切实增强针对性和可操作性；六是牢固树立大局观念，各地船检相互支持，协同配合；七是标本兼治，采取强有力的工作措施，对生产经营者违法违规行为，坚决纠正和查处。严格实施国家各项强制性标准，严格准入许可，严格全过程监管。对存在安全隐患的船舶，坚决杜绝其运营。

加强PSC工作。港口国检查（PSC）是衡量一个船级社国际航行船舶安全质量的重要标尺。改革开放以来，中国船级社历年对PSC滞留率问题进行跟踪研究，认真排查分析，积极拿出对策，有针对性地强化了对这些船东及船舶的服务和检验工作。为了维护质量好、管理严、PSC记录好的船公司的利益，对部分PSC记录差的船舶及船东采取主动帮助的措施，从维护中国旗船舶形象的大局出发，认真做好本职工作。经过历年的艰苦奋斗，从2000年起，CCS级船舶在接受东京备忘录（TOKYO MOU）、巴黎备忘录（PARIS MOU）和美国海岸警备队（USCG）三大备忘录检查中“由黑脱白”（由黑名单转为白名单），打了翻身仗，在国际船舶检验行业树立了良好的形象。

四、以科研技术为先导，提升服务能力

在与国际船级社接轨的历程中，中国船级社以规范科研为先导，在现场经验积累与理论研究结合中逐步推动规范科研技术发展，走出了由“引进借鉴”到“研发创新”的发展道路，形成了由主体规范、辅助规范和支持文件（计算程序）构成的中国船级社规范体系；覆盖了船舶检验、海上设施检验、集装箱检验，以及有关产品检验、管理体系、认证和风电设施认可等业务技术领域；有力地提升了中国船级社的服务能力，并不断强化与国际规范的接轨。主要体现在如下几个方面。

形成海船规范体系。船检规范，是船检建设的一项重要基础工作。1983年，船检局在上海设立海船规范科研所。1985年，船检局在武汉设立河船规范科研所。按照“科研应当超前研究，科研应为规范服务，规范要为生产和检验服务”的指导原则，船检局组织制定了《船检规范“八五”科研工作规划》及“海船、河船规范体系表”。随着国际海事组织所缔结的有关国际公约和有关修正案的生效，以及国际船级社协会的统一要求和解释的不断修改和补充，编制或修改相应的法定规范已属于常规性的工作；努力做到海船规范与国际接轨，各种船检规章和规范都要适应发展，促进安全生产和科技进步。这一时期主要制定修改了钢质海船入级与建造规范，如《1973年钢质海船建造规范》的修改、《1977年海船入级规则》等；制定与完善河船规章、规范体系，继续制订与完善长江水系船舶规范、建立起了内河船规范体系，如《内河钢质工程船建造规范》、《内河航区分级规范》、《内河船舶吨位丈量规范》等；为适应新的造船业和航运业发展的需

要，并参照国外先进船级社规范的做法，再把入级规则与营运船舶检验的内容编入，船检局颁布了第一本完整的《钢质海船入级与建造规范》（1983版）；后又陆续出版了船舶稳性、防污染方面的规范。之后，于1989年以船级社名义颁布第一本《钢质海船入级与建造规范》（1989版）。进入21世纪，中国船级社参与制定了国际船级社协会全球首部《共同结构规范》（IACS CSR），且不断向新的领域拓展，如《海警船入级规范》、《船舶压载舱涂层标准暂行指南》、《薄膜型LNG船指南》、《车辆运输船船体结构指南》、《船舶应急响应搁浅研究》等规范、指南及研发性文件，填补了相关技术和服务能力的空白。

建立船舶法定检验体系。船舶的法定要求，是船旗政府对悬挂该政府旗船舶的安全技术要求。对国际航行船舶的法定要求，至少应采纳国际上的有关法定要求。对国内水域航行船舶的法定要求，主要考虑一个国家或地区政府的实际情况：安全与发展、政策与技术、合理与实际等等，这实际上是各方意见的综合结果。因此，船舶法定要求具有强烈的国家性或地区政府性的特点。在理顺船级检验规范的同时，也存在理顺法定检验技术要求——法规的编制问题，中国船级社于1992年编制并颁布第一本完整的法定检验要求——《海船法定检验技术规则》（简称法规）。该版法规适当编入船体、轮机、电气方面的原则要求，但没有编入具体检验方面的内容。这一法规对统一船舶法定检验工作起到了良好的作用。根据几年使用中发现的问题，从1996年起，又陆续编成6个船舶方面的法规，经全国船舶设计、制造、检验、使用、科研等单位专家的评议和评审，1999年以船检局的名义颁布实施。1999年以后，法规以交通部海事局名义颁布。

修订海洋工程规章、规范。20世纪70年代末到80年代初，随着中国大陆架的石油和天然气开发，各种平台检验业务也相应增加。从1978年起，船舶检验局即着手研究制订海洋工程检验规章和规范。1980～1984年间，首次公布了移动式平台检验暂行办法、移动平台规范、固定平台规范及平台安全规则等。在此后的20余年内，又陆续制订了包括规则、规范、规程和须知在内的一系列海洋工程检验规章，使海洋工程规范体系逐步充实和完善。

开发并不断完善计算评估软件。软件是规范的有机组成部分。从20世纪80年代开始，船检局（船级社）加大投入，积极开发规范要求的结构强度、船舶性能、轴系振动和校中、短路电流等计算评估软件，其中一些软件的计算技术已达到先进水平。比如中国船级社的有关民用船舶的计算评估软件，这对进行科研、设计、事故分析、状态评估、应急服务等，均具有强有力的技术支持与解决能力。2007年颁布的《共同结构规范》软件，达到了国际领先的水平。

五、弘扬船检精神，重视文化建设

改革开放30年来，中国船级社非常重视“软实力”的建设，始终将建设先进的船检文化作为推进可持续发展的有力手段，不断总结船检50年发展中形成的中国特色船检文化，凝聚成“团结、奉献、公正、高效”和“诚信、公正、严谨、创新”的船检精神。船检精神是在中国船检事业的发展过程中形成的，经历两个发展阶段，并在不同的发展阶段发挥了积极的作用。

第一阶段：团结、奉献、公正、高效。在20世纪90年代，中国船级社面临的严峻的内外部形势。外部：市场竞争的压力、国际先进船级社的挤压、质量体系建设的严峻考验；内部：员工队伍素质及思想观念的参差不齐、管理水平的有待提高等等。面对这样一种环境，中国船级社提出了“团结、奉献、公正、高效”的船检精神。所谓团结，就是“党政团结、上下团结、同志之间团结”，要紧紧围绕“为船检事业兴旺发达”这一目标，党政一条心、上下一条心、全员一条心。所谓奉献，就是要以船检事业为重，比贡献、比进步，少讲个人待遇、少图个人回报。所谓公正，就是对客户公心、公道，对自己坚持正义之心，接章办事。所谓高效，就是增强紧迫感，讲效率、办实事。

第二阶段：诚信、公正、严谨、创新。进入新世纪，随着时代进步、科技创新和国内外情况的变化，中国船级社面临的形势以及船检队伍的人员与知识构成都发生了深刻的变化，这些变化客观上需要中国船级社对船检精神进行重塑。为了中国船级社更好地适应今后的发展，更有效地凝聚和激励广大员工，中国船级社对原有的船检精神进行了反思和提升。新的船检精神在保持公正要素的基础上，强调了诚信、严谨与创新的重要性。所谓诚信，就是诚实与守信，讲真话、办实事、守信用。所谓严谨，就是按章办事、做事认真。强调认真，就是强调中国船级社在提供服务时，努力做到“一次性将工作做对做好”；充分体现服务质量第一的理念。所谓创新，就是敢于突破，勇于实践。

在此基础上，中国船级社代表中国船检行业，完成了《船检文化建设研究》课题，在系统内大力开展精神文明建设，取得了积极的文化成果。特别是船检体制改革10年来，有15篇规范、须知、指南和研究项目获部委、军队、省市及学会二、三等奖；获国家、中央机关、省部级表彰的模范及先进人物近50人次；社总部和5个二级单位获全国、省部级文明单位，一批基层处室被国家、省部授予先进集体；中国船级社获中央国家机关文明单位称号，理事长兼总裁李科浚获“中央国家机关五一劳动奖章”荣誉称号。

此外，中国船级社通过开展“技术扶贫”，将扶贫工作与我国船舶工业和船检工作特点相结合，为贫困地区培训200名焊工，总部干部职工积极捐资助学，推进“一对一小树工程”，履行社会责任。四川汶川大地震后，中国船级社及时通过中国红十字会向地震灾区捐款200万元，动员本社干部员工和CCS地中海委员会捐款400多万元，用于灾区中学的重建。这些公益活动增强了全社干部员工的社会责任感，调动了全社干部员工的工作热情。

第三节 船舶检验发展成就

改革开放30年来，中国船级社努力加强科研水平和自身建设，视安全质量为生命，坚持走国际化发展道路，取得了辉煌成就，“服务于国家相关行业发展大局”的理念得以实现。

一、服务相关行业发展大局的能力显著增强

伴随着改革开放的脚步，中国船级社的业务范围由传统的海上业务向陆上不断延伸，主要业务是船舶检验、海工和工业服务。

（一）船舶检验吨位增长迅速

在改革开放的引导下，中国船级社坚持走规范化、高起点的道路，以科研技术为先导，服务于国家相关行业发展大局，切实有效地履行了政府赋予的安全质量把关和行业赋予的技术服务的双重职责，其检验的船舶艘数和吨位呈现逐年上升的趋势：1978年，船检局检验的船舶510艘，600万总吨；1978年，510艘，600万总吨；1986年，1062艘，1 046万总吨；1997年，1907艘，1 524万总吨；2005年，1 827艘，2 157万总吨；2008年，入级船舶和国内船舶分别为2 077艘、2 907万总吨和9 318艘、1 393万总吨。2008年，CCS入级新造船订单达1 048万总吨，手持订单2 610万总吨，刷新了历史记录。

（二）海洋工程检验异军突起

改革开放之初，中国船级社开始在海洋工程领域谋求发展。1982年12月颁布首版《海上移动式钻井船入级与建造规范》，1984年颁布首版《海

上固定平台入级与建造规范》，逐步进军海洋工程领域。经过20多年的发展，中国船级社在海洋工程领域已取得了长足进步，颇有异军突起之势。2007年，中国船级社中标参与中海油投资44亿人民币建造的3 000米深水平台项目，并完成了合同前技术服务。海洋工程共完成建造检验固定平台18座，移动平台5座，浮式生产处理装置（FPSO）2艘，人工岛1座；完成营运检验固定平台202座，移动平台42座，FPSO 14艘，拖航检验及海工设备检验等工作400余项；其业务比2001年增长了10倍。2008年，完成固定平台检验232座次，移动平台61座次，拖航检验及海工设备检验等工作300余项；拓展了CCS在南海海工检验业务中的占有率，巩固了CCS在渤海海工市场的主导地位。

（三）工业服务成为新的业务增长点

中国船级社工业服务涵盖认证认可、工业产品检验、监理检测、清洁能源和集装箱检验等方面。经过10年的发展，工业服务已成为中国船级社业务支柱之一，也是新的业务增长点，约占中国船级社整体业务的四分之一以上。

认证业务。中国船级社质量认证公司（CSQA）在“十五”期间累计颁发证书6 000余张，获证企业约3 000家左右，完成了对中远集团、招商银行、中交集团、摩托罗拉、诺基亚、夏普等一批中外知名企业的质量体系、环境管理和职业卫生安全认证。CSQA在国家认监委组织的“全国认证机构2006年客户满意度调查”中获得好评，其中认证机构互评综合结果和审核员满意度调查结果均为第一名。2007年，中国船级社获得国家认监委产品认证资质，可以开展25大类产品的认证工作。2008年5月，中国船级社认证公司进行了重组，形成了体系认证、产品认证、工业产品检验和集装箱检验四大业务，一个新的认证品牌正在形成。

监理检测。中国船级社实业公司（CCSI）先后实施了武汉军山大桥、重庆鹅公岩大桥、润扬大桥、杭州湾跨海大桥、美国旧金山奥克兰海湾大桥等20多座国内外大型桥梁的监理，并获得了业主等各界的一致好评。截至2008年底，CCSI业务收入突破了2个亿，在特大型桥梁工程监理、大型港口码头设备系统制造与安装监理，以及特大型起重设备制造与安装监理三大领域，在国内保持领先优势。

清洁能源。中国船级社组织完成了“风能规范”的编写，承担了国家863计划中有关风电设备检测及技术规范课题研究任务。2008年，中国船级社与我国风电机组研究、开发与生产制造的龙头企业金风科技股份有限公司在北京签署了出口古巴750千瓦/60赫兹风力发电机组整机认证协议，标志着中国船级社认证的风电产品走向国际。

2006年8月，国务院审议并通过了《船舶工业中长期发展规划》，明确指出“中国船级社要建立健全我国船舶工业技术标准体系，维护我国船舶工业的合法权益，做好共同规范（CSR）的协调推广工作”，首次将中国船级社的职责和作用在国家产业政策中突显出来。经过改革开放30年的快速发展，中国船级社服务相关行业发展大局的能力显著增强。

二、安全质量水平处于国际船级社前列

中国船级社坚持以国家船检主力军的姿态，站在全局的高度抓安全质量。自2000年始，交通部先后将渤海湾、舟山、琼州海峡水域客滚船、客船以及川江地区汽车运输滚装船和长江涉外旅游船，交中国船级社进行船舶安全技术评估、整改。此后，中国船级社一直参与对“四区一线”、“四客一危”船舶清理整顿工作，开展对重点水域、重点船舶技术标准研究工作，船舶的安全形势得到很好的改善。

中国船级社在吸收借鉴国际航行入级船舶检验管理先进理念的基础上，研究并提出了对国内建造、营运船舶实施检验分级制度。分级制度的实施，实践了依据船舶安全、质量状况分级核定保险的“保优限劣”机制，强化

了国家对国内航行船舶安全质量的管理。

自2003年《国际船舶和港口设施保安规则》实施后，中国船级社先于其他国际船级社做好此项工作，积极配合中远、中海船队通过了保安要求，维护了国家船队的市场地位。2008年，根据部统一部署，参加了部奥运保安工作专项检查，充分发挥了船舶保安（ISPS）工作平台在国家保奥中的作用，并在四个奥运赛事港口所在地、三区一线辖区分社成立保奥工作小组，配合主管机关开展保奥工作。

以科技促安全，中国船级社推出的船舶应急响应服务得到了各方的好评。截至2007年底，与44家船公司共368艘船舶签订了应急响应（ERS）服务协议，为1 807艘共计277万总吨“四客一危”船舶建立了应急响应数据库；完成了164艘国际航行船舶ERS数据库的建模和应急手册编制任务。先后为“永康”轮、“泰华海”、“平江”轮、“大庆91”、“新福州”和“桐城”等遇险船舶及时有效地提供了应急响应服务，避免了重大海难事故的发生。

中国船级社还将港口国检查（PSC）视作检验国际航行船舶安全质量的重要标尺，特别是在1999年以后，经历了“由黑脱白”、“由达标到超越”的整改过程。2007年，全年接受东京备忘录（TOKYO MOU）、巴黎备忘录（PARIS MOU）和美国海岸警备队（USCG）三大备忘录检查CCS级船舶共计2508艘次，折算滞留率为1.95%，责任滞留率0.80‰，低于国际船级社的平均指标，成为IACS成员中安全质量名列前茅的船级社。

三、规范科研水平与国际船级社同步

中国船级社将科研、规范和信息技术视作船级社发展的重中之重，制订了大型规范科研计划VCBP（“V”代表15万吨以上的大型油轮，“C”代表5000箱以上的大型集装箱船，“B”代表15万吨以上的大型散货船，“P”代表LNG/LPG以及海洋平台）并组织实施。完成了大型计算软件“海虹之彩”二期开发，修订了《钢质海船入级与建造规范》并获中国航海学会科学技术二等奖。

2004 年，中国船级社积极推进了行业联合研发的“优选型散货船”（OBC）的船型开发。该项目直接为国家带来 100 多艘自主知识产权的大型散货船、价值百亿美元的订单，带来了可观的经济效益。中国船级社紧密同世界几家主要船级社在技术领域的团结合作，推进了船级社有史以来的第一部 IACS 共同结构规范的制定并共同享有知识产权，标志着中国船级社的规范、标准完全与国际同步且在某些领域有了领先技术。

“十五”期间，中国船级社共编制规范法规、指南，出版公约、规则 100 余套。特别是 VCBP 计划的实施，带动了中国船级社级新建大型船舶的发展，共计建造完工船舶 488 艘，629 万总吨，921 万载重吨，包括 5 艘 30 万吨大型油轮（VLCC）、22 艘 17 万 5 千吨散货船、4 艘 159 000 吨油轮和 5 艘 5 688 标准箱、14 艘 4 250 标准箱集装箱船等。

截至 2008 年底，中国船级社的科研规范成果体现在以下几个方面：开发完成中国船级社自主知识产权的共同结构规范（CSR）软件，得到了我国船舶设计单位和船厂的好评；全球首艘入中国船级社单一船级的按共同规范建造的船舶“浙海 521”成功交付；参与了我国首次建造的两艘液化天然气（LNG）船入级检验项目，逐步掌握了 LNG 船的核心标准与建造检验技术；按照中国船级社入级规范审图与建造的我国第一艘新型大型客滚船“渤海金珠”轮投入渤海湾营运；国内第一艘按照国家军船标准设计的中国船级社级警用舰——中国人民武装警察边防部队 718 型公边巡逻舰开工建造；中国船级社首次开展船型认可服务，推动了我国自主品牌船型的发展，其中包括我国自行设计的 30 万吨大型矿砂船（VLOC）船型，以及我国最大的绿色环保型散货船（17.7 万吨）等共 43 型船舶；全球第一艘 VLCC 改装矿砂船的“河北创新”号通过 3 年的营运验证，证明改造方案安全可靠，并引导了全球超大型船舶改装的潮流；由中国船级社自主研发的、满足

CSR 要求的 18 万吨散货船于 2008 年 5 月开工建造，在国内 46 艘 18 万吨散货船订单中，有 32 艘船舶（包括首制船）将入级中国船级社，逐步树立了中国船级社在散货船领域的技术权威；启动了“绿色船舶”计划，跟踪国际上最新的船舶节能减排技术，服务于国家航运、造船、配套等行业；承担了一批国家级重点科研项目，如国家船舶结构数据库项目、船舶性能数据库的研发、新型多功能火车渡轮设计建造关键技术研究项目、大型矿砂船项目等。

科研规范的创新，使中国船级社业务发展实现跨越，其规范标准已与国际同步。实践证明，中国船级社坚持“以科研技术为先导”的发展理念是完全正确的。

四、提升在国际标准领域的“话语权”

国际船舶检验领域的竞争主要表现在技术标准领域。技术标准是造船、航运由大到强和促进海上装备现代化的核心所在。扩大在国际技术标准领域的话语权，参与和主导技术标准的实施，是衡量船级社国际化程度和技术实力的重要标志，也是 IACS 成员社的共同追求。

中国船级社经过改革开放 30 年的发展，其入级规范标准具备与其他国际船级社一样的法律地位。在决定全球 90% 以上船舶吨位入级标准体系的 IACS 组织内拥有与其他九家船级社一样的表决权。中国船级社先后联合与日本、韩国、印度等亚洲船级社多次召开了亚洲船级社（ACS）会议，并联合日、韩船级社开展油轮和散货船共同规范标准研究，平衡了欧美某些船级社技术垄断、不合作的行为；促进了 IACS 在技术标准领域内的统一，还强化了中、日、韩三国船级社在国际造船业界内的技术地位。积极参加由国际干散货船协会、国际独立油轮协会和国际航运商会联合组织召开的亚洲船东、船厂、船级社三方圆桌会谈，加强了与国际航运组织之间的密切联系和交流，推动了我国造船工业、船级社业务进一步与国际接轨。

"船首高度推导公式"写进国际公约。2002 年 7 月，在国际海事组织（IMO）关于稳性、载重线与渔船安全分委会第45 次会议上，中国船级社向大会提出了4 项提案，其中有3 项被采纳为国际海事界通用标准。船艏高度和储备浮力是影响船舶安全的重要因素，20 世纪 80 年代以来，国际上的大型散货船频频发生海难，人命与财产损失惨重，这与船舶船首高度和储备浮力不够有关。虽然英美等国在研究船首高度上提出了许多新问题，但是并没有拿出切实可行的解决方案。而在此次会议上，中国船级社提出的"船首高度和储备浮力"两项课题，以简单实用而又科学严谨的推导公式解决了这一问题，与会代表不得不为中国船级社提出的这一深厚有力的论据、真实可靠的数据和详尽的资料所折服。经大会最终讨论，决定将我国的提案纳入《国际载重线公约》修正案第39（4）条中，相应将第39 条标题修改为"最小船首高度和储备浮力"。此项研究成果使大型散货船储备浮力分布更加合理，明显改进大型散货船现行设计中的不足，改善船舶适航性，从而提高船舶的安全性。国际海事界积极评价："这是全球海事界期待了多年的结果，里程碑式的结果!"。该成果是中国海事界首次被 IMO 采纳的提案，标志着我国海事科研已经在国际技术标准领域拥有一席之地。

参与制定全球首部《共同结构规范》。2005 年 6 月 13 日，IACS 举行成员船级社领导人会议，就共同规范达成一致，决定 2005 年 10 月 1 日 IACS 所有成员同时通过油船和散货船两套规范，规范知识产权归 IACS 各成员船级社所有。中国船级社作为 IACS"油船和散货船共同结构规范"中"散货船结构共同规范"的发起人之一，积极参与规范的制定，并积极协调有关各方的关系，为共同结构规范的最终通过发挥了重要作用。中国船级社是制定散货船共同规范的主力，同时与英国劳氏船级社（LR），美国船级社（ABS）和挪威船级社（DNV）等 IACS 的成员一起共同负责油船共同规范的开发和维护。通过积极参与并推进国际船级社第一部油轮和散货船共同规范（CSR）的研发制定，中国船级社的技术能力得以大大提升。在此过程中，中国船级社作为发起人之一，积极参加了规范的起草、编制工作，充分谋求了中国航运造船界在国际社会的“话语权”。中国船级社通过参与标准的制定，使我国能够较早地了解和熟悉标准及其应用，能支持和促进我国船厂新造船舶符合新的国际标准，提升竞争能力，巩固和拓展市场份额，维护我国的利益。

率先开发《共同结构规范软件》。中国船级社在CSR获得通过后，随即把大量精力投入到开发共同结构规范软件的工作中。在开发软件上，IACS各成员都非常重视，为抢得先机，中国船级社的科研人员封闭了151天，每天工作16个小时，率先开发出了这两套具有强大功能的共同结构规范计算软件。中国船级社是少数同时开发出油船和散货船结构规范计算软件的船级社之一。这两套软件不仅能满足共同结构规范的船舶设计、审图和计算评估的需要，而且完全符合两本共同结构规范的内容。专家指出，该软件的成功开发，展示了中国船级社在IACS共同规范实施中的能力，并成为在国际船级社中为数不多的、同时具有油船与散货船结构规范计算软件的船级社之一，同时，这两套软件有力提升了中国的造船能力，特别是为提升中小船厂造船能力创造了一个良好的发展机遇，在业界获得好评。

助推“压载舱涂层标准”出台。2006年11月29日~12月8日，国际海事组织（IMO）第82届海上安全委员会一致通过了“所有类型船舶专用海水压载舱和散货船双舷侧处所保护涂层性能标准”（简称压载舱涂层标准）。根据本届会议通过的国际海上人命安全公约（SOLAS）第II-1/3-2条修正案，该标准将强制适用于2008年7月1日以后签订建造合同的所有500总吨以上船舶的专用海水压载舱和150米以上散货船的双舷侧处所。在船舶压载舱涂层国际标准制定过程中，中国船级社在IMO和IACS做了大量的协调工作，先后向IMO提交多份有关涂层方面的提案，充分反馈了中国造船界、海事界等相关各界的意见和建议，使我国船舶工业站在了与欧、日、韩同一起跑线上，缩短了我国在设计制造方面与先进造船国家的差距，最大限度地维护了中国船舶工业的利益。

将“和谐理念”引入国际海事界。2006～2007年，中国船级社担任国际船级社协会主席，按照“认清形势，参与竞争，以我为主，分化制衡”的工作思路，从过去的一般性参与国际事务，转变为积极主动熟练协调国际海事界各方的利益，推动国际事务向有利于国家、行业的利益转化。在IACS内部引进和谐理念，强化团结合作，提出了IACS发展与改革的若干重大思路并得到了各家成员的支持；妥善处理了德国船级社投诉法国船级社违反IACS道德准则、印度船级社副会员资格、俄罗斯船级社投诉IACS质量秘书等纠纷。

改革开放30年来，中国船级社无论在国际公约、规范技术标准的制定中，还是在各类国际组织的活动中，始终以国家、民族的利益为重，积极发挥中国船级社国际桥梁作用，努力为中国航运业、造船业的发展谋求有利的国际环境。

第十一章　交通公安

30年来，交通公安机关在交通部党组和公安部党委的领导下，始终牢记宗旨，忠诚党的事业，解放思想，锐意改革，逐步建设成为一支特点鲜明的专业型公安机关、保障有力的服务型公安机关、统一规范的正规化公安机关。各级交通公安机关和广大公安民警紧密围绕国家各个时期的中心工作和交通经济建设大局，充分发挥维护稳定、打击犯罪、管理治安、消防监督、交通疏导等职能作用，有力维护了港航的政治治安稳定，为水路交通事业又好又快发展创造了和谐稳定的内外环境。

第一节　积极推进交通公安改革

党的十一届三中全会，像一股强劲的春风，吹开了中国尘封已久的大门。伴随着中国社会改革开放的大潮，交通公安改革应运而生。30年来交通公安的历史，某种程度上说，就是一部主动适应、持续变革的历史。

一、紧跟时代要求，确立交通公安改革方向

在全国改革开放的大背景下，交通公安改革随着交通运输体制改革和全国公安体制改革而进行，适应水路交通行业治安形势和交通公安队伍状况而开展，具有特定的时代要求。

（一）适应交通运输改革发展的需要

党的十一届三中全会以后，港口和航运生产逐步得到恢复和发展，与

此相适应，港航管理体制也进行了数次改革和调整。从上世纪 80 年代伊始，进行第一步改革，重点是航政和港政分开，长江港口实行“港航分家”。80 年代中期，国家对沿海和长江干线主要港口的管理体制进行了重大改革，除秦皇岛港由中央管理外，沿海和长江干线 37 个港口实行由中央与地方政府双重领导、以地方政府为主的管理体制。90 年代以后港口管理体制改革进一步深化，中央与地方政府双重领导的港口全部下放地方管理，港口行政管理职能归入地方政府，港口企业按建立现代企业制度的要求，成为自主经营、自负盈亏的法人实体。在这种情况下，作为保障水路交通线安全稳定而组建起来的交通公安机关，必须主动适应港口的变化进行改革，逐步建立起与水路交通体制相适应的新体制。

（二）适应水路交通治安形势发展的需要

随着水路交通的发展，煤电油运等重点物资运输、滚装客船和港口大型装卸机械消防安全、三峡大坝等重点水上设施的安保任务越来越重；我国 90% 以上的外贸运输量和几乎全部的原油、煤炭、矿石等战略物资的进出口都由船舶运输，这也成为水上物流犯罪的诱因；“911”事件以后反恐任务加重，我国船舶和港口设施遭受恐怖袭击的现实威胁不断加大；沿海和内河航道上的航标等通航设施被盗窃破坏的问题突出，破坏航道、阻碍行政执法案件呈多发态势；谎报瞒报运输化学危险品的案件增多，伪造贩卖船舶船员证书的违法犯罪活动屡禁不止。这些都严重危害着航运安全，甚至对我国经济运行安全造成威胁。同时，随着科学技术发展，水上犯罪规模逐步升级，犯罪种类不断增多，预防犯罪的范围和防控的难度有所加大，犯罪活动呈现手段科技化、成员团伙化，使得传统的公安工作方式和运行机制与日益复杂的治安形势不相适应的矛盾日益突出，这些都要求交通公安机关进行改革，建立适应水运治安形势的现代警务机制。

（三）适应交通公安自身发展的需要

20 世纪 80 年代以来，为了适应经济社会发展的需要和政治体制改革的总体要求，全国公安机关进行了公安职能调整、机构改革、人事制度改革和公安工作机制改革。交通公安机关作为国家派驻交通航运和港口的专门公安机关，公安工作和队伍建设必须根据全国公安改革的要求而改革，以适应公安工作的总体要求。由于历史原因，交通公安民警大多是从企业保卫人员和职工招入的，多数没有受过系统公安业务训练，整体素质不高；队伍人员结构老化，专业人才匮乏，人员流动不畅；基层基础工作的整体水平不高，公安行政管理工作的思路、方法和手段难以适应形势的需要。尤其是1984年长江航运管理体制改革以后，长江港航公安暴露出了自身难以解决的问题，领导关系不顺，机构重叠，机关臃肿，队伍管理不规范，公安经费层层依附，影响执法工作的正常开展。这些都要求交通公安机关的管理体制、人事制度、管理模式等进行调整和改革，以适应形势发展的需要。

二、抓住关键问题，推进交通公安改革进程

交通公安机关结合交通行业经济建设发展的总体要求和现行管理体制，以思想、体制、机构、机制、人事为重点，大力推进交通公安改革，实现了理顺体制、规范机构、创新机制、增强活力的目标，使交通公安机关专业更加突出，队伍实力更加壮大，保障水运更加有力。

（一）调整思路，树立服从服务水运经济建设的指导思想

党的十一届三中全会以后，交通公安机关和民警迅速调整工作思路，转变观念，公安工作任务由专政转向执法与管理，维护良好的社会治安，服务四个现代化建设。随着改革开放的加速，水运经济发展对公安保障的需求不断提升，交通公安工作与水运经济建设的联系更加紧密，交通公安工作重心转变到为服务水运经济建设，为水路交通运输保驾护航上来。进入21世纪，交通公安机关紧紧围绕水路交通发展大局，认真落实“三个服

务”理念，把服务作为交通公安工作的出发点和落脚点，在服务中实现管理，明确了创建服务型交通公安机关的目标，为水路交通事业的快速发展提供了坚实的公安保障。

（二）深化改革，理顺港口和航运公安管理体制

20世纪80年代初，港口由中央管理下放到地方管理，各港口公安机关随港口下放，实行交通部公安局和地方公安局双重领导体制。1990年9月，为适应斗争形势和长江整体作战的需要，交通部、公安部决定长江港口公安管理首先恢复实行长江航运公安局和当地公安机关双重领导、以长江航运公安局为主的领导管理体制。由于历史原因，到21世纪初期，长江港航公安管理体制、经费保障等方面存在的政企不分、经费不足、警力配置不当的问题日益突出，已不适应长江水上治安形势的需要。2002年1月，中央决定按照政企分开和精简、统一、效能的原则，改革长江港航公安管理体制，长航公安局所属公安机构由企业编制改为行政机构，由长航公安局统一垂直管理，公安业务工作实行长航公安局和所在地公安机关双重领导，以长江航运公安局领导为主。长江港航公安机构所需经费由中央财政负担，列入交通部部门预算，基本建设投资纳入交通部计划渠道解决。2002年2月，交通部、公安部联合下发《关于在港口管理体制改革中加强公安工作的意见》，确定港口公安局领导班子成员和副处级以上（含副处级）领导干部任免调动由交通部公安局党组为主审批。到2003年底，2137名民警录用为国家公务员，建立起了面向长江干线水域的新型公安管理体制。经过三次改革，交通部对港口公安机关的管理和指导得到进一步恢复和加强。

（三）规范设置，建成精简高效的运作体制

随着形势发展，港口公安机构设置不规范、内部管理体制不顺等问题逐步暴露出来，交通部公安局按照“转变职能、理顺关系、精兵简政、提高效率”和“定职能、定编制、定人员”、“四统一五规范（统一考录制

度、统一训练标准、统一纪律要求、统一外观标识，规范机构设置、规范职务序列、规范编制管理、规范执法执勤、规范行为举止）”的要求，本着先易后难的原则，对各港口公安局内部体制、职能、机构设置、编制进行规范，实行港口公安机关下设机构、人员和经费统一领导管理。按精简机关，加强一线的原则，将机关整合为指挥、政工、法制、监督、后勤部门；将实战单位整合为国保、治安、刑事侦查、交（巡）警、消防部门；同时按照机关、实战单位、基层所队各约占15%、35%、50%左右的比例调配编制，精简了机构，整合了警力，建立适合港口公安需要的警务机制和队伍建设长效机制。

长江航运公安体制改革后，长江港航公安机构由原来多级混合管理体制理顺为长江航运公安局、分局、派出所的三级管理体制；内设机构得到精简，实战单位和基层派出所力量大大加强，85%的警力充实到基层一线。

（四）创新机制，建立适应实战要求的现代警务模式

为更好的适应和满足治安形势的需要，交通公安机关对工作运行机制进行了逐步调整。一是自1992年起先后建立了指挥中心，实行“三台合一（110、119、122三个报警服务台合而为一）”，建立起信息畅通、指挥有力、手段先进、运转高效的指挥系统。二是与海事、航道、通信、水利、渔政、边防等部门建立水上联合执法机制，形成水上安全监管的合力。三是改革派出所和刑侦工作机制，推进派出所警务前移，设立港区和水上警务室193个。实行侦审合一，建立覆盖辖区社会面的刑警中队，成为侦查破案的主力军。四是建立巡逻机制，1992年以来，各交通公安机关建立起专业巡逻队伍，加强港口和水面的治安巡逻。五是改革勤务机制，推行弹性工作制、错时工作制，试行了交（巡）警工作制，更好地满足水域和港区治安管理的需要。

（五）改革制度，激发交通公安队伍的活力

进入20世纪90年代以后，随着人民警察法、警衔条例等重要法规的发

布，交通公安机关人事制度也进行了一系列的改革。一是统一招录考试。全国交通公安民警实行交通部公安局统一招录考试，把好入口关，提高了交通公安民警质量。长江航运公安机关民警招录由人事部直接招录。二是建立辞退机制。对违反“五条禁令”以及违法乱纪的民警实行辞退制度，解决了出口不畅的问题。三是实行竞争激励机制。通过建立科所队长竞争上岗，实行能者上、庸者下、劣者淘汰机制，调动民警工作积极性。

三、实现全面发展，交通公安改革取得突出成效

（一）交通公安专业特点更加突出

作为国家派驻在港口和航运线上一支武装性质的治安行政和刑事执法力量，既具有一般公安机关普遍属性，又具有特有的专业性，而且随着改革和发展，专业特点更加鲜明和突出。

一是工作职能专业化。交通公安机关的管辖范围主要是以水域和港口、船舶为主，具有明显的水上警务特点。交通公安机关既有公安机关的一般职能，同时又具有自己的独特职能，如打击水上和水运领域犯罪职能、维护水上治安职能、水上消防监督职能、船舶火灾扑救职能、履行国际公约职能等。

二是警务机制专业化。在长期的工作中，交通公安机关结合面向水上、把守海陆交通要冲的特点和优势，建立了一系列专业特点鲜明的工作机制，在打击犯罪、保卫安全中发挥了重要作用。如针对流窜犯和网上逃犯在水路交通流窜问题，在环黄渤海和长江建立起了打击流窜犯追捕逃犯协作机制；针对长江水上报警难、出警难的问题，建立了长江水上110联动机制；针对长江船舶流动性强、安全隐患不易整改问题，开发了长江干线水域船舶火灾隐患整改跟踪监督系统；针对水上执法环境恶劣问题，与海事、航道、水利等部门建立了长期的水上联合执法机制。

三是机构设置专业化。为适应水运安全保卫工作的需要，在长期的斗争实践中，交通公安机关设立了一些独特的警种和机构：如专门设有客船乘警队；负责水上船舶和设施灭火的水上消防站；负责水上治安秩序维护的水上派出所、水上警务站；并配备了适应水上执勤执法的警务装备；如巡逻艇、消防船、警用趸船等。

四是民警素质专业化。由于管辖范围和工作职能上的特点，交通公安民警在长期斗争中，积累并掌握了丰富的与水运相关的专业知识和技能，成为一支特殊的公安队伍。如民警掌握对外贸易程序和港航运输流程，能有效侦破涉外贸易案件、水运物流犯罪案件；了解船舶基本结构、水文规律特点，掌握货物的物理、化学特性和不同种类船舶火灾的扑救方法，能够对船舶开展消防监督，扑救水上船舶火灾；与水运行业部门形成密切地协作关系，能够做到资源共享和协调联动，从而更好的开展执法工作；部分民警还具备水上船艇的驾驶操作和维护能力，开展水上巡逻和执法执勤。

（二）交通公安队伍实力不断壮大

经过30年的改革发展，交通公安队伍不断发展壮大，至2008年，设有20个局（处）级公安机构，内设机构由1978年的12个公安分局、94个派出所、15个消防队，增加到32个公安分局、191个派出所、110个消防队。民警队伍由1978年的3 000多人，增加到目前的近万人。交通公安机关分布在北起黑龙江、南至海南三亚1.8万公里的海岸线及长江3 000多公里、黑龙江5 600公里的水上航线上，形成了一支机构布局相对完善，功能齐备，管理规范，覆盖沿海和内河的专业公安队伍。

（三）保障水运发展更加有力

30年来，交通公安机关主动将工作重点和职能调整到为交通运输生产服务上来，把维护好水运治安，促进水运经济发展作为交通公安机关的本质要求。港口公安机关根据港口大型化、现代化和港城一体化的发展趋势，以保安全、保畅通和加强治安管理为主要任务，强化交通和消防服务，直接为港口经济建设提供支持。长江航运、黑龙江航运公安机关则加快建立和完善水上110报警服务联动系统建设，并辅之以水上巡警和陆地支援力量，面向整个干线水域为运输船舶和船员旅客提供良好的治安服务。海事公安机关准确把握公安执法和海事执法的结合点和职责分工上，加大打击与海事执法和管理有关的违法犯罪活动的力度。进入新时期，交通公安机关牢固树立服务理念，践行“三个服务”，在服务水路交通发展中确立自身价值，发挥着特殊重要作用，得到了交通部党组和公安部党委的充分肯定，赢得了各方认可和赞誉。

第二节　全力维护水路交通稳定

交通公安机关针对不同历史发展阶段出现的对敌斗争严峻、刑事犯罪猖獗、治安秩序混乱、安全事故多发、内部矛盾增多等突出问题，在打击重点、斗争方式上不断地进行调整规范，有力地维护了水路交通一方平安。

一、围绕中心，全力维护交通港航政治稳定

面对30年风云变幻的国内外形势，交通公安机关始终把维护新时期国家安全和交通港航政治稳定作为第一要务，斗争重点逐渐从对敌侦查破案转移到维护稳定上来。

（一）把守开放国门，保卫口岸安全

开放初期的港口和远洋船舶成为敌对势力破坏的重点目标，为确保国门安全，交通公安机关设立专门外轮侦察部门，指导全国沿海地方公安机关开展外轮侦察工作，挖出了一批潜入人员，狠狠打击了敌对势力的各种阴谋破坏活动。随着国内外形势的演变，分化渗透活动日益突出，交通公

安机关始终保持高度的政治敏锐性，加强隐蔽力量和基础业务建设，建立起大国保卫工作格局和机制，严厉打击各种敌对势力的渗透颠覆和破坏活动，加强港船联防，加大反偷渡、打走私的力度，保卫国家口岸安全。

（二）妥善处置不安定因素，维护港航大局稳定

随着交通港航经济改革力度的加大，各种社会矛盾和各种不安定因素持续增多，群体性事件逐渐呈高发态势，严重影响交通港航政治稳定。交通部党组成立维护稳定工作领导小组，交通公安机关紧紧围绕维护港航政治稳定的中心任务，以情报信息为先导，建立完善以职能部门为主导，派出所基础工作为依托，相互促进、共同发展的情报信息网络和工作机制，准确掌握社会动态，及时提供预警信息。大力开展不安定因素和矛盾纠纷的排查调处，积极配合各级党政组织综合运用经济、行政、法律等手段疏导化解，做到了及时发现、有效控制、妥善处理。仅2002～2007年，交通公安机关就处置怠工滋事、群体上访、聚众闹事等各类群体性事件1930起，解决了一批困扰交通港航经济建设发展的难点、热点问题。

（三）实施“平安港航”战略，构建和谐交通

为组织和动员全系统的力量，从根本上解决社会治安问题，保证交通事业改革开放的顺利进行。1991年，交通部成立社会治安综合治理领导小组，在全国港航系统开展社会治安综合治理，建立健全了领导责任制、目标管理责任制、责任查究制和一票否决权制，并定期召开部机关及在京单位治安综合治理工作会议，组织党政工团和各界力量积极参与，齐抓共管，推动综治工作的深入开展。2002年，交通部启动“平安交通”创建工作，并在全国交通系统开展了禁毒人民战争、查缉封堵非法出版物行动、加强流动人口管理等专项工作，有效提升了交通系统创平安工作的水平。交通公安机关先后建立起与之相适应的维护稳定长效工作机制、港航治安防控机制、重点工程安全保卫机制、道路交通安全工作机制、齐抓共管的创建

机制，进一步夯实了创建基础，扩大了创建活动的影响力。

（四）保卫警卫对象安全，30年万无一失

针对警卫对象规格高、专船警卫多、时间长、考察部位分散的特点，交通公安机关坚持“安全第一、万无一失”的指导思想，本着充分准备、精心安排、内紧外松、确保安全的原则，严密制定工作预案，不断改进警卫形式，精益求精，确保了警卫对象的绝对安全。据统计，2000年至今，仅长江港航公安机关就完成警卫任务633次，保证了党和国家领导人及外国首脑视察参观活动的绝对安全。同时，交通公安机关在重要敏感时期和国家重大活动中，忠于使命，勇挑重担，全力以赴，圆满完成了2001年APEC亚太经合组织会议上海峰会、2002年亚洲议会和平协会第三届年会、2008年北京奥运会火炬接力传递和奥运期间港口、水路交通线的安保工作。

（五）防范恐怖袭击，确保重点目标安全

“911”事件发生后，交通公安机关结合《国际船舶和港口设施保安规则》，编制了《交通公安机关处置大规模恐怖袭击事件预案》，针对事关国计民生的石油化工区域、长输管线、战略储备仓库等目标，严格落实安全防恐措施，制定具体预案，加强经常性演习和大规模的海陆实战演练，建立起严密的防范体系和有效的紧急应对机制。随着国际恐怖活动的日益猖獗，三峡大坝的安全保卫显得愈发重要，长航公安机关将工作重心向三峡坝区转移，从下游增调船艇和警力加强现场护卫和安全检查，先后制定《三峡两坝船闸及水域防恐反恐预案》等5个应急预案，并在三峡船闸、葛洲坝船闸闸室和坝区水域开展船舶火灾救助演练和处置恐怖事件演练，确保了三峡大坝的安全。

二、重拳出击，严厉打击水运领域犯罪

改革开放30年来，随着两次犯罪高峰的出现，交通公安机关的打击重

点从打击反革命和敌对势力破坏为主，转移到打击盗窃客货物资和流窜犯罪为主，并随形势发展转移到打击水运物流犯罪上来，紧紧围绕水运事业的发展开展侦查破案工作，保持了对刑事犯罪的高压严打态势，共破获各类刑事案件63788起，打击处理各类犯罪分子48421人，查处治安案件80余万起，有力地维护了交通港航治安稳定。

（一）持续开展严打斗争，严惩刑事犯罪

改革开放初期，港航系统受社会影响并处在开放前沿，刑事犯罪活动猖獗，治安秩序混乱。交通公安机关迅速转移工作重心，1983年开展了为期三年，以打击反革命、严重刑事犯罪为主，以“反盗窃、打流窜”为重点的严打斗争，取得了巨大成果。经过三年严打，彻底扭转了港航系统刑事犯罪猖狂、治安秩序混乱、群众没有安全感、企业歪风盛行的非正常状况，交通运输系统的治安形势为之改观，保障了港航系统生产建设的快速发展。

“严打”战役后，各级交通公安机关坚持贯彻“严打”方针，针对不同历史时期、不同社会条件下出现的刑事犯罪回升、治安问题反弹，特别是江盗水匪、车匪路霸、物流犯罪等新情况、新问题，采取开展专项斗争、集中打击、联合部署、破案战役等办法。又先后于1994～1996年、2001～2003年组织开展了两次长时间、大规模的严打战役，并穿插开展了一些针对性强、时间短的突击整治和专项行动，持续不断严厉打击违法犯罪活动，取得了重大战果，刑事发案得到有效遏制，达到了整治一片、稳定一片的目标，职工群众安全感明显增强，港航经济发展环境得到进一步优化。

（二）扫除“江盗水匪”，整治长江秩序

上世纪80年代末期长江“江盗”出现，最终发展为“水匪”，开始明火执仗抢劫行凶，愈演愈烈，甚至出现“江盗”专业户、专业村，严重阻碍了长江流域的经济发展，引起党和国家领导人的高度关注，并对打击长

江“江盗”作出重要批示。交通公安机关按照中央部署，与沿江六省一市公安机关联手行动，在长江全线及中下游水网地带，组织开展了“水网行动”和打击“江盗水匪”专项行动，成功侦破了一大批恶性刑事案件，狠狠打击了盗抢船舶、运输物资、船员财务、航标、通讯导航设备等犯罪活动，震慑了犯罪分子的嚣张气焰。其中，2000 年底在长江水域重点区段开展了为期一年声势浩大的第三次集中打击行动，共破获刑事案件 1 210 起，抓获违法犯罪人员 1 093 名，打掉犯罪团伙 128 个，摧毁 5 个土炼油厂、24 个非法加油点，扣押收缴非法采砂船 347 艘、航标船 57 艘，缴获作案船只 59 艘 93 万元，汽车 7 辆、油泵 15 台。经过持续不懈的打击与整治，极大地推进了水上治安管理长效机制建设，长江水上治安秩序明显好转，船舶、企业、职工群众安全感明显增强，中央领导同志专门做出批示给予肯定。此外，针对珠江口水域海上犯罪活动的情况，广州海运公安局于 1995 年组织开展了打击海上犯罪专项行动，抓获不明国际犯罪嫌疑人 39 人，缴获船艇 8 艘，沉重地打击了猖獗的海上犯罪活动。

（三）堵截流窜犯和逃犯，消除社会治安隐患

随着水上客运行业的发展，有些专吃“港航饭”、“长江饭”的流窜犯罪分子在港船跳跃、流动作案或流窜外逃，严重冲击了水上客运秩序，极大危害了人民群众的生命财产安全。交通公安机关结合港航单位扼守交通要冲的特点，发挥堵截打击流窜犯罪的优势，严守车、船、港、站等关卡，在长江一线、环黄渤海、舟山群岛、海南岛等重点区域的水上客运线，建立了环黄渤海、海南陆岛、长江沿线打流协作机制，加强各地交通公安机关的横向联系，协同查堵在水上客运线作案的流窜犯、在逃犯，确保人民群众安全出行。仅 1990 ~ 1994 年，交通公安机关就在客运码头和客船上堵截查获流窜犯、负案在逃犯及其他违法犯罪分子 2 万余人，其中杀人、抢劫、强奸、盗窃、诈骗等重特大案犯 600 余名。近年来，交通公安机关大

力开展网上追逃斗争，完善追逃机制，年均抓获网上逃犯400余名，带破了一大批久侦未破的重特大案件。

（四）打击水运物流犯罪，保障水运经济健康发展

随着港口及水运经济迅猛发展，水运物流的社会化程度不断拓展，随之而来的涉及水运物流领域的犯罪问题也日趋突出和复杂严峻。针对物流链的诸多环节和不同货物种类的需求，呈现出许多新型多样的犯罪手段和形态，成为危害水运事业发展的重要犯罪类型，严重干扰破坏水上运输生产秩序，严重影响我国对外贸易和国际形象。针对这类犯罪问题的发生发展态势，全国交通公安机关调整打击重点，主动出击，积极应对，深入推进打击水运物流犯罪的基础业务建设，并从2004年开始，开展专项打击行动和区域联合行动，成功破获了大批物流犯罪案件，摧毁了一批水运物流犯罪团伙，建立了长效打击机制，有力遏制了物流犯罪的高发势头。广大船员职工、船东货主的满意率明显提高。

三、严密管理，规范水运行业治安秩序

（一）加强出国船舶保卫工作，促进远洋运输健康发展

针对出国船舶遭受海盗袭扰、海上劫船、爆炸等案件不断增多的情况，交通公安机关指导远洋运输企业大力加强出国船舶运输安全保卫工作，通过制定《出国（境）船舶安全保卫工作规定》、加强保卫机构建设、增配船舶保卫干部、加强对船员防袭扰训练、制定反劫船防海盗应急方案、开展应急处置演练等有效措施，减少了海盗袭扰所造成的损失，保证了船舶和船员的安全。上世纪90年代，利用远洋船舶走私、贩毒、偷渡犯罪活动愈演愈烈，部分船员参与其中。交通公安机关和远洋企业运用多种形式，开展了强有力的打击工作，制定了一系列规章制度，并狠抓安全防范措施的

落实，减少了案件的发生。1998年年底，我国远洋船舶在东南亚海域和广东沿海屡遭海盗袭扰，先后发生了建国以来罕见的“长胜”轮遭劫，23名船员被害等恶性案件。交通部会同公安部、海关总署先后发出《关于加强海上治安防范维护航行船舶安全的通知》、《关于进一步加强出国船舶保卫工作的通知》，组织沿海公安机关和边防部门开展海上治安秩序整治，规范海上执法行为，打击海上犯罪活动。交通公安机关迅速采取有效措施加强船舶保卫工作，与中远保卫部门加强航行船舶的反劫船工作，建立健全远洋运输企业保卫机构，落实各项安全防范措施，有效遏制了我国沿海水域海盗案件和其他刑事犯罪活动。

（二）加强水上客运治安管理，保百姓平安出行

改革开放以来，水上客运市场规模快速扩大，年客流量达到1.7亿人次。为尽快恢复水上客运治安秩序，交通公安机关依照《客船治安管理规定》，加强客轮的乘警工作，认真履行职责，与危害水上客运治安秩序的各种违法犯罪活动开展斗争，保障了广大群众平安出行。90年代中期，长航公安局加强对长江涉外旅游船舶的治安管理，为52艘旅游船颁发了治安许可证，向34艘旅游船派驻了乘警队，使长江涉外旅游船舶的管理走上法制化、规范化的轨道。2004年，针对水上客运市场的巨大变化和山东“中鲁”号客滚船爆炸未遂案件，及时召开了全国水上客运治安工作会议，制定出台《港航客运派出所执法执勤工作规范》、《客轮乘警队执法执勤工作规范》，加强客运治安防范力量建设，并在渤海湾部署开展了客运治安安全专项行动，建立了客运站查控与船舶防范联动、危险品三道检查、水上客运治安联席会议等制度，装备了X光行李检测、金属探测仪等一批先进检测装备，使水上客运治安与防范工作更加规范有序。

（三）筑牢治安防控体系，提高驾驭港航治安能力

“十五”时期以来港口公安机关针对新形势、新任务、新变化的要求，坚持将治安防控摆到基础性、战略性位置，按照构建“平安港口”目标要求，扎实推进警防、民防、技防“三张网络”，完善信息研判、警务运行、长效管理“三种机制”，突出抓好防控水运物流犯罪、保障重点物资运输安全、保障重点建设工程安全“三个重点”，并与“三基”工程（抓基层、打基础、苦练基本功）建设、保安履约工作、平安交通建设“三个结合”。经过努力，港口治安防控网和长江干线水域治安防控网为主体的治安防控体系初步建立，防控成效逐步显现，港口治安防控科技含量明显提高，适合港口治安特点的警务机制初步建立，港口企业内部治安防控网络逐步形成，港口公安机关服务和保障港口经济建设的能力不断提高。

（四）加强口岸秩序，管理保障港口安全运行

改革开放初期，随着国门打开，处在改革开放前沿的港口丑恶现象反弹，严重败坏了社会风气。各沿海开放港口公安机关严厉打击整顿倒卖船票、卖淫、偷盗外轮财物、传播淫秽物品书刊等港航治安突出问题，使各类案件大幅下降，沿海口岸治安秩序明显改观。进入20世纪90年代，港口公安机关认真贯彻执行《港口治安管理规定》，大力加强港口动态治安管理，整顿港口治安秩序。近年来，港口公安机关针对国家重点工程上海洋山保税港区、大连大窑湾保税港区、天津港东疆保税港区的开工建设，积极实施警务前移、紧密跟进战略，建立起针对特殊开放区域的新型公安监管模式，确保了保税港区对外开发开放的顺利进行。海事公安机关针对海上交通治安秩序混乱的局面，出海巡逻加强海上交通治安秩序整顿，严厉打击制售假冒船舶检验证书和船员适任证书等违法犯罪活动，保障水上航行安全和畅通。

四、防消结合，维护水运消防安全

（一）加强消防监督，创造良好消防安全环境

交通公安机关紧密围绕港航改革、建设和运输生产这个中心，充分发挥

消防监督部门的作用，严格贯彻执行消防法律法规，加强驻港单位、货主码头、港区水域船舶的消防监督，采取节日查与平时查相结合、重点查与全面查相结合、专项查与综合查相结合方法，对“四客一危”船舶和“四区一线”水域加大检查整治力度，全面履行国家赋予的水上消防监督职责。长江航运公安机关还改变了传统监管模式，开发了《长江干线水域船舶火灾隐患整改跟踪监督系统》，提高了消防监督的时效性和科技含量。经过努力，港航消防安全面貌有了显著改观，大多数单位保持了十几年、二十几年无重特大火灾事故的可喜成绩，为港航运输生产安全发挥了积极作用。

（二）打造专业消防力量，浴血奋战扑救火灾

从上世纪 70 年代末，交通公安机关开始加强水上消防力量的建设，采取规范港口专用消防船的管理和使用，大力发展专用消防船，推广拖消两用船，在长江沿线布建水上消防站等多种形式加强水上消防力量。初步形成了以 110 个消防队 1 300 多名消防战斗员、300 多名消防监督员为骨干；以专用消防船艇 28 艘，消防执勤车 171 余辆为基本装备的水上消防力量；在历次重大港口物资和船舶火灾中经受了考验，保护了数以百亿计的财产。在扑救 1989 年青岛港黄岛油库特大火灾过程中，青岛港公安局消防支队会同地方消防部队，经过 5 天浴血奋战，成功扑灭油库大火。青岛港消防支队 1 名民警牺牲，火灾被及早控制在黄岛油库陆一期管区之内，价值 3 亿元、长达 280 公里的东黄输油管线避免了凝结报废。1994 年上海港公安局在扑救“长征号”客轮火灾过程中，2 名消防队员英勇牺牲，4 人光荣负伤，用鲜血和生命创建了英雄业绩。

（三）健全消防法规，水运生产建设得到保障

在改革开放进程中，为使港口建设和生产运输的消防工作做到有法可依，交通公安机关不断加强消防法规、规范建设，相继制定和颁发了一系列部颁规章和标准。改革初期，为尽快扭转直属港航单位船舶火灾多发的局面，交通公安加强消防规章制度建设，先后颁布了《船舶安全防火暂行规定》、《船舶修理防火管理规定》等一系列规定，加强了船舶消防安全。上世纪80年代中期，先后发布了《港口消防站布局与建设标准（试行）》、《港口消防规划建设管理规定》，确保港口消防总体规划布局合理，符合长远发展的要求。上世纪80年代末90年代初针对港口建设发展中急需解决油品码头建设、仓库消防管理、皮带机的安全等消防重点、难点问题，交通公安消防机关主动开展调研，组织专家和有关部委论证，及时颁布了《装卸油品码头防火设计规范（试行）》，《港口中转仓库防火管理规定》，《港口输煤皮带机防火管理规定》等一批消防规定，确保了港口高速建设和发展时期的消防安全。

五、倾力服务，保持水路交通畅通

（一）依法管理港口道路交通，保障港口运输安全畅通

随着对外贸易的不断发展港口货物吞吐量大幅度增加，港口车辆和港口装卸机械越来越多，港口公安机关的交通警察队伍应运而生。1990年以后，各港口公安局迅速组建交通管理机构，港口交警列入当地交通警察序列，依照《道路交通管理条例》对港口道路实施交通管理。1996年《港口道路交通管理办法》发布标志着港口道路交通管理工作步入法制化的轨道，交警队伍人员由最初200多人发展到600多人，管辖里程发展到1 132公里，依法对港口道路及交通设施、车辆和驾驶员管理等进行管理，成为港口运输中的重要组成部分。在港区道路交通安全管理工作中，各港口公安机关注重加强科学管理，动态管理，重点管理，改革勤务机制，加强易堵塞路段和重点道口专项整治，大力开展交通法制宣传，年纠正交通违法行为43万起，处理交通事故3 700起，保证了港口道路安全畅通。

（二）加强安全监管，维护重点物资运输安全畅通

煤炭、石油等大宗货物运输能力紧张，关系国家经济安全和发展大局。交通公安机关把保障重点物资运输作为重中之重，组织多种警力联合作战，以保电煤、集装箱、石油运输安全为重点，坚持管理、整治、疏导、服务多管齐下，开展打击危害运输物资安全专项行动，加强对重点物资和大型机械设备的消防监督检查，督促整改火险隐患，加强疏港道路交通安全管理，主动调整勤务，加强重点时段、路段的交通疏导，建立快速优先“绿色通道”机制，在确保安全的前提下，最大限度的提高通过能力和运输效率，保证抗震救灾、奥运物资、北煤南运在港口运输环节的安全畅通。

六、固本强基，提升交通公安实力

（一）开展“三基”工程建设，夯实交通公安发展基础

交通公安机关始终把进一步改革和加强所队工作，作为推进新时期公安工作改革和发展的战略性措施，从基层派出所、交警队、消防队、乘警队入手，狠抓基层所队建设和基层业务工作，先后制定了《交通港航公安派出所工作规范》、《客轮乘警队工作规范》等一系列规章制度，规范了所队设置，理顺了领导关系，实行了等级评定制度，统一了外观标识，使基层所队不断得到充实和加强。2006～2008 年，交通公安机关根据公安部统一部署，开展了为期三年的以“抓基层、打基础、苦练基本功”为重点的“基层基础建设年”活动，取得了很大成效。一是充实基层一线实力。交通公安基层一线警力与总警力比例提高到 82%，派出所警力与总警力比例提高到 44%。二是加大警务保障力度。共筹集资金近 13 亿元用于警务保障，新建和改扩建办公用房近 4 万平米，基本消除了无房、危房派出所，长江“所趸合一”的水上警备码头开始第一批建造；新增警务用车 773 辆，船艇

100多艘，配备了一批单警装备和警务技术设备，交通公安硬件建设取得了可喜的成果。三是加快信息化建设。交通公安机关全部完成了公安网的接入工作，自主研发和引进了一批公安应用软件，DNA检测室、侦码仪、指挥车等一批高科技装备一线单位，微机配置和应用水平不断适应警务需要。

（二）建设法治交通公安，执法水平不断提高

交通公安机关始终将执法工作作为生命线，大力强化执法监督工作，狠抓民警法制教育培训，切实加强法制基础工作，建立起定期考评、“案件审核四级把关制”、“一案一评”、错案追究等机制，建立健全了法制机构，先后制定了《交通公安机关法制工作规范》等各类执法制度规范540件，为交通公安工作和队伍建设提供了强有力的支持和保障。特别是2002～2005年，连续三年组织开展了交通公安系统执法质量考核评议，整改了一批执法活动和执法监督工作中存在的突出问题，掀起了加强法制工作的热潮。2007～2008年又在全国交通公安系统开展了以“基本法律知识考试、执法办案卷宗考评、信访工作考查”为主要内容的“三考”活动；形成了以考促学、以学促用、以析促改、以改促建的良性循环。在公安部组织的全国统一抽考中，宁波港公安局代表交通公安机关以满分的成绩荣获县级公安机关信访工作考查二等奖，民警陆为丰同志以唯一满分成绩名列全国民警个人基本法律知识考试第一名，为交通公安机关争得了荣誉。

第三节　打造正规化精锐水警

改革开放以来，交通公安机关走上了坚实的强警之路、励警之路。按照“抓班子，带队伍，促工作，保平安”的总体思路，坚持不懈地抓政治建警、从严治警、素质强警、文化育警和形象塑警，队伍不断壮大，战斗力不断提高。广大民警勤恳敬业，无私奉献，甚至流血牺牲，忠诚地履行神圣使命，涌现出一大批英雄模范和先进典型。

一、政治建警，始终保持忠诚的本色

（一）不懈开展思想教育，保持正确的政治方向

交通公安机关在变革时期一直没有放松和降低队伍的政治要求，持续开展了各种专项教育，坚持不懈地用科学理论武装民警的头脑，培育交通公安队伍的忠诚警魂。从上世纪80年代初开展“五讲四美三热爱”，到新世纪以来开展“立警为公、执法为民，端正执法思想”、“保持共产党员先进性”、“社会主义法治理念教育”、“大学习、大讨论”等一系列专项活动，不断增强广大民警贯彻执行党的基本路线的自觉性和坚定性，站稳政治立场，打牢全心全意为人民服务的思想基础，永葆忠诚的政治本色。广大民警在任务繁重艰巨、工作难度不断加大的情况下，吃苦耐劳，连续作战；在生与死，血与火的考验面前，不怕牺牲，顽强拼搏；在体制不顺，经费困难，待遇偏低等困难面前，忠于职守，无私奉献。

（二）抓好干部队伍建设，锻造过硬的领导班子

1978年后，在拨乱反正的过程中，交通公安机关积极抓好队伍的组织建设，各单位健全了党委，设立了政治工作机构，处级以上交通公安机关设立政治委员。交通公安机关始终坚持强化领导班子建设，干部队伍建设从整体上呈现出管理不断规范、素质不断提高、结构不断改善的显著特点。1997年交通部公安局组建党组，负起管理好交通公安领导班子的责任，规范了部属交通公安局处级领导干部任免程序，制定了《党政领导干部选拔任用工作办法》和《干部任职回避暂行办法》，推行了干部交流制度和竞争上岗，充实后备干部人才库，努力创造年轻干部脱颖而出的环境和条件。各级领导干部的学历层次不断提升，处级和科级领导干部大学专科以上学

历比例分别为97.2%、71.2%。政工纪检人员编制得到充实，先后在政工系统开展“公道正派树形象”、“讲党性重品行作表率、树组工干部新形象”等教育活动。着力加强干部能力建设，特别是加强对新任领导干部的培训，大兴调查研究之风，真正使各级领导班子成为坚强有力的领导集体。

（三）英雄模范辈出，为水路交通做出突出贡献

1980～2007年，一批富有时代性的群体典型脱颖而出，先后有6个集体荣立一等功、138个集体荣立二等功，3个全国优秀公安局，17个全国优秀公安基层单位。一批熔铸着交通公安精神风采的英雄模范涌现，荣获全国公安战线一级英雄模范2人，全国公安战线二级英雄模范7人，全国特级优秀人民警察6人，全国优秀人民警察88人，省部级先进工作者和劳动模范4人，荣立个人一等功39人，以及一大批荣获其他各类荣誉称号。1980年以来，25名集体和个人代表参加了全国公安保卫战线英雄模范立功集体代表大会，受到党中央和国家领导人的集体接见。上海海运公安局民警陈幼人11年如一日无私资助贫困女生，因病逝世后，上海市政府授予他“新长征突击手”、“希望工程突出贡献奖”，新华社、中央电视台、人民出版社等向全国推介其先进事迹。全国特级优秀人民警察、查堵能手李正云入选2004年中央电视台举办的“我最喜爱的十大人民警察”评选活动。30年来，一大批民警为了港航的稳定和人民生命财产的安全流血牺牲，其中40个民警献出了宝贵的生命。

二、从严治警，打造威武文明的公安队伍

（一）队伍管理不断规范，制度愈加健全

从上世纪80年代初期交通公安管理制度不健全，到如今建立起具有专业公安特点、规范化的队伍管理制度体系以及长效机制，制度建设水平不

断提高。随着我国社会主义法治建设的进展，严格贯彻执行以《人民警察法》为主体的公安法律法规，做到依法治警。在认真贯彻执行《警察警衔条例》、《内务管理条令》、《组织管理条令》、《训练条令》等条令条例中，积极推进队伍建设各项规章制度的落实，全面提高内部管理水平，制定和完善了一批内部制度规范。特别是公安队伍正规化建设开展以来，印发了《交通公安正规化建设达标考核办法》及《考核标准》，在干部管理、奖惩激励、廉政建设、执法执勤、教育培训等方面，大力推进队伍管理的制度化、规范化。

（二）队伍作风不断转变，纪律愈加严明

在保障改革开放和水路交通发展过程中，交通公安机关持续强化队伍纪律作风建设，按照纪律部队的要求，坚决贯彻执行中央及交通部、公安部有关规定和纪律，形成严格的警纪和良好的作风。一是狠抓队伍纪律作风教育整顿，把民警的违法违纪率保持在最低水平。针对执法过程中的难点、热点问题，不间断地开展专项治理，努力从源头上预防和治理腐败现象。严格执行“五条禁令”，使“五条禁令”深入警心，成为不可逾越的红线。二是加强警务督察，建立健全内部监督制约机制，建立警务督察制度，有效地开展了现场督察、专项督察和重大警务活动的督察、保证政令、警令畅通，预防和减少各种违规行为的发生。三是拓宽了外部监督渠道，积极主动地接受人大、政协和社会各界群众的批评和监督。2005 年交通部公安局首次特别聘任了 21 名特邀警风警纪监督员，对交通公安执法工作进行监督。四是深入开展党风廉政建设和反腐败斗争，严格落实党风廉政建设责任制，加强反腐倡廉警示教育，严肃查处队伍内部的违法违纪案件。开展了“无违纪所队”创建活动，健全民警八小时外管理和民警违法违纪处罚等党风、警风制度。五是加强了养成教育。坚持从民警的最基本行为抓起，从基本动作开始，规范了民警日常行为举止。

（三）从优待警不断提升，凝聚力愈加增强

在从严治警的同时，交通公安机关开展了“暖警心”工程建设，把思想政治工作和解决实际问题结合起来，千方百计帮助民警解决后顾之忧。在政治上给予民警更多的爱护，在工作上给予民警更大的支持。积极营造干事创业的良好环境，加大对民警的奖惩激励。积极改善办公条件，建设和完善“五小工程”（公安基层所队小食堂、小浴室、小健身房、小活动室、小阅览室），配备民警单警执勤装备，加大民警自身安全防护，建立健全民警执法权益保护机制。在体制不顺、经费困难的情况下，尽力改善民警工资和福利待遇。重视解决离退休民警的待遇问题和异地交流民警的生活问题，维护民警队伍的稳定，增强队伍的凝聚力和战斗力。

三、素质强警，队伍战斗力呈现跨越式发展

（一）训练保障机制逐步完善，提高训练效能

为适应水路交通治安对民警能力要求的不断提高，交通公安机关坚持把教育培训放在优先发展的战略地位，认真贯彻落实《公安机关人民警察训练条令》，制定下发了《交通公安机关人民警察训练实施办法》，全面实施民警上岗和首任必训、职务和警衔晋升必训、基层和一线民警每年的实战必训“三个必训”制度，逐步建立适应实战需要、富有竞争活力的教育培训新机制，建立覆盖各个警种、各个层次的教育培训体系。13 个公安局建立了民警教育培训中心、实弹射击训练场和警务技能训练基地等。科学制定分级分类的教育训练内容，组织编写《交通公安消防监督教程》、《交通公安警务技能和战术训练教程》等 25 种培训教材。着重抓好了处级干部任职培训、新民警培训、司晋督培训、派出所长（教导员）培训和专业警种骨干培训等工作，保证民警每年参加不少于 15 天的集中强化培训。

（二）练兵比武蓬勃开展，提升警务技能

交通公安机关坚持岗位练兵和集中强化训练相结合，以练促战，积极开展以提高民警警务技能、体能为重点的练兵训练。特别是2004年全国公安机关开展大练兵活动和苦练基本功，交通公安机关全警动员，全警参与，制定了《交通公安机关大练兵活动方案》、《主要警种大练兵内容》和《大练兵考核办法》。各交通公安机关按照“面向实战，讲求实用，追求实效”的原则，有针对性地选择训练内容。着力建立适应水警特点、贴近实战需要、组织形式多样的专业训练机制，开展水上警卫、救生、追捕、擒拿格斗以及船艇操控、计算机操作等专业科目训练；演练水上突发事件、重特大灾害事故的处置和救助；船舶反恐和船舶货油舱、水上危险化学物品灭火等演练；提高了民警专业技能水平。民警培训覆盖率达到100%，教育培训经费连年增长。同时，组织开展消防业务技术比武和警用手枪射击比赛等一系列比武竞赛活动，检验警务技能、体能的训练成效。

（三）学习氛围日益浓厚，优化队伍综合素质

交通公安队伍从改革开放初期民警学历低、文化素质差，到如今文化水平大大提高，专业技术人才队伍不断壮大，应用现代警用科技能力不断提高。在学历教育方面，1985年以来交通公安机关普遍举办了高、初中文化补习班，大幅度提高民警的学历层次。实行统一招录警制度以来，更是招收了一大批高学历、高素质人才，进一步优化了队伍。在公安院校教育方面，从1981年开始，先后筹建了部属北京、大连、长航三所公安、警察学校，为交通公安机关培养了一大批专业民警，现成为各基层单位的骨干力量。在专业技术培训和职业资格培训方面，1987年成立交通部“公安系统专业技术职务评审委员会”，进一步促进了专业技术人才的教育和培养。全国交通公安机关现有60人获得各类专业技术岗位高级职称，295人获得中级职称，758人获得初级职称。近年来，交通公安机关更是积极倡导终身

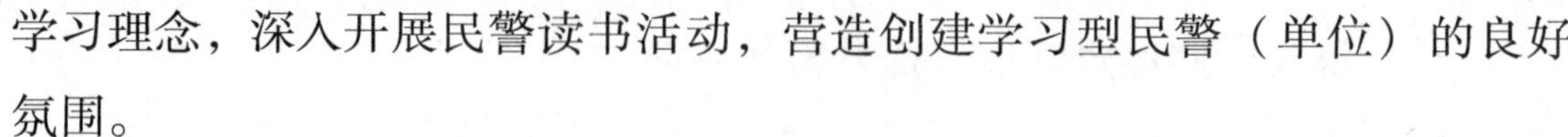

学习理念，深入开展民警读书活动，营造创建学习型民警（单位）的良好氛围。

四、文化育警，和谐警营充满生机活力

从改革开放初期文化建设处于自发水平，到积极实施“文化育警”战略，交通公安机关把文化建设作为提高战斗力的重要支撑。在精神理念上，开展了交通公安工作使命、宗旨、精神、理念以及工作愿景表述语的征集活动，800多名民警撰写了共4 000多条表述语。在文化阵地方面，创办了《交通公安》杂志，建设了交通公安民警心理训练基地，各交通公安机关建设了图书室、荣誉室、民警活动中心等文化场所。在文化组织方面，确定了一批文化建设示范单位，天津港、长航公安局等组建了警官乐团。在理论研究上，开展了交通公安文化建设课题研究，撰写专著《江海警魂——交通公安文化建设理论与实践》，为文化建设奠定理论基础。同时，积极推动基层文化活动，组织多种形式的健康向上，寓教于乐的文化体育活动。组织开展了“江海之盾”等交通公安系统文艺汇演，举办了“江海警威——交通公安巡礼”摄影巡回展和“江海卫士杯”书法、美术、摄影作品展览等丰富多彩的文化活动，培育和彰显了交通公安民警精神。一批交通公安民警自己创作的文艺作品讴歌了交通公安工作和民警精神风采，先后获得过各种奖项。

五、形象塑警，创建人民满意品牌公安

（一）创建服务型公安机关，社会形象不断提升

改革开放以来，交通公安工作的重心虽然有了调整，但为民服务的宗旨始终没有变。面对交通运输的调整发展，交通公安机关持续在增强服务能力、创新服务措施、改善服务质量、提高服务效率四个方面下功夫，不

断提高服务水路交通的能力；尤其是在交通部党组倡导“三个服务”理念后，制定了《服务型交通公安机关标准》，规范了服务型公安机关的队伍建设、业务工作、标识设施以及民警行为等各项标准。各级交通公安机关切实把管理寓于服务之中，在服务中加强管理。普遍建立局长、所长接待日制度，建立了群众评警制度等，还通过警情通报会等形式，定期向辖区群众通报近期治安状况。突出服务职能，创新服务方式，简化审批程序；深化警务公开，相继推出大量便民、惠民举措，实行服务承诺和“回告”制度；实行“一站式”服务和“首问责任制”。积极组织“警察开放日”、“警营一日”活动，扩大与社会各界和人民群众的交流。服务意识强了，警民关系更加和谐了，基层所队服务对象满意率普遍在90%以上。

（二）开展爱民实践活动，警民感情不断拉近

改革开放后，交通公安机关全面恢复和持续开展了爱民月活动，相继部署开展“体察民情民意，促进警民和谐”、“警民和谐筑平安”等为主题的爱民实践活动。30年来，广大交通公安民警以拳拳爱民之心，热情为辖区、广大船民、旅客服务，帮扶救困，奏响了人民公安为人民的主旋律，流传着一个又一个感人的故事，收到了大量的锦旗、牌匾和感谢信；涌现出了李正云、周志明、乔乃明等一大批先进典型。交通公安民警捐资在新疆巴音郭楞蒙古自治州焉耆回族自治县、河南洛阳新安县修建了两所交通公安希望小学。四川汶川发生特大地震后，全体民警慷慨解囊，共捐款捐物价值380多万元。在抗震救灾、奥运安保过程中，广大民警还开展了各种志愿服务活动。

（三）加强对外新闻宣传，社会知名度不断提高

交通公安机关从过去少为人所知，到逐步树立了品牌形象，新闻宣传发挥了积极的作用。近几年来，每年在各类媒体发表新闻稿件1万篇以上，其中中央级新闻媒体1 600余篇，网络媒体4 000余篇。在宣传队伍上，相继建立《人民公安报》交通部记者站以及《中国交通报》特约通讯员和特约记者队伍。在宣传机制上，建立了新闻联络员制度、新闻宣传奖励制度等，加强了宣传装备建设。在宣传形式上，广泛宣传和重点宣传相结合，多层次、多方位地宣传交通公安。先后在《人民公安报》、《中国水运报》开设专刊，推出“沿海治安万里行”、“海之盾”专题报道。奥运安保期间、新华社、中央电视台、法制日报等新闻媒体对青岛、天津等港公安局和长航公安局等奥运安保工作进行了连续、重点报道，提升了交通公安机关的品牌形象和社会知名度。

第十二章　水运行业文明建设

伟大的事业孕育伟大的精神，伟大的精神成就伟大的事业。改革开放30年，交通物质文明建设取得的显著成就，离不开精神文明建设提供的强大精神动力和思想保证。全国水运行业在交通部的领导下，弘扬以爱国主义为核心的民族精神和以改革创新为核心的时代精神，创造了“小扁担精神”、“华铜海精神”、“青岛港精神”以及“包起帆精神”、“许振超精神”、“孔瑞祥精神”等先进的典型，广泛深入地开展了群众性精神文明创建活动，增强了水运行业的凝聚力和战斗力，使广大干部职工始终保持奋发有为、昂扬向上的精神状态，把水运行业两个文明建设不断向前推进。

水运文化是交通文化的重要组成部分，是水运行业在长期的水运建设、运输和管理实践中逐步形成并不断发展的为广大从业人员所普遍认同并付诸实践的具有鲜明行业特点和时代特征的价值理念，是水运行业各种精神文化、制度文化和物质文化的总和，是水运事业发展的重要成果。

第一节　水运行业文明建设回顾

改革开放30年来，全国水运行业精神文明建设紧紧围绕经济建设这个中心，以“服务人民、奉献社会”为宗旨，广泛开展了一系列的精神文明建设活动，如“五讲四美三热爱”活动、“创建文明单位、争做文明职工”活动、“学雷锋，树新风”活动、“两学一树”活动、“三学一创”活动、“三学四建一创”活动、“学树创”活动等等。在统一思想、振奋精神、促进发展、保持稳定等方面做了卓有成效的工作，广大水运干部职工综合素质明显提高，行业凝聚力、战斗力明显增强。

回顾30年来水运行业精神文明建设的活动和进程，主要可以分为两个阶段：

一、水运行业文明建设开创时期

（一）“五讲四美三热爱”和文明礼貌月活动

1981年3月，交通部政治部、中国海员工会和中国公路运输工会发出通知，号召全国交通战线职工广泛、深入地开展以“五讲四美”为主要内容的文明礼貌活动。这次文明礼貌活动与各单位的生产业务和日常工作结合起来，把“文明生产、礼貌待客、方便群众”作为交通职工为人民服务、对人民负责的重要标志和开展劳动竞赛的重要内容。1983年又开展了“五讲四美三热爱”活动和文明礼貌月活动，促进了交通系统的社会主义精神文明建设，收到较好的效果。广大职工的主人翁责任感得到加强；车、船、码头、车站、公路等交通设施和交通环境的脏、乱、差状况明显改观；对货主负责，为旅客服务，助人为乐、公而忘私的劳动态度得到发扬；涌现出一大批杨怀远式的先进模范人物和先进集体。

（二）“创建文明单位、争做文明职工”活动

1986年6月，交通部在北京召开全国交通系统“两个文明”建设经验交流会。会议总结交流加强政治思想工作的经验，研究开展创建文明单位活动的措施。会议提出交通行业精神文明建设的目标是：建设“三具有”的职工队伍（具有改变交通运输落后面貌的雄心壮志，具有全心全意为货主、旅客服务的思想，具有在精神文明建设中发挥前哨兵作用）。会议号召全国交通系统大力开展“创建文明单位、争做文明职工”活动，推动交通体制改革和生产建设事业的健康发展。1987年4月，交通部印发了《七五

期间交通系统加强社会主义精神文明建设的规划》。

（三）“学习杨怀远”活动

上海海运局职工杨怀远，早在20世纪60年代即成为学雷锋标兵。在80年代，当一些地方以“更新观念”为借口，出现了淡化为人民服务的倾向时，交通部充分肯定了杨怀远坚持学雷锋30年如一日、全心全意为人民服务的“小扁担精神”，并组成先进事迹报告团，在水运行业集中的六省、九城市巡回报告。杨怀远15 000字的事迹报告刊登在《人民日报》头版头条，为此发表了评论员文章。新华社发出了通稿，全国20多家省报转载报道，引起了巨大反响。在全国交通系统中开展了“学习杨怀远”的活动，掀起了全心全意为旅客、货主服务的热潮。

二、水运行业文明建设深入发展时期

（一）“两学一树”活动

1990年4月3日，交通部党组向全国交通系统发出关于开展“学雷锋，树新风”活动的通知。4月5日，授予青岛远洋公司船舶机工严力宾“雷锋式优秀船员”荣誉称号。交通部组织了全国交通系统学雷锋、树新风先进事迹报告团，到全国22个大中城市巡回报告，收到了很好的效果。1990年11月，交通部在青岛召开“全国交通系统学雷锋、树新风经验交流会”，明确提出要在全国交通运输系统广泛深入地开展“学雷锋、学严力宾、树立行业新风”的“两学一树”活动。1991年10月，召开了全国交通系统“两个文明”建设表彰大会，指出“八五”期间交通行业要切实做到“两个文明”建设一起抓，重视搞好“两学一树”活动，抓好党风、廉政和职业道德建设，基本刹住行业不正之风。1993年11月，交通部在上海召开了全国交通系统精神文明建设经验交流会，明确提出“两学”新任务是指学习“包起帆精神”和“华铜海精神”。

（二）“三学一创”活动

1996年10月，党的十四届六中全会通过了《中共中央关于加强社会主义精神文明建设若干重要问题的决议》。决议指出：“要以服务人民、奉献社会为宗旨，开展创建文明行业活动”。为了贯彻这一精神，交通部于12月在南京召开了全国交通系统创建文明行业大会，提出开展“学习包起帆、学习华铜海轮、学习青岛港，创建文明行业”的“三学一创”活动。

交通部制定了《全国交通系统“九五”精神文明建设规划和2010年远景目标》和《全国交通系统创建文明行业实施办法》。

（三）“三学四建一创”活动

2001年10月，交通部在南京召开了全国交通系统创建文明行业工作会议。在总结“九五”期间创建活动成绩和经验的基础上，会议提出“十五”期间精神文明建设的主要任务是：增强队伍素质，塑造交通形象，广泛深入地开展“三学四建一创”活动。“三学”，即：要继续深入学习包起帆、华铜海轮、青岛港等先进典型。“四建”，即：建设“交通基础设施优质廉政工程”，建设“交通行政执法素质形象工程”，建设“交通运输通道文明畅通工程”，建设“交通运输企业安全效益工程”。在“三学四建一创”活动中，“三学”是典型示范，“四建”是建设任务，“三学四建”的共同目标就是“一创”——按照中央要求创建文明行业。制定印发了《全国交通行业精神文明建设“十五”规划》，明确了全国交通行业精神文明建设的奋斗目标、主要任务和活动载体。

（四）纪念郑和下西洋600周年活动

600年前，中国航海家郑和率领庞大船队七下西洋，拉开了人类走向远洋的序幕，为世界航海事业作出重要贡献，为中华民族留下宝贵的精神财富。郑和下西洋的历史之久、规模之大、航程之远与抵达国家和地区之多，是当时世界上任何国家都无可比拟的，比欧洲航海家哥伦布、达伽马的远洋航行时间早了半个多世纪。郑和下西洋在中国乃至世界航海史上都留下了光辉的一页，他是中国人民的骄傲。根据中央精神，2005 年开展了一系列纪念活动，包括：召开郑和下西洋 600 周年纪念大会、举办郑和下西洋 600 周年纪念展览、制作郑和下西洋电视专题片、组织郑和航海暨国际海洋博览会等。

纪念活动以“热爱祖国、睦邻友好、科学航海”为宗旨，不仅对广大人民群众进行了一次生动的爱国主义教育，增强了建设航海强国、海洋强国和造船强国的意识和信心，而且为中外友好交往搭建了一个历史文化平台，进一步增进了海峡两岸的文化交流。

为此，国务院批准，自 2005 年起，把郑和下西洋的起航日 7 月 11 日定为“中国航海日”，同时也作为“世界航海日”在我国的实施日期。此举意义非常重大，有利于弘扬和培育以爱国主义为核心的团结统一、爱好和平、勤劳勇敢、自强不息的伟大民族精神，增强中华民族的自信心和自豪感，增强振兴中华的责任感和历史使命感。有利于增强海洋意识，形成全社会关心、支持航运事业发展的氛围，推动海洋文化、科技和经济发展。

（五）“学先进，树新风，创一流”活动

2006 年 6 月，交通部在武汉召开了全国交通行业精神文明建设工作会议，提出要在全国交通行业开展“学先进、树新风、创一流”活动。7 月，交通部印发了《全国交通行业十一五时期精神文明建设工作指导意见》和《交通文化建设实施纲要》。全国交通行业“十一五”时期精神文明建设的主要目标是：围绕认真学习实践社会主义荣辱观，通过开展“学先进、树新风、创一流”活动，在新的历史起点上，实现交通职工思想道德素质明显提高，交通行业凝聚力明显增强，交通社会形象明显改善，并努力推出

一批有影响的先进典型，创建一批有影响的文明单位，打造一批有影响的服务品牌，创作一批有影响的文化产品。

“学先进，树新风，创一流”活动是“三学四建一创”活动的继承和发展，是对多年来交通行业文明创建活动的经验总结，是新时期交通行业两个文明建设的有机结合，是交通部党组对加强行业精神文明建设工作提出的新要求、新举措。“学先进”，就是学习包起帆、许振超、陈刚毅等先进典型，激励广大交通干部职工见贤思齐，积极向上；“树新风”，就是努力实践社会主义荣辱观，树立执政为民、求真务实、公正执法、清正廉洁的新政风，树立敬业奉献、诚实守信、文明服务、开拓创新、团结和谐的新行风；“创一流”，就是站在新的历史起点上，追求更高的标准，创建一流的队伍、一流的业绩、一流的行业。开展“学先进，树新风，创一流”活动，对于全面贯彻落实科学发展观、学习实践社会主义荣辱观，建设创新型行业，完成“十一五”奋斗目标，实现交通事业又好又快发展，具有十分重要的意义。

（六）“迎奥运，讲文明，树新风”活动

中央文明委、北京奥组委于2006年3月25日上午在人民大会堂联合举行“迎奥运、讲文明、树新风”活动，要求以2008年北京奥运会倒计时一周年纪念日为契机，在全国范围内广泛深入开展“迎奥运、讲文明、树新风”活动。为贯彻落实好会议精神，充分展现全国交通职工情系奥运，做好服务的精神风貌，不断提升交通行业的文明程度和交通职工的文明素质，交通部2007年4月发出《关于深入开展“迎奥运、讲文明、树新风”活动的实施方案》，广泛宣传，营造氛围。要求在奥运主协办城市和重点风景旅游区的道路水路客运站、高速公路服务区、收费站、出租汽车、长途汽车等各服务窗口单位，制作、刊播、张贴、免费赠送具有交通行业特色的“迎奥运、讲文明、树新风”活动宣传品，讲述奥运知识，激发迎奥运热

情，宣传文明乘车（船），提高旅客文明乘车（船）意识，为2008年北京奥运会营造良好的环境。

第二节　水运文化建设

改革开放30年来，随着我国水运事业发展在不同阶段所面临的重点任务和主要问题的变化，水运文化的建设也不断取得较大的进展，整个行业从政府部门到企事业单位，对如何用文化来管理一个行业或一个部门，对如何通过文化建设促进事业发展的理解和认识、研究与实践已逐步走向深入，经历了一个由早期实践——自觉建设——总结提高的发展历程。

一、水运文化建设的早期实践

20世纪90年代中期或“九五”期末以前，港口文化、航道文化、航运文化等水运文化的各种亚文化，在概念上尚未被人们所广泛认知。但是，就文化活动的实质内容和表现形式而言，水运文化的建设在整个行业已经有了很长的实践历史。应该说，水运文化一直在随着我国水运事业的发展而发展，水运事业的发展的历史就是水运文化发展的历史，水运事业发展的过程也就是水运文化积淀的过程。水运事业的发展在不同的时期，都有其不同取向的价值理念，包括为谁发展、发展什么、如何发展等价值选择，这些都是水运文化建设的实质内容与表现形式。

由此以前，内容丰富、形式多样的文化建设实践，实际上涵盖了后来才得到理性认识的文化建设的精神、制度和物质等各个层面。但总体上看，这一时期的水运文化建设是以精神层面和物质层面为主。比如，水运行业在精神文明建设中，倡导水运事业的发展要紧紧围绕经济发展这个中心，要以“服务人民、奉献社会”为宗旨，这些核心价值取向实际上同时也是精神文化建设的核心内容；另外，许多企事业单位比较注重职工之家、文化园地等文化网络的配置与建设，而这也是物质文化建设的重要内容。

二、水运文化的自觉建设

进入“九五”时期，水运文化建设开始进入“自觉建设”阶段，其重要标志是，一些处于改革开放潮头的企业事业单位，开始注意到文化建设在经营管理中的重要作用与必然趋势，于是将文化管理引入企事业单位的经营管理之中，尤其在大力深入推进现代企业制度建设的一些大中型港口企业、航运企业和交通建设企业，内部一般都设立了专门的文化建设机构。

这一时期，水运文化建设的重要特征，一是文化战略开始进入交通企业的总体战略。交通企业开始注重构建完整、科学、规范的企业文化价值理念体系；注重树立和落实企业发展在实现好、维护好、发展好用户利益、公众利益和员工利益等方面的多元化价值取向；注重通过大力倡导并努力实现以人为本、科学管理的核心价值，增强企业发展的使命感和责任感，激发企业员工的积极性和创造性，提高企业组织的凝聚力和战斗力。二是企业文化建设的价值表达开始步入规范化、科学化轨道。导入和运用形象识别系统（CIS），包括理念识别系统（MI）、行为识别系统（BI）和视觉识别系统（VI），培育和谐团队、打造企业品牌，为企业管理“内聚人心、外树形象”发挥了积极作用。在这方面，中远集团、长航集团和中交集团、天津港、青岛港、芜湖港等，都是水运行业较早具有这种文化自觉意识和文化自觉行为，文化建设较受重视、成效较为显著的实例。

三、水运文化建设的总结提高

进入“十一五”时期，随着整个国家和交通行业以前所未有的意识和力度推进文化建设，包括水运文化在内的交通文化建设也进入了一个崭新的阶段。2006 年 10 月，党的十六届六中全会提出建设和谐文化，建设社会主义核心价值体系。2007 年 10 月，党的十七大报告提出要推动社会主义文化大发展大繁荣。这些重要文件对各行业提高认识、推动实践，全面部署并深入开展文化建设起到了重要指导作用。

交通行业在以实际行动贯彻落实中央精神、紧密结合行业特点开展文化建设方面，充分体现了应有的重视程度与落实力度。交通部领导基于对文化建设重要意义的深刻认识与总体趋势的准确把握，将行业特色文化建设作为推动行业文明建设、促进交通又好又快发展的重要切入点、着力点和创新点，多次就文化建设问题做出重要指示。2006 年初，李盛霖部长在全国交通工作会议上的讲话中指出："要在实践中加强探索和研究，努力建设具有鲜明行业特点和时代特征的交通文化，用文化和精神的力量凝聚全行业，使交通行业更加充满活力，不断开创交通事业发展的新局面"。

为使工作部署更加深入、落实更加具体，2006 年 7 月，交通部印发《交通文化建设实施纲要》，对交通文化建设的指导思想、目标任务、工作原则和工作措施作了具体安排。这是交通部颁布的第一个有关交通文化建设的重要文件，强调新时期交通文化建设要深入贯彻科学发展观和构建社会主义和谐社会的要求，建设具有鲜明时代特点和交通行业特色的精神文化、制度文化和物质文化；要以实践社会主义荣辱观为主线，以弘扬爱国主义为核心的民族精神和以改革创新为核心的时代精神为重点，大力加强精神文化建设；要在实践中加强探索和研究，系统总结交通文化建设的丰硕成果，确立符合先进文化前进方向和交通事业发展要求的交通行业的核心价值体系；要实施"五个一工程"，即形成一批交通文化研究成果，提炼一种交通精神，征集确定一个交通行业徽标，创作一批交通文艺作品，完善一批交通博物馆，将全行业文化建设提高到一个新水平，全面增强交通文化的吸引力和感召力，不断增强交通行业的凝聚力，提升交通行业的影响力，提高交通发展的软实力，为交通事业又好又快发展营造良好的文化环境与精神动力。

2006年11月，交通部办公厅印发《交通文化建设研究工作方案》，按照行业文化、系统文化、专业文化、组织文化四个层次，分别成立了交通行业文化建设研究总课题组，以及公路文化、道路运输文化、交通规费征稽文化、港口文化、海事文化、救捞文化、船检文化、航海文化、廉政文化、公路执法文化、长江航运文化、交通公安文化、路文化、桥文化、车文化、站文化、船文化、航标文化、航道文化、交通行政机关文化、交通企业文化和交通事业单位文化等22个子课题组，其中涉及水运文化建设研究的课题有10个。这是交通行业在全国开创了系统的、深入的行业文化建设研究，研究成果在核心质量上突出强调要具有理论性、实践性和指导性，要夯实交通文化建设的理论基础，总结交通文化建设的实践成果，明确进一步加强交通文化建设的总体思路。

在水运文化建设的整个研究中，坚持以社会主义核心价值体系为指导，通过对水运行业特色文化价值元素的发掘、提炼、整合、升华，在建设水运行业核心价值理念体系方面做了积极探索。这些成果的取得，标志着水运文化建设的总结、提高工作取得了重大的进展；这些成果的运用，必将为下一步全行业全面、深入开展文化建设奠定良好基础。

经过广大研究人员近两年的辛勤劳动和艰苦努力，研究工作进展顺利，取得了一批可喜的研究成果，出版了多卷本的《21世纪交通文化建设研究与实践》系列丛书。丛书从多个层面、多个领域系统地总结了交通文化源远流长的发展历史、积淀丰厚的特色文化、形式多样的实践活动、绚丽多彩的建设成果。

第三节　水运行业先进典型

大力培养和宣传先进典型是加强水运行业精神文明建设的有效措施，也为构建和谐交通、推动水运现代化发展提供强大的精神动力和思想道德基础。改革开放30年来，全国水运行业先进模范和先进集体层出不穷，创造了“小扁担精神”、“航标灯精神”、“华铜海精神”、“青岛港精神”、“包起帆精神”、“许振超精神”、“孔瑞祥精神”等。这些具有时代特点和行业特色的交通精神，使广大水运干部职工保持奋发有为、团结进取的精神状态和精神动力，增强了水运行业的凝聚力，促进了水运事业的发展和壮大。

一、小扁担精神——杨怀远

杨怀远，1956年参加中国人民解放军，1958年加入中国共产党，1960年退伍，到上海海运局工作，1997年退休。在沿海客轮上，先后担任过客船的生火工、服务员、副政委、政委。当领导后，出于对平凡工作的热爱，他主动辞去领导职务，甘当一名普通的服务员，用一条自制的小扁担，穿梭于旅客之中，为人们排忧解难。30多年如一日，以一句“为人民服务到白头”的承诺，用一根小扁担，用一颗火热的心为广大旅客服务。这小扁担挑出了浓浓的旅客情，也挑出了一位共产党员在平凡岗位上的风采。1963年他被评为上海市五好职工，1982年被评为全国交通战线劳动模范，1985年被评为全国劳动模范、上海市劳动模范、全国交通战线两个文明建设标兵、上海市优秀共产党员，1986年荣获全国总工会“五一”劳动奖章。

退休后，杨怀远依然关心海运事业，不忘记自己的职责，在共产党员先进性教育活动中，他现身说法，传经送宝，并在社区思想道德建设和关心下一代工作上发挥着自己的余热。杨怀远曾受到党和国家领导人的亲切接见，他和他的“小扁担精神”也传遍了祖国大江南北，成为家喻户晓的劳动模范、优秀共产党员。

二、雷锋式优秀船员——严力宾

严力宾，1978年起在青岛远洋运输公司任轮机员，工作10年间以雷锋为榜样，刻苦钻研业务，无私奉献，曾多次受到单位表彰、评为优秀船员。

在三次外派期间，一尘不染，保持中国海员的民族气节，又因其技术高超，赢得了外籍船员的众口称赞。英籍轮机长劝他到英国定居，澳大利亚人士愿以高额担保费和高额工资让其在澳定居，都被婉言谢绝。1989年11月18日，严力宾所在的“武胜号”海轮在香港某船厂修理时，因厂方工人操作不慎，引燃棉纱，造成火灾。在这关键时刻，严力宾临危不惧，最先赶到现场，奋勇救火，不幸光荣牺牲，献出了年仅32岁的生命。严力宾牺牲后，江泽民总书记为他题词“学习严力宾同志，做坚定的共产主义战士”；杨尚昆主席的题词是“学习严力宾同志忠于党、忠于祖国、忠于人民”；李鹏总理的题词是“远洋深处留下他的航迹，海员心中树起他的丰碑”。他被追授为山东省劳动模范并获全国“五一”劳动奖章，被交通部授予“雷锋式优秀船员”。

三、最佳灯塔工——叶中央

叶中央，浙江嵊泗县人，中共党员，曾任上海海事局航标测量处镇海航标区花鸟灯塔主任（2000年3月退休）。1983年起，叶中央带领着七位同志坚守在白节、花鸟等岛上，年复一年地用生命的火花点燃闪烁的灯塔，为千船万舰指引航向。叶中央和白节灯塔获得的主要荣誉有：1987年白节灯塔被评为交通部两个文明先进集体；1988年灯塔主任叶中央被评为上海市劳动模范，全国交通系统最佳灯塔工和金锚奖，同年叶中央荣获“五一”劳动奖章；1989年叶中央被评为全国劳动模范。叶中央先后受到邓小平、江泽民、胡锦涛等中央领导同志的接见。1998年，以他为原形的电影《灯塔世家》由长春电影制片厂拍摄完成，在全国公映。

四、航标灯精神——苏贵聪

苏贵聪，广东海事局汕头航标处大亚湾航标站遮浪灯塔养护工、班长，优秀共产党员。1976年，18岁的苏贵聪高中毕业被招工来到遮浪灯塔，在这个平凡岗位，他默默奉献了整整30多个春秋，一次次与死神擦肩而过，始终没有动摇苏贵聪的信念：守护好灯塔，保障过往船只安全，这就是一个共产党员的责任。他这种“燃烧自己，照亮别人，奉献社会”的精神就是“航标灯精神”。30多年来，小岛改变了，灯塔改变了，苏贵聪的执著没有变，他养护的灯塔，保持了30多年的正常发光率和正常维修率两个100%的纪录，被誉为“红海湾不落的北斗”。先后被评为广东省模范共产党员、全国交通系统劳动模范，其先进事迹曾在中央电视台《新闻联播》播出，被广东省委组织部制作成党员电教片——《守灯人》在全省发行，2005年被评为全国劳动模范。

五、抓斗大王——包起帆

包起帆是在生产第一线做出重要创新的工人专家，现为上海国际港务集团有限公司副总裁，中国发明协会副会长。包起帆精神的显著特点有四点：一是“在本职岗位上奋发成才”；二是“在生产实践中革新创造”；三是“在市场经济中开拓进取”；四是“在改革大潮里无私奉献”。1981年起20多年来，包起帆和同志们一起先后完成了120多项科技项目，获得国家专利29项，他设计的专用抓斗系列和工艺，创造性地解决了一批关键技术难题，被赞誉为“抓斗大王”。他主持研究的科研项目曾3次获国家发明奖，2次获国家科技进步奖，15次获部、省级科技奖，21次在巴黎、日内瓦、匹斯堡、布鲁塞尔等国际发明展览上获金奖。2006年5月，在第九十五届巴黎国际发明博览会上，他一次获得4项金奖，成为105年来一次获得该展会奖项最多的人。他连续10次被评为上海市劳动模范，连续3次被评为全国劳动模范，还获得“全国‘五一’劳动奖章”、“全国十大杰出职工”、“全国优秀共产党员”等称号。

2004年他主持了上海市科委“现代集装箱物流与装备集成技术研究与应用示范”项目研究和国家“863”计划子课题“集装箱电子标签系统研

究”，建成了我国第一个集装箱自动化无人堆场，开通了世界上第一条带有集装箱电子标签的商业运营的集装箱班轮示范航线，被国外专家誉为“这是一场改变人类运输方式的革命”。

六、新时代产业工人的楷模——许振超

许振超，中共党员，山东省青岛港工人、桥吊队队长、前湾集装箱码头有限责任公司高级固机经理。参加工作30多年来，以“干就干一流，争就争第一”的精神，立足本职，务实创新，干一行，爱一行，精一行。他自学成才，苦练技术，练就了“一钩准”、“一钩净”、“无声响操作”等绝活，他带领团队按照“泊位、船时、单机”三大效率的标准要求，深入开展比安全质量、比效率、比管理、比作风的“四比”活动，先后七次打破集装箱装卸世界纪录，使“振超效率”令世人赞叹，将“振超精神”名扬四海，吸引了全球各大船运公司纷纷在青岛港上航线、换大船。

许振超是老三届的初中毕业生，十年“文革”使他失去了上大学的机会。但他始终认为，“一个人可以没有文凭，但不能没有知识；可以不进大学，但不能不学习。”凭着肯学苦练、拼搏奋进的求真务实精神和放眼寰球、追求卓越的与时俱进精神，从简单的事情学起，一步步成长为懂外语、懂技术、懂管理的学习型、创新型现代产业工人。2005年4月，许振超被全国总工会评为全国劳动模范，还获得全国“五一”劳动奖章。中央主要媒体把他作为重要先进典型进行集中宣传。

七、蓝领专家——孔祥瑞

孔祥瑞，中共党员，高级工人技师，现任天津港股份有限公司煤码头分公司操作一队队长兼党支部书记。先后在天津港一公司、六公司固机队作司机、任队长。在港口一线工作33年，始终坚持在实践中学习，在实践

中提高，潜心钻研，积极进取，学习先进技术，由一名技术工人成长为“蓝领专家”。在天津港冲击亿吨大港的2001年，他主持创新“门机主令器星形操作法”，使门机每一次作业可节省时间15.8秒，平均每天多干480吨，当年创效1 600万元。这一操作法被天津市总工会命名为“孔祥瑞操作法”，被授予“天津市职工十大先进操作法”之一，在同行业推广。他主持的“门座式起重机中心集电器”技改项目，被授予2003年国家级实用新型发明专利。近年来，他主持开展技术创新项目50多项，为企业创效6 200多万元。作为队长，以身作则、率先垂范，严格管理、培育人才，他所在的队有多人获得全国技术能手和各级先进称号，带出了一支技能型、知识型的高素质队伍。

孔祥瑞是伴随天津港建设发展而成长起来的新时期知识型产业工人。1994年以来，9次被评为天津市“八五”、“九五”、“十五”立功先进个人；先后荣获1998年度天津市劳动模范、2000年度天津市特等劳动模范、2001年全国“五一”劳动奖章、2005年度全国劳动模范、2006年度全国优秀共产党员等称号。

八、华铜海精神

中远广州远洋运输公司华铜海轮，1984年开始出租。在出租的10多年时间，没有出过一次事故，没有误过一天船期，没有违法违纪的事件发生，先后55次由装矿、装煤等改为装粮，验舱均一次通过，被国际航运界誉为“中国出租船的一面旗帜”，成为“海上中华名牌”。1998年11月28日，历经24年风雨的华铜海轮，在圆满完成最后一次远航任务后正式退役，但是“华铜海精神”长存，永不“退役”。

华铜海轮先后50多次受到国家、交通部、广东省的表彰，荣获全国“五一劳动奖状”。在1993年11月的全国交通系统精神文明建设经验交流会上，交通部部长黄镇东在大会讲话中明确指出，“华铜海精神”就是勇闯新路、改革进取的精神，干字当头、艰苦奋斗的精神，遵纪守法、诚实劳动的精神，领导干部以身作则、吃苦在前、享受在后的精神。要求交通系统各单位都要把华铜海轮作为基层全面建设的先进典型，认真地组织学习和宣传。

九、青岛港精神

30多年来，青岛港在中央、省市和国家各部委的正确领导、亲切关怀下，坚持“一切从实际出发，把青岛港自己的事情办得更好”的发展思路；坚持“精忠报国，服务社会，造福职工”的三大使命；坚持“一代人要有一代人的作为，一代人要有一代人的贡献，一代人要有一代人的牺牲”的奉献精神；坚持“对国家的贡献要越来越大，港口发展后劲要越来越强，职工生活质量要越来越高，精神文明建设要越搞越好”的核心价值观；坚持“以发展生产为目标、以深化企业内部改革为动力、以强化基层管理为手段、以加强领导班子建设为关键、以全心全意依靠工人队伍为根本”的青岛港基本经验；坚持“平安福港、效率快港、实力强港”；实践自主创新型、资源节约型、环境友好型、质量效益型、亲情和谐型发展之路。青岛港开拓创新，科学发展，港口吞吐量由2 000多万吨发展到3亿吨，2008年世界港口吞吐量名列第七位。

青岛港的工作得到了各级领导的充分肯定。自1995年以来，青岛港一直是全国交通系统学习的典型。并先后荣获全国五一劳动奖章、全国优秀企业（金马奖）、全国质量管理奖、中国企业管理杰出贡献奖、中国500强企业、中国企业文化建设先进单位等100多项荣誉称号。青岛港科学发展模式成为“中国特色社会主义企业管理模式”。

附 录

改革开放30年水运大事记

（1978～2007年）

1978年

1月，交通部向国务院报送《关于加速发展我国水运和交通的意见》。

3月1～10日，交通部召开全国港口工作会议，研究制定了《直属港口货运质量检查站（组）施行条例》。

3月29日，交通部决定将原水运局一分为二，分别成立港口局、水运局。

5月18～24日，交通部召开全国交通战线学大庆会议。

5月24～31日，交通部在北京召开全国交通工作会议，讨论贯彻《工业三十年》，落实企业整顿工作，研究实现交通运输现代化的规划。王震副总理、康世恩副总理于24日晚接见了出席全国交通战线学大庆会议和全国交通工作会议的代表，并作了重要指示。叶飞部长于31日在全国交通工作会议上作了总结讲话。

9月24日，美国轮船公司“美狮”号集装箱船遭遇台风袭击，在西沙群岛搁浅，广州救捞局对其成功施救，在国际上获得良好声誉。

9月26日，我国的第一艘国际集装箱班轮“平乡城”装载了162个集装箱从上海港开赴澳大利亚港口，标志着中国远洋集装箱运输的正式开始。

10月25日，中国远洋“熊岳城”轮从上海港出发去澳大利亚，开始每月一班的班轮服务。从此，中国真正有了自己的国际集装箱班轮运输。

1979年

1月1日，全国人大常委会发表《告台湾同胞书》，郑重宣告了中国政府和平解决台湾问题的大政方针。主张在实行统一之前，进行直接通邮、通商、通航和双向交流，为国家和平统一创造条件。

1月6日，交通部、广东省联合向国务院报送《关于我驻香港招商局在广东宝安建立工业区的报告》。

1月13日，交通部发布《公布试行“滚装船”和使用托盘、集装箱运输计收货物装卸费的规定的通知》。

2月，全国人大常委会任命曾生为交通部部长，同时免去叶飞交通部部长职务。

经国务院批准，由交通部驻港企业招商局在深圳创办蛇口工业区。

2月25日，根据国家建委、交通部关于“港口建设指挥部实行中央、地方双重领导，以交通部为主的领导体制”文件精神，交通部发出通知，各港口建设指挥部的劳动计划，自1979年起由交通部直接管理。

3月17日，中国航海学会成立。

3 月 21 日，公安部、卫生部、交通部、外贸部联合发布《国际航行船舶进出口联合检查进行程序与注意事项》。

3 月 22 日，交通部发布《船舶进出港口签证管理办法》。

4 月 16 日，卫生部、交通部联合发布《关于国际航行船舶试行电信卫生检疫规定》。

5 月 2 日，交通部发布《集装箱检验规范》。

6 月 11 日，交通部发布《内河避碰规则》。

6 月 11 日，广州海运局万吨级货船“红旗 121 号”从珠江口出发，穿过台湾海峡驶抵上海，率先完成了商船通过台湾海峡的试航任务，使中断 30 年之久的台湾海峡恢复通航。

6 月 22 日，交通部召开“恢复台湾海峡正常通航会议”，会后颁发了《关于我商船通行台湾海峡的暂行规定》。

6 月 25 日，交通部重新发布《水路货物运输规则》和《水路货物运输管理规则》。

7 月 26 日，交通部发布《国外拖航收费暂行办法》。

8 月，交通部接受联合国开发计划署援助的第一个项目“秦皇岛港防污设备厂”正式签定协议。

8 月 23 日，经国务院批准，交通部设立北京船舶通信导航公司，加入国际海事卫星组织。

9 月 12 日，交通部决定将大连海运管理局属于远洋部分的船舶划出，组建大连远洋运输公司，由中国远洋运输总公司领导；属沿海运输部分的船舶仍由大连海运管理局管理。

9月13日，交通部发布《关于港口作业事故处理的几项补充规定（试行）》。

9月18日，经国务院批准，交通部发布《中华人民共和国对外国籍船舶管理规则》。

9月25日，我国最大的港口上海港与美国西雅图港结为第一对友好港，开创了我国与国外港口建立友好港关系的先河。

10月12~19日，交通部在北京召开全国地方交通安全工作会议。国家副主席李先念作了“加强领导，提高技术，关心人命，减少事故，以至减小到最低限度”的批示。

11月30日，长江最大油港，南京中转油港建成交付使用。

12月22日，中华人民共和国政府批准加入1974年11月1日签订于伦敦的《国际海上人命安全公约》。

12月25日，交通部发布《中国外轮理货公司收费规则》。

12月30日，交通部发出《关于公布实施交通部直属水运企业航务（海务）监督部门职责和建立航务（海务）监督证的通知》。

1980年

1月5日，交通部发出通知，决定将现有的长江航政局设在长江各港的机构，统一为“中华人民共和国××港务监督”和“中华人民共和国船舶检验局××办事处”，对航行国际航线的船舶进行监督和检验。

1月10~28日，中朝国境河流航运合作委员会第十九次会议在辽宁省沈阳市召开，签订了《中朝鸭绿江、图们江航运合作委员会第十九次会议协议书》。

2 月 1 日，云南省西双版纳境内的澜沧江，经整治正式通航。

2 月 4 日，交通部决定，成立“利用外资建设石臼所港和秦皇岛港工作小组”。

2 月 9 日，交通部发出《关于外商来料加工的原材料和产品的港口费收问题的通知》。

2 月 14 日，国务院、中央军委批转交通部、总参谋部《关于外国籍船舶进入我沿海非对外开放港口、岛屿、海区作业的有关问题的请示》。

2 月 15 日，国务院批准交通部成立中国港湾工程公司。

3 月 1 日，交通部发出《关于我国已接受〈国际油污损害民事责任公约〉的通知》及其签发办法。

3 月 18 日，由交通部部长曾生率领的中国政府海运代表团赴泰国进行友好访问，并正式签订两国政府间的海运协定。

4 月 5 ~ 15 日，全国交通工作会议在北京召开。交通部副部长彭德清代表部党组作了《继续贯彻调整、改革、整顿、提高的方针，为实现交通运输现代化而奋斗》的主题报告。全会总结了两年来的交通工作，分析了在新形势下出现的新问题，并讨论落实 1980 ~ 1981 年的工作任务和措施，研究制定交通运输的发展规划。

4 月 16 日，交通部发布《关于开办长江港口对外贸易运输业务的暂行规定》。

4 月 17 日，经国务院批准，我国在长江沿岸的张家港港、南通港、南京港、芜湖港、九江港、武汉港、城陵矶港、重庆港为对外贸易运输港口。

4月18日，交通部发布《水运生产调度规程（试行）》和《水运调度通信规程（试行）》。

4月18日，交通部发布《中华人民共和国交通部港口外贸船舶装卸管理规则（试行）》。

4月24日，国务院批准交通部、海军司令部《关于调整海上干线公用航标管理体制加强管理力量的请示》。

4月25日，交通部发布《海港引航工作条例（试行）》。

5月12日，交通部决定，成立水上运输法院筹备组和水上运输检察院筹备组。

5月22日，国务院副总理康世恩在巴西访问期间，正式签订了中国和巴西两国政府间海运协定。

5月23日，中远公司租船“欢庆”轮首航台湾基隆港。

6月5日，交通部发布《国际航线集装箱港口费收暂行办法》。

8月28日，国家计委、国家经委联合发出《关于解决碍航闸坝复航问题的通知》。

9月12日，国务院批准，黄石港为对外贸易运输港口。

9月15日，交通部发布《中华人民共和国水路旅客运输规则》、《中华人民共和国水路旅客运输管理规程》。

9月17日，国务院副总理薄一波代表我国政府与美利坚合众国政府在华盛顿正式签订中美政府间海运协定。

10月9日，中国政府与阿根廷政府签订海运协定。

12 月 1 日，交通部在北京设立全国水上运输高级法院和水上运输检察院。在上海、天津、大连、青岛、广州、武汉、宁波等地设立水上运输法院和水上运输检察院。

12 月 20 日，南通港两个万吨级泊位正式投产，这是我国第一次在长江内河港兴建的万吨级深水码头。

12 月 24 日，天津新港 5 个万吨级泊位完工投产。

1981 年

1 月 13 日，在朝鲜新义州举行的中朝国境河流航运合作委员会第二十次会议上，中朝两国签署了航运协议书。

2 月，全国人大常委会任命彭德清为交通部部长，同时免去曾生交通部部长职务。

6 月 15 日，我国在长江上修建的第一座大型通航建筑物—葛洲坝水利枢纽 2 号船闸首次试航成功。

7 月 13 日，交通部印发《关于加强对航行国际航线船舶管理的通知》。

10 月 29 日，交通部发布《船舶装载危险货物监督、管理规则》。

11 月 30 日，交通部决定，船检局在大连、天津、青岛、上海、广州、长江区、南京、芜湖、宜昌、重庆办事处及在部直属港口的验船组（科），从部直属港务局、海运局、航政局内划分出来，由船检局直接领导。

12 月 24 日，天津港三港池集装箱泊位及四港池两个杂货泊位（包括双航道一期工程）通过交通部、国家建委验收。三港池集装箱码头泊位是我国建成的第一个现代化集装箱专用泊位。

1982年

1月6日，交通部转发《国务院关于大连港口体制改革试行方案的批复》。

2月24日，全国交通工作会议在北京召开。交通部部长彭德清在会上号召调动各方面积极性，振兴我国的水运事业。强调要支持各省、市、自治区建立海运轮船公司；积极采取措施，充分发挥沿海运输的作用；积极开发利用内河航运，大力提高内河运输能力，加强技术改造，挖掘现有港口的潜力，改革港口管理体制。

3月2日，交通部决定授予上海海运局客运服务员杨怀远同志为全国交通行业劳动模范。

4月，全国人大常委会任命李清为交通部部长，同时免去彭德清交通部部长职务。

5月26日，交通部发布《关于执行〈国际海上危险货物运输规则〉的补充规定》。

5月29日，交通部发布《对航行港、澳地区小型船舶安全监督规定》。

6月21日，交通部发出《关于调整和修订外贸货物长江段运价的通知》，公布了《外贸货物长江段运费及港口费计算暂行办法》。

6月22日，交通部根据国务院的决定，将上海船厂等14个大中型直属企业和上海船舶设计院正式划归中国船舶工业总公司。

7月1日，秦皇岛港八号煤码头二期改造工程竣工投产。

8月23日，交通部发布《关于海区航标管理工作的若干规定》。

8月30日，交通部发出《关于国外进出口危险品货物港口费收问题的通知》。

9月，交通部决定成立内河运输管理局，加强对内河运输的领导和管理。

11月22~28日，交通部航运厅（局）长座谈会在京召开。

12月26日，宁波港北仑作业区10万吨级矿石中转码头竣工。

1983年

2月22~28日，交通部在北京召开全国沿海地方中小港口规划工作会议。

3月7~13日，全国交通工作会议在北京召开。交通部部长李清作了《解放思想，努力改革，为开创交通运输工作新局面而奋斗》的主题报告，提出“有河大家走船，有路大家走车”的口号。

3月19~26日，交通部在北京召开珠江水系航运规划第三次会议，研究提出了珠江水系“七五”期间航运建设项目。

4月6日，交通部发出《关于“以出顶进”的货物计收港口费和运费规定的通知》。

4月9日，国务院批准，20日交通部公布《中华人民共和国外国籍船舶航行长江水域管理规定》。1986年2月6日国务院批准第一次修订，1986年3月1日交通部公布；1992年6月6日国务院批准第二次修订，1992年7月25日交通部公布；1997年5月26日国务院批准第三次修订，1997年8月1日交通部令公布。

4月12日，交通部发布《油船安全生产管理规则》。

5月12日，国家经委发出《关于部分企业自建码头座谈会纪要》。

5月16日，交通部转发国家经委、国家计委1983年4月5日《关于发展我国集装箱运输若干问题的规定》。

5月27日，交通部发布《中华人民共和国理货员证书规则》

5月29日，中国港口协会成立。

5月31日，交通部发出《关于中外合资经营企业自有物资的港口费收问题的通知》。

6月3日，交通部印发《关于中外合资船舶公司的船舶登记有关问题的通知》。

7月1日，经国务院批准，黑龙江省航运局改称黑龙江航运管理局，实行由交通部和黑龙江省双重领导，以交通部为主的管理体制。

7月1日，浙江省建成杭甬运河，沟通了钱塘江、曹娥江、甬江三个水系，内河船舶可从杭州经绍兴、宁波直达镇海。

7月17~20日，交通部在烟台召开全国集装箱运输工作会议。

9月2日，中华人民共和国主席令第七号，公布《中华人民共和国海上交通安全法》。

10月1日，广西防城港举行开港典礼，港口一号、二号两个万吨级泊位及配套设施投产使用。

11月14日，交通部发布《外贸船舶在中国港口装卸速延工作暂行管理办法》。

12 月 1 日，交通部发布《直属水运企业货物运价规则》、《航行国内航线船舶及国内进出口货物海港费收规则》、《长江港口费收规则》和《黑龙江港口费收规则》。

12 月 22 日，全国重点建设工程，秦皇岛港煤码头一期工程竣工。

12 月 23 日，湛江港磷矿码头竣工投产。

12 月 27 日，天津港盐码头扩建工程竣工投产。

12 月 27 日，交通部发出《关于补充公布长江干线港口船舶和货物港务费标准的通知》。

12 月 29 日，国务院发布《中华人民共和国防止船舶污染海域管理条例》。

1984 年

1 月 1 日，中国船东互保协会成立。

1 月 1 日，交通部决定将汕头、八所、海口、三亚港从广州海运局划出，汕头港由交通部直接领导，为部属一级单位、县（团）级；成立海南港务管理局，为部属一级单位，副厅（局）级，八所、海口、三亚港划归海南港务管理局领导。

1 月 1 日，经国务院批准，新组建的长江航务管理局和长江轮船总公司开始办公。长江航务管理局是交通部的派出机构；长江轮船总公司是交通部直属一级独立核算的运输企业。

1 月 9 日，国家经委发布《加强国际集装箱港口集疏运工作暂行办法》。

1月9日，国家经委、交通部联合发布《企业专用码头建设和管理试行办法》。

1月10日，京杭运河续建工程徐州至扬州不牢河段疏浚工程竣工。

1月24日，经交通部与沿长江有关省、市协商，决定成立“长江水系航运协商委员会”，负责解决长江水系航运管理方面发生的重大问题。

2月22日，交通部决定成立“长江水系航运规划领导小组”。

3月3日，全国交通工作会议在北京召开，交通部副部长钱永昌代表部党组作了《面向全国、立足改革、总结经验、继续前进》的报告。

4月12日，交通部决定撤销各级水上运输检察院筹备组。

4月14日，经国务院批准，由上海、宁波、南通、张家港港务管理局组成上海经济区四港联合委员会，主要协调四港规划布局及决策性建议。

4月18日，交通部发布《关于海运生铁、金属块锭、煤炭、散盐、矿石、矿砂、矿粉等散装货物装仓标准和船舶、港口责任划分的暂行规定》。

6月，全国人大常委会任命钱永昌为交通部部长，同时免去李清交通部部长职务。

6月1日，按照中共中央、国务院《关于天津港实行体制改革试点的批复》精神，天津港下放天津市政府管理，将由中央政府直接管理的港口领导体制改为由中央和地方政府“双重领导，以地方为主”的管理体制，实行“以收抵支，以港养港”的财务管理体制。

6月21日，经国务院批准，“中国海员对外技术服务公司”成立。

6月23日，交通部发布《港口危险货物管理暂行规定》。

6 月 29 日， 交通部、铁道部重新发布《铁路和水路货物联运规则》。

8 月 6 日， 中共中央书记处由胡耀邦总书记主持，召开第 149 次会议，听取交通部党组工作汇报并作出重要指示。会议纪要指出：交通运输部门要努力探索一条具有中国特色社会主义交通运输的发展道路，改革管理体制，政企分开，简政放权；要从我国交通运输事业多层次、多形式、多渠道的特点出发，放宽政策，搞活运输，实行多家经营、鼓励竞争，鼓励各部门、各行业、各地区一起干，国营、集体、个人以及各种运输工具一起上，调动各方面的积极性，百车竞发，百舸争流；要打破部门所有制和地区所有制造成的人为分割，开展各地区之间、各种运输方式之间的联营、联运，要鼓励个体运输、发展新型运输联合体。

8 月 7 日， 交通部公布《沿海、长江国内集装箱运费和港口费计收试行办法》，自 9 月 1 日起试行。

9 月 10 日， 交通部发出《关于贯彻党中央和国务院领导同志指示精神搞好交通运输改革的通知》。

10 月 10 日， 交通部部长钱永昌和联邦德国交通部长在北京正式签订了《内河航运合作协议》。

10 月 26 日， 国家经委、铁道部、交通部、中国民航局、中国人民银行联合发布《联运工作条例》。

11 月 3 日， 国务院发出《关于改革我国国际海洋运输管理工作的通知》，明确中远总公司为独立经营的经济实体，与交通部远洋局实行政企职责分开。

11 月 26 日， 交通部发出《关于外贸货物运输长江段运价加收附加费的通知》。

12月22日，交通部决定将上海海运局大连分局从上海海运局划出，成立大连轮船公司。

12月28日，交通部发布《沿海港口船舶停靠码头暂行规定》。

12月28日，上海港年货物吞吐量完成1亿吨，首次跨入年货物吞吐亿吨大港行列。

1985年

1月3日，交通部发布《国际航线集装箱港口收费办法》。

2月25日，交通部发布《港口国际集装箱码头管理暂行规则》。

3月6日，国务院发布《中华人民共和国海洋倾废管理条例》。

3月18~20日，国务院副总理李鹏在天津市召开港口体制改革座谈会，交通部直属港口的管理体制，总的原则是要下放到港口所在城市，实行"双重领导，地方为主"，必要时交通部可保留少数专业性较强的港口。

3月25~31日，全国交通工作会议在北京召开。会议期间国务院副总理李鹏到会作了重要讲话，交通部部长钱永昌作了《搞好交通改革，发展大好形势》的主题报告。

4月1日，交通部发出《关于明确航行国际航线船舶装卸费付费标准的通知》。

4月5日，国务院副总理李鹏在听取国家计委副主任黄毅诚关于"七五"期间能源、交通安排情况和存在问题的汇报后指出：内河航运业要适当发展。

4月11日，经国务院批准，交通部发布《从事国际海运船舶公司的暂行管理办法》。

4月19～25日，国务院副总理李鹏在交通部部长钱永昌的陪同下，视察了衮石铁路，石臼港、烟台港、威海港、龙口港、连云港港以及岚山港。

5月6～9日，交通部在厦门召开14个沿海开放城市港口发展座谈会。

5月11日，郑和下西洋580周年纪念大会在南京召开。全国人大副委员长叶飞、纪念郑和筹备委员会主任彭德清、交通部部长钱永昌、海军副司令员聂奎聚等出席大会并讲话，这次活动开启了郑和研究的新进程，推动了我国社会各界特别是航海界的研究活动。

5月25日，香港招商局集团成立。

7月29日，交通部发出《关于征收船舶港务费等有关问题的通知》。

8月20日，新的《中国海区水上助航标志》颁布。

9月2日，交通部发布《关于对沿海港口外贸出口装船退关货物的处理规定》。

9月20日，国家计委发出通知，要求广东省计委和交通部认真做好客货运量预测和经济技术论证，提出珠江三角洲地区港口的总体规划方案，经过审定，综合平衡，纳入“七五”计划和长远规划。

9月30日，国务院发布《关于中外合资建设港口码头优惠待遇的暂行规定》。

10月5日，交通部为加强精神文明建设，决定在全国交通行业开展学习贝汉廷（已故）、杨怀远先进事迹的活动，杨怀远的“小扁担精神”也传遍了祖国大江南北。

10月4～15日，以国家经委副主任赵维臣为团长、交通部副部长郑光迪和商业部副部长季铭为副团长的中国经济综合代表团访问日本，与日中经济协会签定《扩大中日粮棉贸易和合资建设港口的协议》。

10月19～22日，交通部和江苏省政府在连云港市联合召开陇海铁路沿线各省集资开发建设连云港港座谈会，会上制定了《关于筹集资金加快连云港港口建设试行办法》。

10月22日，国务院发布《港口建设费征收办法》。

11月2日，国务院命名上海海运局客轮服务员、共产党员杨怀远为全国劳动模范。

11月2日，交通部发布《关于严禁违章航行、立即制止客（渡）船超额运输、确保旅客安全的决定》。

12月28日，全年验收投产的深水泊位有33个，至此“六五”计划的54个深水泊位全部建成，共新增港口吞吐能力1亿多吨。

1986年

1986年交通部科技成果获奖项目：

1. 《新型船舶尾轴密封装置及密封试验装置》（交通科技进步二等奖）

2. 《CX-80船用微机监控系统简介》（交通科技进步二等奖）

3. 《长江口三沙治理和通海航道研究》（交通科技进步二等奖）

4. 《太阳能电池航标技术推广应用》（交通科技进步二等奖）

5. 《座底浮坞出运沉箱等新技术在石臼港煤码头工程中的应用》（交通

科技进步二等奖）

6.《船舶轴系纵向振动》（交通科技进步二等奖）

7.《钢制海船入级与建造规范》（交通科技进步二等奖）

8.《海上固定式平台入级与建造规范》（交通科技进步二等奖）

9.《长江水系钢船建造规范修改通报》（交通科技进步二等奖）

10.《长江水系船舶稳性和载重线规范》（交通科技进步二等奖）

11.《水运工程水工建筑物抗震设计规范》（交通科技进步二等奖）

1 月 1 日，经国务院批准，中国船级社成立。

1 月 11 日，经国务院批准，交通部《港口水上过驳作业暂行办法》开始实施。

1 月 28 日，交通部颁布了《港口建设费征收办法施行细则》，开始对进出 28 个沿海港口征收港口建设费，实行“以港养港，以收抵支”政策。

1 月 29 日，国务院办公厅转发了《关于上海港下放问题的会议纪要》。

1 月 29 日，交通部发布《防止舱、室作业环境中缺氧窒息事故的暂行规定》。

2 月 19 ~ 25 日，全国交通工作会议在北京召开。交通部部长钱永昌在会上作了题为《认清形势，开创新局面》的主题报告。

2 月 21 日，国家计委批复交通部《关于〈水上过驳作业措施方案〉的报告》。

3 月 20 日，经国务院批准，南京港自今日起对外籍船舶开放。

3月20日，经国务院、中央军委批准，交通部管辖的沿海无线电导航台和无线电指向标正式对外籍船舶开放。

3月28日，交通部成立“全国水运工程标准技术委员会”。

4月5日，交通部发出通知，宣布成立上海海上安全监督局和大连海上安全监督局。

4月22日，交通部发布《关于推进交通科技体制改革的若干意见》。

4月25日，国家经委、国家计委、财政部、铁道部、交通部发布《关于发展联合运输若干问题的暂行规定》。

4月29日，大连港正式移交大连市管理，实行交通部与大连市双重领导，以大连市领导为主的管理体制。

5月8日，上海港正式移交上海市管理，实行交通部与上海市双重领导，以上海市领导为主的管理体制。

5月9日，中国第一座10万吨级煤码头—石臼港煤码头，通过国家正式验收，工程质量优良。

5月20日，经国务院批准，石臼港正式对外籍船舶开放。

5月20日，经国务院批准，黑龙江省同江港正式对外籍船舶开放。

5月26日，交通部召开公路、水路交通安全生产紧急电话会议。

6月1日，中国远洋运输总公司经营的定航线、定船舶、定货种、定泊位、定时间的中国国际班轮正式运行。

6月2日，国务院批准将海关征收的吨税划归交通部管理。

6月4日，交通部水上消防协会在北京成立。

6 月 24 ~ 28 日，交通部在北京召开全国交通系统“两个文明”建设经验交流会。

7 月 1 日，经国务院同意，交通部批准成立珠江航务管理局。

8 月 29 日，国务院批准将天津港港务监督从天津港务管理局划出，组建交通部天津海上安全监督局。

9 月 13 日，国务院办公厅转发了国务院口岸领导小组《关于外贸运输充分利用国轮的暂行办法》。

9 月 25 日，交通部发布《交通部科学技术进步奖励办法》。

10 月 21 日，交通部发布《交通卫生防疫工作条例》。

10 月 26 日，国家重点建设项目—营口港鲅鱼圈煤码头通过国家验收，该码头是中国第一座自卸船专用码头。

11 月 4 日，交通部和天津市人民政府在天津联合召开《天津港总体布局规划报告》审查会议。

11 月 25 日，宁波港镇海杂货码头 5 ~ 9 号泊位通过交通部验收。

12 月 1 日，经国务院批准，交通部发布《水路货物运输合同实施细则》。

12 月 5 日，国家重点项目连云港港庙岭煤码头通过国家验收。

12 月 6 ~ 8 日，国务院副总理李鹏在青岛市主持召开了青岛、黄埔、连云港、烟台、南通五港管理体制改革会议，并签订了五港管理体制改革的协议书。

12 月 8 日，国务院副总理李鹏在港口管理体制改革会议上就班轮运输发展问题作了重要指示，标志着我国海运事业走上了一个新的发展阶段。

12 月 16 日，国务院发布《中华人民共和国内河交通管理条例》。2002 年 6 月 28 日国务院令 355 号修正。

1987 年

1987 年交通部科技成果获奖项目：

1. 《820 客位沪渝双尾客轮》（交通科技进步一等奖）

2. 《海船稳性规范》（交通科技进步一等奖）

1 月 3 日，交通部广州海上安全监督局成立。

1 月 13 日，黄埔港正式移交广州市管理，实行交通部与广州市双重领导，以广州市领导为主的管理体制。

1 月 20 日，中华人民共和国港务监督局与美利坚合众国海岸警备队正式签订《海上搜寻救助合作协议》。

1 月 22 日，交通部转发国务院办公厅《关于采取措施发展内河航运的通知》。

2 月 24 日，交通部发布《场站国际集装箱管理办法》。

2 月 24 日，交通部、财政部发布《长江干线航道养护费征收办法》。

3 月 1 日，青岛港正式移交青岛市管理，实行交通部与青岛市双重领导，以青岛市领导为主的管理体制。

3 月 1 日，交通部青岛海上安全监督局成立。

3 月 7 日，连云港港正式移交连云港市管理，实行交通部与连云港市双重领导，实行以连云港市领导为主的管理体制。

3 月 7 日，交通部连云港海上安全监督局成立。

3 月 15 日，经国务院批准，镇江港对外籍船舶开放。

3 月 22 日，黄埔港新建年吞吐能力 647 万吨的西基煤炭装卸专业化码头，通过国家验收，正式交付使用。

3 月 24 日，烟台港正式移交烟台市管理，实行交通部与烟台市双重领导，以烟台市领导为主的管理体制。

3 月 24 日，交通部烟台海上安全监督局成立。

3 月 27 ~ 31 日，全国交通系统厅局长会议在北京召开。国务院副总理李鹏接见了出席会议的部分代表，并做了重要指示。交通部部长钱永昌作了《坚持四项基本原则，深化交通体制改革，广泛开展增产节约运动》的主题报告。

4 月 1 日，经国务院批准，舟山港对外籍船舶开放。

4 月 1 日，交通部水运科学研究所“分离油污水的方法与实施该方法的设备”在第 15 届日内瓦国际发明与新技术展览会上获镀金质奖。

4 月 27 日，中共交通部党组印发《“七五”期间交通系统加强社会主义精神文明建设的规划》。

4 月 30 日，交通部发布《关于设置乡镇船舶监督员的若干规定》。

5 月 6 日，经中共交通部党组批准，中国外轮理货总公司从海洋运输管理局划出，成为部属一级企业。

5月12日，国务院发布《中华人民共和国水路运输管理条例》。1997年12月3日根据国务院令第237号发布的《关于修改〈中华人民共和国水路运输管理条例〉的决定》修正。

6月19日，交通部同意江苏省人民政府关于京杭运河江苏段实行交通、水利分开管理的意见，并同意由江苏省交通厅组建京杭运河管理局。

6月25日，交通部决定撤销中国海难救助打捞总公司和海上拖航公司，恢复交通部海上救助打捞局，为部属一级事业单位。交通部烟台、上海、广州海难救助打捞局的名称分别改为交通部烟台、上海、广州海上救助打捞局。

8月8日，交通部决定将中国海洋工程服务有限公司从部海上救助打捞局划出，成为部属一级企业。

8月27日，交通部发布《船舶遇险紧急通信处置细则》

9月8日，国务院批准长江港口管理体制改革方案。长江干线港口全部下放，实行以地方领导为主的管理体制，长江航务管理局仍由交通部直接领导。

9月9日，中国政府和马来西亚政府在北京签署海运协定。

9月22日，交通部发布《水路运输管理条例实施细则》。

9月22日，国务院发布《中华人民共和国航道管理条例》。

10月10日，宁波港正式移交宁波市管理，实行交通部与宁波市双重领导，以宁波市领导为主的管理体制。

10月10日，交通部宁波海上安全监督局成立。

10月31日，国家经委、对外经济贸易部、交通部发出《关于国际集装箱运输有关问题的通知》。

12 月 5 日，南京国际集装箱装卸有限公司成立。这是南京港口集团公司与美国英雪纳码头公司（ENCINAL TERMINALS）合资经营的我国港口第一家中外合资企业。

12 月 6 日，汕头港正式移交汕头市管理，实行交通部与汕头市双重领导，以汕头市领导为主的管理体制。

12 月 6 日，交通部汕头海上安全监督局成立。

12 月 8 日，海南港正式移交海南建省筹备组管理，实行交通部与海南建省筹备组双重领导，以海南建省筹备组领导为主的管理体制。

12 月 8 日，交通部海南海上安全监督局成立。

12 月 9 日，湛江港正式移湛江市管理，实行交通部与湛江市双重领导，以湛江市领导为主的管理体制。

12 月 9 日，交通部湛江海上安全监督局成立。

12 月 18 日，广州、黄埔两港合并，成立广州港务局。

1988 年

1988 年交通部科技成果获奖项目：

1. 《CLP-2 型船用电罗经》（交通科技进步二等奖）

2. 《大跨距集装箱装卸桥》（交通科技进步二等奖）

3. 《国际集装箱运输系统优化论证》（交通科技进步二等奖）

4.《港口工程技术规范—混凝土和钢筋混凝土（设计部分）》（交通科技进步二等奖）

1月16日，石臼港正式移交山东省管理，实行交通部与山东省双重领导，以山东省领导为主的管理体制。

1月16日，交通部石臼海上安全监督局成立。

1月20～23日，全国交通厅局长会议在北京召开。国务院代总理李鹏在中南海接见了部分代表；交通部部长钱永昌作了“以改革统揽全局，加快发展交通运输事业”的报告。

1月30日，交通部发布《交通部关于产品质量监督抽查试行办法》。

2月4日，营口港正式移交营口市管理，实行交通部与营口市双重领导，以营口市领导为主的管理体制。

2月4日，交通部营口海上安全监督局成立。

3月3日，南京港正式移交南京市管理，实行交通部与南京市双重领导，以南京市领导为主的管理体制。

3月4日，镇江港正式移交镇江市管理，实行交通部与镇江市双重领导，以镇江市领导为主的管理体制。

3月6日，青岛远洋运输公司“谷海”轮实行船长负责制，这是中国远洋运输总公司系统船舶改革领导体制的第一艘船。

3月9日，青岛远洋运输公司实行经理负责制，这是中国远洋运输总公司系统改革领导体制的第一家公司。

3月21日，国家经委、经贸部、交通部、国家商检局、国家计量局联合发布《沿海开放港口外贸货运计量管理暂行规定》。

4月13日，九江港正式移交九江市管理，实行交通部与九江市双重领导，以九江市领导为主的管理体制。

4月22日，交通部发布《海运精选矿粉产品安全管理暂行规定》。

4月23日，武汉港正式移交武汉市管理，实行交通部与武汉市双重领导，以武汉市领导为主的管理体制。

5月3日，交通部决定组建秦皇岛海上安全监督局。

5月31日，中国船级社加入国际船级社协会，成为该协会的第10名正式成员。

7月5日，交通部第2号令发布《港口消防监督实施办法》。

8月9日，交通部发布《内河航运建设项目可行性研究报告编制办法》。

8月10日，经国务院批准，营口港鲅鱼圈港区正式对外籍船舶开放。

9月23日，交通部发布《交通部海区雷达应答器管理办法（试行）》。

10月4日，交通部、天津市人民政府决定组建交通部天津海上安全监督局。

10月5日，交通部决定在张家港航政处的基础上，组建交通部张家港港航监督局。

10月20日，交通部副部长林祖乙代表中国政府与民主德国签署了海运合作议定书。

12月1日，国家计委批准了交通部关于国际集装箱运输（多式联运）工业试验项目，该项目以上海港为枢纽，对国际集装箱多式联运进行全面的系统的整顿治理，建立示范线，以使我国的集装箱运输走上正规化的道路。

12月1日，宁波港镇海3号、4号万吨级泊位通过国家验收。

12月13～29日，交通部部长钱永昌率中国海运代表团访美，签署了中美海运协定。

12月21日，涪陵、万县两港实行以地方领导为主的管理体制。

12月22日，重庆港实行以重庆市领导为主的管理体制。

12月24日，广西桂平航运枢纽工程顺利实现截流，该枢纽是整治西江的重要工程，也是我国第一个“以电养航”的试点工程。

12月25日，京杭运河徐州至扬州段404.5公里航道整治及30项配套工程通过国家正式验收。

12月26日，安庆、池州、铜陵、马鞍山和芜湖五港实行以地方领导为主的管理体制。

12月27日，张家港港实行以苏州市领导为主的管理体制。

1989年

1989年交通部科技成果获奖项目：

1. 《船舶振动预报程序系统（SVPP)》（交通科技进步二等奖）

2. 《S-ARPA船用避碰雷达装置》（交通科技进步二等奖）

3. 《大型水平埋刮板运送机的研制》（交通科技进步二等奖）

4. 《潜水呼吸用氦气回收与精制装置》（交通科技进步二等奖）

5.《河道二维全沙数学模型的研究》（交通科技进步二等奖）

6.《广远航运管理信息系统首期工程》（交通科技进步二等奖）

7.《ZBSZJ-2500 直线摆动式装船机》（交通科技进步二等奖）

8.《船闸设计规范》（交通科技进步二等奖）

9.《石臼港 10 万吨级敞开式码头工程设计》（交通科技进步二等奖）

1 月 2 日，南京长江油运公司“长江 62008”推轮油船在长江中游大兴洲五号红浮标附近水域爆炸起火，烧毁油驳船两艘。

1 月 14 日，我国自行设计建造的第一艘万吨级海洋教学实习船“育龙”号建成，并交付大连海运学院使用。

1 月 24 日，交通部副部长林祖乙代表中国政府签署了《中华人民共和国政府和新加坡共和国政府海运协定》。

2 月 3 日，我国最大的内河船闸之一，广西西江桂平航运枢纽船闸正式使用。

2 月 10 日，交通部发布《船舶无线电台执照核发办法》。

2 月 21 日，国际海事组织指定的《经 1978 年议定书修订的 1973 年国际防止船舶造成污染公约》附则 V—防止船舶垃圾污染规则对我国生效。

2 月 25 日，交通部发出《关于整顿治理道路、水路运输市场的决定》。

2 月 27 日 ~3 月 3 日，全国交通工作会议在北京召开。交通部部长钱永昌作了《抓好治理整顿，继续深化改革，推动交通运输事业发展》的报告。会议提出建设公路主骨架、水运主通道、港站主枢纽的规划设想。

3月4日，交通部第3号令发布《港口治安管理规定》。

3月20日，我国内河航标制式改革宣告结束。改革中执行了《内河助航标志》和《内河助航标志的外形尺寸》两项国家标准。

3月29日，我国与法国合作开发的内河工程项目——新安江航道综合利用开发工程合同签字仪式在北京举行。

4月7日，湛江港老码头改造工程通过交通部验收。改造后拥有4个万吨级泊位，新增吞吐能力100万吨。

4月17日，交通部代表团参加了国际海事组织在伦敦召开的制定《国际救助公约》大会，并代表中国政府签署了会议的最后文件。

4月25日，中国内河最大的港口基础数据库——长江水系基础数据库正式投入使用。

5月1日，叶中央获全国劳模称号，叶中央自1983年起带领着七位同志坚守在白节、花鸟等岛上，年复一年地用生命的火花点燃闪烁的灯塔，为千船万舰指引航向。10日，长江上最后一盏煤油航标灯被现代化太阳能航标灯所替代。

5月15日，上海救助打捞局“德大”轮先后完成了10万吨级“友联浮坞三号”环球拖航和56万吨超级油轮“海上巨人号”长途拖航任务，历时200天，总航程37500海里。

5月22日，中国第一家商业性保税仓库在天津港正式开放。

6月14日，中国最大的全天候内河港池——上海港关港内河港池通过验收投入试生产。港池全长120米，宽72米，可同时停泊8艘500吨，12艘100吨级内河驳船，新增年吞吐能力130万吨。

6 月 23 日，交通部决定将交通部长江航政管理局更名为“交通部长江港航监督局”，隶属关系不变。

6 月 28 日，交通部发出《关于进一步加强公路、水路交通建设前期工作的通知》。

6 月 30 日，交通部编制的《交通部科技进步“通达计划”》正式下达。

7 月 1 日，黑龙江省的哈尔滨港、佳木斯港和富锦港正式对苏联开放。苏联方面也对我开放了哈巴罗夫斯克、共青城和波亚尔科沃 3 个港口。

7 月 25 日，上海港朱家门煤码头建成投产。该码头有 2.5 万吨卸煤泊位和千吨级装船泊位各 1 个，新增年吞吐能力 390 万吨。

8 月 3 日，交通部第 5 号令发布《船闸管理办法》。

8 月 5 日，宜昌港客运站正式竣工验收，该站有客运码头 5 座及客运大楼 1 座。

8 月 14 日，交通部第 7 号令发布《中华人民共和国海员证管理办法》。

8 月 18 日，国家物价局、交通部联合发出《关于调整直属水运企业客运运价的通知》。

8 月 26 日，交通部发布《交通运输公共场所卫生管理办法》。

9 月 27 日，广州海运局在大连船厂建造的我国第一艘 3.5 万吨级浅吃水肥大型运煤船“华蓉山”号投入运营。

10 月 9 ~ 20 日，交通部副部长林祖乙率团出席国际海事组织在英国伦敦召开的第 16 届大会，我国被选为 A 类理事国，成为世界八大航运国家之一。

10 月 13 日，交通部在苏州召开全国道路、水路运输市场整顿治理工作会议。

10月16日，交通部、国家工商行政管理局发出《关于填报航运公司年检行业归口审查表的联合通知》。

10月22日，《〈1974年国际海上人命安全公约〉1988年修正案》即日起对我国生效。

10月30日，上海港港驳公司“金山”轮从天津港载煤4000吨，遇10级大风在渤海沉没。

11月13～30日，交通部在南昌召开全国水路交通建设前期工作会议。

11月14日，南京港新生圩港区二期工程中的2个深水泊位、3个中级泊位通过国家验收，新增吞吐能力253万吨。

11月18日，秦皇岛港丙丁东南码头1个1.5万吨级泊位建成投产，年通过能力30万吨。

11月18日，“雷锋式优秀船员”严力宾所在的“武胜号”海轮在香港某船厂修理时，因厂方工人操作不慎，引燃棉纱，造成火灾。严力宾临危不惧，最先赶到现场，奋勇救火，不幸光荣牺牲。

11月19日，《〈1972年国际海上避碰规则公约〉1987年修正案》正式对我国生效。

11月23日，福建省肖厝杂货码头建成投产，该码头有万吨级杂货泊位1个，新增吞吐能力34万吨。

11月26日，秦皇岛港年吞吐量首次突破6千万吨大关。

11月28日，上海港关港作业区4个万吨级杂货泊位、20个小泊位，通过国家验收，新增吞吐能力286万吨。

11 月 30 日，上海港宝山作业区 2 个万吨级泊位通过国家验收，新增吞吐能力 93 万吨。

12 月 8 日，烟台港西港池一期工程 4 个深水泊位通过国家验收，新增吞吐能力 180 万吨。

12 月 14 日，交通部发布《港口建设项目后评价报告编制办法》。

12 月 22 日，营口港鲅鱼圈 2 个万吨级杂货泊位竣工投产，新增吞吐能力 60 万吨。

12 月 22 日，山东省龙口港 3 个万吨级泊位和 1 个 5 000 吨级泊位竣工投产，新增吞吐能力 220 万吨。

12 月 23 日，交通部发布《拆解船舶监督管理规则》。

12 月 26 日，位于台湾海峡南端，厦门港口门的镇海角灯塔竣工。

12 月 29 日，秦皇岛港煤码头三期工程通过国家验收，投入试生产。包括 2 个 3. 5 万吨级泊位和 1 个 5 万吨级泊位，新增年通过能力 3 000 万吨。

12 月 29 日，汕头港 2 个中级杂货泊位竣工投产，新增年吞吐能力 40 万吨。

1990 年

1990 年交通部科技成果获奖项目：

1. 《薄壁梁扭转分析在分节驳结构强度计算中的应用》（交通科技进步一等奖）

2. 《船舶有害有毒气体测试方法和安全措施的研究》（交通科技进步二

等奖）

3.《〈内河助航标志〉制式的改革》（交通科技进步二等奖）

4.《干船坞设计规范》（交通科技进步二等奖）

5.《海港总体及工艺设计规范》（交通科技进步二等奖）

6.《船舶破舱稳性计算程序》（交通科技进步二等奖）

7.《大连港港机状态监测与故障诊断技术》（交通科技进步二等奖）

1月11日，我国南海海域最大的救助站——深圳救助站竣工正式交付使用。

1月21日，中远总公司所属的全集装箱船“怀河”轮，由上海港首航，开通了上海、天津、大连、青岛4港之间的沿海集装箱运输系统。

2月4日，交通部发布《港口总体布局规划编制办法》。

2月13日，交通部发布《部属单位小型和限额以下固定资产投资建设项目管理规定》。

2月18日，交通部发布《外国水路、公路运输企业在中国设立常驻机构管理办法》。

2月19日，交通部批准调整外籍船舶理货费、救捞费、船舶吨税、代理费，自3月1日起执行。

2月20日，全国交通工作会议在北京召开。国务院总理李鹏致信全国交通工作会议代表，充分肯定了10年来交通改革和发展所取得的成绩，强调了交通运输在国民经济中的地位和作用，并对交通工作做了指示。交通部部长钱永昌作了《治理整顿，深化改革，稳步发展》的主题报告。会议提出对我国公路、水路交通建设长远发展“三主一支持”的基本设想。

2 月 20 日，交通部颁发新的《直属水运企业货物运价规则》、《港口费收规则》，自 3 月 15 日起实行。

2 月 23 日，中国加入《1969 年国际干预公海油污事故公约》和《1973 年干预公海非油类物质污染议定书》，并于 5 月 24 日生效。

3 月 2 日，交通部发布《国际船舶代理管理规定》。

3 月 3 日，经国务院批准，交通部令第 14 号公布《中华人民共和国海上交通事故调查处理条例》。

3 月 5 日，交通部、财政部发布《水路运输管理费征收和使用方法》。

3 月 14 日，交通部发布《中华人民共和国船舶安全检查规则》，《水上安全监督系统总体布局规划编制办法（试行）》。

3 月 16 日，国内第一座部分利用外资建设的地方内河码头——杭州三堡码头竣工。

3 月 21 日，交通部发布《国际集装箱多式联运管理办法》（试行）、《国际集装箱运输单证管理规定》（试行）、《国际集装箱多式联运国内段费征收办法》（试行）。

3 月 26 ~ 30 日，交通部组团出席国际海事组织大会，审议并通过了《修订 1974 年海上旅客及其行李运输雅典公约的 1990 年议定书》。

5 月 15 日，首次由我国举办的“第五届环太平洋港口讨论会”在上海开幕。

6 月 1 日，交通部发布《关于国际船舶代理费费收项目与费率的通知》。

6月20日，交通部发布《国际班轮运输管理规定》。

6月22日，交通部决定成立“中国海上搜救中心”。

7月10~12日，交通部在上海召开“国际集装箱运输系统多式联运工业性试验项目”工作会议。

7月11日，交通部向国务院上报《关于沿海港口管理体制改革的调查和深化改革的措施的报告》。

7月18日，交通部发布《交通行业能源利用监测管理暂行规定》。

8月29日，国家主席杨尚昆出席中华人民共和国政府与塞浦路斯共和国政府在北京签订海运协定的仪式。

8月31日，广东省深圳特区招商局蛇口工业区管理委员会更名为交通部深圳特区招商局蛇口工业区管理委员会。

8月31日，交通部决定将“中国水上货运中心”改为“运输管理司水运总调度室”，“中国水上货运中心”的名称仍保留。

9月24日，交通部发布《中华人民共和国海上交通监督管理处罚规定（试行）》。

9月24日，交通部令第25号发布《中国籍小型船舶航行香港、澳门地区安全监督管理规定》。

9月24日，交通部令第26号令发布《客渡船专用信号标志管理规定》。

9月27日，中国和澳大利亚政府签署《关于长江三角洲地区综合运输研究项目的谅解备忘录》。

9月28日，交通部发布《中华人民共和国内河交通安全管理违章处罚规定（试行）》。

9月28日，交通部令第28号发布《水路运输违章处罚规定（试行）》。

9月29日，中国自行设计建造的目前国内最大的一艘无人看守灯船在琼州海峡一次布设成功。

10月15日，交通部、财政部发布《港务费收支管理规定》。

10月25日，我国第一座内河雷达站——江苏镇江段大沙雷达监控站正式开机运行。

11月11日，国内首次研制成功的船舶通航电子模拟器试验系统通过部级鉴定。

11月19～30日，交通部组团出席了国际海事组织召开的外交大会，制订了《1990年国际油污防备、反危和合作公约》。

11月20日，天津港东突堤5个万吨级深水泊位竣工验收交付使用。

11月26日，芜湖港外贸码头3个5 000吨级泊位通过国家验收。

11月30日，山东省威海港万吨级码头工程通过省级验收。

11月30日，连云港港木材码头通过国家验收，正式投入生产。

11月30日，营口港鲅鱼圈港区一期工程深水泊位2个，中级泊位2个，通过国家验收。

12月15日，交通部修改的全国《内河通航标准》，被列为国家标准，自1991年8月1日起施行。

12月15日，南京港35号煤码头改造工程通过交通部验收。

12月21日，上海港宝山作业区深水泊位6个、长江泊位2个；关港作

业区深水泊位8个、内河泊位12个、港驳泊位8个，通过国家验收。

12月22日，交通部长江轮船总公司更名为中国长江轮船总公司。

12月26日，南京港新生圩二期工程深水泊位6个、长江泊位7个，通过国家验收。

1991年

1991年交通部科技成果获奖项目：

1.《三维潮流数学模型及其应用》（交通科技进步一等奖）

2.《内河浅吃水大径深比推轮开发研制》（交通科技进步二等奖）

3.《DCC型集装箱式自动称重灌包机》（交通科技进步二等奖）

4.《CZP型船舶最佳倾纵配载仪》（交通科技进步二等奖）

5.《大深度氦氮氧饱和潜水科学实验》（交通科技进步二等奖）

6.《船舶检验管理信息系统（SSMIS）》（交通科技进步二等奖）

1月5~8日，全国水路客运会议在杭州召开。

1月25~29日，全国交通工作会议在北京召开。交通部部长钱永昌作了《再接再厉，抓好“八五”，为交通事业的新发展而奋斗》的主题报告。

1月31日，交通部发布关于《水路运输管理费征收和使用办法》。

3月2日，全国人大常委会任命黄镇东为交通部部长，同时免去钱永昌交通部部长职务。

3 月 14 日，交通部发布《关于加强国际运输船公司管理的补充通知》。

3 月 27 日，交通部发布《中华人民共和国船舶进出内河港口签证管理规则》。

4 月 23 日，交通部在青岛召开全国水运生产工作会议。

4 月 27 日，交通部在青岛召开港口和航运系统治安综合治理工作会议。

4 月 28 日，交通部令第 30 号发布《中华人民共和国内河避碰规则（1991）》。

5 月 9 日，交通部发布《油船、油码头防油气中毒规定》。

5 月 27 日，交通部部长黄镇东陪同国务院副总理邹家华考察三峡工程的航运工程情况。

6 月 3 日，北京国际海事卫星地面站开通，国家副主席王震、全国人大常委会副委员长叶飞为地面站开通剪彩。

6 月 13 日，交通部发布《公路、水路基本建设利用国外贷款项目管理暂行办法》。

6 月 15 日，交通部部属企业和双重领导港口企业工作会议在秦皇岛召开。

6 月 26 日，交通部发言人答《人民日报》记者提问时说："海峡两岸海上直接通航是当务之急。大陆方面早已敞开'三通'大门，希望台湾当局尽早拆除人为障碍。"

6 月 29 日，七届全国人大常委会第 20 次会议批准冀朝铸代表中国政府于 1986 年 10 月 25 日签署《制止危及海上安全非法行为公约》及《制止危及大陆架固定平台安全非法行为议定书》，同时声明不受该公约第 16 条 1

款的约束。

7月6日，交通部、劳动部联合发布《港口煤尘防治规定（试行）》。

7月6日，交通部、财政部、国家物价局联合发布《关于调整长江干线航道养护费率的通知》。

7月23日，中国港湾工程公司更名为中国港湾建设总公司。

8月29日，交通部发布《中华人民共和国航道管理条例实施细则》。

9月10日，交通部部长黄镇东与马耳他共和国交通部长在杭州签署了中马海运协定。

9月24日，交通部发布《关于航行港澳的客船、油船、液化气船、危险品运输专用船由部审批的通知》。

9月26~27日，交通部在上海组织召开“国际集装箱运输系统多式联运工业性试验项目”会议，项目通过国家鉴定验收。

9月29日，宁波北仑港区可靠泊4000标箱集装箱船专用码头正式投产。

10月10日，交通部令发布第32号《船舶升挂国旗管理办法》。

10月30日，武汉港、九江港、芜湖港对外籍船舶开放。

11月4日，大连港大窑湾港区一期工程两个码头竣工。

11月23日，交通部发布《长江干线水上交通安全管理若干办法》。

11月24日，我国第一座具有全天候助航效能的大型灯浮标抛设长江口，对引导中外船舶进入长江口和上海港发挥安全保障作用。

12月1日，海南省洋浦港对外籍船舶开放。

12 月 3 日，第六届国际海事技术学术会议和展览会在上海开幕。

12 月 14 日，国务院颁布第一批 55 家试点企业集团名单，其中有中远集团和长航集团（暂用名）。

12 月 20 日，交通部在昆明召开全国地方水上交通安全工作会议。

12 月 25 日，台湾海峡北口西台山灯塔落成。灯高 144 米，灯光射程 25 海里。

1992 年

1992 年交通部科技成果获奖项目：

1.《电子模拟技术在筑港和航道工程中的研究及应用》（交通科技进步一等奖）

2.《长江三峡工程回水变动区长河段泥沙模型试验研究》（交通科技进步一等奖）

3.《分节驳顶推船队运输成套技术试验研究（长江干线）》（交通科技进步一等奖）

4.《大宗散货高效连续卸船机及自控装置研制》（交通科技进步二等奖）

5.《内河大水位差新型斜坡码头成套技术开发》（交通科技进步二等奖）

6.《汉江游荡性河段演变规律及航道整治试验研究》（交通科技进步二等奖）

7.《汉申线集装箱运输船》(交通科技进步二等奖)

8.《大直径预应力混凝土管桩连片码头CAD技术开发》(交通科技进步二等奖)

1月6日，交通部发布《海上救助打捞船舶调度指挥管理办法》。

1月11~14日，全国交通工作会议在北京召开。国务院副总理朱镕基到会作了重要讲话。交通部部长黄镇东作了题为《管好行业，搞好企业，调整结构，提高效益》的报告。

1月18日，上海海运管理局所属油运公司的“大庆62”轮空载航行至上海宝山水道时，因轮机长违章明火作业，造成重大事故，导致4名船员失踪，4名船员受伤。

1月25日，交通部发布《水路货物运输质量管理办法》。

2月4日，国务院生产办公室会同有关部门成立全国集装箱工作协调小组，下设办公室，自1992年7月1日起开始办公。

2月20日，国务院生产办公室、铁道部、交通部、物资部联合发出《关于进一步发展国内集装箱运输的通知》。

3月6日，交通部发布《港口消防规划建设管理规定》。

3月8日，交通部部长黄镇东与越南交通运输和邮电部长在北京会谈，并代表中国政府签署《中华人民共和国和越南社会主义共和国政府海运协定》。

3月12日，经国务院批准，广西贵港港对外籍船舶开放。

3月20日，交通部发布《汽车、船舶节能产品公布规则》。

3月28日，交通部令第33号发布《外国船舶检验机构在中国设立常驻代表机构管理办法》。

4月7日，交通部发布《内河船舶船员考试发证规则》。

3月20日，交通部发出《关于允许南朝鲜籍船舶进出我国港口及同意我国籍船舶航行南朝鲜港口的通知》，自1992年5月1日起执行。

5月1日，国务院总理李鹏在交通部部长黄镇东等陪同下视察宁波港北仑港区，并为该港题词：“东方大港”。

5月20日，经国务院批准，江阴港对外籍舰艇开放。

5月23日，国务院生产办公室、交通部、铁道部、对外经济贸易部、海关总署联合发出《关于加快发展国际集装箱联运的通知》。

5月23日，全国内河航道管理和养护工作会议在广州召开。

6月9日，交通部发布《中华人民共和国海上国际集装箱运输管理规定实施细则》。

6月26日，交通部发布《代管船舶电台管理办法》。

7月12日，国务院令第102号发布《关于外商参与打捞中国沿海水域沉船沉物管理办法》。

7月18日，河北省唐山港正式开港。

7月21日，交通部、国家统计局令第36号发布《公路、水路运输全行业统计工作规定》。

8月4日，交通部、财政部、国家物价局联合发布《内河航道养护费征收和使用办法》。

8月26～27日，欧洲共同体海运代表与中国交通部海运代表在北京首次举行海运事务及有关问题的会谈。

9月2日，交通部令第41号公布《内河船舶轮机日志记载规则》。

9月3日，中国沿海港口规模最大的合资项目上海集装箱码头有限公司，由上海港务局和香港和记黄埔有限公司在上海签署合资经营原则协议。交通部部长黄镇东、上海市市长黄菊和香港和记黄埔集团董事局主席李嘉诚先生，出席了签字仪式。

9月9日，交通部、国家物价局联合发布《关于调整航行国际航线船舶长江航道养护费费率的通知》。

9月21～23日，中美海运会谈在北京举行，双方同意把将于当年12月到期的中美海运协定延长一年。

10月22日，经交通部批准，交通部广州海运管理局更名为广州海运（集团）公司。

11月7日，中华人民共和国主席令第64号公布《中华人民共和国海商法》。

11月11日，经国务院批准，深圳市盐田港正式对外籍轮船开放。

12月4日，招商局集团有限公司在北京人民大会堂隆重集会，纪念招商局成立120周年。中共中央总书记江泽民接见招商局集团领导、老同志和原招商局部分船长，对招商局成立120周年表示祝贺。党和国家领导人邹家华、叶飞、谷牧等共400多人出席了纪念会。

12月14日，交通部、公安部令第63号公布《客船治安管理规定》。

12月19日，交通部同意中波海运公司更名为中波轮船股份公司。

1993 年

1993 年交通部科技成果获奖项目：

1. 《分节驳顶推船队运输成套技术试验研究》项目获国家级科学技术进步一等奖。

2. 《西江下游航道整治工程》（交通科技进步一等奖）

3. 《举力 36 000 吨（15 万吨级）浮船坞“南通”号的研制》（交通科技进步一等奖）

4. 《长江上游（川江）新型推船——川江三机三桨推船研制》（交通科技进步一等奖）

5. 《港口工程 CAD 系统开发研制》（交通科技进步二等奖）

6. 《黄埔新沙港区一期工程 1 ~ 5 泊位格型钢板桩结构的设计与施工》（交通科技进步二等奖）

7. 《小型无人遥控潜水器》（交通科技进步二等奖）

8. 《长江三峡链子崖危岩体崩滑对航道影响模型试验研究》（交通科技进步二等奖）

9. 《水压固定活塞式薄壁取土器》（交通科技进步二等奖）

10. 《单索、双索半剪式散货抓斗》（交通科技进步二等奖）

11. 《计算机辅助船型论证系统》（交通科技进步二等奖）

12. 《航道整治工程技术规范》（交通科技进步二等奖）

13.《船用襟翼舵技术的推广、应用》(交通科技进步二等奖)

14.《WB230 轮胎式稳定土拌和机》(交通科技进步二等奖)

1月8日，交通部、国家体改委、国务院经贸办、联合发布《全民所有制交通企业转换经营机制实施办法》。

1月11日，经国务院批准，交通部令［1993］44号公布《中华人民共和国海上航行警告和航行通告管理规定》。

1月11~14日，全国交通工作会议在北京召开。交通部部长黄镇东在会上作了《把思想认识统一到十四大精神上来，把十四大精神落实到交通工作中去》的主题报告。

1月27日，交通部发布《交通部专业计量检测站管理办法(试行)》。

2月10日，第一届大湄公河次区域经济合作部长级会议在马尼拉举行。

2月14日，国务院令第109号发布《中华人民共和国船舶和海上设施检验条例》。

2月16日，中国远洋运输(集团)正式成立。中国远洋运输总公司更名为中国远洋运输(集团)总公司，成立招待会在人民大会堂举行。党和国家领导人田纪云、薄一波、叶飞和交通部部长黄镇东等出席，江泽民、李鹏等党和国家领导人为集团成立题了词。

3月6日，中国长江航运集团正式成立，该集团核心企业为中国长江轮船总公司。

3月8日，交通部发布《水上无线电通信规则(1993年版)》。

3月10日，交通部批准交通部大连轮船公司更名为大连海运(集团)公司。

3 月 16 日，交通部发布《航行国际航线船舶及外贸进出口货物理货费收规则》。

3 月 24 日，交通部发布《中华人民共和国内河交通事故调查处理规则》。

4 月 16 日，经国务院批准，广东惠州港正式对外籍船舶开放。

4 月 18 日，中国船东协会成立。

4 月 19 日，交通部发布《老旧船舶管理规定》。

4 月 27 日，交通部批准成立长江航务管理局三峡工程航运领导小组。

4 月 30 日，经国务院批准，国家计委、交通部、财政部、国家物价局联合发布《关于扩大港口建设费征收范围、提高征收标准及开征水运客货运附加费的通知》。

5 月 17 日，交通部发布《中华人民共和国船舶签证管理规则》。

5 月 24 日，交通部发布《中华人民共和国交通部直属水运企业货物运价规则》。

5 月 25 日，交通部、财政部联合发布《港口建设费征收办法实施细则》及《水运客货运附加费征收办法》。

5 月 27 日，交通部副部长刘松金随我国外长钱其琛赴韩国，参加中华人民共和国政府和大韩民国政府海运协定的签署工作。

6 月 3 日，中华人民共和国政府和格鲁吉亚共和国政府在北京签署海运合作协定。

6 月 7 日，中华人民共和国政府和克罗地亚共和国政府在北京签署海运协定。

6月14日，交通部批准成立广州海运集团。

6月18日，经国务院批准，广东水东港对外籍船舶开放。

7月2日，大连港大窑湾新港区开始营运。国务院副总理邹家华为大窑湾新港区开港剪彩，交通部部长黄镇东发表讲话。

7月18日，唐山港对外籍船舶开放。

7月19日，交通部发布《出国（境）船舶安全保卫工作规定》。

7月22日，交通部发布《长江干线航道养护费征收办法实施细则》。

8月18日，交通部令1993年第4号发布《外国籍船舶在中国领海和港口使用国际海事卫星船舶地面站规定》。

9月19日，交通部发布《海上救捞潜水员管理办法》。

10月25日，交通部副部长刘松金率团参加国际海事组织在伦敦召开的第十八届大会，我国再次当选A类理事国。

11月1日，交通部公布《全面开放渤海湾海上客运市场实施方案》。

11月8日，中国政府海运代表团和美国政府海运代表团在北京举行会谈，双方决定并经换文确认中美海运协定的有效期延长2年，即从1993年12月15日延长至1995年12月15日。

11月15日，经国务院批准，交通部令第5号发布《关于不满300总吨船舶及沿海运输、沿海作业船舶海事赔偿限额的规定》。

11月22日，中国集装箱工业协会成立。

11月29日，根据交通部和海南省人民政府的协议，海南省港航监督局与交通部海南海上安全监督局合并，组建交通部海南水上安全监督局。

12 月 2 日，交通部部长黄镇东带领检查组分赴各地检查公路、水路治理“乱设卡、乱收费、乱罚款”工作。

12 月 3 日，经国家教委、交通部批准，武汉水运工程学院更名为“武汉交通科技大学”。

12 月 17 日，经国务院批准，交通部令第 6 号公布《中华人民共和国港口间海上旅客运输赔偿费限额规定》。

12 月 18 日，广东新会、高明两港客运码头对我国航行港澳的客运船舶开放。

12 月 24 日，交通部令 1993 年第 7 号发布《海上移动通信业务标识管理办法》。

1994 年

1. 《国际集装箱运输系统（多式联运）工业性试验》（交通科技进步二等奖）。

2. 《水下检测电视系统（HD 浑水电视，SD 便携式清水电视）》（交通科技进步二等奖）。

3. 《M16-33 型门起重机》（交通科技进步二等奖）。

4. 《山区浅水急流运输方式和船舶研制》（交通科技进步二等奖）。

5. 《非对称双尾鳍船型》（交通科技进步二等奖）。

6. 《广东省沿海及珠江三角洲港口布局研究》（交通科技进步二等奖）。

7.《内河钢船建造规范》（交通科技进步二等奖）。

8.《国家标准〈港口工程机构可靠度设计统一标准〉》（交通科技进步二等奖）。

1月1日，全国集装箱工作协调小组会议在北京召开。

1月1日，海南省船检机构合并，成立海南船舶检验局，由中华人民共和国船舶检验局直接领导，在船检管理体制上首次实现“一省一检”。

1月18日，全国交通工作（电话）会议在北京召开。交通部部长黄镇东作了题为《加大交通改革力度，加快培育和发展交通运输市场的步伐》的主题报告。

1月21日，交通部、劳动部联合发布《交通行业高级技师评聘试点办法》。

2月25日，经国家教委批准，大连海运学院更名为大连海事大学。江泽民总书记为学校题写了校名。

3月2日，中宣部、交通部在北京联合举办包起帆同志“新时期创业精神”报告会。

3月5日，八届人大第6次会议通过，中国加入《统一船舶碰撞某些法律规定的国际公约》的决定，该公约于1994年11月18对中国生效。

3月5日，八届人大第6次会议通过，中国加入《1974年海上运输旅客及其行李雅典公约》及其1976年《议定书》的决定，该公约于1994年8月30日对中国生效。

3月9日，中国船级社获得国际船级社协会（IACS）颁发的质量体系合格证书，成为国内第一家通过国际认证的检验机构。

3月16日，交通部批准成立中国海事咨询服务中心。

3月31日，中国加入《1989年国际救助公约》。

5月3日，交通部发布《港口建设工程项目职业安全卫生评价暂行办法》。

5月31日，中国政府和俄罗斯联邦政府在北京签订两国海运合作协定。

6月2日，国务院令第155号发布《中华人民共和国船舶登记条例》。

6月7日，交通部发布《交通部通讯工程竣工验收规定（暂行）》。

8月11日，国务院决定接受国际海事组织第十七届、第十八届大会分别以A.724（17）号、A.735（18）号决议通过的两个《国际海事组织公约》修正案。

8月18日，经国务院批准，中国驻联合国大使李肇星签署《1993年船舶优先权和抵押权国际公约》。

8月22日，交通部批准成立交通部蛇口海上安全监督局。

8月30日，交通部发布《水运工程施工监理规定（试行）》。

9月2日，交通部发布《水运工程建设行业标准管理办法》。

9月6日，中国政府和乌克兰政府在基辅签订两国海运协定。

9月6日，交通部发布《交通部成品油管理暂行办法》。

9月10日，交通部发布《跨越国家航道的桥梁通航净空尺度和技术要求的审批办法》。

9月13日，经国务院批准，中国向国际海事组织秘书长接受了《经1978年议定书修订的1973年国际防止船舶造成污染公约》附则文件。该附则于1994年12月13日对中国生效。

9月27日，交通部救捞系统以“中国救捞公司”名义正式加入“国际救助联合会”。

9月30日，经国务院批准，湖北黄石港正式对外籍船舶开放。

10月8日，经国家教委批准，集美航海学院等五所院校合并组建为集美大学。

10月25日，经国务院批准，安徽铜陵港正式对外籍船舶开放。

11月4日，全国交通企业转机建制座谈会在贵州省贵阳市召开。

11月9日，中国政府和老挝人民民主共和国政府在万象签订两国关于澜沧江——湄公河客货运输协定。

11月17日，交通部发布《水运工程质量奖评选办法（试行）》。

11月18日，界碑河段航道整治开工，该航道整治工程是长江中下游规模最大的航道整治工程。

12月29日，国家重点建设项目上海港罗泾煤码头正式开工。

1995年

1.《广东西江航道整治工程技术》获国家级科学技术进步二等奖。

2.《国际集装箱运输系统（多式联运）工业性试验项目》获国家级科学技术进步二等奖。

3.《疏浚工程〈自航耙吸挖泥船〉电子图形监视系统》（交通科技进

步二等奖）。

4.《船舶积载与出口集装箱数据交换系统》（交通科技进步二等奖）。

5.《120 客位消波型钢质高速客船》（交通科技进步二等奖）。

6.《大型柴油机机舱综合仿真系统（自动化机舱）》（交通科技进步二等奖）。

7.《船舶维修保养体系（CWBT）》（交通科技进步二等奖）。

1 月 1 日，经交通部批准，设立中华人民共和国福州船舶检验局和厦门检验处，结束了福建省没有交通部直属船检检验机构的历史。

1 月 10～13 日，全国交通工作会议在北京召开。国务院副总理邹家华 12 日到会与部分代表进行了座谈。交通部部长黄镇东作了题为《认清形势、统一思想，推进交通改革和发展》的主题报告。

1 月 14 日，海峡两岸航运交流协会在北京成立。

1 月 16 日，经国务院批准，我国加入经修正的《1965 年便利国际海上运输公约》，3 月 17 日，该公约对我国生效。

2 月 13 日，国家计委办公厅发出对《〈全国港口主枢纽总体布局方案〉的意见的函》。

2 月 13 日，交通部发布《水运工程定额管理办法（试行）》。

2 月 14 日，全国集装箱工作协调小组会议在京召开。

2 月 23 日，交通部发布《运输船舶消防管理规定》。

3 月 20 日，交通部令 1995 年第 1 号发布《交通行政执法监督规定》。

3 月 19 日，江西省玉山县个体船舶“玉机 005”载客 60 人，在玉山县七一水库因严重超载航行而翻沉，导致死亡失踪34人。

3月21日，国务院令第175号发布《国际航行船舶进出中华人民共和国口岸检查办法》。

3月25日，交通部成立现代企业试点领导小组，并确定了广州海运（集团）公司、中国远洋运输集团、中国长江轮船总公司、上海海运（集团）公司、交通部第一航务工程局、交通部第三航务工程局、交通部第一公路工程总公司、营口港务局和交通部第二航务工程勘察设计院作为现代企业制度试点单位。

5月9日，交通部部长黄镇东与德国联邦运输部部长在北京举行会谈并分别代表两国政府签署了中德海运协定。

5月12日，交通部发布《交通部女职工劳动保护实施办法》。

5月17日，交通部发布《交通运输企业成本费用管理核算办法》。

6月10～19日，交通部副部长刘松金率团访问黎巴嫩和埃及，并于13日与黎巴嫩运输部长分别代表两国政府在贝鲁特签署了中黎海运协定。

6月12日，交通部发布《水运工程设计计算机软件管理办法（试行)》。

7月1日，根据国际船级社协会的规定及其第31次理事会决定，中国船级社自即日起担任国际船级社协会副主席。

7月13日，交通部发布《关于交通行业基本建设改造项目工程可行性研究报告增列“节能篇（章)”暂行规定》。

7月17日，交通部决定，在全国交通系统开展向青岛港学习的活动。

8月14日，交通部发布《全国在用车船节能产品（技术）推广应用管理办法》。

8月25日，交通部令1995年第3号发布《在中华人民共和国沿海水域作业的外国籍钻井船、移动式平台检验规定》。

9月8日，交通部颁布了《水上交通安全工作纲要》。

9月29日，交通部副部长洪善祥出席太平洋经济合作委员会第十一届大会，并作题为《中国公路、水运交通事业的发展规划和利用外资政策》的讲演。

9月29日，交通部发布《交通施工企业成本费用核算办法》。

10月5日，交通部副部长刘松金与阿根廷国务秘书分别代表两国政府在北京签署了中阿海运协定修改议定书。

10月16日，交通部部长黄镇东与希腊海运部长在北京举行会谈并分别代表两国政府签署了中希海运协定。

10月20～25日，交通部在北京召开第一次全国水上安全监督工作会议。

10月28日，座落在南海上的木栏头灯塔正式发光投入使用，此灯塔是目前亚洲最高的灯塔，塔高72.1米，射程25海里。

11月1～3日，交通部在北京召开了全国交通科学技术大会。国务委员、国家科委主任宋健同志出席会议并作了重要讲话。交通部部长黄镇东作了题为《实施科教兴交战略、推动交通事业持续发展》的报告。

11月13日，交通部发布《水运工程造价人员资格认证工作管理规定》。

11月19日，交通部部长黄镇东在法国巴黎与法国领土整治、装备和运输部长在《中华人民共和国交通部和法兰西共和国领土整治、装备和运输部关于内河航运的合作协议》上签字。

11月24日，交通部副部长洪善祥与智利经济部长在北京代表两国政府签署了《中智海运协定》。

11月27日，中国长江轮船总公司更名为中国长江航运（集团）总公司。

12月3日，国务院令第187号发布《中华人民共和国航标条例》。

12月4日，交通部发布《直属航运支持保障系统非经营性船舶购置计划管理办法（试行）》。

12月12日，交通部发布《水路旅客运输规则》。

12月12日，连云港墟沟港区1号、2号两个深水泊位建成并通过国家竣工验收，新增吞吐能力70万吨。

12月13日，交通部发布《航行国际航线船舶长江航道养护费征收办法》。

12月13日，交通部发布《海区航标动态通报管理办法》。

12月19日，宁波港北仑港区20万吨级矿石码头通过国家竣工验收，该码头为目前国内最大的矿石码头。

12月24日，日照港二期工程竣工，并通过国家验收，该工程建成深水泊位5个，新增吞吐能力200万吨。

12月25日，交通部下发《交通部救助打捞局体制改革实施方案》。

12月25日，为适应深化交通体制改革的需要，交通部党组决定，交通部海上救助打捞局对所属的烟台、上海、广州海上救助打捞局及华德海洋工程有限公司、中国海洋工程服务有限公司实行统一领导和全能管理。

12 月 27 日，交通部深圳水上安全监督局成立。

12 月 28 日，汕头港深水港区一期工程多用途、杂货泊位建成投产，建成深水泊位 2 个，新增吞吐能力 120 万吨。

1996 年

《M16-33 型门座起重机》获国家级科学技术进步二等奖。

1 月 4 日，交通部发布《公路、水运工程监理工程师资质管理办法》。

1 月 16 日，国务院总理李鹏在上海召开专题会议，首次专题研究建设上海国际航运中心的有关问题。

1 月 23 ~ 26 日，全国交通工作会议在北京召开，国务院副总理吴邦国向大会致信祝贺。交通部部长黄镇东作了《齐心协力，奋发图强，扎扎实实做好“九五”交通工作》的主题报告。

2 月 2 日，国家经贸委副主任石万鹏主持召开全国集装箱运输工作协调会议。

2 月 2 日，国务院副总理邹家华、吴邦国听取交通部关于水运管理体制改革方案的汇报，并形成纪要。

3 月 14 日，交通部发布《长江干流桥区航标设置及维护管理办法》。

3 月 20 日，交通部印发《交通教育事业“九五”计划和 2010 年发展规划》。

3 月 22 日，为落实国务院办公厅《关于深圳口岸管理体制改革试点方案的通知》精神，交通部发布《关于深圳地区国际船舶理货行业管理的通知》。

4月1日，交通部国际班轮运输10周年工作会议在江苏吴县召开。国务院总理李鹏为庆祝我国从事国际班轮运输10周年题词："发展班轮运输，开拓国际航运"。

4月10日，交通部副部长李居昌与法国运输部部长在巴黎分别代表本国政府签署《中法海运协定》，国务院总理李鹏和法国总理朱佩出席了签字仪式。

4月15～20日，交通部副部长刘松金同美国运输部海运总署署长在北京就双边海运及相关问题举行了会谈，并签署了《中美海运会谈备忘录》。

4月16日，交通部发布《液货船水上过驳作业安全监督管理规定》。

4月29日，国家重点工程湖南湘江航运二期工程正式开工。

5月20日，交通部令1996年第2号公布《内河航标管理办法》。

6月2日，中国远洋运输（集团）总公司开通宁波至美东班轮航线，这是该公司为建立上海国际航运中心、发挥宁波深水港优势采取的一项重要举措。

6月7日，中远集团大远航运公司所属的"中原"号客滚船首航大连至上海航线，开创了我国沿海长距离客滚运输的先例。

6月12日，交通部决定，自7月1日起（为期1年）暂停审批新的从事国内沿海、内河及国际海上运输的船公司（包括扩大经营范围的公司）、港澳运输的船公司及现有船公司新增运力的申请，开始对我国水运市场进行调查整顿。

6月18日，交通部令1996年第3号发布《水路运输服务业管理规定》。1998年7月30日交通部令1998年第6号修正。

6月20日，经交通部批准，连云港远洋运输公司成建制划归青岛远洋运输公司。

6月20～22日，交通部在北京召开全国港口基建座谈会。

7月1日，国家计委主任陈锦华与荷兰王国交通部大臣在北京签署谅解备忘录。

7月2日，大连港务局与新加坡港务局合资建设经营的大连港集装箱码头有限公司成立。国务院副总理邹家华、交通部副部长刘锷等出席了开业仪式。

7月17日，交通部副部长洪善祥与英国运输部部长在伦敦分别代表本国政府签署《中英海运协定》。

7月31日，交通部发布《港口道路交通管理办法》。

8月9日，交通部令1996年第5号公布《关于加强承运进口废物管理的规定》。

8月16日，国务院总理李鹏在交通部部长黄镇东的陪同下视察秦皇岛港煤码头四期工程。

8月19日，交通部令1996年第6号发布《台湾海峡两岸间航运管理办法》。

8月19～20日，交通部在成都召开全国内河航运基本建设座谈会。

9月9日，1996年第15号强台风袭击湛江地区，造成数百艘船舶搁浅和沉没。交通部救捞部门派出12艘救捞船舶赴灾区抢险救灾，共打捞沉船

28艘、门吊7台、集装箱桥吊1台、营救落水渔民7名，圆满完成了抢险救灾任务。

9月13日，交通部发布《交通食品卫生监督管理办法》。

9月25日，交通部令1996年第7号发布《交通行政处罚程序规定》。

10月3日，经国务院批准，交通部令1996年第8号公布《上海航运交易所管理规定》。

10月5日，国家科委正式批复《交通部直属科研机构科技体制改革总体方案》，将交通部列为国家科技体制改革试点部门之一，并要求用3年时间努力把公路、水运工程和船舶运输3个科研中心建设成为国家重点科研机构。

10月17日，交通部发布《国际集装箱班轮运输定价报备制度实施办法》。

10月17~20日，国务院总理李鹏在交通部副部长刘锷等陪同下乘“神州”号轮视察长江三峡工程。

10月21日，经国务院批准，中国海上便利运输委员会成立，办公室设在交通部安全监督局。

10月22日，交通部部长黄镇东与波兰运输和海洋经济部部长在华沙分别代表本国政府签署了《中波海运合作协定》。

11月3日，交通部部长黄镇东与瑞典王国驻华大使在北京分别代表本国政府签署了《中华人民共和国交通部和瑞典王国运输部关于交通科技领域合作的谅解备忘录》。

11月4日，交通部令1996年第10号公布《水路危险货物运输规则

（第一部分　水路包装危险货物运输规则）》。

11 月 4 日，交通部发布《内河航运建设项目（工程）竣工验收办法》。

11 月 7 日，交通部批准成立长江口深水航道治理工程建设领导小组。

11 月 25 日，交通部发布《内河航运工程施工图设计文件编制办法》。

11 月 28 日，上海航运交易所举行隆重开业仪式。国务院总理李鹏在国务院副总理吴邦国、交通部部长黄镇东等陪同下视察了航交所。

11 月 29 日，交通部根据国务院关于《固定资产投资项目试行资本金制度的通知》，开始在长江干线港口试行建设项目的资本金制度。

12 月 9～11 日，交通部在南京召开全国交通系统创建文明行业大会。

12 月 24 日，交通部发布《高速客船安全管理规定》。

12 月 25 日，交通部令 1996 年第 12 号公布《海区航标设置管理办法》。

1997 年

《DXJ1600 型 1600 吨/小时斗轮式矿石卸船机》获国家级科学技术进步二等奖。

1 月 7 日，交通部部长黄镇东代表中国政府与缅甸联邦政府代表在北京签署《中华人民共和国政府和缅甸联邦政府澜沧江——湄公河客货运输协定》。

1 月 9 日，全国交通工作（电话）会议在北京召开。交通部部长黄镇东作了《认清形势，稳中求进》的报告。

1月25日，国内自行设计、自行建造的长江最大的1500方耙吸式挖泥船在南京通过专家技术评估。

2月12日，交通部、国家计委、财政部联合发布《长江干线船舶港务费征收办法》。

3月14日，交通部、铁道部联合颁布《国际集装箱多式联运管理规则》。

3月20～23日，交通部在大连召开水运生产工作会议，交通部副部长刘松金出席并讲话。

3月28日，我国在国际搜救卫星系统内的身份由“使用国”改变为“地面设备提供国”。

3月30日，交通部部长黄镇东代表中国政府与以色列政府代表在耶路撒冷签署《中华人民共和国政府和以色列政府海运协定》。

4月4日，交通部部长黄镇东代表中国政府与加拿大代表在温哥华签署《中华人民共和国政府和加拿大政府海运协定》。

4月19日，大陆福州港、厦门港与台湾高雄港之间开始实现“试点直航”集装箱航线。

4月29日，交通部令1997年第3号发布《中华人民共和国交通部港口收费规则（外贸部分)》。后根据2001年12月24日交通部令2001年11号《关于修改〈中华人民共和国交通部港口收费规则（外贸部分)〉的决定》修改。

5月4日，交通部发布《海上国际集装箱运输电子数据交换管理办法》，《海上国际集装箱电子数据交换协议规则》，《海上国际集装箱电子数据交换电子报文替代纸面票证管理规则》，《海上国际集装箱电子数据交换报文传递和进出口业务流程规定》。

5月4日，交通部发布《疏浚工程概算预算编制规定》。

6月6日，交通部烟台救助打捞局成功救助17万吨级塞浦路斯籍货轮"继承号"，创我国救助史上救助船舶吨位的最高纪录。

6月14日，交通部令1997年第5号发布《水上移动卫星通信管理规则》。

6月18日，广西钦州港正式对外籍船舶开放。

7月1日，中国海运（集团）总公司成立。

7月16日，交通部发布《水路货物滚装运输规则》。

7月18~19日，交通部在哈尔滨召开全国港口建设费和水运客货运附加费征收管理工作会议。

7月21日，交通部建设的中国沿海无线电指向标/差分全球定位系统（RBN/DGPS）第一期大连大三山、秦皇岛南山、天津北塘、青岛王家麦和上海大戢山5个台站，自零时起正式播发DGPS信号，为广大用户提供导航定位服务。

9月15日，交通部令1997年第8号发布《船舶交通管理系统安全监督管理规则》。

9月24日，交通部发布《中华人民共和国船舶最低安全配员规则》。

9月25日，交通部、铁道部联合颁发《关于贯彻实施〈国际集装箱多式联运管理规则〉的通知》。

9月29日，上海组合港正式成立，国务院副总理吴邦国出席成立仪式并为组合港揭碑。

10月20日，交通部令1997年第11号发布《中华人民共和国海船船员值班规则》。

10月26日，京杭运河苏南段航道整治工程完成并举行通航典礼。

11月5日，交通部令1997年第13号发布《中华人民共和国海船船员培训管理规则》，交通部令1997年第15号发布《中华人民共和国船舶安全检查规则》。

11月8日，三峡工程实现大江截流，长江三峡工程坝区原航道全部封堵，二期施工期船舶将通过导流明渠（1998年5月1日建成）航行。

11月17~28日，交通部副部长洪善祥率团赴英国伦敦出席国际海事组织第二十届大会，中国再次成功地当选为该组织的A类理事国。

11月26日，交通部令1997年第16号发布《交通行政执法证件管理规定》。

12月6日，中港集团及其核心企业中国港湾建设（集团）总公司在北京正式挂牌成立。

12月8日，山东莱州、蓬莱港正式对外开放。

12月15日，交通部决定，由中华人民共和国港务监督局统一制发全国水上安全监督系统《行政执法证》。

12月18日，长江干线南京至浏河口（364公里）船舶交通管理系统正式开通运行，这标志着我国内河航运交通及安全管理开始走上科学化、现代化轨道。

12月18日，秦皇岛港煤码头四期工程通过国家竣工验收。

12月24日，交通部、建设部、国家环保局令1997年第17号发布《防止船舶垃圾和沿岸固体废物污染长江水域管理规定》。

12月24日，我国内地第一个港口企业“天津港发展有限公司”正式在香港挂牌上市。

12月25日，山东东营港正式对外开放。

12月26日，由交通部组织实施的国家“九五”重点科技攻关项目《国际集装箱运输电子信息传输和运作系统及示范工作》通过国家计委验收，上海、天津、青岛、宁波四港和中远集团等五个电子数据交换中心示范工程同时验收合格。

1998年

《港口新型抓斗吊具系列推广》获国家级科学技术进步二等奖。

1月1日，中国交通进出口总公司正式划入招商局集团。

1月5日，交通部令1998年第1号发布《港口装卸机械管理规定》。

1月14~15日，全国交通工作会议在北京召开。交通部部长黄镇东作了题为《认真贯彻十五大精神，创造交通工作新业绩》的主题报告。

1月19日，交通部发布《国防交通储备器材管理规定》。

1月27日，长江口深水航道治理一期工程正式开工。该项目计划投资155亿元，是建国以来投资最多的水上基建项目。国务院副总理吴邦国和交通部部长黄镇东出席开工典礼。

2月25日，交通部副部长洪善祥与来访的荷兰经济大臣签署了《中华人民共和国交通部与荷兰交通、公共工程和水管理部关于中国〈水运法〉咨询合作项目谅解备忘录》。

2月26日，长江三峡通航管理局正式挂牌成立。

3月1日，《中华人民共和国船舶安全检查规则（1997）》开始施行。

3月6日，交通部发布《关于修改〈水路运输管理条例实施细则〉处罚部分的决定》。

3月24~25日，交通部副部长洪善祥率团赴加拿大参加巴黎、东京港口国管理备忘录第一次部长联席会议。

3月27日，交通部令1998年第5号发布《长江机动船舶安全通信管理规定》。

4月15~17日，国家主席江泽民乘坐“神州”轮视察三峡，交通部部长黄镇东陪同。

4月16日，上海航运交易所首次发布中国出口集装箱运价指数（CCFI）。

4月18日，国务院发布《国务院关于修改〈中华人民共和国海上国际集装箱运输管理规定〉的决定》。

5月1日，三峡工程临时船闸通航。

5月8日，国务院法制办和交通部在北京联合召开《港口法》和港口体制座谈会。

5月12日，交通部副部长张春贤与瑞典工业和贸易代表在北京签署了《对中国EDI信息网络（一期）工程的技术合作》文件。

6月10日，秦皇岛港开港一百周年，交通部副部长洪善祥出席了庆典仪式。

7月6日，交通部集美航海学院划转福建省管理仪式在北京举行，张春贤副部长代表交通部在划转协议上签字。

7月7日，交通部发布《全国交通系统创建文明行业实施办法》。

7月26日，因遭遇特大洪涝灾害，长江航道石首至武汉段封航。汛期内，冲毁桥梁3 160座，长江沿线码头被淹76个，长江航道封航达43天，共计807公里。

7月30日，交通部发布《交通部关于修改〈中华人民共和国水路运输服务业管理规定〉的决定》。

8月21日，交通部、铁道部联合发布《关于实施〈国际集装箱多式联运管理规则〉有关问题的通知》。

9月2日，交通部发布《中华人民共和国水上安全监督行政处罚规定》。

9月9~27日，交通部部长黄镇东陪同国务院副总理吴邦国访问秘鲁。交通部部长黄镇东在14日代表中国政府签署《中华人民共和国政府和秘鲁共和国政府海运协定》。

10月26日，京杭运河苏南段航道整治工程通过交通部、江苏省人民政府联合竣工验收。

10月27日，中华人民共和国海事局（交通部海事局）成立。

11月3日，交通部发布《交通行业行政事业单位定期审计规定》。

11月18日，国家质量技术监督局批准《中华人民共和国中文航行警告标准格式》和《中华人民共和国英文航行警告标准格式》为国家标准。

11月28日，中远广州远洋运输公司“华铜海”轮，在圆满完成最后一次远航任务后正式退役，该轮自1984年开始出租，期间没有出过一次事故，没有误过一天船期，没有违法违纪的事件发生，被国际航运界誉为“中国出租船的一面旗帜”，成为“海上中华名牌”。

12月5日，宁波港北仑港区20万吨级矿石中转码头被中国建筑业协会评为本年度中国建筑工程鲁班奖（国家优质工程）。

12月10日，交通部副部长洪善祥与俄罗斯联邦运输部代表在北京签署《中华人民共和国交通部与俄罗斯联邦运输部关于中国船舶经黑龙江俄罗斯河段从事中国沿海港口和内河港口之间货物运输的议定书》和《中华人民共和国交通部与俄罗斯联邦运输部关于1992年1月16日签署的〈中华人民共和国交通部与俄罗斯联邦运输部关于利用中俄船舶沿黑龙江、松花江组织外贸货物运输协议〉第八条的修改议定书》。

12月31日，交通部发布《沉船沉物打捞单位资质管理规定》。

12月31日，交通部与所办的经济实体和管理的直属企业脱钩。

1999年

1.《三峡船闸输水阀门水力学大比尺模型试验研究》获国家级科学技术进步二等奖。

2.《长江口拦门沙航道演变规律与深水航道整治方案研究》获科技部成果一等奖。

1月5日，交通部发布《水运工程施工监理招投标管理办法（试行）》。

1月18~20日，全国交通工作会议在济南召开。中共中央政治局委员、山东省委书记吴官正出席了开幕式。交通部部长黄镇东作了《努力做好世纪之交的交通工作，以优异成绩迎接建国50周年》的主题报告。

1月31日，上海救捞局“沪救1”轮在马祖岛正西海域成功救助了马耳他籍“JOINT DORCS”轮，随船23人获救。

2月5日，上海救捞局“沪救1”轮在福州海域成功救助了装载4000吨化学品、主机出现故障的新加坡籍“TECHNO”轮。

2月26日，中华人民共和国海事局挂牌后的第一次交通部直属海事系统工作会议在北京召开。

2月27日，全国交通基础设施建设工程质量现场会在南京召开，交通部部长黄镇东作了重要讲话。

4月5日，交通部部长黄镇东参加了国家主席江泽民和埃及总统在北京的会晤，并代表中国政府签署了《中埃海运协定》。

4月21日，国务院港澳办公室同意海事局与香港海事处定期举行会议，就履行有关国际公约、船舶航行安全管理、海上搜救和船员发证等有关事宜进行洽谈。

5月25日~6月2日，交通部副部长李居昌率团参加在香港举行的第三届亚太地区基础设施部长论坛会议，会后访问越南并代表中国政府签署了中越河口—老街界河桥协定。

6月9日，交通部令1999年第1号发布《交通通信管理规则》。

6月9日，《内河主要港口图集》出版，标志着从1997年开始的第二次全国港口普查工作圆满结束。

6月14日，水监体制改革电话会议在北京召开，交通部部长黄镇东作了重要讲话。

6月18日，交通部上海海事局挂牌成立。

7月4~16日，交通部部长黄镇东率团访问摩洛哥、丹麦和欧盟总部，并代表中国政府签署了《中摩海运协定》。

7月5日，交通部发布《交通社会团体管理暂行办法》。

7月8日，交通部天津海事局挂牌成立。

7月20日，交通部印发《关于部属海（水）监局等单位划归部海事局管理和部海事局与有关司局职责分工问题的通知》。

7月23~25日，国务院副总理钱其琛乘坐“金龙江”号外事舰，视察了松花江至（俄）哈巴罗夫斯克区段黑龙江界河，并题词：“航行千里界江，增进中俄友谊”。

8月21日，国家主席江泽民分别从路上和海上视察了大连港，并为港口题词：“全面建设21世纪现代化的中国港口”。

8月27日，交通部令1999年第3号发布《中华人民共和国潜水员管理办法》。

9月1日，大连市和大连港隆重举行开港建市100周年纪念活动，交通部副部长洪善祥代表交通部前往祝贺。

9月31日，为迎接建国五十周年，交通部组织编辑出版了《中国交通50年成就》大型系列画册丛书和《中国公路水运五十年》专集。

10月8日，交通部令1999年第4号发布《中华人民共和国水上水下施工作业通航安全管理规定》。

10 月 16 日，大连海事大学隆重庆祝九十周年校庆，国务院副总理李岚清致电视贺。

10 月 16 日，国务院副总理温家宝视察河北省唐山市唐山港一号港池。

10 月 19 日，1999 年全国水上交通安全工作会议在昆明召开，交通部副部长洪善祥作了重要讲话。

11 月 10 日，交通部公布中华人民共和国海事局局徽。

11 月 15 ~ 26 日，交通部副部长洪善祥率团出席了在英国伦敦召开的国际海事组织第二十一届大会。在该届大会上，中国再次当选该组织的 A 类理事国，这是中国自 1989 年首次竞选并当选 A 类理事国以来第六次当选。

11 月 24 日，山东烟大轮渡公司的“大舜”号客滚轮从烟台开往大连途中遇险。虽经全力救助，终因海域风浪过大，海况恶劣，于当晚 11 时 45 分倾覆沉没，船上共有旅客船员 304 人，获救的幸存者仅有 22 人。

11 月 25 日，交通部发布《关于加强船舶安全生产的紧急通知》。

11 月 26 日，交通部责令山东省烟大汽车轮渡股份有限公司停业整顿。

11 月 27 日，交通部发布《关于加强渤海湾客滚船舶安全管理的紧急通知》。

11 月 30 日，交通行业技术创新电视电话会议在北京召开，交通部副部长张春贤作了重要讲话。

11 月 30 日，长江口深水航道治理一期工程导堤工程提前完工，疏浚工程全面开工。

12 月 2 日，国务院副总理吴邦国在国务院“11.24”特大海难事故调查处理领导小组组长石万鹏、交通部部长黄镇东等同志的陪同下，到

“11.24”特大海难事故打捞现场视察，并作了重要指示。

12月25日，九届全国人大第十三次会议审议通过《中华人民共和国海事诉讼特别程序法》。

12月26日，交通部秦皇岛港10万吨级航道工程竣工并通过验收。

12月27日，交通部深圳海事局挂牌成立。

12月28日，交通部辽宁、河北、山东、福建、海南、营口、烟台、连云港、厦门、汕头、湛江等11个海事局挂牌成立。

12月28日，交通部召开全国水监体制改革第二次电话会议，交通部副部长洪善祥作了重要讲话。

12月28日，交通部副部长洪善祥和香港特别行政区政府经济局代表签署《内地和香港特别行政区关于内地和香港两地登记注册的船舶在对方港口停泊时征收船舶吨税的备忘录》，此备忘录将于2000年1月28日起生效。

12月28日，新组建的交通部科学研究院挂牌成立。

12月31日，历时5年的全国内河航道定级工作全面完成。

2000年

《澳门国际机场人工岛工程建设成套技术》获国家级科学技术进步二等奖。

1月3日，国家经贸委、交通部联合下发《关于进一步加强乡镇船舶交通安全管理责任制的意见》。

1月23~27日，全国交通工作会议在昆明召开。国务院副总理吴邦国向大会致信祝贺。黄镇东部长作了《面向新世纪，开创新局面》的主题报告。

1 月 24 日，交通部印发《关于开展“水上运输安全管理年”活动的通知》。

1 月 27 日，全国交通安全生产会议在昆明召开，交通部部长黄镇东和副部长洪善祥分别作了重要讲话。

1 月 28 日，交通部、对外贸易经济合作部令 2000 年第 1 号发布《外商独资船务公司审批管理暂行办法》。

1 月 31 日，国家重点工程上海港外高桥二期工程通过国家竣工验收。该工程建成集装箱深水泊位 3 个，设计年吞吐能力 60 万标箱。

2 月 12 日，交通部发布《交通建设项目审计实行办法》。

3 月 1 日，交通部印发《关于客船、滚装客船船员任职资格有关事宜的通知》。

3 月 20 日，交通部、国家计委联合发布《国内水路集装箱港口收费办法》。

4 月 7 日，交通部召开水上运输安全管理年活动电视电话会议，交通部部长黄镇东作了重要讲话。

4 月 19 日，交通部部长黄镇东代表中国政府在缅甸大其力正式签署了《中华人民共和国政府、老挝人民民主主义共和国政府、缅甸联邦政府和泰王国政府澜沧江——湄公河商船通航协定》。

4 月 21 日，交通部发布《交通基本建设项目竣工决算报告编制办法》。

4 月 25 日，交通部部长黄镇东代表中国政府在南非比勒陀利亚与南非

共和国代表正式签署了《中华人民共和国和南非共和国政府海运协定》。

5月12日，国家重点工程广州港新沙港区一期工程6~10号泊位通过国家竣工验收。该工程共建成3.5万吨级深水泊位5个。

5月28日，上海海上搜救直升飞机机场建设工程开工，这是中国首次建设专门用于海上搜救的直升飞机机场。

6月5日，粤、港、澳三地首次海上搜救和溢油应急大型联合演习在深圳内伶仃岛牛俐角以北水域举行。

6月6日，中国海运（集团）总公司、中国船舶工业集团公司、中国船舶重工集团公司在北京人民大会堂举行5618标箱集装箱船建造签字仪式，标志着中国船舶工业在高新技术船舶领域取得了重大突破。

6月6日，交通部发布《1999年中国航运发展报告》。

6月7日，交通部令2000年第3号发布《水运工程质量监督规定》。

6月12日，交通部、外交部、中国人民解放军总参谋部联合成立“中俄界河航道、航行管理工作领导小组”。

6月22日，四川省合江县榕山镇建筑公司所属“榕建”客渡轮从合江县李子坝北岸上行至剑口处，触礁倾覆于江中，221人全部落水，91人获救，130人死亡。

6月27日，交通部令2000年第5号发布《交通行政复议规定》。

7月1日，深圳港盐田港区二期工程通过国家竣工验收。

7月19日，国家重点工程长江口深水航道治理工程一期工程通过竣工验收。

8 月 28 日，交通部令 2000 年第 10 号发布《港口货物作业规则》。

9 月 12 日，交通部令 2000 年第 4 号发布《水运工程施工招标投标管理办法》。

9 月 14 日，首届东北亚港湾局长会议和东北亚港口论坛在韩国举行。

11 月 8 日，宁波港货物吞吐量达 10 048 万吨，成为中国继上海、广州港之后的又一个亿吨大港。

11 月 11 ~ 14 日，全国人大常委会委员长李鹏乘“神州”轮考察长江三峡移民工作。

11 月 15 ~ 17 日，全国水上交通安全工作会议在成都召开。

11 月 21 ~ 23 日，中国交通运输协会交通投融资专业委员会和中国港口协会共同主办、国通证券公司和中国港口协会体改与企管委员会联合承办的港航企业改制与重组上市研讨会在上海召开。

11 月 24 日，交通部决定，在本届政府任期内，将每年 11 月 24 日确定为“水上运输安全警示日”。

11 月 27 日，上海港国际集装箱吞吐量突破 500 万标箱，成为中国内地第一个突破 500 万标箱大关的港口。

11 月 27 日 ~ 12 月 6 日，中国政府向国际海事组织海上安全委员会第 73 届会议递交的《中国政府履行 STCW78/95 公约报告》通过了审核，标志着中国履行 STCW 公约取得成功。

12 月 25 日，上海港全年货物吞吐量累计完成 2 亿吨，成为中国第一个突破 2 亿吨的港口。

2001年

1月8~9日，全国交通厅局长会议在郑州召开。国务院副总理吴邦国对交通工作作了重要批示。交通部部长黄镇东作了《承前启后，开拓进取，推进交通改革发展再上新台阶》的主题报告。

1月20日，交通部部长黄镇东陪同国务院副总理吴邦国视察了浙江大、小洋山水域。

2月6日，交通部印发《西部地区内河航运发展规划纲要》。

2月11~13日，交通部直属海事系统工作会议在广州召开。

2月14日，交通部发布《国内船舶运输经营资质管理规定》。

2月15日，交通部部长黄镇东与俄罗斯驻华大使签署《中华人民共和国政府与俄罗斯联邦政府关于共同建设室韦—奥洛契额尔古纳河界河桥的协定》。

2月16~17日，全国交通系统交通战备工作会议在福州召开，交通部副部长张春贤出席并作重要讲话。

2月22日，交通部印发《关于航运业结构调整的意见》。

2月28日，广州港出海航道一期工程通过国家验收。航道通航水深达到-11.5米。

3月1日，国家经贸委、铁道部、交通部、信息产业部、外经贸部、民航总局联合发布《关于加快我国现代物流发展的若干意见》。

3 月 5 日，交通部印发《“十五”水上交通安全工作纲要》。

3 月 15 日，中国、老挝、缅甸、泰国四国交通部长在北京签署了实施四国政府澜沧江—湄公河商船通航协定的谅解备忘录。

3 月 26 日，交通部副部长张春贤与广西壮族自治区政府副主席就红水河通航问题达成共识，双方签署了《交通部、广西壮族自治区人民政府关于加快红水河通航工作有关问题的会议纪要》。

3 月 29 日，交通部与国务院新闻办联合召开“九五”交通成就与“十五”交通发展目标新闻发布会。

4 月 2 ~ 3 日，西部交通建设座谈会在贵阳召开，明确了“十五”和 2001 年西部地区交通建设目标。

4 月 7 日，全国港航公安局长会议在北京召开，交通部部长黄镇东出席并作了重要讲话。

4 月 10 日，交通部印发《中华人民共和国验船人员适任考试、发证规则》。

4 月 11 日，交通部部长黄镇东与来访的澳大利亚副总理兼运输部长代表两国政府共同签署了《公路水路交通合作谅解备忘录》。

4 月 11 ~ 17 日，交通部副部长洪善祥出访古巴和巴拿马，参加了国家主席江泽民访问古巴期间签署《中古海运协定》的活动，并代表中国政府在协定上签字。

4 月 29 日，京杭运河苏南段文明样板航道验收命名。

5 月 29 日，交通部公布《2001 ~ 2010 年公路水路交通行业政策及产业发展序列目录》，这是我国政府交通主管部门第一次比较全面和系统地发布公路、水路交通行业政策。

6月1日，中国船舶报告系统在上海开通试运行。

6月5日，交通部部长黄镇东代表中国政府在印尼首都雅加达签署《中国印尼海运协定》。

6月8日，中国船舶代理行业协会成立。

6月17日，交通部部长黄镇东同波兰运输和海洋经济部长在上海出席中波公司成立五十周年庆祝活动，国务院总理朱镕基为中波公司成立50周年发来贺信。

7月2日，交通部印发《公路水路交通信息化“十五”发展规划》。

7月2～4日，水监体制改革以来的第一次全国船检管理工作会议在哈尔滨召开，交通部副部长洪善祥出席会议并作重要讲话。

7月4日，交通部令2001年第3号发布《国内船舶管理业规定》。

7月12日，交通部印发《中华人民共和国船舶安全营运和防止污染管理规则》。

7月18日，中国水运建设行业协会成立。

7月19日，交通部与国家经贸委等七部委联合发布《关于进一步做好“三绿工程”工作的意见》，共同开展以“开辟绿色通道、培养绿色市场、提倡绿色消费”为主要内容的“三绿工程”。

7月28日，国内最大的集装箱船中远集团所属“COSCO SHANGHAI”轮（5446标箱）举行首航仪式，交通部副部长翁孟勇和上海市市长徐匡迪等出席仪式。

8月3日，交通部印发《关于整顿和规范水运建设市场秩序的若干意见》。

8月20日，京杭运河浙江段文明样板航道验收命名。

9月9日，全国人大常务会委员长李鹏在访问越南期间登上中海集团“新上海”游轮视察，并为该轮题词：“发展海上旅游，增进中越友谊”。

9月17日，国际救助联合会在上海举行年会，交通部副部长洪善祥出席会议并致辞。

9月26日，交通部印发《全国内河航运发展战略》。

10月5日，全国人大常委会副委员长姜春云视察青岛港。

10月11日，交通部令2001年第8号发布《内河运输船舶标准化管理规定》。

10月16~19日，全国交通系统精神文明建设会议在南京召开。会议的主要任务是：总结“九五”交通系统“学习包起帆、学习‘华铜海’轮、学习青岛港，创建文明行业”的“三学一创”活动情况，表彰两个文明建设先进典型，部署“十五”交通系统创建文明行业的工作任务。

10月18日，青岛港前湾港区20万吨级矿石专用码头通过国家验收。

10月26日，代号为“海救一号”的大规模军地海上联合搜救演习成功举行，是建国以来海军和交通部联合组织的规模最大的一次海上联合搜救演习。

11月19日，交通部副部长洪善祥率团出席国际海事组织第22届大会。会上，中国再次当选A类理事国。

11月23日，国务院办公厅转发交通部等部门《关于深化中央直属和双重领导港口管理体制改革的意见》。

11月23日，中国疏浚协会成立。

11月30日，交通部令2001年10号发布《船舶引航管理规定》。

12月11日，国务院令第335号颁布《中华人民共和国国际海运条例》。

12月18日，全国交通厅局长会议在西安召开。黄镇东部长作了《把握形势，抓紧机遇，扎扎实实做好2002年交通工作》的主题报告。

12月22日，中国第一艘大型专用巡视船“船巡21”在上海交付使用。该船总长93米，是中国吨级最大、装备最先进、功能最齐全的第一艘跨无限航区巡视船。

12月27日，大连港年货物吞吐量突破亿吨。至此，全国已有上海、广州、宁波、天津、秦皇岛、青岛、大连等7个港口步入年货物吞吐量超亿吨大港行列。

12月29日，交通部印发《交通部部属单位对外投资和多种经营管理办法》。

2002年

《深水防波堤新型结构形式研究和斜向波与直立式防波堤相互作用研究》获国家级科学技术进步二等奖。

1月18日，大连海事大学交通信息工程及控制、轮机工程两个学科被评为高等学校国家级重点学科，实现交通部国家级重点学科零的突破。

1月22日，交通部直属海事系统工作会议在天津召开，交通部副部长洪善祥出席并讲话。

3月2~3日，东南沿海交通战备基础设施建设办公会在厦门召开，交通部部长黄镇东出席会议。

3月22日，中国援建巴基斯坦瓜达尔港口项目一期工程开工，国务院副总理吴邦国、交通部部长黄镇东出席开工仪式。

3月24日，在印尼总统访华期间，交通部副部长胡希捷与印尼驻华大使分别代表双方主管部门签署了在建设交通基础设施方面开展经济技术合作的部门间协议。

3月29日，交通部部长黄镇东率团赴泰国出席中海集团泰国港口至美国集装箱班轮航线的首航仪式。

3月30日，上湄公河航道改善第一阶段工程开工。

3月31日，原中央直属和双重领导港口下放工作全部完成。

4月9日，交通部发布《船舶检验机构及验船人员工作过错追究办法》。

4月16日，外交部副部长杨文昌代表中国政府在突尼斯与突尼斯政府签署《中国——突尼斯海运协定》。

4月20日，交通部部长黄镇东代表中国政府在德黑兰与伊朗政府签署《中国——伊朗海运协定》。

4月29日，交通部部长黄镇东乘坐上海海事局“海巡1005”舰到长江口南导堤、W3丁坝深水航道施工现场进行视察。

5月7日，中国海上搜救中心接到CJ6136航班飞机失事信息后，交通部救捞系统先后组织128只搜救船打捞起遇难者遗体92具。

5月10～12日，全国交通基础设施建设前期工作会议在太原召开，交通部部长黄镇东出席会议。

5月30日，交通部令2002年第1号发布《海上滚装船舶安全监督管理规定》。

6月3日，交通部副部长洪善祥代表中国政府在罗马与意大利政府签署《中国——意大利海运协定修改议定书》。

6月14日，交通部副部长胡希捷代表中国政府在平壤与朝鲜政府签署《中国——朝鲜海运协定》。

6月19日，交通部令2002年第3号发布《水运工程施工监理招标投标管理办法》。

6月26日，交通部发布《水运工程试验检测机构资质管理办法》。

7月10日，交通部印发《关于原中央直属和双重领导港口外轮理货公司改制工作有关问题的通知》，并出台了港口第二家外轮理货公司的组建方案，标志着中国理货业务市场开始适度放开，理货企业开始全面建设现代企业制度。

7月23日，全国大型水运企业安全管理座谈会在哈尔滨召开。

7月25日，26万吨的超级油轮“俄耳普斯亚洲”号，在航经巴士海峡北口时主机失灵，交通部打捞系统顺利完成救捞任务，这是中国救助大型满载船舶吨位最大的一次。

7月26日，交通部令2002年第5号发布《水上交通事故统计办法》。

8月1日，国家“十五”重点项目湘江株洲航电枢纽主体工程开工。

8月15～16日，全国交通信息化工作会议在成都召开，交通部副部长张春贤出席并讲话。

9月20日，交通部部长黄镇东赴印度尼西亚出席首次中国—东盟交通部长会议。

9月22日，长江口深水航道治理工程一期工程通过国家计委组织的竣工验收。

9月28日，2002年海上搜救综合演习在上海举行。

10月22～25日，第六届国际公路水运交通技术与设备展览会在北京举行。

10月28日，全国人大常委会任命张春贤为交通部部长，同时免去黄镇东交通部部长职务。

11月3日，交通部部长张春贤陪同国务院总理朱镕基出席在柬埔寨金边召开的首次大湄公河次区域经济合作、第六次东盟与中、日、韩（10+3）、东盟与中国（10+1）等领导人会议，并陪同国务院总理朱镕基与柬埔寨国王以及新加坡总理进行了双边会谈。交通部部长张春贤代表中国政府签署了《大湄公河次区域便利跨境客货运协定》。

11月4日，上海港外高桥港区三期工程通过交通部组织的竣工验收。

11月6日，交通部部长张春贤陪同全国人大常委会委员长李鹏、国务院副总理吴邦国到宜宾参加三峡明渠截流仪式。

12月6日，交通部部长张春贤代表中国政府在布鲁塞尔与欧盟及其成员国代表签署《中国——欧盟海运协定》。

12月11日，上海港集装箱年吞吐量突破800万标箱。

12月15日，上湄公河航道改善第二阶段工程全面展开。

12月19～20日，全国港口管理工作会议在上海召开，交通部部长张春贤出席并讲话。

12月31日，交通部印发《长江干线航道发展规划》。

2003年

1月1日，交通部令2003年第1号发布《中华人民共和国国际海运条例实施细则》。

2月12～13日，全国交通厅局长会议在杭州召开。交通部部长张春贤作了《认真贯彻党的十六大精神，努力实现交通新的跨越式发展》的主题报告。

2月22日，大连渤海轮船公司所属的"辽旅渡7"轮从辽宁旅顺开往山东龙口途中，在渤海海峡北砣矶岛西北8海里处遇险，经过6小时惊心动魄的搜救，"辽旅渡7"轮遇险的81名船上人员全部被救起，4人经抢救无效死亡。

3月10日，交通部下发《关于加快港口政企分开步伐和加强港口行政管理的通知》。

3月17日，交通部成立京杭运河船型标准化推进工作领导小组并召开第一次会议。

4月1日，广东万山港口岸、江苏常州港口岸正式对外籍船舶开放。

4月10日，国家主席胡锦涛视察湛江港，并作出港口要"发挥优势、抓住机遇、理清发展思路"的重要指示。

5月9日，交通部令2003年第3号发布《港口大型机械防阵风防台风管理规定》。

5月13日，交通部令2003年第4号发布《水运工程勘察设计招标投标管理办法》。交通部令2003年第5号发布《交通建设项目环境保护管理办法》。

5月14日，交通部令2003年第6号发布《长江三峡水利枢纽水上交通管制区域通航安全管理办法》。

6月16日，三峡永久船闸（双线五级）试通航。国务院副总理曾培炎、交通部部长张春贤出席试通航仪式并作了讲话。

6月28日，中华人民共和国主席令第五号公布《中华人民共和国港口法》。

6月28日，交通部北海、东海、南海救助局和交通部烟台、上海、广州打捞局成立大会暨交通部东海救助局、上海打捞局，交通部上海海上救助飞行队揭牌仪式在上海隆重举行。

7月1日，“长江江苏段船舶定线制”正式实施。

7月10日，交通部令2003年第7号发布《沿海航标管理办法》。

7月10日，交通部令2003年第8号发布《中华人民共和国海上海事行政处罚规定》。

7月15日，交通部上海海上救助飞行队开始担负海上救助值班待命任务，中国长江口水域海空立体救助体系正式运行。

7月21日，上海港外高桥港区四期工程通过竣工验收。该工程新建4个可靠泊第四代集装箱船舶的集装箱专用泊位，设计年吞吐能力180万标箱。

8月28日，宁波港口岸大榭港区正式对外籍船舶开放。

8月29日，交通部令2003年第9号发布《港口危险货物管理规定》。

9月15日，交通部救捞系统“北海102”轮、“德鲲”轮与海军舰船通力合作，圆满完成“神州5号”载人航天飞行海上应急救援保障任务。交通部部长张春贤签发表扬电。

9月28日，广东东莞虎门港口岸正式对外籍船舶开放。

10月21~31日，交通部部长张春贤率团出席在缅甸召开的第二次中国——东盟（10+1）交通部长会议，就签署中国东盟交通领域长期合作谅解备忘录等达成共识。

10月，党中央、国务院提出把大连建成东北亚重要的国际航运中心。

11月3日，中国与欧盟在上海举行《中国——欧盟海运协定》框架下的海运会谈，表明中国与欧盟各国的海运合作进入新阶段。

11月6日，全国水上交通安全工作会议在贵阳召开，交通部副部长洪善祥出席并讲话。

11月24日~12月3日，交通部副部长洪善祥赴英国出席国际海事组织第二十三届大会，中国连续第八次当选该组织A类理事国。

11月30日，交通部令2003年第10号发布《中华人民共和国船舶载运危险货物安全监督管理规定》。

12月1日，交通部部长张春贤与德国交通部长就双边合作交换意见并签署了《中华人民共和国交通部和德意志联邦共和国交通建设与住房部海运事务合作谅解备忘录》和《中华人民共和国交通部和德意志联邦共和国交通建设与住房部内河航运和水路交通合作协议》，国务院总理温家宝和德国总理出席了签字仪式。

12月2日，交通部副部长洪善祥与塞浦路斯共和国交通和工程部部长在塞浦路斯签署了《中华人民共和国政府和塞浦路斯共和国政府海运协定修改议定书》。

12月5～12日，交通部部长张春贤陪同国务院总理温家宝访问美国和加拿大，并签署《中美海运协定》、《中美交通科技合作备忘录》和《中加交通科技合作谅解备忘录》。

12月18日，广东番禺南沙港口岸正式对外籍船舶开放。

12月31日，中国港口集装箱年吞吐总量超过美国，跃居世界第一。上海、深圳港集装箱年吞吐量双双突破1 000万标箱大关。

2004年

《三峡工程明渠导流及通航研究与运行实践》获国家科学技术进步二等奖。

1月1日，京杭运河船型标准化示范工程正式实施。

1月1日，长江三峡库区船舶定线制正式实施。

1月5日，交通部印发《公路水路交通“十一五”发展规划纲要》。

1月11日，全国交通工作会议在北京召开。张春贤部长作了《坚持科学的发展观，为促进经济社会全面发展提供交通运输保障》的主题报告。

1月16日，交通部救捞局组织救助船舶、飞机实施海空立体救助，成功救助了“利达洲18”轮。

2月25日，交通部、商务部令2004年第1号发布《外商投资国际海运业管理规定》。

3月4日，交通部、卫生部令2004年第2号发布《突发公共卫生事件交通应急规定》。

3月10日，交通部公布《港口深水岸线标准》。

3月18日，交通部首次组织开展中外合资船舶运输公司从事中国国内港口之间化工品运输的招标工作。

4月15日，交通部令2004年第4号发布《港口经营管理规定》。

4月15日，交通部部长张春贤与拉脱维亚副总理兼交通部长签署《中华人民共和国政府与拉脱维亚政府海运协定》。国家主席胡锦涛和拉脱维亚总统出席签字仪式。

4月19日，中美首航25周年纪念活动在美国西雅图举行。

4月20日，许振超先进事迹报告会在北京人民大会堂举行。人事部、交通部决定授予许振超全国交通系统劳动模范荣誉称号；中华全国总工会决定授予许振超全国“五一”劳动奖章。

4月21日，交通部副部长洪善祥与美国运输部副部长分别代表两国政府在华盛顿互换外交照会并签署联合声明，宣布《中华人民共和国政府和美利坚合众国政府海运协定》自声明当日起正式生效。

4月25日，中共中央政治局委员、书记处书记、中宣部部长刘云山到青岛港视察并亲切接见全国劳动模范许振超。

5月13日，国务院办公厅批复同意交通部、上海市人民政府和江苏省人民政府联合上报的《关于长江口航道建设有限公司调整为交通部长江口航道管理局的请示》。

5月14日，交通部首次组织全国公路、水路监理工程师执业资格统一考试。

6月1日，国家重点建设项目广西西江航运建设二期工程通过交通部验收。

6月8日，交通部发布《关于加强台湾海峡两岸集装箱班轮运输管理的公告》。

6月14日，日照港中港区油品码头工程通过国家验收。

6月21日，国务院总理温家宝视察青岛港并慰问了全国劳动模范许振超。

6月22日，救捞系统圆满完成在黄河小浪底沉没的“明珠岛2号”旅游船的抢险打捞任务，42人生死不明。

6月25日，中国驻匈牙利大使吴祖寿在布达佩斯代表中国交通部和匈牙利经济与交通部签署部门间道路、内河运输及相关基础设施发展领域合作谅解备忘录。国家主席胡锦涛和匈牙利领导人出席了签字仪式。

6月30日，交通部令2004年第5号、第6号、第7号发布《公路水运工程监理企业资质管理规定》，《中华人民共和国海船船员适任考试、评估和发证规则》，《中华人民共和国船舶最低安全配员规则》。

7月8日，长江三峡二期工程船闸通航验收委员会主持通过了长江三峡二期工程船闸通航（135~139米水位）验收。

7月20日，交通部编制并印发《2010年公路水路交通信息化发展思路及2004~2005年规划方案》。

8月8日，交通部南海第一救助飞行队成立。

8月13日，国务院三峡工程建设委员会批准三峡船闸由试通航转为正式通航。

8月20日，交通部东海第二救助飞行队成立。

8月23日，交通部广州打捞局出动14艘船舶，历时36天将5万吨散货船“鹏洋”轮整体打捞出水，创造了中国起浮沉船吨位的新纪录。

9月6日，首届中国救捞国际论坛在哈尔滨举行。

9月19日，交通部副部长徐祖远访问波兰、比利时和欧盟总部，就中欧海运协定修改议定书的正式签署程序安排问题与欧盟方面互通信息，并草签中欧海运协定修改议定书。

10月4日，交通部部长张春贤出席纽约—新泽西港“港口行业日”大会并作主旨发言。

10月21日，交通部部长张春贤与意大利共和国驻中华人民共和国特命全权大使就修改《中华人民共和国政府和意大利共和国政府海运协定》有关税收条款达成一致意见，并分别代表各自政府在北京进行了换函。

10月26日，交通部公布《全国主要港口名录》，明确了大连港等25个沿海主要港口和哈尔滨港等28个内河主要港口。

10月29日，交通部令2004年第9号发布《水运工程机电设备招标投标管理办法》。

10月29日，青岛港液体化工码头工程通过国家验收。

11月1～3日，交通部副部长徐祖远出席在加拿大温哥华举行的巴黎、东京港口国监督谅解备忘录第二届联合部长会议，并签署了《强化责任链

—消除低标准航运的区域间行动》的部长联合声明。

11 月 15 ~ 17 日，第二次中国—欧盟海运会谈在德国汉堡举行，双方签署备忘录。

11 月 16 日，交通部救捞、海事、港航单位联合出动，成功救助客滚船“辽海”轮上 340 名旅客和船员。

11 月 19 日，交通部令 2004 年第 12 号发布《交通行业内部审计工作规定》。

11 月 22 日，交通部令 2004 年第 10 号发布《交通行政许可实施程序规定》，交通部令 2004 年第 11 号发布《交通行政许可监督检查及责任追究规定》。

11 月 24 日，交通部部长张春贤出席在老挝首都万象召开的第三次中国—东盟交通部长会议及中国—东盟领导人会议。

11 月 27 日，交通部部长张春贤与东盟秘书长在万象共同签署《中国—东盟交通合作谅解备忘录》，确定中国—东盟交通领域合作长期目标，东盟 10 国外长出席签字仪式。

12 月 3 日，交通部南海救捞局成功救援被困东沙的 45 艘渔船上的 1125 名渔民。

12 月 7 日，交通部令 2004 年第 13 号发布《中华人民共和国内河海事行政处罚规定》。

12 月 7 日，两艘大型船舶在珠江口发生碰撞事故，其中德国籍集装箱船“MSCILONA”燃油舱破损，漏油 1 200 吨。交通部救捞、海事系统成功完成清污工作。

12月24日，上湄公河航道改善工程通过国家竣工验收。

12月26日，全国交通工作会议在北京召开。黄菊副总理到会作了重要讲话。交通部部长张春贤作了《以科学发展观为统领，加强行政能力建设，促进交通运输全面协调可持续发展》的主题报告。

12月28日，国家重点建设项目湖南株洲航电枢纽船闸正式通航。

2005年

《新一代港口集装箱起重机关键技术研发与应用》获国家科技进步一等奖。

《长江三峡二期工程船闸关键技术研究与实践》获国家科技进步二等奖。

《天津港深水航道、港池、泊位适航水深应用与水深动态维护研究》获国家科技进步二等奖。

1月4日，交通部印发《公路水路交通“十一五”发展规划纲要》。

1月21日，交通部发布《公路水路交通科技发展战略》。

1月24日，交通部部长张春贤陪同国家副主席曾庆红出访墨西哥，双方签署了《中墨海运协定》。

2月4日，交通部副部长翁孟勇在北京会见毛里塔尼亚驻华大使一行，双方签署《中毛公路水路交通基础设施领域合作协议》。

2月7日，交通部组织制定了《全面建设小康社会公路水路交通发展目标》新文本。

2 月 24 日，“中国海上搜救中心”成立。

3 月 1 日，交通部转发国家发展和改革委员会印发的《长江三角洲、珠江三角洲、渤海湾三区域沿海港口建设规划（2004 ~ 2010 年）》。

3 月 4 日，交通部印发《长江三角洲地区现代化公路水路交通规划纲要》（2005 ~ 2020 年）。

3 月 21 日，交通部令 2005 年第 1 号发布《中华人民共和国内河船舶船员适任考试发证规则》。

3 月 25 日，交通部印发《交通信息化示范工程管理暂行办法》。

3 月 28 日，交通部部长张春贤在北京会见新加坡交通部部长一行，双方签署《中新海运协定修改议定书》。

4 月 12 日，交通部令 2005 年第 2 号发布《港口工程竣工验收办法》。

4 月 25 日，交通部部长张春贤陪同国家主席胡锦涛访问菲律宾，双方签署《中菲海事合作谅解备忘录》。

4 月 25 日，国务院批复同意 7 月 11 日为中国“航海日”，同时也作为“世界海事日”在中国的实施日期。

5 月 1 日，苏贵聪被评为全国劳动模范，其精神被称为“航标灯精神”。

5 月 9 日，交通部印发《珠江三角洲高等级航道网规划（纲要）》（2005 ~ 2020 年）。

6 月 22 日，国务院批复同意设立中国第一个保税港区—上海洋山保税港区。

6 月 24 日，交通部部长张春贤与秘鲁外交部副部长在北京签署《中秘

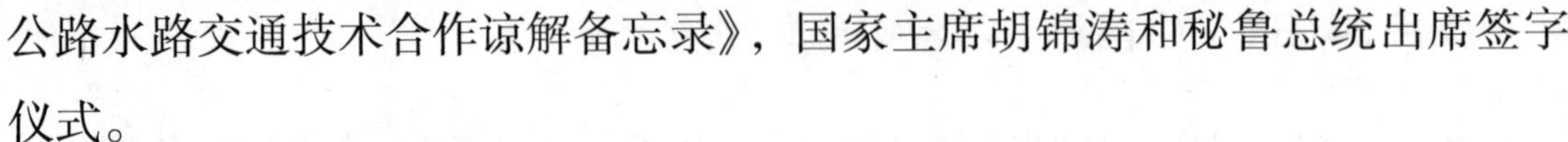

公路水路交通技术合作谅解备忘录》，国家主席胡锦涛和秘鲁总统出席签字仪式。

7月7日，举办2005东海联合搜救演习。

7月11日，郑和下西洋600周年纪念大会在人民大会堂隆重举行，中共中央政治局常委、国务院副总理黄菊，中共中央政治局常委李长春等领导同志出席。

7月12日，交通部发布《水路交通突发公共事件应急预案》。

7月14日，交通部令2005年第8号发布《中华人民共和国港口收费规则（内贸部分）》。

7月14日，交通部副部长翁孟勇出访埃及、西班牙和毛里塔尼亚，与埃及签署《中埃公路水路交通合作谅解备忘录》。

8月20日，交通部令2005年第11号发布《中华人民共和国防治船舶污染内河水域环境管理规定》。

9月1日，交通部与四川省人民政府签订《加快嘉陵江航电结合梯级开发协议》。

9月5日，交通部部长张春贤代表中国政府与欧盟委员会贸易委员会在北京签署《中华人民共和国政府与欧洲共同体及其成员国海运协定修改议定书》。

9月21日，交通部编制完成《公路水路交通中长期科技发展规划纲要》（2006~2020年）。

10月19日，交通部令2005年第12号发布《公路水运工程试验检测管理办法》。

10 月 24 日，交通部发布《关于我国港口引航管理体制改革实施意见的通知》。

11 月 1 日，交通部与广西壮族自治区人民政府签订《加快西江航运干线扩能和右江航电结合梯级渠化建设的协议》。

11 月 3 日，交通部部长张春贤在北京会见荷兰运输、公共工程和水管理部部长一行，双方签署《中荷交通合作谅解备忘录》。

12 月 1 日，交通部编制完成《京津冀暨环渤海地区现代化公路水路交通规划纲要》（2005～2020 年）。

12 月 1 日，交通部编制完成《中部地区崛起公路水路交通发展规划纲要》（2005～2015 年）。

12 月 5 日，交通部副部长冯正霖在京会见法国运输、建设、旅游和海洋部代表，双方签署《中法运输、建设、旅游和海洋海上救助合作协议》、《中法运输、建设、旅游和海洋公路合作协议》。

12 月 14 日，中国—东盟海事磋商机制第一次会议在中国广州召开 。

12 月 29 日，全国人大常委会任命李盛霖为交通部部长，同时免去张春贤交通部部长职务。

12 月 30 日，交通部令 2005 年第 13 号发布《港口统计规则》。

12 月 30 日，交通部发布《促进中部地区崛起，公路水路发展规划纲要》。

12 月 30 日，交通部发布《泛珠江三角洲区域合作公路水路交通规划纲要》。

2006年

《长江口深水航道治理工程成套技术》获得2006年度中国航海学会科学技术特等奖，是我国河口治理和水运事业的伟大壮举，是世界上巨型复杂河口航道治理的成功范例。

《外高桥集装箱码头建设集成创新技术研究》获国家级科学技术进步二等奖。

1月1日，黑龙江海事局由交通部海事局委托黑龙江省交通厅管理的体制，调整为由交通部海事局直接管理。

1月9日，交通部令2006年第1号印发《中华人民共和国海事行政许可条件规定》。

1月15～16日，全国交通工作会议在北京召开。国务院副总理黄菊出席大会并作了重要讲话。交通部部长李盛霖作了《站在新的历史起点上推进“十一五”交通事业又快又好发展》的主题报告。

1月23日，交通部、公安部、安全监管总局联合印发《关于进一步加强水路公路危险化学品运输管理的通知》。

2月7日，交通部副部长徐祖远率交通部、外交部、劳动和社会保障部、中国海员工会等部门组成的中国代表团，赴瑞士日内瓦出席国际劳工组织（ILO）第九十四届国际劳工（海事）大会，会议通过《2006年海事劳工公约》。

2月14日，交通部印发《全国内河船型标准化发展纲要》。

2月22日，交通部印发《公路水路交通“十一五”科技发展规划》。

2月24日，交通部令2006年第4号发布《中华人民共和国高速客船安全管理规则》。

3月1日，全国水上安全专项整治电视电话会议在北京召开。

3月24日，交通部部长李盛霖与西班牙发展大臣签署部门间《交通合作谅解备忘录》。

3月26日，交通部副部长翁孟勇出访意大利和肯尼亚，就加强两国在交通领域的合作交换意见，并签署中意部门间《公路水路和物流领域合作谅解备忘录》。

4月5日，交通部印发《建设节约型交通指导意见》。

4月10日，国家发改委、交通部联合印发《关于收取港口设施保安费的通知》。

4月18日，国家发改委、交通部、国家工商总局联合印发《关于公布国际班轮运输码头作业费（THC）调查结论的公告》。

4月19日，2006年深圳国际海事论坛在深圳举行。

4月20日，交通部部长李盛霖会见国际海事组织（IMO）秘书长，双方重点就如何加强海上安全、环境保护，特别是马六甲海峡安全合作问题进行了探讨。

5月16日，交通部副部长黄先耀访问墨西哥并出席中墨两国常设委员会第二次会议，与墨方签署中墨部门间《关于道路、海洋和内河运输及相关基础设施建设领域合作谅解备忘录》。随后代表团访问加拿大，就两国在交通领域的合作、《中加海运协定》的修改等事宜与加方交换意见。

5月17日~6月3日，交通部南海救助局组织专业救助力量，在东沙海域成功救助在“珍珠”台风中遇险的330名越南渔民，这是新中国成立以来最大规模的国际海上救援行动。“南海救111”和“德进”轮被交通部命名为“英雄船”。

5月18日，交通部印发《公路水路交通信息化“十一五”发展规划》。

5月22日，第六届国际航标协会大会在上海举行。

6月，党中央、国务院提出将天津滨海新区建设成北方国际航运中心和国际物流中心。

6月2日，交通部救捞局引进英国皇家救生艇协会的救助艇交接仪式在上海举行。

6月5日，交通部副部长徐祖远访问波兰并出席中波轮船股份有限公司成立55周年庆典活动。

6月7日，交通部、信息产业部联合印发《关于建立海（水）上搜救通信应急联动机制的通知》。

6月8日，福建泉州（石井）—金门客运航线开通。

6月22日，交通部、辽宁省人民政府在大连海域联合举办2006年海上联合搜救演习。

7月5日，交通部令2006年第8号发布《老旧运输船舶管理规定》。

7月6日，福建沿海与澎湖实现首次货运直航。

7月11日，以“爱我蓝色国土，发展航海事业”为主题的第二届“航海日”庆祝大会在上海召开。

7 月 15 日，交通部西沙救助基地启用仪式在永兴岛隆重举行。该基地是中国最南端的救助基地，它的正式启用标志着海上立体救助体系已覆盖中国南海海域。

8 月 4 日，上海国际航运中心洋山深水港区一期工程通过国家竣工验收。该工程建成 5 个可全天候靠泊 7 万吨级第五代、第六代集装箱船舶，并兼顾 8000 标箱以上船舶的超大型现代化集装箱泊位及其配套设施，年设计吞吐能力 220 万标箱。

8 月 15 日，深圳港盐田港区三期工程通过国家竣工验收。该工程建成 4 个能靠泊第五、六代集装箱船舶的泊位及其配套设施，年设计吞吐能力 200 万标箱。

8 月 16 日，国务院第 146 次常务会议审议通过《全国沿海港口布局规划》，11 月 20 日正式发布。

8 月 21 日，交通部部长李盛霖赴印度尼西亚、马来西亚和新加坡访问，并签署中马政府间《海事合作谅解备忘录》和《中华人民共和国交通部、新加坡共和国交通部和挪威王国贸易工业部关于海事海运研究与发展及教育与培训合作谅解备忘录》。

8 月 24 日，纪念中国救捞创建 55 周年暨救捞体制改革 3 周年庆典活动在北京举行。

8 月 31 日，国务院正式批准设立天津东疆保税港区。

8 月 31 日，国务院正式批准设立大连大窑湾保税港区。

9 月 7 日，首届中日韩三国海上运输及物流部长会议在韩国首尔举行。

9 月 15 日，根据国务院三峡工程建设委员会《关于长江三峡船闸工作的批复》，三峡南线船闸开始施工，三峡船闸进入计划一年的单线运行期。

9月26日，第八届国际公路水运交通技术与设备展览会及2006中国交通发展论坛在北京举行。

9月30日，长江口深水航道治理三期工程正式开工。该工程在二期10米航道水深的基础上继续加深到12.5米，形成全长92.2公里，底宽350～400米的双向航道。

11月1日，交通部编制并与国家发展改革委联合印发《2006～2010年长三角、珠三角、渤海湾三区域沿海港口建设规划》。

11月21日，长江水运发展协调领导小组第一次会议在南京召开。

11月24日，交通部令2006年第11号发布《交通法规制定程序规定》。

12月4日，交通部令2006年第12号发布《中华人民共和国内河交通事故调查处理规定》。

12月6日，交通部印发《环渤海地区现代化公路水路交通基础设施规划纲要》（2006～2020年）。

12月18日，交通部部长李盛霖会见澳大利亚副总理兼运输和地区服务部长，双方就2007年3月在澳召开的APEC第五届运输部长级会议以及更新《中澳公路与水运合作谅解备忘录》等事宜交换意见并达成一致。

12月29日，全国交通工作会议在北京召开。李盛霖部长作了《努力做好“三个服务”，推进交通事业又好又快发展》的报告。

12月30日，交通部上海打捞局使用200米饱和潜水作业，完成中国首次氦氧饱和潜水作业，潜水深度103.5米，实现中国氦氧饱和潜水工程作业零的突破。

2007 年

《长江口深水航道治理工程成套技术》获国家科学技术进步一等奖。

1 月 1 日，京杭运河全线禁航挂桨机船。

1 月 2 日，国务院总理温家宝视察连云港港。

1 月 10 日，中荷两国交通部在武汉联合举办“长江航运国际论坛”，两国交通部长出席开幕式并致辞，300 余名中外专家参加。

1 月 16 日，国务院新闻办举行“全国水上安全管理和搜救工作”发布会。

1 月 16 日，交通部部长李盛霖会见加拿大国际贸易部长一行，双方签署交通部门《公路水路交通技术合作谅解备忘录》。

2 月 2 日，经国际海事组织修正的《1973/78 国际防止船舶造成污染公约》附则 IV 对中国生效。

2 月 8 日，交通部上海打捞局组织 4 艘工程船、几百名救捞船工苦战 40 余天，在黄浦江成功打捞沉没货船“银锄”轮。

2 月 14 日，交通部令 2007 年第 1 号发布《公路水运工程安全生产监督管理办法》。

2 月 28 日，天津港煤码头公司操作队队长孔祥瑞作为全国产业工人代表当选“2006 年感动中国年度人物”。

3 月 3 ~ 5 日，在中国海上搜救中心协调下，经农业部、总参、海军等单位相互配合，成功救援受1969年以来最强的一次温带风暴潮影响遇险的5 170名遇险人员和684艘船舶。

3月8日，天津市海上搜救中心在天津港主航道成功实施巴拿马籍集装箱船“地中海乔安娜”轮与荷兰籍工程船“奋威”轮碰撞事故的应急救助工作。

3月18日，上海振华港机公司研制的最大起吊能力超过4 000吨，被誉为“亚洲第一浮吊”的“华天龙”号，在上海长兴岛外举行交接暨首航仪式。

3月19日，秦皇岛港煤四期扩容工程和煤五期工程同时通过国家验收，正式投入使用，秦皇岛港煤四期扩容工程建成1个3.5万吨级和1个5万吨级煤炭泊位，设计年吞吐能力1 500万吨；煤五期工程建成2个5万吨级、1个10万吨级和1个15万吨级煤炭泊位，年吞吐能力5 000万吨。

3月26日，交通部令2007年第2号发布《中华人民共和国国际船舶保安规则》。

4月10日，中国与韩国签订《中华人民共和国政府和大韩民国政府海上搜寻救助合作协定》，该协定于2007年5月16日生效。国务院总理温家宝出席签字仪式，交通部部长李盛霖代表中国政府在协定上签字。

4月11日，交通部令2007年第3号发布《航道建设管理规定》。

4月11日，交通部令2007年第4号发布《交通建设项目委托审计管理办法》。

4月14日，国务院令第494号发布《中华人民共和国船员条例》。

4月18日，交通部烟台打捞局成功打捞起世界上最大的挖泥船“奋威”轮。

4月22日，交通部部长李盛霖会见立陶宛运输与通信部长一行，双方签署两国政府间《海运协定》。

4月24日，交通部令2007年第5号发布《港口建设管理规定》。

4月27日，国务院批准实施《国家水上交通安全监管和救助系统布局规划》。

4月29日，交通部在第三届两岸经贸文化论坛上宣布了五项促进台湾海峡两岸海上直航的政策措施。

5月1日，国务院总理温家宝视察唐山港曹妃甸港区。

5月15日，福建沿海与台湾澎湖实现货运直航常态化的首次直航。

5月18日，交通部印发《关于进一步加强交通行业节能减排工作的意见》。

5月23日，交通部令2007年第6号发布《中华人民共和国航运公司安全与防污染管理规定》。

5月31日，交通部令2007年第7号发布《中华人民共和国船舶签证管理规则》。

6月1日，交通部副部长黄先耀出席在瑞典举行的第20届海上人命救助大会并顺访世界海事大学。

6月4日，经国务院批准，广东汕头港广澳港区作为一类口岸对外籍船舶开放。

6月7日，交通部在宁波召开亚太经济合作组织港口服务网络研讨会。

6月8日，交通部救捞局局长宋家慧当选为“国际海上人命救助联盟

（IMRF）”董事。

6月26日，经国务院批准，国家发改委和交通部联合编制的《全国内河航道与港口布局规划》（2006～2020年）正式发布实施。

7月11日，2007年中国航海日庆祝大会在青岛举行，人大常委会副委员长乌云其木格出席大会并为航海日活动题词“德通四海　信达天下”，交通部部长李盛霖出席大会。

8月3日，经国务院批准，江苏大丰港作为一类口岸对外籍船舶开放。

8月27日，内河水运工程质量年活动总结大会在北京召开。

8月28～29日，“第四届中国国际救捞论坛”在海南博鳌成功举办，主题为“应急与创新”。

9月8日，交通部、福建省人民政府在厦门举行签署《共建平安海域、推进海峡两岸经济区建设备忘录》仪式，交通部副部长徐祖远出席。

9月9日，交通部部长李盛霖会见波兰运输部长一行，双方签署部门间《公路内河航运基础设施建设合作谅解备忘录》。

9月9日，交通部副部长冯正霖会见葡萄牙公共工程、运输和通信部国务秘书安娜·保拉一行，双方签署《公路水路交通合作谅解备忘录》。

9月18日，交通部部长李盛霖访问欧盟总部，与欧盟委员会副主席签署《中华人民共和国交通部与欧洲联盟委员会道路运输和内河合作谅解备忘录》。

9月21日，交通部发布《公路、港口、航道、船舶等交通信息基础数据元标准》。

9月22日，交通部、重庆市人民政府在万州联合举办“2007年长江三峡库区联合搜救演习”，交通部部长李盛霖、重庆市市委书记汪洋担任演习总指挥。

9 月 24 日，国务院批复同意设立海南洋浦保税港区。

9 月 29 日，交通部、财政部联合印发《海（水）上搜救奖励专项资金管理暂行办法》。

10 月 12 日，天津港南疆港区神华煤炭码头工程通过国家验收，正式投入使用。工程建成 2 个 7 万吨级、1 个 15 万吨级煤炭泊位，新增吞吐能力 3 500万吨。

10 月 12 日，中国引航协会成立。

10 月 16 日，交通部与国际劳工组织在北京联合举办“《2006 年海事劳工公约》国家级三方研讨会”，交通部副部长徐祖远出席开幕式并发表讲话。

10 月 28 日，首次“中国—东盟港口论坛”在广西南宁举办。

10 月 31 日，交通部与上海市人民政府在洋山港区举行“中国政府履行 SOLAS 公约参加 07 年港口设施保安演习”。

10 月 31 日，交通部部长李盛霖出席在新加坡举行的第 6 次中国—东盟交通部长会议，发表部长联合声明，并代表中国政府签署《中国—东盟海运协定》。

11 月 1 日，西江干线桂平二线船闸航运枢纽工程开工。

11 月 4 日，上海国际航运中心洋山深水港区二期工程通过国家验收，正式投入使用。工程建成 4 个 7 万吨级集装箱泊位，新增吞吐能力年 210 万标箱。

11 月 5 日，长江口深水航道治理二期工程 10 米水深航道向上延伸至浏河口工程通过国家验收，正式投入使用。航道长度438公里，航道宽度500米，航道设计水深10.5米。

11月8日，交通部与天津市人民政府在天津举办“第5届太平洋经济合作理事会国际贸易投资博览会及国际港口与现代物流论坛”。

11月19日，交通部副部长徐祖远率团出席国际海事组织第25届大会。此次会议上，中国再次当选国际海事组织A类理事国。交通部与国际海事组织签署合作谅解备忘录。

11月28日，交通部和天津市人民政府在天津联合举行“中国大陆集装箱年吞吐量突破1亿标箱的起吊仪式”新闻发布会。

11月28~29日，“第2次中美海运会谈”在上海举行并签署会谈纪要。

12月8日，经国家有关部门批准，“中国集装箱工业协会”正式更名为“中国集装箱行业协会”。

12月17日，交通部令2007年第10号发布《港口设施保安规则》。

12月17日，交通部令2007年第11号发布《港口规划管理规定》。

12月25日，交通部印发《关于港口节能减排工作的指导意见》。

12月29日，交通部印发《关于加快发展现代交通业的若干意见》。